RECUEIL

DE

ICTÉES, LEÇONS

ET PROBLÈMES

SUR L'AGRICULTURE

RÉDIGÉ CONFORMÉMENT

AU PROGRAMME OFFICIEL DE L'ENSEIGNEMENT AGRICOLE

A L'USAGE DES ÉCOLES D'ADULTES,

DES ÉCOLES PROFESSIONNELLES ET RURALES

PAR

F. ASTIER

TITUTEUR DU DEGRÉ SUPÉRIEUR, OFFICIER DE L'INSTRUCTION PUBLIQUE.

Qui fait aimer les champs fait aimer la vertu.

(DELILLE.)

PARTIE DU MAITRE

NOUVELLE ÉDITION

PARIS

RAIRIE DES BIBLIOTHÈQUES SCOLAIRES

PAUL DUPONT, Éditeur

41, RUE JEAN-JACQUES-ROUSSEAU, 41

ENSEIGNEMENT AGRICOLE.

PARIS. — Imp. PAUL DUPONT, 41, rue J.-J.-Rousseau.

RECUEIL

DE

DICTÉES, LEÇONS ET PROBLÈMES

SUR L'AGRICULTURE

RÉDIGÉ CONFORMÉMENT
AU PROGRAMME OFFICIEL DE L'ENSEIGNEMENT AGRICOLE
A L'USAGE DES ÉCOLES D'ADULTES,
DES ÉCOLES PROFESSIONNELLES ET RURALES

PAR

F. ASTIER

INSTITUTEUR DU DEGRÉ SUPÉRIEUR, OFFICIER DE L'INSTRUCTION PUBLIQUE.

Qui fait aimer les champs fait aimer la vertu.
(DELILLE.)

NOUVELLE ÉDITION

PARTIE DU MAITRE

PARIS

LIBRAIRIE DES BIBLIOTHÈQUES SCOLAIRES
PAUL DUPONT Éditeur
41, RUE JEAN-JACQUES-ROUSSEAU, 41
(hôtel des Fermes.)

DE L'ENSEIGNEMENT AGRICOLE

Pour les écoles primaires rurales et les écoles normales

(30 décembre 1867).

Le Ministre secrétaire d'État au département de l'instruction publique,

Vu les articles 5 et 35 de la loi du 15 mars 1850 ;

Vu le décret du 2 juillet 1855 ;

Le Conseil impérial de l'instruction publique entendu,

Arrête......

1° *Végétation, terres, climats.*

1. Aperçu général sur la végétation , durée des végétaux, modes divers de reproduction, par graines, boutures, etc.

2. Des terres, leur nature et leurs propriétés physiques.

3. Régions agricoles; influence du climat.

2° *Opérations principales de l'agriculture.*

4. Substances fertilisantes, amendements, engrais. Écobuage.

5. Culture du sol; instruments de culture.

6. Enlèvement des eaux nuisibles à la culture. Drainage.

7. Irrigation et arrosage.

8. Semailles et transplantations.

9. Récoltes, conservation des divers produits.

10. Influence de la chaleur et de la lumière sur les végétaux cultivés. Exposition. Abris.

11. Défrichements.

12. Clôtures, chemins vicinaux, voitures.

13. Constructions rurales.

3° *Végétaux qui intéressent la culture française*

14. Céréales.

15. Légumes secs ou verts.

16. Plantes oléagineuses, textiles, tinctoriales, à produits divers.

17. Plantes fourragères; prairies naturelles et artificielles, fenaison.

18. Racines alimentaires ou industrielles; sucre et alcools.

19. Plantes parasites et animaux nuisibles aux récoltes; moyens préservatifs; animaux destructeurs des animaux nuisibles.

20. Végétaux ligneux; notions générales.

21. Multiplication, pépinières, greffe, éducation, plantation et entretien des arbres.

22. Arbres fruitiers, conduite et taille; variétés principales cultivées en France.

23. Arbres à produits industriels; vignes et vins ; pommiers et cidre, mûriers, etc.

24. Plantation, conduite, exploitation des arbres destinés à fournir des bois d'œuvre ou de chauffage.

4° *Animaux domestiques utiles à l'agriculture.*

25. Économie du bétail; principes généraux.
26. Espèce bovine, chevaline, ovine, porcine, etc.
27. Oiseaux de basse-cour.
28. Vers à soie, abeilles.

5° *Économie agricole.*

29. Capitaux agricoles, fermier, métayer, propriétaire; achat et location d'un domaine.

30. Assolement ou succession des cultures; jachère repos, organisation des travaux agricoles.

31. Influence de diverses circonstances sur les systèmes agricoles; début de l'entreprise; comptabilité agricole.

6° *Culture des jardins.*

32. Division de l'horticulture en trois parties.
33. Jardin fruitier.
34. Jardin potager.
35. Jardin d'agrément.
36. Végétaux parasites des plantes de jardin; animaux nuisibles à l'horticulture et moyens de les détruire.

Fait à Paris, le 30 décembre 1867.

V. DURUY,

AVERTISSEMENT

De tous les points de la France, la Commission d'enquête ordonnée par le Gouvernement, en 1866, révéla une lacune existante dans les écoles primaires, au sujet de l'enseignement agricole. Aussi tous les rapporteurs furent unanimes pour exprimer le vœu de le voir pénétrer dans les écoles publiques des villes, et surtout des campagnes. Presque tous manifestèrent le désir de voir traduire cet enseignement en dictées, en lectures faites aux élèves des cours d'adultes et des écoles primaires. Beaucoup de membres de l'Université, appelés à donner leur avis sur cette question, pensèrent comme les organes de la Commission d'enquête ; et Leurs Excellences les deux ministres qui étaient à la tête de l'instruction publique et de l'agriculture, dans un rapport adressé au chef de l'État, en rendant compte des travaux d'une Commission instituée à ce sujet, disaient que la Commission arrête, art. 6 : « de recommander aux
« instituteurs des communes rurales de donner, par le choix
« des dictées ou des lectures et des problèmes, une direc-
« tion agricole à leur enseignement, soit dans la classe du
« jour, soit dans celle du soir ; enfin de leur recommander de
« faire de temps en temps, dans leurs cours d'adultes, après
« les leçons ordinaires d'écriture, de calcul et d'orthographe,

« des lectures agricoles, accompagnées d'explicationse de
« conseils. »

Sans nous en prévaloir, nous croyons avoir été au-devant
de la pensée des deux ministres, et nous nous félicitons
aujourd'hui d'avoir cédé à notre inspiration, puisque, en
tout, notre plan est conforme aux vœux de l'administration (1). Nous offrons donc, dans ce volume, à MM. les instituteurs un travail qui, en remplissant les vues du Gouvernement, donne un traité d'agriculture et d'horticulture,
160 devoirs pour un cours d'adultes, ayant l'avantage de
procurer aux directeurs de ces cours un travail tout fait. Les
instituteurs, occupés pendant tout le jour dans une classe d'enfants, n'ont guère le temps de préparer une leçon pour ce
surcroît de labeur, qu'ils s'imposent après une journée si
bien remplie. Chacun de ces devoirs, en leur épargnant
cette double tâche, leur facilitera les moyens de répondre
aux vues de l'autorité et aux besoins des populations. Chaque leçon comprend, avec questionnaire, une dictée sur
l'agriculture, qui peut servir de lecture, une phrase de
cette dictée à analyser oralement, ou le mode d'un verbe
à conjuguer avec un complément qui soit un nom qui
se rapporte à l'agriculture, six mots à écrire, pris dans les
termes de cet art, et enfin trois problèmes sur la même
matière. Deux fois, sur cinq devoirs de calcul, nous faisons
entrer l'enseignement du système métrique et légal avec ses
différentes applications usuelles. Ainsi, comme on le voit,
nous ne parlons qu'agriculture aux élèves ou de quelque
chose qui s'y rattache. Ceci aura pour résultat de leur faire
honorer et aimer la profession de cultivateur, de vigneron,
de jardinier, et ne leur donnera pas la tentation de quitter

(1) Nous écrivions les premières pages de notre ouvrage dans le
commencement de juin 1867.

la vie des champs pour aller mendier aux villes une vie remplie d'illusions, mais qui, le plus souvent, est traversée par bien des déceptions, des désordres et de la misère.

En adoptant le plan de notre ouvrage, nous avons pensé aussi qu'une dictée qui parle d'agriculture pouvait aussi bien servir à enseigner l'orthographe et les principes de notre langue qu'une dictée prise dans un trait d'histoire ou de morale, ou dans un morceau de littérature. Et c'est encore en nous inspirant de l'esprit de la circulaire ministérielle du 20 août 1857 que nous avons adopté cette marche. Dans l'analyse de la première phrase d'une dictée, nous voulons l'analyser au point de vue des idées, du sens des mots, de l'orthographe et du rôle que joue chacun des mots plutôt qu'une nomenclature sèche qui n'apprend rien aux élèves. Nous voulons, comme le dit la circulaire précitée, que la règle et la définition se déduisent de la pratique, et non la pratique de la règle ; en un mot, nous désirons que l'intelligence des élèves se développe et marche progressivement, et qu'ils acquièrent cette logique de bon sens et de la grammaire naturelle, qu'ils portent en eux ; ce qui est préférable aux abstractions et aux formules qui chargeraient leur mémoire sans profit pour leur intelligence. Aussi pour nous assurer qu'ils auront travaillé avec fruit pendant le mois, sur vingt dictées nous en donnons une qui récapitule les vingt précédentes, au point de vue de l'agriculture et de l'orthographe. Cette dictée pourra servir de sujet de composition mensuelle, surtout si le maître a eu soin chaque jour d'interroger ses élèves sur le travail de la veille, et s'il leur en a fait rendre compte par des questions qui précèdent chaque dictée.

Comme il est difficile d'obtenir des élèves des cours d'adultes des devoirs faits en dehors de l'école, et qu'on a besoin d'aller vite et de gagner tout le temps possible lorsqu'on est en classe, nous avons cependant arrangé la partie des devoirs d'agriculture qui peut être destinée à leur usage; elle forme un petit volume qui leur fournit les questions à faire sur la dictée de chaque jour, et les problèmes à résoudre à chaque séance, de sorte que, sans rien déranger à ce volume destiné au maître, ils trouveront dans celui qui sera à leur usage de quoi les occuper, soit avant ou pendant la classe, et il servira à leur remémorer les explications données par l'instituteur.

Ne voulant pas nous attribuer tout le mérite de notre travail, nous tenons à faire connaître que souvent nous avons profité des conseils, des leçons, et de l'expérience des auteurs que nous avons consultés. Aussi plus d'une fois, nous avons emprunté une dictée ou une partie de la dictée au livre de *la Ferme*, à *la Maison rustique du* XIXe *siècle*, à *l'Ecole primaire*, ou aux traités élémentaires de Lagrue, Bentz Gossin, Hugot, Greff et Dunand. Mais comme plusieurs de ces extraits, pour entrer dans le plan que nous nous sommes tracé, ont subi des mutilations, nous ne citerons le nom de l'auteur que lorsque son texte sera pris en entier et sans aucune coupure.

Ces auteurs ont droit à notre reconnaissance, ainsi que M. Sennard, dont nous avons développé et agrandi le programme, en le fusionnant avec celui du 30 décembre 1867, devenu programme officiel pour les écoles rurales.

Chaque devoir comprend, avec questionnaire, une dictée sur l'agriculture, une phrase de cette dictée à analyser oralement, ou le mode d'un verbe à conjuguer, six mots et trois problèmes sur l'agriculture. — A la suite de la 1re et de la 3e dictée, nous indiquons comment l'analyse doit être faite.

ENSEIGNEMENT AGRICOLE

PREMIER DEVOIR.

**Les questions sur la dictée d'aujourd'hui seront faites
à la leçon suivante.**

Quand une dictée est trop longue, on peut la faire en deux ou trois
fois. On comprend pourquoi on ne les a pas morceléer, c'est afin
d'avoir un sujet sur la même dictée.

1ʳᵉ DICTÉE.

AVANTAGES DE L'INSTRUCTION POUR L'HOMME DES CHAMPS.

L'habitant de la campagne qui sait lire, écrire, calculer, dessiner, trace avec sa charrue son sillon plus droit, taille mieux ses
arbres, qui poussent davantage, bâtit ou répare sa maison avec
plus de solidité et d'économie, sait mieux les méthodes de culture
et les soins à donner aux animaux, vend, loue, achète, échange, prête,
emprunte et conduit ses affaires avec plus d'ordre, d'économie
et de gain. S'il est père de famille, il n'a pas besoin de perdre
son temps et son argent pour aller à la ville voisine consulter
l'avoué, l'huissier, le notaire, pour faire un simple billet, donner
une quittance, rédiger un acte sous seing privé, pour écrire à
sa fille ou à son fils absents ; il ne mettra pas non plus des tiers dans
la confidence de ses amitiés, de ses secrets et de ses affaires. De
plus, en utilisant les secours réunis de la science et de l'expérience et en réalisant des progrès en agriculture, il fera prospérer
sa fortune, et se rendra utile à la société. De ce qui précède, il
résulte que tous les citoyens ont intérêt à ne pas rester dans
l'ignorance, puisque, avec le secours de l'instruction, chacun peut
faire ses propres affaires. Combien sont donc blâmables ceux qui,
étant illettrés, négligent de profiter des avantages qui leur sont
offerts dans les écoles primaires et dans les cours d'adultes ! Ils ne
tiennent pas assez compte des sacrifices que s'imposent les com
munes, ni du zèle, ni du dévouement des instituteurs, et ne
répondent pas à la sollicitude de l'administration, ni au vœu du
Gouvernement, qui ne désire rien tant que, *dans le pays du suf-
frage universel, chaque citoyen sache lire et écrire son vote.*

*Analyse de la première phrase de la dictée qui vient d'être
faite.*

1. Combien cette phrase renferme-t-elle de propositions ou de
verbes à un mode personnel ? **2.** Qu'est-ce qu'un verbe à un mode

personnel? 3. Qu'indique un verbe à un mode personnel? 4. Quest-ce que le verbe? 5. Quel est le sujet principal de cette phrase? 6. Qu'est-ce que le sujet d'un verbe? 7. Comment le trouve-t-on? 8. De qui l'habitant de la campagne est-il le sujet? 9. Ce mot n'a-t-il pas un complément déterminatif? 10. Le verbe trace a-t-il un régime ou complément? 11. Quel est-il? 12. Quel est celui de taille? 13. Quelle espèce de régime? 14. Combien y a-t-il de régimes? 15. Qu'est-ce que le régime direct? 16 Et l'indirect? 17. Comment les trouve-t-on? 18. *Avec la charrue*, quelle est sa fonction? 19. Et *plus droit*? 20. Quel est le sujet de sait? 21. Quelle espèce de proposition? 22. Ce verbe sait a-t-il un régime? 23. Quel est-il? 24. Combien de parties essentielles dans une proposition? (Mêmes questions ou des questions analogues à toutes les phrases à analyser.)

Abat-foin, n. m. Ouverture au-dessus d'un râtelier par où l'on jette le foin.

Abattage, n. m. Action de couper du bois.

Abattoir, n. m. Lieu où on tue les bestiaux.

Abondance, n. f. Grande quantité, année d'abondance, grandes récoltes en tout.

Aborner, v. a. Mettre des bornes, planter des bornes.

Abornement, n. m. Action d'aborner.

CALCUL.

1er *Problème*. Un cultivateur a planté 548 choux dans un terrain, 5,480 dans un autre, 848 dans un troisième, et 980 dans un quatrième : combien en a-t-il planté en tout, et quelle somme lui faudra-t-il s'ils lui coûtent 85 cent. le cent ?

Solution. $548 + 5480 + 848 + 980 = 7856$ choux, à 85 cent. le cent. $= 66$ fr. 77 c.

2e *Probl*. Un jardinier a planté des arbres dans quatre jardins ; dans le premier, il en a mis 250 pieds, dans le deuxième, 454, dans le troisième, 845, et dans le quatrième, 496 : combien a-t-il dépensé, s'il a payé 40 cent. pour chaque pied ?

Solution. $250 + 454 + 845 + 496 = 2,045$, à 40 cent. $=$ 818 francs.

3e *Probl*. Combien faut-il payer à un journalier qui a fait dans son année 125 journées à 1 fr. 50, et 175 à 2 fr. 25 ?

Solut. $1.50 \times 125 = 187$ fr. 50; $2,25 \times 175 = 393$ fr. 75. Total 581 fr. 25.

DEUXIÈME DEVOIR.

Questions à faire aux élèves sur la dictée précédente.
1. Quels avantages a l'habitant de la campagne, qui sait lire, écrire et calculer ? 2. S'il est père de famille ? 3. Que doit-on conclure de ce qui vient d'être dit ? 4. Sont-ils blâmables ceux qui ne profitent pas des moyens de s'instruire ? 5. De quoi oublient-ils de tenir compte ? 6. Répondent-ils au désir de l'Empereur ?

2e DICTÉE.

AVANTAGES DE L'INSTRUCTION (SUITE DE LA PRÉCÉDENTE).

L'homme des champs qui sait lire, écrire et calculer, s'il est garçon, domestique ou militaire, peut s'épancher dans ses lettres avec son vieux père, ou sa bonne mère, ou sa sœur, et leur confier, sans témoin, ses peines, ses espérances, ses joies. S'il aime la considération, s'il est jaloux de servir ses concitoyens, il peut devenir plus facilement conseiller municipal, instituteur, arpenteur, adjoint, maire. S'il est soldat et qu'il ait du goût pour la carrière militaire, qui empêche qu'il ne parvienne, avec du courage, de la probité et de la conduite, à être sergent, officier, capitaine et plus, et qu'il ne rentre dans ses foyers pensionné et décoré ? De ce que nous venons d'écrire, concluons donc combien l'instruction est avantageuse, et combien nous devons avoir à cœur d'en acquérir, puisqu'elle ouvre l'entrée à toutes les carrières, et que sans elle on est un homme incomplet et souvent inutile à la société. Aussi, combien est honorable celui qui, par ses efforts persévérants à l'étude ou à l'ouvrage, ou dans toute autre condition, se sera fait, par sa tenue, sa conduite et son travail, une position honnête qui le place au-dessus du vulgaire, et lui donne souvent dans une commune l'autorité de commander à ses concitoyens.

Conjuguer le verbe faucher *aux temps de l'indicatif, et mettre après chaque personne un complément qui soit un nom qui se rapporte à l'agriculture.*

Chaque fois qu'on fera conjuguer, on interrogera sur les modes, sur les temps et sur la formation des temps, aussi bien que sur la terminaison.

Agaler, v. a. Faire le premier sarclage dans un champ de maïs.

Agraire, adj. des deux genres. Il se dit des mesures agraires, mesures des terres.

Agreste, adj. Se dit par opposition à cultivé, sauvage, rustique : site agreste, sans culture.

Agricole, adj. des deux genres. Qui s'occupe d'agriculture, en parlant d'un peuple, d'un pays, qui tient à l'agriculture. Produits agricoles ; qui vit dans les champs.

Agriculteur, n. m. Celui qui s'adonne à l'agriculture.

Agriculture, n. f. Art de cultiver la terre et de la rendre fertile.

CALCUL. — SYSTÈME MÉTRIQUE.

Cette deuxième leçon de calcul est consacrée à exposer le précis du système métrique et son historique, soit dans notre ouvrage sur cette matière, soit dans celui d'un autre auteur. Pour ne pas nous répéter, nous indiquerons la pagination où nous recourrons dans notre volume. Chacun pourra choisir celui qui lui convient le mieux. — (Voir les instructions sur l'enseignement du système métrique et légal des poids et mesures, suivi d'excercices et problèmes par F. Astier (1), page 1re et suiv., ainsi que la page 105, etc. On fera calculer les six premiers exercices, pages 10 et 11, et voir les opérations, pages 109 et 110.)

Sur cinq leçons, comme nous l'avons dit dans l'avertissement, deux seront destinées à l'enseignement du système légal, autant que possible le mardi et le vendredi. Il faut avoir soin de faire de nombreuses applications pendant la leçon.

TROISIÈME DEVOIR.

Questions à faire aux élèves sur la dictée précédente.

1. Si l'homme des champs sait lire, écrire et calculer, qu'il soit garçon, domestique ou militaire, avec qui peut-il s'épancher ? 2. Que peut-il devenir ? 3. Avec du courage, de la probité et de la conduite où peut-il parvenir ? 4. D'après ce qu'on vient de dire, l'instruction est donc avantageuse ? 5. Pourquoi ? 6. Est-il honorable celui qui se crée une position honnête par son travail et son instruction ? 7. Où place l'instruction celui qui sait en acquérir ?

3e DICTÉE.

LA PROFESSION DE CULTIVATEUR.

La terre est vaste, le travail ne manque pas et ses produits se multiplient sous une main intelligente et active. La profession de cultivateur devient plus lucrative, plus aisée et sollicite plus effi-

(1) Se vend à la librairie de Paul Dupont et chez Jules Delalain et fils, rue des Ecoles, vis-à-vis de la Sorbonne.

cacement l'estime et le concours des hommes de bonne volonté ; qu'ils se mettent donc à l'œuvre. La terre est une bonne nourrice; à eux de tirer largement leur subsistance de ses mamelles fécondes, au lieu d'aller la mendier aux grandes cités où souvent ils trouvent la honte et la misère. L'agriculture ! hommes des champs, voilà votre force et votre salut. Là, pas de concurrence ruineuse, pas de faillite, nul désordre de l'agiotage. Le travail des champs est la source de la fortune publique et de l'abondance. Cessez de produire du blé, du vin, du bétail, des fruits, que reste-t-il? Rien. Au contraire, obtenez par votre travail plus de fruits de la terre que vous n'en pouvez consommer, et le superflu, échangé contre de l'argent, vous procurera tout le bien que vous voudrez. Souvenez-vous que c'est l'agriculture qui donne le prix à l'argent et à tout le reste : habitants des campagnes, aimez donc votre profession de cultivateur, de vigneron et de jardinier; restez au lieu qui vous a vus naître, et n'enviez pas aux citadins leurs prétendues jouissances. Aux champs, vous menez une vie plus paisible, vous jouissez d'une santé plus robuste, vous respirez toujours un air pur et du côté du corps et du côté de l'âme. Vous conservez ces mœurs patriarcales, et vous léguez à la France des bras forts et vigoureux pour défendre ses frontières et repousser ses ennemis, tandis que les ouvriers et les employés des villes vivent dans une atmosphère corrompue, dont le moindre effet est une santé chétive, qui est presque toujours l'indice de la corruption du cœur.

Analyse de la première phrase de la dictée au point de vue des idées et de l'orthographe.

1. Quelle est l'idée exprimée dans cette première proposition ? 2. Qu'est-ce qu'on entend quand on dit que la terre est vaste? 3. Que veut-on exprimer dans la 2e ? 4. Et dans la 3e ? 5. Est-ce qu'une main est intelligente? 6. Est-ce qu'elle pense et comprend? 7. Qui la fait agir? 8. Qu'expriment les mots vaste et active? 9. Comment s'écrit l'adjectif *vaste* au masculin singulier? 10. Pourquoi met-on un *s* à produits? 11. Pourquoi *ses* s'écrit-il avec un *s* ? et quand l'écrit-on avec un *c* ? 12. Pourquoi a-t-on écrit multiplient au pluriel? 13. Qui est son sujet? 14. De quelle espèce de mot est multiplient? 15. Et le sujet? 16. De quelle conjugaison est le verbe multiplient? 17. Pourquoi a-t-on mis un *e* pour terminer le mot intelligente? 18. En est-il de même du mot active? 19. Comment s'écrit-il au masculin? 21 Au masculin pluriel? 22. Citez la règle? (Mêmes questions ou des questions analogues à toutes les phrases à analyser).

Accolage, n. m. Action d'accoler la vigne à des échalas.

Accoler, v. act. Attacher avec une accolure.

Accolure, n. f. Lien de paille d'osier servant à relever et attacher aux échalas les ceps de vigne.

Adjacent, adj. Situé auprès, aux environs.

Ados, n. m. Terre élevée en talus le long d'un mur bien exposé.

Aération, n. f. Action de donner de l'air dans un lieu où ce fluide a difficilement accès.

CALCUL.

1er *Probl.* Un bûcheron dans sa journée du lundi a coupé 20 pieds d'arbres, le mardi il en a abattu 17, le mercredi 23 ; combien doit-il recevoir s'il a 18 centimes par pied ?

Solution. $20 + 17 + 23 = 60$; $0,18 \times 60 = 10$ fr. 80.

2e *Probl.* Un cultivateur a conduit des engrais à son manœuvre pendant deux jours ; le premier jour il a fait 5 charrois à 1 fr. 75, le deuxième il en a fait 8 à 0 fr. 90 ; combien a-t-il gagné par jour, et quelle somme lui redoit le manœuvre, ou lequel redoit à l'autre, si ce dernier a fait 10 journées de travail à 1 fr. 50 par jour ?

Solution. $1,75 \times 5 = 8,75 + 0,90 \times 8 = 7,20 = 15,95$; $+ 1.50 \times 10 = 15$ fr.; c'est le manœuvre qui redoit 0 fr. 95.

3e *Probl.* Un maçon a mis 5 journées et demie pour crépir et blanchir les murs des écuries d'un fermier ; celui-ci lui a conduit 3 voitures de pierre et une de chaux, au prix de 3 fr. 50 par voiture ; qui redevra des deux, si le maçon gagne 2 fr. 25 par jour ?

Solut. $2,25 \times 5$ j. $1/2 = 12$ fr. 37, voilà le gain du maçon ; $3.50 \times 4 = 14$ fr., voilà le gain du fermier; $14,00 - 12,37 = 1$ fr. 63 que redoit le maçon.

QUATRIÈME DEVOIR.

Questions à faire aux élèves sur la dictée précédente.

1. Que fait la terre quand elle est travaillée par une main intelligente ? 2. Que devient alors la profession de cultivateur ? 3. La terre n'est-elle pas une bonne nourrice ? 4. Quelle est la force et le salut du cultivateur ? 5. Quelle est la source unique de la fortune publique ? 6. Si l'on cessait de faire produire des fruits à la terre, que résulterait-il ? 7. Qu'arrive-t-il si l'on fait produire à la terre plus qu'on ne peut consommer ? 8. Que gagnent les habitants des campagnes à rester aux lieux qui les ont

vus naître? 9. Qu'est-ce que la vie des champs procure à la France?

4e DICTÉE.

DÉFINITION ET IMPORTANCE DE L'AGRICULTURE.

L'agriculture est l'art de cultiver la terre et d'en tirer le plus de produits possibles, avec l'emploi des moyens les plus simples et les plus économiques, et sans nuire à la fécondité du sol.

Pour le cultivateur, l'agriculture est un art; elle est une science pour l'agronome, c'est-à-dire pour l'homme qui médite, qui perfectionne, qui prend le fait comme point de départ pour l'exploration de sa pensée, pour l'application de ses théories. L'origine de l'agriculture remonte à celle de l'humanité. Après sa chute, Adam fut condamné à manger son pain à la sueur de son front, et dès lors il se trouva dans la nécessité de faire de la culture de la terre sa première et principale occupation, et par là d'être agriculteur. De là naît l'importance de l'agriculture, puisque sans elle le genre humain ne pourrait subsister ni se multiplier. Aussi, dans tous les temps et dans tous les siècles, les hommes y ont-ils attaché le plus grand intérêt, et un grand nombre d'entre eux se sont-ils fait honneur de s'y livrer. Chez les Juifs et surtout chez les Romains, la profession de cultivateur était très-honorée, et chez ce dernier peuple, on disait que c'étaient les laboureurs qui nourrissaient la république. Ceux qui commandaient les armées ne se croyaient point humiliés, après la victoire, de retourner cultiver leur champ et de reprendre leur charrue, qu'ils n'avaient quittée que pour défendre la patrie. Témoin Cincinatùs (1). Dans nos temps modernes, n'a-t-on pas vu Oliviers de Serres, Sully, de La Quintinie, l'abbé Rozier, Franklin, Parmentier, Mathieu de Dombasle, se livrer à l'agriculture, la protéger, ou propager les bonnes méthodes; et combien, de nos jours, n'en pourrions-nous pas citer qui font leur principale occupation de la culture du sol (malgré leur position et leur instruction)! Après de pareils exemples, ne doit-on pas regarder comme très-honorable la profession de cultivateur, et celle de ceux qui s'occupent de faire produire à la terre, et qui cherchent tout ce qui peut contribuer à sa fécondité?

Conjuguer le verbe faucher *aux temps du conditionnel et de l'impératif, en mettant après chaque personne un complément qui soit un nom qui se rapporte à l'agriculture. Par exemple je faucherai mon trèfle, ma luzerne, mon blé, etc.*

(1) Nommé consul, il quitte sa charrue et vient la reprendre quand le temps de sa charge est écoulé.

Affannure, n. f. Blé que les moissonneurs et les batteurs gagnent en certain pays, au lieu de l'argent qu'on leur donne ailleurs.

Affenage, n. m. Action d'affenager.

Affenager, et affener, v. a. Alimenter les bestiaux et surtout les brebis.

Affermage, n. m. Action d'affermer un bien rural. Prix auquel ce bien est affermé.

Affermer, v. a. Céder l'usufruit d'un bien rural à l'année, moyennant un prix convenu.

Affouage, n. m. Droit de prendre du bois dans une forêt pour la famille.

CALCUL. — SYSTÈME MÉTRIQUE.

Cette leçon, comme la deuxième du second devoir, est consacrée à l'exposé du précis du système métrique et à faire les six derniers exercices des pages 11 et 12 dont les opérations se trouvent page 111.

CINQUIÈME DEVOIR.

Questions à faire aux élèves sur la dictée précédente.

1. Qu'est-ce que l'agriculture ? 2. Comment doit-on envisager l'agriculture ? 3. Et qu'est-ce que l'agronome ? 4. A quoi Adam fut-il condamné après sa chute ? 5. D'où naît l'importance de l'agriculture ? 6. Dans les temps anciens, a-t-on porté un grand intérêt à l'agriculture ? 7. Comment regardait-on la profession de cultivateur ? 8. Qu'en disaient les Romains ? 9. Dans nos temps modernes, a-t-on vu des hommes éminents s'en occuper ? 10. Citez les noms de quelques-uns ? 11. C'est donc une profession honorable que la profession de laboureur ?

5e DICTÉE.

DE LA NÉCESSITÉ DE L'AGRICULTURE.

L'agriculture n'a pas seulement l'avantage de l'importance et de la primauté sur les autres occupations de l'homme ; elle est encore la plus nécessaire, la plus étendue, la plus productive pour le pays, la plus prodigieuse dans ses résultats ; celle qui approche le plus de la création, celle qui met le plus l'homme en rapport avec Dieu, et qui le met plus à même d'admirer la sagesse de ses merveilles et la puissance de ses œuvres. L'agriculture est la plus nécessaire de toutes les industries, parce que seule elle fournit à l'homme les aliments pour soutenir son existence, les vêtements pour couvrir et conserver son corps, le logement pour l'abriter et tout ce qui peut prolonger sa vie sur cette terre. Mais si l'homme isolé doit tout à l'agriculture, les nations et les États ne lui doivent pas moins leur existence et surtout leur prospérité; plus un peuple est agriculteur, plus il a de ressources et de vigueur. S'attacher à rendre l'agriculture florissante, c'est produire le plus puissant véhicule pour le commerce et l'industrie. L'absence même momentanée de ses largesses porterait partout le trouble et le désordre, et le jour où la terre cesserait de produire, faute de culture, les nations retomberaient dans l'esclavage et la barbarie. Et d'ailleurs, quel est le genre d'industrie qui n'ait pas à réclamer le secours de l'agriculture? La navigation lui doit ses vaisseaux et ses provisions, le commerce ses matières premières, le manufacturier n'a presque en main que ses produits. La médecine lui doit ses plantes, la peinture ses toiles, ses pinceaux et la plupart de ses couleurs. Pas un homme sur la terre qui ne soit environné et chargé de ses bienfaits, et qui ne fasse usage de ses produits.

Analyse de la première phrase de la dictée.

Agronome, n. m. Celui qui est versé dans l'agronomie.

Agronomie, n. f. Science, théorie de l'agriculture.

Agronomique, adj. Qui concerne l'agronomie.

Aigaire, n. m. Large et profond sillon qui sépare les billons et sert à l'écoulement des eaux.

Aigriette, n. f. Sorte de cerises légèrement aigres.

Aiguail, n. m. Rosée du matin qui demeure par petites gouttes sur les feuilles des arbres et des herbes.

MODÈLE D'UNE PROMESSE.

Le billet ou promesse est une obligation contractée par celui qui le souscrit de payer une somme quelconque à celui au nom duquel il est souscrit.

« Je soussigné, Louis Lavignon, cultivateur, demeurant à Niort, reconnais devoir au sieur Louis Ribouleau, marchand de chevaux à la Rochelle, la somme de quatre cents francs pour un cheval qu'il m'a vendu, et que je promets de payer au vingt-cinq mars prochain, sans intérêts.

« Fait à Niort, le 20 décembre 1876.

« Bon pour quatre cents francs.

« Signé : L. LAVIGNON. »

CALCUL.

1er *Problème.* Un voiturier conduit des engrais à un manœuvre. Dans un jour il en a conduit 6 voitures, dans un autre 8, et dans un troisième jour 9 : combien a-t-il fait de charrois, et combien le manœuvre devra-t-il faire de journées à 2 fr. 10 c., si le prix de chaque voiture est de de 2 fr. 25 cent. ?

Solution. $6 + 8 + 9 = 23$; $2,25 \times 23 = 51$ fr. 75, divisés par 2,10 $= 24$ journées $^{13}/_{21}$.

2e *Problème.* Un homme de peine porte par jour 25 sacs de farine ; que recevra-t-il au bout de la semaine s'il a 9 centimes par sac ?

Solution. $25 \times 6 = 150$ sacs; $0,09 \times 150 = 13$ fr. 50 c.

3e *Problème.* Un jardinier a vendu aujourd'hui des légumes comme il suit, savoir : 45 bottes de carottes à 20 centimes; 108 têtes de salades à 0.fr. 06 c.; 40 têtes de choux à 22 centimes; combien doit-il recevoir?

Solution.

$0,20 \times 45$	$=$	9 f. 00 c.
$0,06 \times 108$	$=$	6 48
$0,22 \times 40$	$=$	8 80
Total....		24 fr. 28 c.

SIXIÈME DEVOIR.

Questions à faire aux élèves sur la dictée précédente.

1. L'agriculture a-t-elle seulement l'avantage de l'importance? 2. Est-elle nécessaire ? 3. Pourquoi? 4. Pourquoi encore ? 5. Avec qui l'agriculture met-elle l'homme en rapport ? 6. Que lui doivent les États? 7. Qu'entraînerait l'absence de la culture? 8. L'industrie, le commerce, les arts, etc., ne doivent-ils pas leurs matières premières à l'agriculture ? 9. N'y a-t-il que l'homme isolé qui profite des avantages de l'agriculture? 10. Que lui doit la navigation, la médecine, la peinture, etc.? 11. Tous les hommes participent-ils à ses bienfaits?

6e DICTÉE.

NÉCESSITÉ D'ÉTUDIER L'AGRICULTURE AVEC ORDRE ET MÉTHODE.

Dans les leçons que nous suivrons et que nous développerons pendant cette année scolaire, nous mettrons de l'ordre dans nos matières, parce que sans cela on marche à tâtons et l'on étudie au hasard. Au contraire, quand on procède avec méthode, soit dans des lectures, soit dans des dictées, soit dans des leçons orales, on arrive toujours plus sûrement, parce qu'on suit une marche régulière. Cette manière d'étudier, en agriculture, comme dans les autres connaissances, est bien préférable et bien plus profitable que quand on agit sans règle et sans guide. D'abord, nous nous servons des observations et des essais de ceux qui nous ont précédés, pour acquérir de l'expérience et pour nous enrichir de leurs découvertes. Ainsi, dans les devoirs que nous ferons ensemble, suivons bien nos dictées, relisons-les dans nos moments de loisir, et le lendemain soyons prêts à répondre aux questions qui nous seront adressées sur notre travail de la veille. Ne craignons pas de sacrifier quelques instants dérobés, même à nos plaisirs, pour acquérir des connaissances si nécessaires et si avantageuses à notre profession. Quel est l'industriel qui veuille rester stationnaire dans la voie des découvertes et des améliorations ? Nous, qui avons tout à demander au sol pour notre existence et pour celle des autres, voudrions-nous être moins empressés à meubler notre esprit et notre intelligence ? Non. Eh bien, entrons franchement et résolûment dans la voie du progrès ; soyons à la hauteur de notre époque et de notre position, et livrons-nous à cette étude de l'agriculture, puisqu'elle sera pour nous une source de pures jouissances et de prospérité véritable.

Analyse de la première phrase de la dictée.

Aire, n. f. Toute surface plane, celle où l'on bat le blé, les grains.

Airée, n. f. Quantité de gerbes qu'on met dans l'aire pour une battue ou le nombre des gerbes qu'on y emploie.

Ajonc, n. m. Genêt épineux.

Alise, n. f. Petit fruit rouge.

Alouette, n. f. Petit oiseau gris, bon à manger.

Allée, n. f. Passage long et étroit qui communique de l'entrée d'une maison à la cour et à l'escalier. Lieu destiné à la promenade.

CALCUL.

1er *Problème.* Un cultivateur avait un veau de 23 jours quand on a commencé à l'engraisser ; il le nourrit pendant 37 jours et l'expédie pour Paris. Combien de jours avait-il au moment de la vente et quel bénéfice a-t-il fait si le veau est vendu 95 francs, et qu'il ait coûté 65 centimes par jour de nourriture, pendant les 37 jours qu'il était à l'engrais ?

Solution. $23 + 37 = 60$; $0,65 \times 37 = 24,05$. $95,00 - 24,05 = 70$ fr. 95 c.

2ᵉ *Problème.* Un batteur obtient 0,hect. 95 en 7 heures ; combien aura-t-il de graine en 12 jours de 6 heures ?

Solution. $\dfrac{95 \times (12 \times 6)}{7}$ = 9 hectol. 77 litres.

3ᵉ *Problème.* Partagez une somme de 150 francs de gratification à 18 moissonneurs, à la condition qu'ils déposeront chacun 5 francs à la caisse d'épargne ; que leur restera-t-il après ce dépôt?

Solution : 150 : 18 = 8 fr. 33 cent. — 5 fr. = 3 fr. 33 qu'il reste à chaque moissonneur.

SEPTIÈME DEVOIR.

Questions à faire aux élèves sur la dictée précédente.

1. Pourquoi faut-il mettre de l'ordre dans ses études? 2. Quel avantage y a-t-il à suivre une méthode? 3. Cette manière d'étudier est-elle préférable? 4. Que faut-il faire pour profiter des leçons et de nos dictées ? 5. Faut-il craindre de sacrifier quelques moments à repasser ses leçons? 6. Devons-nous rester stationnaires quand tous les industriels progressent? 7. N'avons-nous pas beaucoup à demander au sol? 8. Pourquoi et pour qui?

7ᵉ DICTÉE.

PERSONNEL AGRICOLE. — MAITRES.

Dans une exploitation, même dans une petite culture, on a besoin d'aides, de domestiques et de journaliers, surtout quand les membres de la famille ne suffisent pas. Les domestiques se louent ordinairement à l'année, sont logés et nourris dans la ferme ou chez le cultivateur, tandis que les journaliers ne le sont pas toujours. Quand on a affaire à de bons domestiques, ils sont préférables aux gens de journée, parce que faisant pour ainsi dire partie de la famille, ils ont plus de zèle et prennent plus d'intérêt à tout ce qui touche à leurs maîtres. Ceux-ci ont des devoirs à remplir envers les gens qui sont à leur service, et c'est dans l'accomplissement de ces devoirs que s'établit la confiance réciproque entre les serviteurs et les patrons. Il faut d'abord que les maîtres donnent l'exemple à leur maison de l'accomplissement scrupuleux de tous leurs devoirs. Pour atteindre ce but, ils doivent être humains, équitables, instruits, actifs, économes et qu'ils aient de l'ordre. L'équité des maîtres se traduit dans un esprit de droiture qui, non-seulement ne souffre aucune injustice, mais qui se pique de reconnaître les services rendus et le mérite de chacun. Sans aucune démarche, un maître qui a la réputation d'être équitable et humain attire dans sa ferme les meilleurs sujets, entretient une louable émulation parmi les travailleurs occupés dans son exploitation ; de plus, il traite ses serviteurs avec douceur, il les loge et les nourrit convenablement, ne les surcharge pas de travaux pénibles et sait compâtir à leurs souffrances quand ils sont malades. Son instruction doit le rendre capable de vérifier les pratiques existantes de l'agriculture, de démontrer à l'œuvre celles qu'il veut introduire, ou le vice de celles qu'il faut supprimer. Par son activité il est partout, il veille à tout, dirige tout par lui-même, autant que possible, et il est toujours le premier levé et le dernier couché. L'économie et l'ordre qu'il met dans ses affaires le rendent attentif à toutes les recettes et à toutes les dépenses, ainsi qu'à la distribution du temps et des travaux dans toutes les parties de son service.

Conjuguer aux temps de l'infinitif le verbe faucher, *et mettre après toutes les formes un complément qui soit un nom qui se rapporte à l'agriculture.*

Alluvial, ale, adj. Qui est produit par alluvion, en parlant des terrains.

Alluvion, n. f. Accroissement de terrain qui se fait le long des rivages de la mer ou des grandes rivières, par les terres que les eaux y apportent ou qu'elles laissent à découvert lorsqu'elles se retirent.

Ameublir, v. a. Rendre une terre plus meuble, plus légère.

Ameulonner, v. a. Mettre en meule, du foin, du blé, etc.

Amidonner, v. a. Enduire d'amidon.

Amidon, n. m. Espèce de fécule qu'on retire particulièrement du blé, et qui en séchant devient une pâte blanche.

CALCUL. — SYSTÈME MÉTRIQUE.

Exposé des mesures de longueur, page 12 et suivantes. Faire les problèmes 1, 2, 3, 4, 5, page 20, et voir également page 112 et suivantes.

HUITIÈME DEVOIR.

Questions à faire aux élèves sur la dictée précédente.

1. Peut-on avoir besoin d'aides dans une exploitation ?
2. Comment les domestiques se louent-ils ? 3. Et les journaliers?

4. Lesquels doit-on préférer? 5. Pourquoi? 6. Les maîtres n'ont-ils pas des devoirs à remplir? 7. Quels sont ces devoirs? 8. Quelles sont les qualités qui doivent les distinguer? 9. En quoi consiste cette équité? 10. Que produit la bonne réputation d'un maître? 11. Et son instruction de quoi le rend-elle capable? 12. Et son activité, son économie et l'esprit d'ordre?

8e DICTÉE

PERSONNEL AGRICOLE. — DOMESTIQUES.

Les domestiques et les journaliers ont des devoirs à remplir à l'égard de leurs maîtres, et ils ne doivent pas les méconnaître, car manquer à ses obligations, c'est se rendre coupable ; c'est agir contre sa conscience ; c'est porter préjudice à ceux qui vous payent un salaire. Ainsi, les serviteurs et les employés dans une ferme n'oublieront pas qu'ils doivent au maître qui les occupe fidélité, respect et obéissance. Que tous fassent donc consister cette fidélité dans cette probité rigoureuse qui fait qu'un domestique, qu'un homme de journée emploie bien son temps, ne détourne rien de ce qui appartient à son maître et met tous ses soins à exécuter les travaux dont il est chargé ; autrement il toucherait un salaire qu'il n'aurait point gagné, et par là manquerait à la fidélité. Et *celui qui est infidèle dans les petites choses s'habitue insensiblement à l'être dans les grandes*, et peut perdre cette probité sévère qui l'aurait gardé et honoré s'il eût réprimé les premiers mouvements. Le bon emploi du temps le portera au respect qu'il doit avoir pour son maître et pour ses ordres et sa volonté. Ce respect le rendra obéissant sans murmure ni objection, se souvenant que le divin Sauveur nous a donné l'exemple de la soumission. *Je ne suis pas venu*, dit-il, *pour être servi, mais pour servir*. Il ne parlera non plus de son maître qu'en termes mesurés ; sa docilité à ses avis ne lui laissera jamais le regret de lui avoir répondu impoliment. Cette soumission n'exclut pas de justes observations ; mais quand on se trouve dans la nécessité d'en faire parfois, il faut qu'elles soient toujours présentées avec convenance, et que l'avis du maître, s'il persiste, soit suivi et exécuté ponctuellement. Jeunes gens qui vous mettez à gages, et vous, journaliers qui vendez votre travail, comprenez bien ces conseils, et au lieu de dissiper le temps en l'absence de vos maîtres, de critiquer leur conduite, en disant ce qu'on sait et ce qu'on ne sait pas, vous vous ferez un scrupule de dérober ce temps qui n'est point à vous, et vous ne direz que du bien de ceux qui vous font gagner votre vie.

Analyse de la première phrase de la dictée.

Angeolement, n. m. Binage léger qu'on donne aux plantations nouvelles.

Ane, n. m. Quadrupède qui fait partie, dans la nomenclature, du genre chevalin.

Anesse, n. f. Femelle de l'âne.

Anon, n. m. Petit de l'âne.

Anticipation, n. f. Action d'anticiper.

Anticiper, v. a. Empiéter sur la voie publique, sur le champ de son voisin.

CALCUL.

1er *Problème*. On devait semer 237 ares de terres en froment en employant 7 hectolitres 85 de semence, mais on n'en a semé que 178 ares, avec 4 hectolitres 38 de semence. On demande combien il reste de terre et de semence. Et combien aura le domestique s'il a de gratification 12 centimes par 10 ares ?

Solution. 1° 237 — 178 = 59 ares; 2° 7,85 — 4,38 = 3,47 0,12 × 17,8 = 2,13.

2e *Problème.* Un domestique gagne 240 francs par an avec 2 paires de souliers de 12 francs chacune. Combien aura-t-il gagné au bout de 5 ans, et combien aura-t-il fait d'économie si tous les ans il place 140 francs à la caisse d'épargne au taux de 3 fr. 75 c. 0/0 ?

Solution. 240 × 5 ans = 1200 fr. + 24 × 5 = 120 fr. Il aura gagné 1,320 francs dans les 5 ans.

140 francs placés la première année finie

donnent....,................	140	»
Intérêts de la deuxième année......	5	25
140 francs placés idem..............,	140	»
Intérêts au bout de la troisième année	10	70
140 francs ajoutés aux sommes qui précèdent.......................	140	»
Intérêts au bout de la quatrième année.	16	34
140 francs ajoutés aux sommes ci-dessus.	140	»
Intérêts à la fin de la cinquième année	22	20
140 francs ajoutés aux sommes ci-dessus.	140	»

R. Après ces 5 ans il aura fait.......... 754 49 d'économie.

3e *Problème*. Un fermier voulant récompenser les bons services de ses serviteurs meurt sans enfants, et leur laisse une valeur de 15000 fr. Ils sont 4, mais le plus ancien a le tiers, le second le quart, le troisième le cinquième, et le quatrième le reste, c'est la servante : quelle sera la part de chacun ?

Solution. 15000 fr. Le tiers est de 5000 fr. pour le plus ancien ;
15000 fr. Le quart, de 3750 fr. pour le deuxième ;
15000 fr. Le cinq. est de 3000 fr. pour le troisième ;
15000 fr. Le reste est de 3250 fr. pour la servante.

Total et preuve 15000 fr.

NEUVIÈME DEVOIR.

Questions à faire aux élèves sur la dictée précédente.

1. N'y a-t-il que les maîtres qui ont des devoirs à remplir ? 2. Quand on manque à ses obligations, de quoi se rend-on coupable ? 3. Que doivent les domestiques à leurs maîtres ? 4. En quoi consiste cette fidélité ? 5. Celui qui n'est pas fidèle dans les petites choses, le sera-t-il dans les grandes ? 6. A quoi portera le respect ? 7. Quel exemple nous donne le Sauveur du monde à ce sujet ? 8. La soumission au maître exclut-elle les observations ? 9. Ce qui vient d'être dit ne doit-il pas faire comprendre quelque chose aux serviteurs ?

9e DICTÉE.

EXPLOITATION RURALE ; DIVISION DES TERRES QUI COMPOSENT UNE EXPLOITATION.

Lorsqu'on entreprend la culture d'une ferme ou d'une exploitation quelconque, il faut déterminer quelles récoltes on choisira pour chacune des parties de la métairie ; quelle étendue on consacrera à chacune d'elles, et comment elles se suivront, c'est-à-dire quel genre d'assolement on adoptera. On examinera aussi quelle espèce de bétail de rente on devra tenir et en quelle quantité par rapport à l'étendue de la ferme ; enfin de quels agents de travail on se servira, et à quel genre d'aides on s'attachera. C'est ce qu'on nomme organiser une culture.

Lorsqu'il fait son plan d'organisation, le cultivateur doit avoir égard à la nature de son terrain et à sa situation, au climat, aux débouchés et à la population de la contrée , à l'étendue et à la composition de la ferme, enfin à ses moyens pécuniaires et à ses connaissances, de même qu'à la culture suivie précédemment dans son exploitation, afin qu'il n'aille point s'aventurer dans des entreprises hasardées qui pourraient compromettre sa fortune et sa réputation. — Il y a deux systèmes de culture bien tranchés : celui dont le but principal est la production des denrées animales, telles que le lait, le beurre, le fromage, la laine et les bêtes grasses; et le second qui est celui qui a plus particulièrement en vue la production des grains. Le premier ne se rencontre que là où le second ne peut avoir lieu, par suite du climat et du sol, comme par exemple dans les pays de montagnes. Partout ailleurs, la tenue du bétail est unie à la culture, et de cette réunion ressort le plus grand profit de l'industrie agricole , attendu que ces deux branches se favorisent réciproquement. La culture fournit au bétail les fourrages et la litière, et le bétail donne à la culture, outre son travail, le fumier , sans lequel elle ne peut réussir.

Conjuguer le verbe cueillir *aux temps de l'indicatif, en mettant après chaque personne un complément qui soit un nom qui se rapporte à l'agriculture.*

Aratoire, adj. des 2 g. Qui appartient à l'agriculture. Instruments aratoires.

Arbrisseau, n. m. Petit arbre à tige ramifiée dès la base.

Argoter, v. a. Couper l'extrémité d'une branche.

Arpent, n. m. Ancienne mesure de surface, qui varie selon les contrées.

Arpenter, v. a. Mesurer une surface par arpents ou autre mesure.

Arpenteur, n. m. Celui dont la profession est de mesurer les terres.

Exposé des mesures de longueur, page 12 et suivantes, et page 42; faire résoudre les problèmes 6, 7, 8, 9, 10, page 21, et voir les solutions, page 116.

DIXIÈME DEVOIR.

Questions à faire aux élèves sur la dictée précédente

1. Que faut-il faire quand on entreprend une culture ? 2. Que faut-il faire ensuite ? 3. Que doit faire le cultivateur quand

il fait son plan d'organisation? 4. Combien y a-t-il d'espèces de systèmes de culture? 5. En quoi consiste le premier système? 6. Et le second? 7. Qu'est-ce que la culture fournit au bétail, et réciproquement.

1° Végétation, terres, climats.

10e DICTÉE.

APERÇU GÉNÉRAL SUR LA VÉGÉTATION, DURÉE DES VÉGÉTAUX, MODES DIVERS DE REPRODUCTION, PAR GRAINES, PAR BOUTURES, ETC.

On entend par végétation l'action par laquelle les plantes se nourrissent, croissent, fleurissent, se reproduisent et se multiplient. Les principes de la végétation sont les sels, l'eau et la chaleur. Les sels qui nagent dans l'air et circulent dans toute la nature sont la base de la séve qui, dépouillée des sels, se réduirait à de l'eau toute pure. L'eau qui provient de la rosée, de la pluie ou des exhalaisons de la terre, dissout et détrempe ces sels; la chaleur qui s'élève des entrailles de la terre ou qui est produite par le soleil les met en action, dilate les pores des plantes, ouvre les passages et élève les sucs dans la tige; une autre partie de la plante s'enfonce dans la terre et forme les racines. Le point qui sépare la tige des racines se nomme collet. Les végétaux ont une durée plus ou moins longue selon leur nature, leur espèce et selon leur destination. Les uns sont annuels; ce sont ceux qui germent, se développent, fructifient et meurent la même année. Toutes les céréales sont de ce nombre. D'autres plantes sont bisannuelles; ce sont celles qui meurent la deuxième année, comme le trèfle, le céleri. Il y en a qui sont vivaces; ce sont celles dont la tige peut mourir tous les ans, mais dont la racine vit plusieurs années. Tels sont les prairies naturelles, le sainfoin, etc. Enfin, les végétaux ligneux qui sont des plantes vivaces dont la tige peut durer aussi longtemps que la racine. Les végétaux se reproduisent par le moyen des graines, des noyaux, par les boutures, la marcotte et par la greffe. Nous en parlerons plus au long, lorsque nous traiterons des végétaux ligneux, etc. Nous renvoyons pour cela à la 128e dictée.

La terre au point de vue agricole.

La terre au point de vue agricole est le milieu dans lequel sont fixées les plantes, où elles développent leurs racines et où elles puisent leur principale nourriture. La terre végétale, qu'on nomme aussi sol arable, terre cultivable, labourable, se compose de quatre éléments principaux : le sable, l'argile, le calcaire et l'humus, qui sont mélangés en diverses proportions ; et suivant que l'un ou l'autre prédomine, ces quatre éléments ont donné naissance aux quatre grandes classes naturelles des terrains agricoles, universellement adoptées dans la pratique, savoir : les terrains sableux, les terrains argileux, les terrains calcaires et les terrains humifères. Les parties organiques du sol proviennent des engrais, des débris des racines, des feuilles, des branchages morts, des restes des animaux et des insectes après leur décomposition. Les parties inorganiques sont formées, pour la plus grande partie, de la pulvérisation des roches plus ou moins compactes qui constituent les montagnes, et qu'on trouve même dans les plaines lorsqu'on creuse à une profondeur plus ou moins considérable. L'humidité, la gelée, l'action du soleil et des eaux ont insensiblement réduit les rochers en poudre fine et en morceaux, que les eaux des pluies et les vents ont entraînés pêle-mêle avec les débris des plantes ou des animaux. Et ces matières entassées dans les lieux bas ont donné naissance aux différents terrains qui font l'objet de l'agriculture.

Analyse de la première phrase de la dictée.

Argile, n. fém. Terre pesante, grasse, molle et ductile, nommée aussi terre glaise.
Argileux, adj. Qui tient de la nature de l'argile.
Calcaire, n. m. Pierre qui contient de la chaux.
Humus, n. m. Terre végétale qui recouvre le globe.
Sable, n. m. Sorte de terre menue et formée de petits grains de gravier.
Humifère, adj. des 2 g. Qui tient de l'humus.
Sableux, sablonneux, adj. Mêlé de sable.

Modèle de quittance.

On appelle quittance un écrit par lequel on dégage un débiteur de ce qu'il doit, soit pour argent prêté, soit pour toute autre chose.

« Je soussigné reconnais avoir reçu de Auguste Henry, cultivateur à Saint-Hilaire, la somme de huit cents francs pour une année du prix de ferme de la métairie que je lui ai louée le 25 novembre 1864.

« A Poitiers, le 28 novembre 1875.   Signé GAILLARD. »

CALCUL.

1ᵉʳ *Problème.* Un pâtre a dans son troupeau des moutons, des brebis, des agneaux et des autonois, et des moutons de trois ans ; il y a 36 autonois, 12 brebis de plus que de moutons ; il y a 5 agneaux de moins que de brebis, et autant de moutons que d'agneaux et de brebis ; à quel chiffre s'élève son troupeau, et combien fera-t-il d'argent s'il vend chaque pièce l'une dans l'autre au prix de 12 fr. 25 c. ?

Solution. $36 + 48 + 43 + 91 = 218$; $12,25 \times 218 = 2670$ fr. 50 c.

2ᵉ *Problème.* Un fermier fait faire à la journée $500^\mathrm{m}80$ de fossés ; il paye 0 fr. 75 c. par mètre ; un de ses journaliers lui en fait $4^\mathrm{m}50$ par jour, et un autre 5 mètres; combien ont-ils mis de jours, et que gagnaient-ils par jour l'un et l'autre ?

Solution. $0,75 \times 4,50 = 3,375$ que le premier gagnait par jour, et le deuxième gagne $0,75 \times 5 = 3,75$. — Ils ont mis autant de jours que $4,50 + 5 = 9,50$ sont contenus dans $500^\mathrm{m}80$. — Ainsi $500,80 : 9,50 = 52$ jours.

3ᵉ *Problème.* Un cultivateur devait à son manœuvre 80 fr. 50 c.; celui-ci a reçu 45 pains à 1 fr. 40 c. ; combien devra-t-il encore ?

Solution. $1,40 \times 45 = 63$ fr. Comme il devait 80,50, il redevra 17,50.

ONZIÈME DEVOIR.

Questions à faire aux élèves sur la dictée précédente.

1. Qu'est-ce qu'on entend par végétation ? 2. Quels sont les principes de la végétation ? 3. Que sont les sels par rapport à la séve ? 4. Qu'elle est l'action de l'eau ? 5. Et de la chaleur ? 6. Quelle est la durée des végétaux ? 7. Dites ce qu'on entend par plantes annuelles, bisannuelles, etc.? 8. Comment les végétaux se reproduisent-ils ?

1. Qu'est-ce que la terre au point de vue agricole? 2. Qu'entend-on par terre végétale ? 3. De quels éléments se compose une terre arable ? 4. A quoi ces quatre éléments ont-ils donné naissance ? 5. Quels sont ces quatre terrains ? 6. D'où proviennent

les parties organiques du sol? 7. D'où sont formées les parties inorganiques? 8. Quel a été l'effet de la gelée, de la pluie, du soleil sur les rochers ? 9. Qui a entraîné ces débris ? 10. A quoi ces débris ont-ils donné naissance ?

11e DICTÉE.

SOL, SOUS-SOL, COMPOSITION DU SOL.

On nomme sol la couche de terre arable qu'on cultive, et sous-sol les rochers stériles sur lesquels elle repose. Les sels se composent d'une partie inorganique ou minérale, et d'une partie organique ou végétale. Les parties inorganiques ou minérales, comme on l'a dit dans la dictée précédente, proviennent de l'altération des roches, et les parties organiques proviennent des débris des végétaux et des animaux en décomposition. Parmi ces substances, on distingue surtout les calcaires ou pierres à chaux, les argiles et les sables. Quand le sol contient l'une de ces substances, on lui en donne le nom. Ainsi l'on dit que le sol est calcaire, argileux, sableux, etc. Si deux substances y dominent, on les fait figurer toutes les deux dans le nom qu'on donne au sol. C'est pourquoi l'on dit : sol argilo-marneux, sol argilo-calcaire. Les sous-sols qu'on trouve ordinairement dans le sol sont : 1º la silice, qui est pure dans le cristal de roche et mêlée dans toutes les pierres faisant feu sous le briquet ; 2º l'alumine, terre très-fine, qui est en grande quantité dans les argiles et dans les pierres schisteuses, telles que les ardoises ; 3º la chaux, qui est la matière la plus abondante dans les pierres calcaires et dans la plupart des roches employées pour bâtir. Quelques terrains contiennent encore du plâtre, du fer rouillé en poudre fine, ou oxyde de fer. Ces terres sont appelées primitives, parce que c'est leur mélange dans de certaines proportions qui constitue les sols cultivés (1).

Analyse de la première phrase de la dictée.

Api, n. m. Variété de pommier.
Aplomb, n. m. Ligne perpendiculaire à l'horizon.

(1) Une terre est argileuse quand elle contient 50 p. 0/0 d'argile, elle est sablonneuse quand elle renferme au moins 70 p. 0/0 de sable, elle est calcaire quand elle renferme au moins 10 p. 0/0 de chaux ; elle est franche quand il y a de 15 à 20 parties d'humus sur 100 parties, mélangée avec les trois autres parties : argile, sable et calcaire.

Apre, adj. des 2 g. Inégal, raboteux : chemin âpre.

Appentis, n. m. Petit toit adossé à un mur, d'un côté, et soutenu, de l'autre, par des poteaux ou murs recevant l'égout.

Aqueduc, n. m. Construction de pierre faite dans un terrain inégal pour conserver le niveau de l'eau et la conduire par un canal d'un lieu à un autre.

Araire, n. f. Sorte de charrue sans avant-train pour labourer les terres légères.

CALCUL.

1er *Problème*. Un bail est fait pour 18 années, et a commencé en 1860 ; le fermier paye 1275 fr. 85 c. par an : 1° combien a-t-il payé ; 2° combien lui reste-t-il à payer?

Solution. 1867 — 1860 = 7 ans. 1275,85 × 7 ans = 8930 f. 95 c. qu'il a payés. 18 — 7 = 11 ans. 1275,85 × 11 = 14034,35 qui lui reste à payer.

2e *Problème*. Le plâtre et le sulfate de fer fixent les principes volatils des fumiers et en augmentent ainsi la valeur en même temps qu'ils suppriment toute mauvaise odeur. Pour 1,000 kilogrammes de fumier, il faut 2 kil. 425 de fer ou 12 kil. 80 de plâtre : quel est le moyen le plus économique, du sulfate ou du plâtre, en supposant le sulfate à 0 fr. 48 et le plâtre à 6 fr. 50 l'hectolitre de 185 kilogr.?

Solution. Le sulfate coûte 0,48 × 2,425, = 1.164, et le plâtre $\frac{6,50 \times 12,80}{185}$ = 45 c. par excès C'est le sulfate de fer qui revient le plus cher ; il coûte 1,164 cent. par 1000 kil. et le plâtre 0,45 par excès.

3e *Problème*. L'argile grasse, c'est-à-dire l'argile qui ne renferme qu'environ 24 p. 0/0 de sable, pèse, étant sèche et comprimée, environ 1 kil. 621 le litre : quel serait le poids du mélange d'un décalitre d'argile grasse avec un décalitre d'humus pesant 6 kil. 320?

Solution. Si un litre d'argile pèse 1 k. 621, un décal. pèsera 16 k. 21 ; ajoutés à 6 k. 320 divisés par 2, donne pour le poids du mélange 11 k. 265.

DOUZIÈME DEVOIR.

Questions à faire aux élèves sur la dictée précédente.

1. Qu'est-ce qu'on appelle sol? 2. Et sous-sol? 3. De quoi les

sols se composent-ils ? 4. D'où proviennent les parties organiques ? 5. Et les inorganiques ? 6. Que distingue-t-on parmi ces substances ? 7. Quand le sol contient en excès une de ces substances, que fait-on ? 8. Et si deux substances y dominent ? 9. Comment sont classés les sous-sols ? 10. D'où dépend la bonté du sous-sol ? 11. Quelles sont les substances qu'on trouve ordinairement dans le sol ? 12. Combien y en a-t-il ? 13. Comment appelle-t-on ces terres ? 14. Et pourquoi ?

12ᵉ DICTÉE.

DIVISION DES TERRES CULTIVABLES, QUANT A LEURS QUALITÉS : TERRES FRANCHES, TERRES FORTES, TERRES LÉGÈRES, TERRES CHAUDES ET TERRES FROIDES.

Les terres cultivables se divisent en cinq classes différentes : en terres franches, en terres fortes, en terres légères, en terres chaudes, en terres froides et en terres d'alluvion. Les terres franches ou fortes sont celles où l'argile domine, ou bien des sols calcaires cultivés depuis longtemps et ordinairement fertiles. Les terres légères sont celles où le sable l'emporte sur les autres éléments. Les terres chaudes sont celles dans lesquelles la chaux et le sable dominent. : ces terrains perméables, surtout les sablonneux, s'échauffent aisément à la fin de l'hiver et conservent tardivement en automne la chaleur qu'ils ont absorbée pendant l'été. Les froids sont celles qui sont composées de terres glaises : on les appelle aussi terres fortes et argileuses, elles s'échauffent difficilement. Les terres d'alluvion sont cellesdont le sol, formé par le séjour des eaux, est un mélange parfait de débris organiques et inorganiques ; telles sont les terres des bassins, des fleuves et des rivières. Il y a aussi des terres tourbeuses, c'est-à-dire des terres où la tourbe domine. Un moyen très-simple pour découvrir la nature et la valeur du sol ou de ces différentes espèces de terres, par exemple les terres sablonneuses ou siliceuses, c'est que celles-ci sont rudes au toucher et rayent le verre lorsqu'on les frotte dessus. Cette espèce de terre est propre à la culture quand la terre serrée entre les doigts à l'état humide se tient ensemble. Elle convient à la culture du seigle, du sarrasin et des pommes de terre, des navets, du millet et du trèfle incarnat. Les terres froides ou argileuses mises sur la langue s'y attachent fortement. Les terres légères ou calcaires se reconnaissent par l'espèce de bouillonnement qu'elles produisent lorsqu'on les met dans un acide, tel que le fort vinaigre. On reconnaît les terres chaudes par la même expérience que pour la précédente, excepté pour les terres siliceuses. Dans celles-ci, le bouillonnement est moins fort que dans les terres sablonneuses, à cause de la présence du sable. On enlève l'humidité aux terres argileuses en y transportant des matières qui les désagrégent, comme des marnes, du sable, etc. Ces terres conviennent au froment, à l'avoine, au colza, au trèfle, aux choux, aux betteraves, etc.

Conjuguer le verbe cueillir *aux temps du conditionnel et de l'impératif, en mettant après chaque personne un nom qui se rapporte à l'agriculture.*

Are, n. m. Unité de mesure pour les surfaces agraires ; c'est un décamètre carré.

Aréage, n. m. Mesurage des terres par ares.

Arène, n. m. Gravier, sable.

Aride, adject. des 2 g. Sec, montagne aride, terre aride.

Aridité, s. f. Sécheresse, l'aridité du sol.

Aurore, n. f. Lumière faible qui va en augmentant jusqu'au lever du soleil.

CALCUL. — SYSTÈME MÉTRIQUE.

Exposé des mesures de longueur, pages 12 et suivantes, voir page 112 ; faire résoudre les problèmes 1, 2, 3, page 80 ; voir les solutions, page 146.

TREIZIÈME DEVOIR.

Questions à faire aux élèves sur la dictée précédente.

1. Comment divise-t-on les terres cultivables ? 2. Qu'est-ce que les terres franches ou fortes ? 3. Qu'est-ce que les terres légères ? 4. Qu'est-ce que les terres chaudes ? 5. Qu'est-ce qu'on entend par terres d'alluvion ? 6. Que faut-il faire pour reconnaître la nature et la valeur du sol ? 7. Comment reconnaît-on les terres froides ? 8. Et les terres calcaires ? 9. Et les terres chaudes ? 10. Comment enlève-t-on l'humidité aux terres argileuses ? 11. A quoi ces terres sont-elles propres ?

13° DICTÉE.

MOYENS D'APPRÉCIER LA VALEUR ET LES QUALITÉS DES SOLS ARABLES.

On nomme analyse chimique d'un terrain l'opération qui a pour but de reconnaître la dose de terres primitives qui entrent dans sa composition. Nous avons, dans la dictée précédente, indiqué les expériences à faire pour arriver à distinguer et à découvrir la nature et la valeur du sol. Nous ajouterons que la présence de l'humus dans le sol est indiquée par une odeur de végétaux pourris, une couleur noire, une diminution de poids après qu'on a brûlé la terre. Les sols colorés en rouge, en noir ou en jaune plus ou moins foncé contiennent presque toujours de la rouille de fer. Les végétaux qui croissent d'eux-mêmes dans un terrain en indiquent la nature à celui qui sait, d'avance, quelle espèce de terre convient de préférence à ces végétaux; si, de plus, cette végétation est belle, on est certain que cette terre convient à la culture des plantes analogues. En général, plus une terre se soulève aisément et se laisse bien pénétrer par l'eau, par l'air, la chaleur et le gaz, sans jamais devenir ni trop sèche ni trop humide, plus cette terre est favorable à la culture, surtout si la couche arable en est profonde. Pour que l'humus domine d'une quantité suffisante dans une terre arable, il faut dans les sols riches qu'il aille du 20e au 10e du poids total de la terre, et au 30e dans les sols ordinaires. Dans les sols tourbeux, il y en a en plus grande quantité, sans qu'ils soient meilleurs pour cela.

(LAGRUE.)

Analyse de la première phrase de la dictée.

Arrière-foin, n. m. Regain, deuxième coupe de foin; au pl., arrière-foins.

Arrérages, n. m. pl. Revenus arriérés; termes échus et non payés.

Arrérager, v. n. Laisser accumuler les arrérages.

Arrondir, s'arrondir, v. a. Augmenter, arrondir son champ, sa fortune, les augmenter.

Arrosage, n. m. Action de conduire les eaux d'une rivière sur des terres sèches.

Arrosoir, n. m. Vase pour arroser.

CALCUL.

1er *Problème.* On se propose de faire curer un ruisseau de 892 mètres de longueur et d'une largeur moyenne de 0.65; la vase à retirer a une épaisseur de 25 centimètres : en payant le travail à raison de 1 fr. 25 le mètre cube de vase, combien coûtéra le curage du ruisseau?

2.

Solution. $892 \times 0{,}65 \times 0{,}25 = 144$ mc, $950 \times 1{,}25 = 181$. f. 18 c.

2ᵉ *Problème*. Dans une exploitation de 12 hectares, on a dépensé 2250 fr. pour un amendement calcaire, la chaux valant 2 fr. 50 l'hectol., charrois compris. On a eu dans 9 ans trois récoltes de froment valant ensemble 14400 fr., au lieu de 10800 fr. sans amendement. On demande : 1° combien l'amendement coûte par hectare ; 2° de combien d'hectolitres l'amendement a augmenté la production de chaque hectare, sachant que le prix de l'hectolitre est de 20 fr.; quel est le bénéfice net par hectare ?

Solution. Par hectare, l'amendement a coûté $2250 : 12 = 187{,}50$.

Pour les trois récoltes, l'augmentation totale a été de $14400 - 10800 = 3600$ fr.; par hectare de $3600 : 12 = 300$ fr.

Pour une récolte et pour un hectare, l'augmentation a été de $300 : 3 = 100$ fr. ou de $100 : 20 = 5$ hectolitres.

Par hectare, le bénéfice net $= 300 - 187{,}50 = 112$ fr. 50.

Réponse. 1° L'amendement a coûté 187 fr. 50 par hectare; 2° la production de chaque hectare a été augmenté de 5 hect. par récolte triennale; 3° le bénéfice par hectare 112,50.

3ᵉ *Problème*. Divisez ou partagez 84947682 entre 679 soldats.

Solution : $84947582 : 679 = 125107$ fr. 30.

QUATORZIÈME DEVOIR.

Questions à faire aux élèves sur la dictée précédente.

1. Qu'appelle-t-on analyse chimique d'un terrain ? 2. Comment trouve-t-on la présence de l'humus dans le sol ? 3. Quels sont les sols qui contiennent plus ou moins de la rouille de fer ? 4. Qu'est-ce qui indique que tel ou tel terrain convient à telle ou à telle plante ? 5. Qu'annonce une terre qui se soulève aisément et qui se laisse pénétrer d'eau facilement ? 6. Quelles sont les proportions qui doivent entrer dans le mélange de la terre et de l'humus ? 7. Dans les sols ordinaires? 8. Et dans les sols tourbeux ?

14ᵉ DICTÉE.

QUALITÉS ACCIDENTELLES DU SOL ARABLE.

Les sols dits froids ou chauds, pesants ou légers, meubles ou compactes, sont ceux qui absorbent une plus ou moins grande quantité de calorique et qui ont plus ou moins de consistance.

Ces qualités tiennent à plusieurs circonstances, telles que la couleur, le plus ou moins de liaison des parcelles de terre, l'humidité, l'exposition au soleil ou à l'ombre, la situation sur les montagnes ou dans les plaines. Un terrain de couleur noire, rouge ou foncée, est plus chaud qu'un terrain de couleur blanche; toutes choses égales, celui qui est humide est plus froid que celui qui ne l'est pas. L'exposition au midi est la plus chaude; l'exposition au levant est la meilleure après celle du midi et du sud-est; celle du couchant est humide. L'exposition au nord est la plus froide et la plus mauvaise de toutes, parce que la terre n'y est pas longtemps sous l'influence de la chaleur et de la lumière du soleil. La porosité est la propriété du sol de conserver des vides entre les particules de terre. Lorsque le sol est poreux, il absorbe mieux l'eau et les gaz nourrissants pour les tenir en réserve et les livrer aux racines des plantes pendant leur végétation. Les terres poreuses sont plus chaudes que celles qui ne le sont pas. Un sol meuble est celui qui se travaille facilement et dont les particules terreuses n'ont pas trop de liaison; c'est l'opposé des sols compactes et des terres fortes. Le sol est meuble, poreux, léger quand il contient plus de sable et de carbonate de chaux que d'argile; plus il y a d'argile, plus la terre est tenace et compacte. Une terre compacte vaut mieux sur les lieux élevés et au midi que dans des lieux bas et au nord. L'air et la chaleur y agissent plus facilement que dans les lieux bas et humides, où elle est très-froide et peu fertile. Au contraire, une terre légère ou sablonneuse qui serait stérile sur les côtes produit quelquefois beaucoup dans les vallées bien arrosées, où elle trouve sans cesse l'humidité nécessaire aux plantes.

(LAGRUE.)

Conjuguer le verbe cueillir *aux temps du subjonctif, en mettant après chaque personne un complément qui soit un nom qui se rapporte à l'agriculture.*

Arrosement, n. m. Action d'arroser. L'arrosement d'un jardin etc
Artichaut, n. m Plante potagère.
Asperge, n. f. Plante comestible, sorte de légume.
Assolement, n. m. Partage des terres labourables en soles, ou parties destinées successivement à des cultures différentes.
Assoler, v. a. Alterner la culture d'un champ.
p ine, n. f. Epine-vinette, épine blanche, ayant des épines très-pointues et des fruits rouges.

CALCUL. — SYSTÈME MÉTRIQUE.

Exposé des mesures de longueur, pages 12 et suivantes, voir l'instruction, page 112 ; faire résoudre les problèmes 4, 5, 6, page 80, et voir les solutions, pages 146 et 147.

QUINZIÈME DEVOIR.

Questions à faire aux élèves sur la dictée précédente.

1. Qu'est-ce qu'on entend par sols froids ou chauds, pesants ou légers ? 2. A quoi tiennent ces qualités ? 3. Un terrain de couleur noire, rouge, est-il plus chaud qu'un de couleur blanche ? 4. Quelle est la meilleure exposition ? 5. Quelle est la plus mauvaise ? 6. Pourquoi ? 7. Qu'est-ce que la porosité ? 8. Un sol poreux absorbe-t-il plus qu'un sol compacte ? 9. Quelles sont les terres les plus chaudes ? 10. Qu'est-ce qu'un sol meuble ? 11. Quand un sol est-il meuble ? 12. Et quand il y a de l'argile ? 13. Qu'est-ce qui rend la terre compacte ? 14. Et une terre légère que produit-elle dans les vallées ?

15e DICTÉE.

AUTRES QUALITÉS DU SOL ET FONCTIONS DU SOL.

Les autres qualités du sol tiennent à la pente de la surface et à la profondeur de la couche arable. Un terrain trop incliné souffre de la sécheresse et peut être dépouillé de la terre végétale par les eaux des pluies ; un sol de surface inégale est toujours mauvais, parce que le travail en est difficile et imparfait. On nomme profond un terrain qui a plus de 25 centimètres de terre arable, et superficiel celui qui n'a que 12 à 15 centimètres ; 18 à 25 forment un sol de profondeur ordinaire et moyenne. — Les fonctions du sol relativement aux plantes qu'on lui confie sont : 1° d'offrir aux graines après les semailles, l'humidité la chaleur pour les faire germer; 2° de présenter de petits intervalles dans lesquels les racines peuvent s'introduire pour fixer les plantes et leur permettre de résister aux efforts des vents; 3° de transmettre l'eau et les substances dont les plantes se nourrissent vers

l'extrémité des racines qui les absorbent pour former la séve ;
4° de faire, durant le jour, une provision de chaleur pour la rendre aux plantes pendant la nuit et dans les froids subits ; 5° enfin de servir de réservoir à l'électricité qui contribue au développement des plantes, et de retenir la chaleur et l'humidité qui hâtent la pourriture des débris organiques et leur changement en terreau.

Analyse de la première phrase de la dictée.

Aubépine, n. f. Epine-vinette, épine blanche. (Voyez après la dictée précédente.)

Aubergine, n. f. Plante potagère.

Aubier, n. m. La plus jeune couche que recouvre l'écorce.

Auge, n. f. Bloc de pierre ou de bois creusé pour retenir l'eau et faire boire les bestiaux.

Aune, ou *Aulne* n. m. Arbre à bois tendre, qui se plaît dans les lieux humides.

Avoine, n. f. Sorte de grain pour les chevaux.

Modèle d'une lettre de change.

La lettre de change est un écrit fait de place en place, par lequel un négociant ou tout autre donne ordre à son débiteur ou à son correspondant de payer, dans le temps qu'il détermine, telle somme désignée et dont il déclare en avoir reçu la valeur.

« Paris, le 1er décembre 1876.   B. P. F. 400

« Au trente et un de ce mois courant, payez à l'ordre de M. Jérôme la somme de quatre cents francs, valeur reçue comptant, et que vous passerez suivant l'avis de votre serviteur.

« A M. André, brasseur,   CLAUDION. »

« A Forback (Moselle). »

CALCUL.

1er Problème. Un père de famille laisse à ses 4 fils une pièce de terre de 520 mètres de longueur sur 350 m. 60 de largeur ; elle est vendue par parcelles de 50 ares, au prix de 10 fr. 50 l'are, l'un dans l'autre, de la partie qui est en terre labourable. La partie qui est en pré est égale au tiers, et a été adjugée 1825 fr. l'hectare : quelle sera la part de chacun ?

Solution. 520 ×350,60=182312 ou 1823 ares 12 cent. le tiers en pré = 6 hectares 07 ares 70 cent. à 1825 fr. l'hect. 11090 fr. 525. 1823 ares 12—607 ares 70=1215 ares 42 à 10 fr. 50 l'are = 12761 fr. 91+11090 fr. 525=23852 fr. 435 : 4=5963 fr.10 cent., part de chacun.

2e *Problème*. Un bœuf à l'engrais a consommé 4720 kilogrammes de pulpes et son poids s'est augmenté de 19 kilogr. 85: on demande à combien revient le kilogr. de viande, si les 100 kilogr. de pulpes coûtent 2 fr. 85 ?

Solution. Les pulpes coûtant 2 fr. 85 × 4720 = 134, 52, un kilogramme de viande coûtera 134,52 : 196 85=0.683.

3e *Problème*. Il faut 450 kilogrammes de chiffons de laine pour fumer un hectare de pommes de terre ; sachant que dans un champ de 1 hectare, les tubercules sont plantés à une distance de 0 m. 40, en tous sens, on demande quel poids de chiffons il faut mettre dans chaque trou ?

Solution. Le nombre de tubercules sera de 10000m : (0,40 × 0,40) = 62500. Donc il faudra mettre dans chaque trou 450 : 62500 = 0k, 007 grammes 20 cent.

SEIZIÈME DEVOIR.

Questions à faire aux élèves sur la dictée précédente.

1. A quoi tiennent les autres qualités du sol ? 2 A quoi est exposé un terrain trop incliné ? 3. Et un sol de surface inégale, quel inconvénient a-t-il ? 4. Que nomme-t-on sol profond ? 5. Et superficiel ? et ordinaire ? 6. Quelles sont les fonctions du sol relativement aux plantes ? 7. Dites la 1re, la 2e, la 3e et la 4e.

2° Opérations principales de l'agriculture.

16e DICTÉE.

PRÉPARATION DU SOL POUR LA CULTURE.

Dans toute culture, la première chose à faire est de préparer le sol à recevoir les plantes et les graines qu'on veut lui confier. Il faut donc l'ameublir par diverses opérations agricoles qu'on exécute avant les semailles. Il y en a plusieurs : les principales sont le défrichement, l'épierrement, l'assainissement, et deux opérations complémentaires deviennent indispensables en bien des cas ; ce sont l'écobuage et le drainage. Nous parlerons en son lieu de ces diverses opérations. Une fois que le sol est bien préparé, on lui abandonne les plantes et les semences qu'on lui confie ; mais il faut de temps en temps, à quelques plantes , des soins et un travail assez répétés, tels que le sarclage, le binage, etc. Mais pour accomplir ces différents travaux, il faut au cultivateur plusieurs espèces d'instruments, savoir : 1º au moyen de la bêche et de la charrue, il tranche la terre et la renverse sens dessus dessous ; 2º, par les râteaux, les herses, il la déchire sans la retourner ; 3º par les houes, il coupe les mauvaises herbes et ameublit la surface du champ ; 4º à l'aide des rouleaux, il écrase les mottes et resserre un sol trop souvent soulevé. Il faut que la préparation du sol soit en rapport avec le genre de plante ou de semence qu'on veut lui confier. Un sol bien préparé assure presque toujours une récolte certaine et abondante ; mais il ne faut pas oublier qu'une des préparations presque toujours indispensables est l'amendement, et c'est pourquoi nous en parlerons dans la dictée dix-septième.

Régions agricoles ; influence du climat.

On peut diviser la France en deux grandes régions agricoles : la région du Midi et la région du Nord ; mais elles ne sont pas tellement rigoureuses qu'elles doivent être uniquement déterminées par les degrés de latitude. Il y a aussi la région intermédiaire que nous appelons région du Centre ; mais les unes et les autres peuvent être et sont souvent modifiées par des circonstances physiques, telles que l'élévation du pays au-dessus du niveau de la mer, l'aspect qu'il présente par l'abondance de ses eaux, de ses forêts et de ses montagnes , son caractère de continent, d'île, de presqu'île, ou de péninsule ; par sa constitution géologique ou par la nature du sol cultivé. L'influence du climat est d'une grande importance et joue un très-grand rôle en agriculture ; il peut changer la nature des plantes cultivées avec les contrées les plus rapprochées ; et la couleur et les odeurs des plantes peuvent même servir à indiquer le climat. Dans les lieux bien exposés, dans ceux dont le ciel est généralement serein, peu couvert de nuages, et où les brouillards sont rares, là où l'air est fréquemment renouvelé, les odeurs des plantes sont plus prononcées et plus pénétrantes, et leurs couleurs plus foncées que dans les contrées où le climat est dans des conditions opposées. Le vert des plantes alpines est généralement foncé ; celui des plantes de tourbière, pâle et tirant sur le bleu ; celui des bois ou qui croissent dans les pays ombragés, d'un vert pâle tirant sur le jaune. Qu'on juge de là l'influence du climat sur la végétation.

Aussi il veut que les cultures du midi de la France soient différentes de celles du nord. La vigne, qui aime la chaleur, ne se cultive pas dans les pays froids, et comme il en est ainsi d'une foule de plantes, c'est au cultivateur à connaître celles dont le produit peut, dans son climat, le dédommager de son travail.

Analyse de la première phrase de la dictée ci-dessus.

Automnation, n. f. Influence de l'automne sur la végétation.

Auvent, n. m. Abris pour protéger les arbres en espalier contre les froids du printemps.

Auvernat, n. m. Variété de vigne.

Avalanche, n. f. Chute des neiges détachées des hautes montagnes dans les vallées.

Avalaison, n. f. Chute impétueuse d'eau à la suite d'un orage.

Avaloire, n. f. Partie des harnais qui tient au reculement.

CALCUL.

1er *Problème.* Une mère de famille a récolté dans son jardin 85 salades à 0,085 la pièce ; 78 choux à 0,10 ; 47 bottes de poireaux à 0,12 ; 12 bottes d'asperges à 1 fr. 25 ; 58 têtes d'artichauts à 0 fr. 225 pièce ; à combien se montent ces cinq produits de son jardin.

Solution. $0,085 \times 85 = 7,225$; $0,10 \times 78 = 7,80$; 47 bottes $\times 12 = 5,64$; $1,25 \times 12 = 15$ fr.; $0,225 \times 58 = 13,05$. Le total 48 fr. 715.

2e *Problème.* Combien y a-t-il de gerbes dans un champ qui contient 86 monceaux de 12 gerbes, et 135 monceaux de 15 gerbes ? $(86 \times 12 = 1032) + (135 \times 15 = 2025.)$ Total 3057 gerbes.

3e *Problème.* On fait une rigole pour l'irrigation d'un pré, profonde de 30 centimètres; si par les sinuosités elle a 252 m. 50, combien coûtera-t-elle à 25 cent. le mètre?

Solution. $0,25 \times 252,50 = 63$ fr. 125.

DIX-SEPTIÈME DEVOIR.

Questions à faire aux élèves sur la dictée précédente.

Quelle est la première chose à faire dans une culture?

2. Comment ameublit-on le sol ? 3. Quelles sont les opérations à faire pour ameublir le sol ? 4. Quelles sont les opérations complémentaires ? 5. Quand le sol est bien préparé, que fait-on ? 6. Quels sont les divers instruments nécessaires pour accomplir ces travaux ? 7. Faites connaître l'effet produit par chacun de ces instruments ? 8. Avec quoi la préparation doit-elle être en rapport ? 9. Qu'assure un sol bien préparé ? Quelle est la préparation indispensable ?

———

1. Quelles sont les deux grandes régions agricoles de la France ? 2. Est-ce qu'il n'y a pas une région intermédiaire et comment l'appelle-t-on ? 3. Ne sont-elles pas modifiées par des circonstances physiques ? 4. L'influence du climat n'est-elle pas d'une grande importance en agriculture ? 5. Quelle différence existe-t-il dans les plantes qui sont bien exposées ? 6. Quelle est la nuance du vert des plantes alpines ?

———

17e DICTÉE.

AMENDEMENTS.

Pour qu'une terre soit productive, il est nécessaire que les éléments minéralogiques s'y rencontrent dans une proportion convenable. Chacun des corps simples (silex ou silice, argile, chaux et humus) dont nous avons déjà parlé est infertile par lui-même. Ce n'est que par leur mélange qu'ils peuvent donner au sol les qualités propres à la végétation. C'est pour cela qu'il est important que le cultivateur fasse attention sur les terres qui pèchent par leur composition; mais avant tout, il faut qu'il ait des connaissances suffisantes sur l'action et le mode de l'emploi des substances qui sont nécessaires pour l'amélioration du sol. Ces connaissances doivent le guider dans le choix à faire de celles qui sont avantageuses et dans la manière de les exécuter. C'est pour cette raison que nous faisons suivre l'étude du sol de celle des amendements dont l'emploi est indispensable dans beaucoup de circonstances. Définissons donc ce qu'on appelle amendements. On nomme amendements les substances qui servent à corriger les défauts naturels du sol, par exemple à le rendre meuble s'il est trop compacte, ou à le rendre tenace s'il est trop meuble.

Ainsi amender, c'est modifier un sol, c'est en corriger la nature minéralogique pour lui donner des qualités qui lui manquent, tel qu'un certain degré de légèreté ou de ténacité, une perméabilité plus grande à l'air et à l'eau des arrosements ou des pluies ; c'est l'enrichir, l'engraisser ; c'est y apporter de nouveaux éléments de substances assimilables qui servent à la composition du sol et à la nourriture des plantes.

Conjuguer le verbe cueillir *aux temps de l'infinitif, en mettant après toutes les formes un complément qui soit un nom qui se rapporte à l'agriculture.*

Avoinerie, n. f. Terre semée d'avoine.
Avrillé, -lée, adj. Qui est semé en avril.
Avrillet, n. m. Blé semé en avril.
Avron, n. m. Nom vulgaire de la folle avoine.
Arboriculture, n. f. Art de cultiver les arbres.
Arboriculteur, n. m. Celui qui cultive les arbres.

CALCUL. — SYSTÈME MÉTRIQUE.

Exposé des mesures de longueur, p. 12 et suiv.; voir l'instruction, p. 112. Faire résoudre les problèmes 7, 8, 9, p. 80, et voir les solutions p. 147.

DIX-HUITIÈME DEVOIR.

Questions à faire aux élèves sur la dictée précédente.

1. Que faut-il à une terre pour qu'elle soit productive? 2. Les corps simples qui entrent dans la composition du sol, que sont-ils par eux mêmes? 3. Comment donnent-ils au sol les qualités nécessaires à la végétation? 4. A quoi le cultivateur doit il faire attention? 5. Quelles connaissances lui sont nécessaires? 6. A quoi doivent lui servir ces connaissances? 7. Pourquoi faisons-nous suivre l'étude du sol de celle des amendements? 8. Qu'appelle-t-on amendements? 9. Qu'est-ce que amender un sol? 10. Quelles sont les qualités qu'on lui rend par les amendements?

18ᵉ DICTÉE.

PRINCIPAUX AMENDEMENTS.

D'après la dictée précédente, on entend par amendements les substances minérales qui rendent la terre plus fertile en agissant sur elle. Cela peut se faire de deux manières, l'une chimique, et l'autre mécanique ou physique, comme nous allons le prouver. Si l'on ajoute du sable à une terre forte ou argileuse, on la rend moins tenace par un procédé mécanique. En y mêlant de la chaux, on en augmente la force chimique, c'est-à-dire celle qui agit sur les débris des végétaux et des animaux, et quelquefois même sur les parties minérales. Les principaux amendements sont la chaux, l'argile, le sable ou la silice, appelés amendements modifiants, parce qu'ils changent la nature du sol ; la chaux et la marne sont modifiants et stimulants tout à la fois; et les autres stimulants sont le plâtre, les plâtras, les cendres, les sels marins, la suie, les décombres et les terres rapportées, parce qu'ils ont pour but d'activer la végétation des plantes. Tous ces amendements, comme on vient de le dire, n'agissent pas sur le sol de la même manière. Il en est qui n'agissent que mécaniquement ; il en est aussi qui, tout en modifiant la consistan ce du terrain, lui communiquent des principes de fertilité analogues à ceux que fournissent les engrais proprement dits, c'est-à-dire les substances qui sont absorbées par les végétaux, et qui servent directement à leur nutrition, telles que les cendres, la charrée, la suie, le plâtre, etc. Tout le succès de la culture dépend du bon usage que le cultivateur sait faire des amendements. Souvent il s'endort à côté du trésor que sa ferme contient, et cela parce qu'il ne le connaît pas, et qu'il n'en sait pas tirer parti. Cultivateurs, profitez de cet avertissement et devenez intelligents pour découvrir les éléments de fécondité que peut renfermer le sol que vous foulez sous vos pas.

Analyse de la première phrase de la dictée.

Bâche, n. f. Grosse toile que l'on étend sur les charrettes, sur les bateaux. Horticulture, grande caisse vitrée pour abriter les plantes délicates.

Bâcher, v. a. Couvrir de bâche.

Bagarre, n. f. Embarras de voitures qui obstruent la circulation,

Bail, n. m. Contrat par lequel on afferme une terre ou on loue une maison.

Bailleur, eresse, n. Celui, celle qui donne à bail.

Balance, n. f. Instrument qui sert à déterminer le poids des objets.

CALCUL.

1er *Problème*. Un bail fait pour 21 années a commencé en 1857; le fermier paye 1,500 fr. par an : 1° combien a-t-il payé; 2° combien lui reste-t-il à payer. *Solution* : 1867 — 1857 = 10 ans. 1,500 × 10 = 15,000 fr. 21 — 10 = 11 ; 1,500 fr. × 11 = 16,500 f.

2e *Problème*. On a dans une vigne 345 rangées de 750 ceps : chaque cep donne 8 grappes de raisin ; combien y a-t-il de grappes ?

Solution. 345 × 750 = 258,750 ceps × 8 = 207,000 grappes de raisin.

3e *Problème*. Un batteur au fléau frappe 26 coups par minute sur sa gerbe de froment; combien frappe-t-il de coups dans une journée de 8 heures.

Solution. S'il frappe 26 coups par minute, en 1 heure ou 60 minutes, 26 × 60 = 1,560, et en 8 heures 8 fois plus, ou 1,560 × 8 = 12,480 coups.

DIX-NEUVIÈME DEVOIR.

Questions à faire aux élèves sur la dictée précédente.

1. Comment les amendements peuvent-ils se faire ? 2. Si l'on ajoute du sable à une terre forte, qu'arrive-t-il? 3. Et s'y l'on y mêle de la chaux ? Quels sont les principaux amendements modifiants ? 5. Quels sont les stimulants ? 6. Tous ont-ils la même action sur le sol? 7. D'où dépend le succès de la culture ? 8. Quel avertissement est donné aux cultivateurs?

19e DICTÉE.

DE LA CHAUX ET DE LA MARNE.

La chaux, essence de pierre calcaire calcinée par l'action du feu, est un composé d'oxygène et d'un corps simple appelé

calcium. Dans le four où l'on soumet cette pierre, l'eau en cristal-
lisation ainsi que l'acide carbonique se dégagent et la pierre
donne ainsi la chaux vive et caustique. Pour l'employer comme
substance améliorante, il est nécessaire que le cultivateur sache
reconnaître les sols auxquels les amendements calcaires peuvent
convenir. Cet amendement ne peut être placé que sur les sols qui
ne renferment pas de principes calcaires. Il est facile de les reconnaître. Toutes les fois que sur une terre sur laquelle on jette du
vinaigre très-fort, il se produit un bouillonnement ou une effervescence, on peut être sûr qu'elle contient une quantité de chaux
suffisante pour les besoins des plantes et pour produire l'effet désirable sur les parties organiques de difficile décomposition que
renferme le sol. Les effets de la chaux sont nombreux: elle diminue la ténacité des terres argileuses, elle rend plus compactes
les terres légères, favorise la décomposition de l'humus, détruit
les germes des insectes, préserve les plantes des mauvaises herbes et de certaines maladies, et fait produire des grains qui ont
du poids et rendent beaucoup de farine et peu de son. C'est surtout dans le nord et le nord-est que la chaux est le plus employée
en agriculture. La marne est un mélange naturel de chaux, d'argile et de sable qui se trouve tout formé dans la terre. On distingue la marne calcaire, la marne argileuse et la marne sablonneuse; composée de calcaire et d'argile, la marne agit puissamment et améliore, par l'apport du premier de ces deux
principes, tous les sols qui en sont privés. La marne est infé-
conde par elle-même, mais-elle est très-propre à fertiliser les
terres arables quand elles sont argileuses, sablonneuses schisteuses et granitiques. De plus, elle fait disparaître l'acidité des
champs nouvellement défrichés, et favorise la végétation des
plantes fourragères les plus précieuses: trèfles, sainfoin et
luzerne. La marne dite Palissy est un fumier naturel et divin,
ennemi de toutes les plantes qui viennent d'elles-mêmes, et
générateur de toutes les semences qui ont été mises en terre par
le laboureur. On reconnaît la présence de la marne proprement
dite à deux caractères: 1° effervescence avec les acides, par
exemple avec le vinaigre ; 2° tendance à se déliter par l'alternative
de sec et d'humide.

Conjuguer le verbe semer *aux temps de l'indicatif en mettant
après chaque personne un complément qui soit un nom qui se
rapporte à l'agriculture.*

Balle, n. f. La première écorce du grain, espèce de capsule où
il est enfermé.

Bard, n. m. Civière à bras.

Barlong, n. m. Vase où tombe le vin exprimé du marc.

Baromètre, n. m. Instrument de physique qui indique les variations du poids de l'air atmosphérique.

Baratte, n. f. Long baril de bois où l'on bat le beurre.

Barotte, n, f. Vaisseau cerclé en fer pour la vendange.

CALCUL. — SYSTÈME MÉTRIQUE.

Exposé des mesures de surface, pages 23 et suivantes. Voir l'instruction, p. 116 et suiv. Faire résoudre les problèmes 1, 2, 3, 4, 5, p. 32 et 33 ; et voir les opérations, p. 121 et 122.

VINGTIÈME DEVOIR.

Questions à faire aux élèves sur la dictée précédente.

1. Qu'est-ce que la chaux ? 2. Que se dégage-t-il-de la pierre à chaux lorsqu'elle est soumise à l'action du feu ? 3. Que doit faire le cultivateur quand il veut employer cette substance pour amendement ? 4. Comment peut-on reconnaître que le sol contient des matières calcaires en suffisance ? 5. Quels sont les effets de la chaux ? 6. Dans quelles contrées fait-on le plus grand usage de la chaux ? 7. Qu'est-ce que la marne ? 8. Combien en distingue-t-on ? 9. Quel est l'effet de la marne ? Est-elle féconde par elle-même ? 10 A quoi reconnaît-on la présence de la marne ? Quels sont ses deux caractères ?

20ᵉ DICTÉE.

CETTE DICTÉE EST UNE RÉCAPITULATION DE CE QUI A ÉTÉ VU EN AGRICULTURE, ET EN MÊME TEMPS UNE COMPOSITION MENSUELLE AU POINT DE VUE DE L'ORTHOGRAPHE.

Quelle que soit la marche que nous ayons suivie dans nos dictées sur l'agriculture, nous ne devons pas oublier que nous avons eu en vue, non-seulement l'étude de cet art, mais encore l'acquisition des connaissances grammaticales et des principes de notre langue. Nous n'aurons pas manqué de faire des progrès, si nous nous sommes bien rendu compte des leçons qui nous ont été expliquées. L'expérience a prouvé que la connaissance de la langue française ne consiste pas à meubler sa mémoire d'une foule de règles et de définitions qu'on ne sait pas toujours appliquer ; mais ils consistent plutôt dans des exercices bien choisis, dans des dictées faites avec intelligence et expliquées avec clarté et méthode. Voilà le moyen sûr de faire des progrès et de parvenir à écrire assez correctement le français. — Les leçons d'agriculture que nous avons étudiées jusqu'aujourd'hui ont roulé sur le besoin de s'instruire, sur l'honorabilité de la profession de cultivateur et sur les avantages qu'on pouvait y trouver ; puis on nous a fait connaître la nécessité et l'importance de cet art ; on nous a aussi tracé les devoirs des maîtres et des serviteurs d'une exploitation. Après, on a cherché à nous initier à la connaissance du sol et des parties qui constituent une terre arable. Déjà nous avons compris ce qu'on entend par amendements et quels sont les principaux qui peuvent entrer dans l'amélioration de telle ou telle terre. Par les questions qui nous ont été présentées, nous devons être à même de constater les résultats que nous avons obtenus, et nous pouvons juger si nous avons profité des leçons qu'on s'est efforcé de nous expliquer. Mais le peu d'attention que nous avons apporté aux développements qui nous ont été faits ne nous donne-t-il pas lieu de craindre de n'avoir pas répondu à l'attente de l'administration et au zèle de notre professeur?

Analyse de la première phrase de la dictée.

Batteur en grange, s. m. Homme qui bat le blé.
Baudet, n. m. Petit âne.
Béchotter, v. a. Donner un petit labour avec le béchon.
Béchon, n. m. Houe qui sert à biner à la main.
Belheau, n. m. Tombereau pour le transport du fumier.
Béquiller, v. a. Faire un petit labour dans une planche, dans une caisse.

Modèle de billet à ordre.

Le billet à ordre est un titre par lequel la personne qui le souscrit promet à une autre de lui payer, à une échéance et à un domicile déterminés, une somme quelconque, ou à son ordre, c'est-à-dire à celui qui, par le moyen d'un endossement en bonne forme, se trouvera cessionnaire de ses droits.

Nancy, le 2 janvier 1876.   B. P. F. 1,200

« Au six mars prochain, je payerai, à mon domicile ci-dessous indiqué, à l'ordre de M. Demol, la somme de douze cents francs, valeur reçue en fournitures.

« DUBRULÉ. »

« Monsieur Dubrulé, fermier, aux
Trois-Maisons, à Nancy. »

CALCUL.

1er *Problème.* Un fermier achète un porc 32 fr. 50 c. ; il l'a nourri pendant cent jours, dépensant, en moyenne, 0,25 centimes par jour. Tué et vidé, cet animal vaut 75 fr.; dites s'il y a de la perte ou du bénéfice, et à combien l'une ou l'autre se monte ?

Solution. $0,25 \times 100 = 25$ fr. $+ 32,50 = 57,50$. $75 - 57,50 = 17,50$. La dépense se monte à 57,50, et le bénéfice se monte à $75 - 57,50 = 17,50$.

2e *Problème.* On a répandu 50 mètres cubes de marne dans un champ d'un hectare : on demande quelle est la quantité répandue sur un mètre carré ?

Solution. Par mètre carré, on a répandu 50 divisés par 10,000 $= 0,005$ décimètres cubes.

3e *Problème.* Un propriétaire veut répandre de la chaux dans deux pièces de terre, 18 hectolitres par hectare. Pour la première, il lui en faut 72 hectolitres; pour la deuxième, 750 décalitres. Quelle est la contenance de ces deux propriétés et que devra-t-il acheter de chaux à 4,30 l'hectolitre ?

Solution. 72 hectares : $18 = 4$ hectares dans la première ; 75,0. $18 = 4$ hectares 16,66 centiares dans la deuxième. Les 2 pièces contiennent 8 hectares 16 ares et 66 centiares. S'il faut 18 hectolitres pour un hectare, il en faudra pour les deux pièces $72 + 75 = 147$ hectolitres à 4 fr. $30 \times 147 = 632$ fr. 10 c.

VINGT-UNIÈME DEVOIR.

Questions à faire aux élèves sur la dictée précédente.

1. Dans les devoirs que nous avons faits, n'avons-nous en vue que l'étude de l'agriculture? 2. Qu'est-ce qui peut nous assurer si nous avons fait des progrès ? 3. Qu'est-ce que l'expérience a démontré à ce sujet ? 4. Sur quoi ont roulé nos leçons d'agriculture? 5. Que nous a-t-on tracé? 6. N'a-t-on pas cherché

à nous initier à la connaissance du sol? 7. Comment pouvons-nous constater les résultats que nous avons obtenus? 8. N'avons-nous pas manqué d'attention aux leçons qu'on nous a faites?

21ᵉ DICTÉE.

CHAULAGE.

Lorsqu'on s'est assuré qu'un sol ne renferme pas de substances calcaires, il est nécessaire, avant de procéder au chaulage, de savoir quelle quantité de chaux il faut employer, à quelle époque et de quelle manière on doit effectuer cette opération. Il faut également : 1° connaître le temps de la durée que l'on veut donner à l'amélioration ; 2° la nature du sol que l'on veut chauler ; 3° et la nature de la chaux que l'on emploie. C'est par l'examen de ces trois causes qu'on pourra reconnaître la dose de chaux qui est nécessaire. Toutefois, il est reconnu que les sols argileux, surtout ceux qui sont froids, les terrains tourbeux, les sols dans lesquels se trouvent des débris organiques qui se décomposent difficilement, comme les terres des landes, demandent un chaulage plus fort que les sols légers et sablonneux. On ne met dans ces derniers que la moitié de ce qu'on met dans les premiers, et, en général, on répand autant de fois 3 à 4 hecto-litres par hectare que l'on veut laisser écouler d'années avant le renouvellement du chaulage. Après que les terres ont été dé-chaussées, c'est ordinairement en automne, et quelquefois au printemps, que se fait le chaulage. Les pierres à chaux sont con-duites sur le sol, au milieu de chaque sillon, et disposées en petits tas éloignés l'un de l'autre de 6 à 8 mètres, on les recouvre d'une couche de terre et on les laisse dans cet état jusqu'à ce que la chaux soit éteinte et réduite en poussière. La terre qui recouvre les tas se crevasse, et pour que l'eau des pluies ne puisse y pénétrer, on a soin de boucher les fissures qui se sont formées. Après une quinzaine, ou après le mélange de la chaux avec de la terre, et avant de la répandre, on la laisse totalement se réduire en poussière. Pour répandre les tas à la surface du sol, il faut profiter d'un temps sec et beau et ne pas la laisser exposée à la pluie. Enfin on l'enterre superficiellement.

Analyse de la première phrase de la dictée.

Bêche, n. f. Outil de fer, large et tranchant, avec un manche de bois servant à remuer la terre.

Bêcher, v. a. Couper, remuer la terre avec une bêche.
Bélier, n. m. Mâle de la brebis.
Bélière, n. f. Sonnette du bélier qui conduit le troupeau.
Berceau, n. m. Voûte en treillage dans un jardin.
Berger, n. m. Celui qui garde les troupeaux.

CALCUL.

1**er** *Problème*. Un fermier fait conduire par un chaulier 252 hectolitres de chaux dans une terre argileuse. La chaux lui coûte 4,20 l'hectolitre; il paye, par 10 hectolitres, 6 fr. 50 c. de transport; il donne 0,30 centimes de façon pour la conserver en tas et la répandre; combien cela lui occasionnera-t-il de dépense s'il met 18 hectolitres par hectare?

Solution. La chaux coûte 4 fr. 20 $\times$ 252 $=$ 1058 fr. 40. S'il paye 6,50 par 10 hectolitres, un hectolitre coûte 0,65, et 252 coûteront 0,65 $\times$ 252 $=$ 163 fr. 80. La façon coûte 0,30 $\times$ 252 $=$ 75,60. Le tout coûte 239 fr. 40. La contenance de la terre est de 252 : 18 $=$ 14 h. La dépense d'un hectare sera 1297,80 : 14 $=$ 92 fr. 70 c.

2° *Problème*. Le fermier considère sa main-d'œuvre pour le labour à 35 fr. 50 c. l'hectare; quel sera le prix de toute la dépense avec celle du chaulage?

Solution. 35,50 $\times$ 14 $=$ 497 fr. $+$ 1297,80 $=$ 1794 fr. 80 c.

3° *Problème*. A combien revient l'hectolitre de chaux rendu dans un champ quand on a payé 1222 fr. 20 c. pour 252 hectolitres?

Solution. 1222 fr. 20 c. : 252 hectolitres $=$ 4,85 l'hectolitre.

VINGT-DEUXIÈME DEVOIR.

Questions à faire aux élèves sur la dictée précédente.

1° Quand on veut chauler une terre, que doit-on faire d'abord? 2° Que faut-il ensuite connaître? 3° Quels sont les sols qui réclament un chaulage plus fort? 4° Quelle proportion met-on dans ces derniers? 5° Dites comment se fait le chaulage? 6° Que faut-il faire pour que l'air ne pénétre pas dans le tas? 7° Combien met-on de temps avant que de répandre la chaux sur la surface du champ? 8° Quel temps faut-il choisir pour faire cette opération?

22e DICTÉE.

MARNAGE.

Avant d'opérer le marnage, il faut prendre les mêmes précautions que pour le chaulage. On doit examiner la nature du sol, la nature de la marne et la durée qu'on veut donner à cette amélioration. De plus, il faut, comme pour la chaux, que le sol ne soit pas humide, si l'on ne veut pas faire une dépense complétement inutile. C'est ordinairement en automne que l'on conduit la marne sur le sol, parce qu'alors elle se délite plus facilement et plus rapidement par suite de l'influence de l'eau, de la gelée et des pluies, et qu'on peut la mélanger ensuite plus commodément avec la terre. Quand, à cette époque, le sol n'est pas prêt, on peut attendre au printemps suivant ; dans ce cas, on fait ordinairement jachère, afin de mélanger la marne avec la couche arable par des labours répétés. On peut également conduire la marne sur les champs en hiver, dans le cas où on éprouverait quelque obstacle à le faire en automne ou au printemps. C'est un moyen de donner de l'occupation aux attelages. Voici la manière d'effectuer le marnage. On conduit la marne sur les champs avant de labourer ; quelquefois le transport a lieu après le premier labour, donné au commencement de l'automne. L'éloignement des tas de marne et leur grosseur dépendent de la dose de marnage, mais ils doivent toujours occuper le milieu du champ. Ces tas restent pendant quelque temps en repos, et sont répandus sur le sol au moyen de la pelle. Mais comme cette répartition ne se fait qu'imparfaitement, on y revient après l'hiver, en faisant passer sur le sol la herse et l'extirpateur, qui distribuent l'amendement d'une manière à peu près égale. On donne alors un labour et, pendant l'été, on peut en donner deux autres plus profonds que le premier ; l'amendement se trouvera alors mélangé avec le sol d'une manière convenable. Il faut qu'on sache bien que la marne n'engraisse pas la terre ; elle active la décomposition des engrais, mais aussi elle la rendrait bientôt stérile si on ne lui redonnait, par des fumures, la fertilité que la végétation lui a enlevée.

(Bentz.)

Conjuguer le verbe semer *aux temps de l'indicatif, en mettant après chaque personne un complément qui soit un nom qui se rapporte à l'agriculture.*

Bergerie, n. f. Lieu où l'on renferme les brebis.

Bernage, n. m. Espèce de mélange de graines que l'on sème en automne, pour avoir au printemps du fourrage.

Besace, n. f. Long sac à deux poches, ouvert par le milieu.

Beseau, n. m. Rigole pour étendre les moyens d'irrigation.

Beslon, n. m. Auge pour recevoir le cidre qui coule au pressoir.

Besoche, n. f. Sorte de pioche.

CALCUL. — SYSTÈME MÉTRIQUE.

Exposé des mesures de surface , pages 23 et suivantes : voir l'instruction, pages 116. Faire résoudre les problèmes, pages 6, 7, 8, 9, 10, pages 33 et 34 : voir les opérations, pages 122.

VINGT-TROISIÈME DEVOIR.

Questions à faire aux élèves sur la dictée précédente.

1. Quelles précautions faut-il prendre avant de marner ? 2. A quelle époque se fait le marnage ? 3. Pourquoi cette saison convient-elle ? 4. Quelle est la manière d'effectuer le marnage ? 5. Quelle distance faut-il garder entre les tas ? 6. Quand faut-il répandre les tas , et que fait-on après ? 7. La marne engraisse-t-elle le sol ? 8. Que fait-elle en ce cas ?

23ᵉ DICTÉE.

EFFETS DE LA CHAUX ET DE LA MARNE.

Pour que la chaux produise son effet, il faut qu'elle se trouve bien mélangée avec la couche arable. C'est pour cette raison qu'on choisit quelquefois l'année de jachère pour exécuter le chaulage. Avant d'enterrer la chaux par un labour profond , on doit herser, puis donner un coup d'extirpateur, afin qu'elle soit répandue d'une manière égale. L'effet de la chaux ne se fait quelquefois remarquer que la seconde année ; cela arrive lorsque, pour la première, le mélange n'a pas été opéré convenablement.

Avant de chauler un sol, il est important de l'assainir ; car, sans cela, l'amendement ne produirait presque pas d'effet, puisque chaux n'agit que sur les sols humides par leur nature, ou les éléments qui les constituent, et non par leur position. La marne, à cause de la chaux qu'elle renferme, produit les mêmes effets que la chaux elle-même, c'est-à-dire qu'elle décompose les engrais et l'humus contenus dans le sol, et en fait passer les principes nutritifs dans les plantes ; elle divise les sols compactes et donne de la consistance aux terres légères. On met ordinairement de vingt à soixante voitures à quatre chevaux de marne par hectare ; mais les terrains sur lesquels on n'emploie la marne que pour l'argile qu'elle contient en demandent une masse bien plus considérable. On reconnaît la présence de la marne dans une terre par l'expérience qu'on fait pour reconnaître les sols calcaires, et certaines plantes qui croissent dans certains terrains sont un indice pour le cultivateur dans la recherche de la marne ; ces plantes sont le tussilage ou le pas-d'âne, le mélampyre ou blé de vache, la sauge des prés, etc.

Analyse de la première phrase de la dictée.

Bétoire, n. m. Trou rempli de pierrailles, pour absorber l'eau dans les champs.

Beuglement, n. m. Cri du bœuf.

Beugler, v. n. Pousser des beuglements.

Beurre, n. m. Crème épaissie à force d'être battue.

Beurré, n. m. Sorte de poire fondante.

Beurrée, n. f. Tranche de pain où l'on a étendu du beurre.

CALCUL.

1ᵉʳ *Problème.* Un fermier veut répandre de la chaux dans trois pièces de terre, à raison de 20 hectolitres par hectare. Pour la première, il en faut 130 décalitres; pour la deuxième, il en faut 85 décalitres de plus, et pour la troisième, autant que pour les deux autres : combien de décalitres devra-t-il acheter à 4 fr. 20 l'hectolitre et quelle somme aura-t-il à payer ?

Solution. Pour la deuxième pièce, il faut $130 + 85 = 215$ de chaux. Pour la troisième, il faut $130 + 215 = 345$ décalitres, et les trois égalent 690 décalitres ou 69 hectolitres à $4,20 \times 69 = 289$ fr. 80 à payer.

2ᵉ *Problème.* Un cultivateur veut marner un champ de 70 hectares éloigné de la marnière d'où il extrait cet amendement ; il charrie par jour avec trois chevaux, en deux voyages, 6 mètres cubes ; combien faudra-t-il de jours pour marner un champ de 548 ares à raison de 30 mètres cubes par hectare ?

Solution. 548 = 5 h. 48 × 30 = 164 h., divisés par 6 = 27 j. 4 dixièmes.

3e *Problème.* Combien devra-t-il payer si le collier de chaque heval est de 5 francs.

Solution. Par jour, 5 × 3 = 15 francs × 27,4 = 411 francs

VINGT-QUATRIÈME DEVOIR.

Questions à faire aux élèves sur la dictée précédente.

1. Quelle condition faut-il pour que la chaux produise son effet dans le chaulage? 2. Pourquoi choisit-on quelquefois l'année de jachère ? 3. Avant de donner un labour, quelle opération faut-il faire ? 4. Quel est l'effet de la chaux? 5. Qu'est-il important de faire avant de chauler? 6. Quels effets produit la marne ? 7. Quel est encore son effet sur le sol? 8. Que met-on de marne par hectare ? 9. Comment reconnaît-on la présence de la marne? 10. Quelles sont les plantes qui servent d'indice à la présence de la marne ?

24e DICTÉE.

EMPLOI DU SABLE ET DE L'ARGILE COMME AMENDEMENTS.

Beaucoup de traités d'agriculture contiennent une erreur sur l'emploi de l'argile comme moyen d'améliorer les terrains sablonneux , ou bien l'emploi du sable comme propre à modifier la composition des sols argileux. La pratique a démontré que ces deux substances ne peuvent servir d'amendement l'une à l'autre, attendu qu'elles ne se combinent pas entre elles, ou au moins très-difficilement. Le sable paraît devoir agir principalement sur les terrains où domine l'argile, car ces terrains, étant ordinairement trop compactes et par conséquent trop durs, demandent l'emploi de substances qui les ameublissent, et le sable , comme on le sait, possède à un très-haut degré cette propriété lorsqu'il entre pour une portion un peu sensible dans la composition du sol. Mais pour qu'il produise cet effet, il faudrait qu'il fût combiné avec les autres éléments du sol, et non pas seulement mélangé, ce qui n'aurait plus pour résultat l'ameublissement de la terre. Les essais tentés sous ce rapport prouvent que le sable tend toujours à descendre à travers la couche arable, et à arriver dans le sous-sol sans avoir agi. Loin de s'introduire dans les molécules de l'argile pour ne faire qu'un seul corps avec elle, il s'en échappe et se précipite dans la couche inférieure du sol arable : donc il ne peut ameublir que fort peu le sol argileux. Ce qu'on peut retirer d'un mélange d'argile et de sable comme amendement, ce n'est que par des labours profonds d'un sous-sol sablonneux qu'on arrivera à mélanger ce sous-sol avec l'argile qui compose la couche arable. D'un autre côté, si l'on peut améliorer les sols argileux, c'est en soumettant la croûte superficielle de la couche arable à l'action du feu par la calcination. L'argile se fendille par l'effet de la chaleur et forme de petits morceaux qui produisent le même effet que le gravier et le sable. Les meilleurs moyens d'améliorer les terrains argileux, ce sont des cultures données aux époques convenables, l'emploi de la chaux et une quantité suffisante d'engrais ; et comme ces terrains s'ameublissent généralement par l'effet des gelées, ce sont les labours d'hiver qui leur conviennent le mieux.

Conjuguer le verbe semer *aux temps du conditionnel et de l'impératif, en mettant après chaque personne un complément qui se rapporte à l'agriculture.*

Beurrerie, n. f. Lieu où l'on fait, où l'on conserve le beurre.
Beurrier, ère, n. Celui, celle qui vend du beurre.
Beurrier, n. m. Vase où l'on met du beurre.
Bicoque, n. f. Très-petite maison.
Bidet, n. m. Petit cheval.
Bieffe, n. f. Espèce de terrain peu fertile.

CALCUL. — SYSTÈME MÉTRIQUE.

Exposé des mesures de surface, pages 23 et suiv. ; voir l'instruction, page 116, et faire résoudre les problèmes 10, 11, 12, page 81, et voir les solutions, page 147.

VINGT-CINQUIÈME DEVOIR.

Questions à faire aux élèves sur la dictée précédente.

1. Qu'est-ce que la pratique a démontré sur l'emploi du sable et de l'argile comme amendements? 2. Le sable paraît-il agir sur les terrains argileux? 3. Que faudrait-il pour que le sable produisît ses effets? 4. Que prouvent les essais tentés à ce sujet? 5. A quoi tend le sable? 6. Se combine-t-il avec l'argile? 7. Que peut-on retirer de ce mélange? 8. Par quel moyen? 9. Comment peut-on encore améliorer les sols argileux? 10. Quels sont les meilleurs moyens d'améliorer les terrains argileux?

25e DICTÉE.

STIMULANTS. — EMPLOI DES CENDRES ET DU PLÂTRE.

Les stimulants sont des substances qui influent directement sur la végétation en excitant les organes des plantes à puiser plus de nourriture dans la terre et dans l'atmosphère. Quelquefois un stimulant a aussi la propriété de modifier la nature du sol; dans ce cas, il est appelé amendement stimulant : telles sont les cendres, mais non pas le plâtre, puisqu'on le répand seulement sur certaines plantes en végétation et qu'il ne se combine pas avec la couche arable. On donne le nom de cendres au résidu que laisse la combustion des substances organiques d'origine végétale ou animale. L'efficacité des cendres dépend en grande partie des éléments qui les composent. Les principales espèces sont les cendres de bois, les cendres de tourbe et les cendres de houille. Les cendres de bois sont celles qu'on emploie le plus généralement. Elles sont formées de sels, de terres et d'oxydes métalliques. La charrée ou les cendres lessivées produisent un excellent effet; mais des cendres prises au foyer de la combustion ne leur cèdent en rien : elles sont mêmes préférables pour certains sols et activent singulièrement la végétation. Ces cendres conviennent aux sols frais, humides et froids, argileux et sablonneux, dans les pays de montagnes, comme les Vosges, etc. C'est surtout sur les terres destinées au sarrasin ou blé noir que l'on répand les cendres au printemps. On les enterre par le labour des semailles, qui doit être donné autant que possible dans un temps sec; ou en fait aussi usage au moment des semailles pour le colza, le blé et le seigle. Les cendres sont recommandées comme moyen d'amélioration sur les prairies où l'on veut détruire la mousse, les joncs et d'autres plantes nuisibles qui ont pris un trop grand développement. — Le plâtre est un corps formé par la réunion de l'acide sulfurique et de la chaux. Les végétaux auxquels le plâtre convient le mieux sont : le trèfle, la luzerne, le sainfoin, la lupuline ou plutôt trèfle jaune, les jarosses, les haricots, les pois, les fèves. Le plâtre double quelquefois le produit des prairies légumineuses, mais, donnant plus de vigueur aux plantes, il les rend plus aqueuses et plus sujettes à produire des indigestions. On répand le plâtre sur les plantes lorsqu'elles commencent à couvrir le sol; c'est ce qui a lieu ordinairement à la fin d'avril ou au commencement de mai, suivant les climats. On le répand à la volée, le matin ou le soir, pendant la rosée ou dans le courant du jour, lorsque les plantes ont été un peu mouillées. On emploie environ 250 à 350 kilogrammes par hectare. Il ne produit aucun effet sur les terrains humides, mais il est très-utilement employé sur les sols secs et chauds.

Analyse de la première phrase de la dictée.

Bigarreau, n. m. Grosse cerise d'une chair ferme.

Bigaut, n. m. Sorte de houe à crochets pour le binage de la vigne.

Billon, n. m. Certains ados qu'on forme dans un terrain avec la charrue.

Billonnage, n. m. Action de faire des billons dans un champ.

Billonner, v. a. Labourer en billon.

Biloquer, v. a. Faire un premier labour très-profond avant l'hiver.

Formule de reconnaissance pour argent prêté.

Le prêt d'une chose qui se consomme par l'usage oblige l'emprunteur à en rendre autant de même espèce et qualité, et ordinairement à donner en outre au prêteur un dédommagement, à titre d'intérêt stipulé d'avance. L'intérêt de l'argent prêté est légal à 5 p. 100, et à 6 dans le commerce.

« Je soussigné, Paul Tisseron, cultivateur, demeurant à Varennes, reconnais devoir à M. Théodore Petit, propriétaire à Verdun, la somme de mille francs, qu'il m'a prêtés, et que je m'oblige à lui payer en sa demeure dans un an, date de ce jour, avec intérêts à cinq pour cent.

« Verdun, le 4 janvier 1876.

« Bon pour mille francs.

« P. TISSERON. »

CALCUL.

1er *Problème*. Quelle est la surface d'un champ qui a la forme d'un carré de 56 mètres de côtés, et que coûtera-t-il si on le paye 8 fr. l'are?

Solution. 56 $\times$ 56 = 3136 mètres carrés ou 31 a. 36 ; à 8 fr. $\times$ 31.36 = 250 fr. 88 c.

2e *Problème*. Trouver la surface d'un pré qui a la forme d'un rectangle de 140 mètres de longueur sur 80 mètres de largeur à 1,600 fr. l'hectare?

Solution. 140 $\times$ 80 = 11200 mètres carrés, ou 1 h. 12 ares; à 1,600 f. $\times$ 1,12 = 1792.

3e *Problème*. On veut amender d'un tiers, avec du sable fin, une terre qui ne rapporte rien en raison de son excès d'argile : on veut en faire l'épreuve sur 3 ares 68 centiares ayant 25 centimètres de profondeur : on demande combien il faudra de tombereaux de sable contenant 2 mètres cubes 500 ?

Solution. Le cube de la surface est de 31,68 ou 3168 m. car. $\times$ 0,25 = 792 m. cub. Comme le sable doit former le tiers de la masse du sol arable, cette quantité d'argile représente les 2/3 de la masse totale amendée ; donc les 2/3 de 792 = 792 : 3 $\times$ 2 = 528 divisés par 2 égale le tiers, qui est de 264, puis 2 mètres 500 par tombereau = 105 tombereaux et 1 mèt. 5 de reste.

VINGT-SIXIÈME DEVOIR.

Questions à faire aux élèves sur la dictée précédente.

1. Qu'est-ce que les stimulants? 2. Dans quel cas les stimulants sont-ils appelés amendements stimulants? 3. Qu'est-ce qu'on nomme cendres? 4. Quelles sont les différentes sortes de cendres? 5. Qu'est-ce que la charrée? 6. A quels sols les cendres conviennent-elles? 7. Sur quelles espèces de semences répand-on les cendres? 8. Pourquoi les cendres sont-elles recommandées pour les prairies? 9. Qu'est-ce que le plâtre? 10. Quels sont les végétaux auxquels le plâtre convient? 11. En donnant plus de vigueur aux plantes, le plâtre a-t-il un inconvénient? 12. Quand répand-on le plâtre sur les plantes? 13. Comment le répand-on? 14. Quelle quantité emploie-t-on par hectare?

26ᵉ DICTÉE.

NOTICE SUR FRANKLIN.

Franklin naquit en 1706 à Boston, ville considérable de l'Amérique du Nord. Fils d'un pauvre fabricant de savon, il fut d'abord ouvrier imprimeur ; à force d'ordre et d'économie, il devint lui-même, en 1729, chef d'une imprimerie importante à Philadelphie et acquit bientôt une honnête aisance. Il s'occupa dès lors d'objets d'utilité publique, fonda une bibliothèque et une société littéraire, publia des journaux et des almanachs qui lui servaient à répandre dans le peuple une utile instruction. Il ne tarda pas à entrer dans une administration et y fit adopter d'importantes mesures. Il continua de se livrer à l'étude des sciences, fit de précieuses découvertes sur l'électricité et inventa le paratonnerre. Excellent économiste, il ne dédaignait pas d'étudier toutes les améliorations matérielles et intellectuelles. Dans un voyage qu'il fit en France, il eut occasion d'admirer les bons effets du plâtre sur les prairies artificielles, et voulut introduire plus tard dans son pays ce moyen de fertilisation. Pensant que l'exemple vaut toujours mieux que les conseils écrits dans les livres, il chercha à parler aux yeux de ses concitoyens par l'expérience suivante. Laissons dire M. Déhérin : « Il sema un champ de trèfle ou de luzerne, peu importe, sur le bord d'une grande route, près de Washington, et y répandit au printemps du plâtre en poudre en traçant les mots suivants : *Ceci a été plâtré.* L'effet produit sur la prairie fut tel que ces mots pouvaient être facilement lus par les voyageurs qui passaient par là. » Sans être agriculteur, il sut faire adopter cette amélioration à ceux de son pays, et il sut donner de sages conseils aux travailleurs dans son *Almanach du bonhomme Richard.* Homme politique autant qu'homme de science, député auprès de la métropole, il avait été envoyé en France pour solliciter du secours pour l'indépendance de son pays; il fut accueilli à Paris avec enthousiasme et obtint tout ce qu'il demandait. C'était en 1778; et en 1785, il retournait aux États-Unis. Son retour fut un triomphe. Il fut nommé président de la Pensylvanie jusqu'en 1788. A cette époque, il se retira des affaires et mourut deux ans après, à l'âge de quatre-vingt-quatre ans. A la nouvelle de sa mort, l'Assemblée nationale de France prit le deuil sur la proposition de Mirabeau. Franklin ne fut pas seulement un excellent citoyen et un habile physicien; il fut encore un grand moraliste et un modèle de vertu. Voilà où conduisent l'amour du travail et une conduite régulière et irréprochable.

Analyse de la premiere phrase de la dictée.

Bétail, au pl. *bestiaux*. Troupeau de bêtes à quatre pieds, comme bœufs, brebis, etc.

Binage, n. m. Action de biner.

Bine, n. f. Instrument de labour.

Binard, n. m. Gros chariot à quatre roues d'égale hauteur pour les grands fardeaux.

Biner, v. a. Donner une seconde façon à une terre, à une vigne.

Binette, n. f. Petite pioche de fer munie d'un manche.

CALCUL.

1er *Problème.* Pour amender un champ d'un hectare de surface, un cultivateur a employé 90 hectolitres de chaux. La durée de cet amendement a été de 16 ans. On demande combien il faudra mettre de chaux par are pour un amendement qui serait renouvelé tous les 6 ans?

Solution. Si pour 16 ans il faut 90 hectolitres de chaux, pour une année, il en faudra 16 fois moins ou $\frac{90}{16}$; il faudra 6 fois plus pour 6 ans ou $\frac{90 \times 6}{16} = 33$ hectolitres 75 litres.

2e *Problème.* Après la première coupe, un cultivateur a répandu sur un champ de luzerne de 2 hectares 65 ares 50 hectolitres de plâtre ; on demande quelle est la valeur de l'augmentation convertie en foin, sachant que la première coupe a donné par are 82 kilogrammes 50 au prix de 36 francs les 1,000 kilogrammes et quel sera le produit net de l'hectolitre de plâtre, valant 3 fr. 20. Le produit de la deuxième coupe a augmenté d'un tiers.

Solution. Le produit ayant augmenté d'un tiers sera par are de 82 kilog. 50 : 3 = 27, 50. Le produit de 265 ares sera donc de $\frac{36 \times 27,50}{1000} = 0$ fr. 99 par are, et pour 265 ares 265 fois plus, ou $0, 99 \times 265 = 262$ fr. 35. Et comme l'hectolitre de plâtre vaut 3 fr. 20, le produit net sera 262 fr. 35 — $(3,20 \times 50)$ = 102 fr. 35 cent.

3e *Problème.* Trouver la surface d'un champ de trèfle formant un parallélogramme de 70 mètres de base sur une hauteur de 45, et ce que coûtera le plâtre répandu sur la surface , à 45 hectolitres par hectare, au prix de 3 fr. 50?

Solution. $70 \times 45 = 3150$ mètres carrés ou 31 ares 50 de superficie. Si, pour un hectare, on met 45 hectolitres de plâtre, pour un are on en mettra 100 fois moins, ou 0 hectolitre 45, et pour 31, 50, on en mettra 31 fois 1/2 plus = ou 0, 45 × 31, 50 = 14 hectolitres 175 à 3 fr. 25 = 49 fr. 60 cent.

VINGT-SEPTIÈME DEVOIR.

Questions à faire aux élèves sur la dictée précédente.

1. Où naquit Franklin ? 2. De qui était-il fils ? 3. A force d'ordre et d'économie, où parvint-il ? 4. Quand il fut chef d'une imprimerie, de quoi s'occupa-t-il ? 5. Franklin continua-t-il de se livrer à l'étude ? 6. En venant en France, quelle remarque fit-il ? 7. De retour en Amérique, comment s'y prit-il pour faire adopter cette amélioration à ses concitoyens ? 8. Racontez-nous le fait ? 9. Comment la France accueillit Franklin ? 10. Et quel fut son retour en Amérique ? dites-nous ce qu'il devint jusqu'à sa mort ? 11. Que fit l'Assemblée constituante à la nouvelle de sa mort ? 12. Franklin fut-il seulement un excellent citoyen ? 13 Par quelle voie peut-on arriver à se faire une position ?

27e DICTÉE.

DES ENGRAIS. — DIFFÉRENTES ESPÈCES D'ENGRAIS.

On appelle engrais toutes les substances liquides ou solides provenant des débris des végétaux et des animaux qui, par leur décomposition, deviennent propres à fertiliser la terre, en servant de nourriture aux plantes. Ainsi lorsque, après une récolte de trèfle ou de luzerne, le sol est retourné, ou enfouit des racines qui, en se décomposant, donnent un engrais d'origine végétale ; si on place dans un terrain des débris provenant de quelque animal mort, on aura un engrais d'origine animale. De là, trois espèces d'engrais : 1° les engrais végétaux ; 2° les engrais animaux ; 3° et les engrais mixtes, qui tiennent de la nature des deux premiers.

Les engrais selon leur nature ont une valeur différente ; ceux d'origine animale sont très-actifs, mais durent peu de temps.

Parmi les substances végétales, celles qui renferment beaucoup de principes alimentaires pour les animaux, comme la fécule, l'huile, le sucre, sont aussi celles qui contiennent la plus grande masse de principes comme engrais, aussi bien que les tourteaux et les marcs de pomme et de raisin. Ces sortes d'engrais sont très-utiles, mais ils sont loin de valoir les fumiers et les engrais animaux. Il faut donc les combiner avec les engrais végétaux, avec des substances animales, qui ont sur le sol une influence particulière, à cause de l'azote qu'elles renferment. — Quoique les engrais favorisent en général le développement des plantes, il y a certains cas où ils peuvent être nuisibles, si l'on n'a pas eu soin de tenir compte de l'état où ils se trouvent et de la manière de les appliquer. Ainsi le purin, ou engrais liquide, provenant de l'eau qui s'échappe des fumiers, peut quelquefois brûler les plantes lorsqu'il n'a pas fermenté, et qu'il n'est pas mélangé avec une quantité proportionnée d'eau. Il y a aussi des engrais qui, quoique produisant une action très-avantageuse aux plantes, sont cependant souvent la cause du développement des mauvaises herbes, qu'on ne vient à bout de détruire que par une bonne culture. C'est ce qu'on reproche au fumier employé quand il n'est pas décomposé.

Conjuguer le verbe semer *aux temps du subjonctif, en mettant après chaque personne un complément qui soit un nom qui se rapporte à l'agriculture.*

Bisaille, n. f. Mélange de pois gris et de vesces. — La dernière farine.
Biser, v. a. Noircir, dégénérer, se dit des graines.
Blanquette, n. f. Sorte de raisin, de vin et de poire.
Blatier, n. m. Marchand de blé en petit.
Blé, n. m. Grain dont on fait le pain. La plante qui le produit.

CALCUL. — SYSTÈME MÉTRIQUE.

Exposé des mesures de surface, page 23, etc. ; voir l'instruction, pages 116 et suivantes ; faire résoudre les problèmes 13, 14, 15, pages 80 et suivantes, voir les solutions, page 148.

VINGT-HUITIÈME DEVOIR.

Questions à faire aux élèves sur la dictée précédente.

1. Qu'appelle-t-on engrais ? 2. Quand a-t-on un engrais de substances végétales ? 3. Et de substances animales ? 4. Combien d'espèces d'engrais ? 5. Quelle est la valeur des engrais ? 6. Parmi les substances végétales, quels sont les engrais qui ont plus de valeur ? 7. Pourrait-on employer toujours les mêmes engrais dans le même sol ? 8. N'y-a-t-il pas des précautions à prendre pour certains engrais ? 9. Quels sont les engrais qui sont cause de la production des mauvaises herbes ?

28e DICTÉE.

ENGRAIS ANIMAUX.

On appelle engrais animaux les déjections animales pures et les débris de ceux qui sont morts; les principaux sont les matières fécales, la colombine, le parc, le purin, la chair, le sang, les poils, les cornes, les sabots et les os des animaux morts. Les engrais animaux sont en général les plus estimés, parce qu'ils contiennent en grande quantité les substances dont se nourrissent les plantes et dont elles se composent. La matière fécale, ou excréments humains, est le plus actif des engrais ; mêlée à l'urine, à l'eau, désinfectée, et mise en liquide, elle peut servir de puissant arrosage sur les plantes ; souvent on la convertit en poudrette, en la faisant dessécher. L'urine étendue d'eau produit des effets prodigieux lorsqu'elle est répandue sur les prairies artificielles et naturelles; mais elle ne convient pas aux céréales parce qu'elle les fait verser. La colombine n'est autre chose que la fiente de pigeon et de la volaille; on la répand à la volée sur les plantes ou bien on la sème sur la terre labourée et on donne un coup de herse. On saura qu'un kilogramme de cet engrais en vaut vingt de fumier, raison pour le cultivateur d'avoir soin de bien tenir son poulailler. Le parc n'est autre chose que l'engrais qui provient des excréments des bêtes à laine sur le sol, où elles séjournent pendant les nuits d'été et une partie des jours enfermées dans une clairière. La chair et le sang des animaux sont de puissants engrais dont les cultivateurs ne tiennent pas assez compte ; mélangés avec de la terre et de la chaux, ou de la marne, ils forment un excellent compost. Les os sont fort recherchés dans l'ouest de la France, non pas seulement pour raffiner les sucres, mais encore pour être utilisés, comme engrais. Témoin le noir animal, qui convient si bien aux terres non calcaires, et produit d'heureux effets sur le blé noir, les navets, les choux, les colzas, la navette, le trèfle blanc, dans le Bocage de la Vendée et dans la Bretagne et le Maine.

Analyse de la première phrase de la dictée.

Blouse, n. f. Souquenille de grosse toile que les charretiers portent sur leurs autres vêtements, et qu'on nomme aussi blaude.

Bœuf, n. m. Genre de quadrupède ruminant.

Boisseau, n. m. Ancienne mesure pour les grains.

Borderie, n. f. Petite métairie.

Bordier, n. m. Petit fermier.

Boucherie, n. f. Lieu où l'on tue, où l'on vend les bœufs et les moutons, etc.

Boue, n. f. Poussière des rues et des chemins, détrempée d'eau.

CALCUL.

1er *Problème.* Un cultivateur a fait établir, pour recueillir le purin, une cuve qui lui a coûté 21 fr. 86 et un tonneau à arroser qui vaut 25 fr. 60. Il s'est servi de ces instruments pour arroser une prairie de 1 hectare 80 ares qui ne produisait que 1750 kilogrammes de foin vendu 4 fr. 20 les 100 kilogrammes, et qui, grâce à l'arrosement, a produit par hectare 2,650 kilogrammes vendus 4 fr. 80 les 100 kil.: quel est le profit de ce fermier?

Solution. La récolte sans arrosement a produit 1750 × 1,80 = 3150 kilog. ou 47 quintaux, à 4 fr. 20 les 100 kilog. = 132 fr. 30. La récolte avec arrosement a produit 2650 kilog. × 1,80 = 4770. 70 kilog. à 4 fr. 80 les 100 kilog. = 228 fr. 96. Le profit est donc de 228 fr. 96 — 132 fr. 30 = 96 fr. 66. Mais comme il a dépensé 47 fr. 46 pour une cuve et un tonneau, le bénéfice net n'est plus que de 96. 66 — 47. 46 = 49. 20, et il a pour lui ses deux ustensiles. = 31 quintaux 50 à 4 fr. 20 le quintal = 4. 20 × 31. 50 = 132 fr. 3,0

2e *Problème.* Un champ de luzerne non plâtré fournit 2,540 kil. de foin sec, à 8 fr. 50 les 100 kil. Lorsqu'il y répand 7 hect. 25 de plâtre à 3 fr. 50, il fournit 5,680 kilog. ; quel est son bénéfice?

Solution. Le champ plâtré donne un produit de $5680 \times \dfrac{8\ \text{fr. } 50}{100}$ $= 482$ fr. 80. Le champ non plâtré donne un produit de $8,50 \times 2540 = 215$ fr. 90. La différence entre les deux récoltes est de 266 fr. 90. Mais pour avoir ce bénéfice il a employé 7 hectol. 25 de plâtre à 3 fr. 58, qui égalent 25 fr. 375. Son bénéfice net n'est donc que de 266 fr. 90 — 25,375 = 241,525.

3e *Problème.* Quelle est la surface d'une vigne qui a la forme d'un trapèze dont une base a 125 m. et l'autre 105 ? La hauteur est de 52 m. 40 cent.

Solution. $\dfrac{125 + 105}{2} = 115 \times 52, 40 = 6026$ m. ou 09 ares 26 cent.

VINGT-NEUVIÈME DEVOIR.

Questions à faire aux élèves sur la dictée précédente.

1. Qu'appelle-t-on engrais animaux? 2. Quels sont les principaux ? 3. Les engrais animaux sont-ils estimés ? 4. Quel est le plus actif ? 5. L'urine étendue d'eau peut-elle servir d'engrais ? 6. Qu'est-ce que la colombine ? 6. Est-ce un engrais précieux ? 7. Qu'est-ce que le parc ? 8. La chair et le sang des animaux sont-ils de puissants engrais ? 9. Les os sont-ils employés comme engrais ?

29e DICTÉE.

EMPLOI DES PURINS. — GUANO.

Le purin est un engrais liquide formé des urines des bestiaux recueillies dans des fosses. Les engrais liquides ou purins sont les écoulements des écuries, l'eau de fumier, les eaux grasses des lavoirs et des fabriques qui emploient des matières végétales ou animales ; le suint du lavage des laines, qui en France suffirait à fumer cent cinquante mille hectares de terrain ; enfin les urines des habitations. L'urine humaine brûle les plantes, mais améliore le terrain, si elle a le temps de jeter son feu avant l'ensemencement. Il faut en dire autant des eaux grasses des savonneries. Quant aux écoulements des écuries et à l'eau des fumiers, il ne serait pas de moyen plus puissant et plus prompt d'engraisser un sol que ces substances liquides, si l'on adoptait dans un champ le mode d'arrosage par rigoles, si répandu dans le jardinage des provinces méridionales. Les Flamands, de temps immémorial, préparent leur fumier avec l'urine des hommes et des animaux, qu'ils recueillent dans une fosse plus ou moins grande, construite en briques en forme de citerne, et dans laquelle ils jettent leur marc d'huile et les végétaux qu'ils veulent transformer en fumier. Le purin est un engrais excellent pour les prés, les trèfles et les luzernes récemment fauchés, car il faut éviter d'arroser les feuilles des plantes avec cet engrais ; on le conduit pour le répandre dans un tonneau placé sur une charrette. Le guano est un engrais animal que l'on trouve dans l'Amérique du Sud. Il est composé d'excréments, de plumes et d'ossements d'oiseaux accumulés depuis des siècles sur les côtes du Pérou et de la Patagonie. L'action de cet engrais est prompte, mais l'effet ne se produit guère au delà d'une année ; il ne donne pas d'humus à la terre, mais il favorise la décomposition de celui qu'elle contient, et doit être suivi d'une fumure de fumier d'étable. Il convient aux céréales, aux prairies naturelles, aux récoltes herbacées, aux plantes racines. On le sème à la volée après un labour, puis on donne un fort coup de herse. Souvent on l'applique même au printemps ; 300 kilogrammes suffisent pour fumer un hectare.

Conjuguer le verbe semer *aux temps de l'infinitif, en mettant après toutes les formes un complément, etc.*

Bourgeon, n. m. Bouton épanoui, nouveau jet de la vigne.
Bourre, n. f. Poil de plusieurs animaux, comme bœufs, chèvres, cerfs, etc., que le tanneur abat et vend au bourrelier.
Bourrelier, n. m. Fabricant de harnais.
Bourrier, n. m. Mélange de paille et de blé battu.
Bourrique, n. m. Anesse. Méchant petit cheval.

CALCUL. — SYSTÈME MÉTRIQUE.

Exposé des mesures de surface, pages 23 et suiv. Voir l'instruction, pages 116 et suiv. faire résoudre les problêmes 16, 17, 18, pages 82 et 83. Voir les solutions, pages 148 et 149.

TRENTIÈME DEVOIR.

Questions à faire aux élèves sur la dictée précédente.

1. Qu'est-ce que le purin? 2. De quoi se forment les engrais liquides? 3. L'urine humaine améliore-t-elle le terrain? 4. L'écoulement des fumiers et des écuries est il propre à engraisser un sol? 5. Comment les Flamands recueillent-ils ces engrais? 6. Le purin est-il un engrais pour les prés? 7. Faut-il arroser les feuilles de plantes en répandant le purin? 8. Qu'est-ce que le guano? 9. D'où le tire-t-on? 10. L'action de cet engrais est-elle prompte? 11. De quoi doit-on faire suivre le guano? 12. Combien en faut-il par hectare?

30e DICTÉE.

ENGRAIS VÉGÉTAUX ET ENGRAIS VERTS.

On appelle engrais végétaux ceux qui proviennent des débris de certains végétaux en décomposition, et engrais verts ceux qui sont fournis par certaines espèces de plantes que l'on enfouit dans le sol avant qu'elles soient parvenues à leur maturité. Les engrais végétaux les plus avantageux sont : les récoltes enfouies en vert, les fanes, les herbes, les tourbes, les marcs, les tourteaux, les résidus de brasserie, la sciure de bois, le tan, la suie et les varechs.

Les récoltes enfouies en vert rendent au sol des substances inorganiques et organiques qu'elles y ont puisées ; de plus, elles y apportent des éléments utiles fournis aux plantes par l'atmosphère, et puis elles divisent la terre. Celles qui sont les plus avantageuses au sol sont le sarrasin, la spergule et le lupin, ainsi que la deuxième et troisième coupe de trèfle. Quelques-uns des autres engrais végétaux sont très-utiles comme engrais ; mais ils ont besoin d'être préparés au moyen de la chaux, soit pour perdre l'acidité, soit pour se décomposer, comme la tourbe, le tan et la sciure de bois. Outre une grande énergie, la suie de houille et de bois possède la propriété d'éloigner une foule de petits rongeurs, et de faire périr quelques insectes nuisibles. Ce mode de fumure, le plus naturel de tous, date des temps les plus reculés, et il ne disparaîtra probablement jamais des pratiques agricoles. Les engrais verts sont applicables à tous les terrains ; mais ils conviennent beaucoup mieux aux terrains secs et légers qu'aux terrains compactes et frais, mieux aux pays chauds qu'aux pays froids. Ils sont précieux surtout dans les localités d'un accès difficile pour les voitures. Pour enfouir les engrais verts, il faut saisir le moment où les plantes sont en pleine floraison. Plus tôt, elles sont tendres, aqueuses et très-pauvres en matières fertilisantes ; plus tard, elles sont coriaces, d'une décomposition difficile et moins riches en sels alcalins qu'au moment de la floraison.

Analyse de la première phrase de la dictée.

Bouté, adj. Se dit d'un cheval qui a les jambes droites depuis le genou jusqu'à la couronne.

Bouturage n. m. Propagation des arbres et arbustes, au moyen de boutures.

Bouture, n. f. Drageon qui pousse au pied d'un arbre.

Bouturer, v. a. Propager par boutures.

Bouveau, bouvelet, bouvillon, n. m. Jeune bœuf.

Bouvette, n. f. Variété de raisin.

Reconnaissance d'ouvrages faits et fournis.

« Je soussigné, Nicolas Rousselot, cultivateur, demeurant à la Chataigneraye, reconnais que le sieur Auguste Mangin, charron, m'a fait et fourni un chariot pendant le courant d'octobre dernier pour la somme de deux cents francs, ainsi que nous en sommes convenus, et que je m'oblige de lui payer dans six mois, date de ce jour.

« A la Chataigneraye, le 4 novembre 1876.

« Bon pour deux cents francs.

« N. ROUSSELOT. »

CALCUL.

1er *Problème.* Le guano se vend environ 52 fr 50 les 100 kil.; 240 kil. de guano mêlés à leur poids de plâtre ou de sel constituent la fumure d'un hectare; quelle sera la dépense pour un champ de 52 ares 32 cent. si le sel coûte 20 fr. 75 les 100 kilog. ?

Solution: Si un hectare ou 100 ares exigent 240 kilog. de guano, un are demandera 100 fois moins ou 240 : 100, et 52 ares

32 cent., 52.32 fois plus ou $\dfrac{240 \times 52.32}{100}$ = 125 kilog. 568 et autant de sel. — Puisque 100 kilog. de guano valent 52.50, 1 kilog. vaut 0 fr. 525, et 125,568 vaudront $0,525 \times 125,568$ = 65 fr. 9232; le prix du kilog. de sel vaudra $0,2075 \times 125,568$ = 26 fr. 056. La dépense entière sera de 65 fr. 9232 + 26 fr. 056 = 91 fr. 9792.

2e *Problème.* On répand environ 76 litres de purin par are : combien faudra-t-il de tonneaux contenant 8 hectolitres 15 pour arroser un champ de 32 ares 50 centiares ?

Solution: $75 \times 32,50$ = 24 h. 375 divisés par 8,15 = 3 tonneaux pour arroser 32 ares 50.

3e *problème.* Dans le voisinage des grandes villes, l'urine se vend environ 0.50 cent. l'hectolitre: il en faut 250 hectolitres pour fumer un hectare ; quelle serait la dépense pour un champ de 5 hectares 25 ares, si le transport d'un mètre cube coûte 4 fr. 20 cent.?

Solution: S'il faut 250 h. pour un hectare, pour un are il en faudra 100 fois moins ou 2,50, et pour 525 ares, 525 fois plus, ou 250×525 = 1312 h. 50 $\times$ 0,50 = 656 fr. 25. 1312 h. 50 = 131 mètres cubes 25 à 4 fr. 20 = 551 fr. 25 cent.

TRENTE-UNIÈME DEVOIR.

Questions à faire aux élèves sur la dictée précédente.

1. Qu'appelle-t-on engrais végétaux? 2. Quels sont-ils? 3. Les récoltes enfouies en vert rendent-elles au sol quelque chose? 4. Quelles sont les plantes les plus avantageuses? 5. Les autres engrais n'ont-ils pas besoin de préparation? 6. Quelle propriété attribue-t-on à la cendre ou suie de houille? 7. Les engrais verts sont-ils applicables à tous les terrains? 8. Quel moment faut-il saisir pour les enfouir? 9. Pourquoi faut-il les enfouir à la floraison ?

31e DICTÉE.

LES TOURTEAUX, LES VARECHS, LES ALGUES ET LES MARCS.

On donne le nom de tourteaux aux résidus des graines oléagineuses dont on a extrait l'huile. On a des tourteaux de colza, de navette, de lien, de chènevis, de pavot, de cameline, de noix, de faîne, etc. Les tourteaux, sinon en totalité, au moins en grande partie, constituent des engrais dont bon nombre de cultivateurs du Midi font un grand usage, et qui grandissent encore en réputation à mesure que l'on se rapproche du Nord et des climats humides. Ces tourteaux, desséchés et réduits en poussière, se nomment farine; on les emploie comme couverture sur les jeunes blés; en Flandre, on les mêle avec les engrais liquides, dont l'usage n'est pas assez répandu dans l'agriculture française.

Les varechs sont des plantes qui croissent dans la mer et que celle-ci rejette sur ses bords. Les plantes marines ne peuvent être employées comme engrais qu'après avoir été exposée à l'air pendant quelque temps, et après qu'elles sont débarrassées de leur excès de sel par les pluies ; c'est un engrais très-énergique, et ces plantes ont de plus l'avantage de ne pas salir le sol par des germes de mauvaises herbes. Les marcs sont les résidus des fruits dont on a exprimé le jus par une forte pression pour en faire du vin ou du cidre. Ces marcs doivent retourner aux vignobles et aux vergers qui se sont appauvris pour les produire. Pour leur enlever leur acidité, on les mêle avec de la chaux, et ceux de poire et de pomme seraient à leur place en les enterrant au pied des arbres par un léger labour aussitôt la chute des feuilles. Les algues sont des plantes marines dont on extrait la soude et dont on fait un bon engrais, après les avoir converties en terreau. Pour cet objet, les algues recueillies sur les rochers sont préférables à celles apportées au rivage par la mer. Les varechs sont de la même famille, et on en fait un papier excellent et à bas prix, car la matière première ne coûte guère que le transport.

Analyse de la première phrase de la dictée.

Bouse, n. f. Fiente de bœuf, de vache.

Bouser, v. a. Former l'aire d'une grange avec un mélange de terre et de bouse de vache.

Bouverie, n. f. Étable à bœufs.

Bouvette, n. f. Variété de raisin.

Bovine, adj. Qui tient du bœuf; bêtes bovines.

Brailleur, adj., Se dit d'un cheval qui hennit très-souvent.

CALCUL.

1er *Problème.* Quelle est la surface d'un champ triangulaire dont la base a 82 mètres et la hauteur 65 m. 50, et que donnéra-t-on a un manœuvre qui y a conduit avec sa brouette 125 tourteaux pour le fumer, s'il en mène 5 à chaque tour et qu'il ait 30 centimes par tour ?

Solution. $\dfrac{82 \times 65.50}{2}$ = 268 m. carrés 55 ou 26 ares 855 ; 125 tourteaux à 30 cent. = 37 fr. 50 c. ; mais comme il en a conduit 5 chaque fois, il ne doit avoir que le cinquième de 37.50 = 7 fr. 50.

2e *Problème.* Une route vicinale a traversé une pièce de terre sur une longueur de 125 mètres et sur 10 de largeur; que recevra le propriétaire, si l'on paye le terrain envahi à raison de 10 fr.75 l'are ?

Solution. 125 $\times$ 10 = 1250 m. carrés ou 12 ares 50, à 10 fr. 75 $\times$ 12.50 = 134 fr. 375.

3e *Problème.* Combien un cultivateur gagne-t-il dans sa journée de charrue, s'il laboure un champ de 140 m. de long sur 35 de large à 6 fr. les 26 ares 16 ?

Solution. 140 $\times$ 35 = 49 ares ; 6 fr. $\times$ 49 et divisés par 26 ares 16 = 11 fr. 23.

TRENTE-DEUXIÈME DEVOIR.

Questions à faire aux élèves sur la dictée précédente.

1. Qu'appelle-t-on tourteaux ? 2 Les tourteaux sont-ils un bon engrais? 3. Dans quelle contrée de la France sont-ils recherchés? 4. En Flandre, avec quoi les mêle-t-on ? 5 Qu'est-ce que les varechs? 6. Que faut-il faire avant d'employer les plantes marines comme engrais? 7. Quel avantage offrent-elles? 8. Qu'est-ce que les marcs ? 9. Où doit-on les retourner ? 10. Que faut-il faire pour leur enlever leur acidité? 11. Qu'est-ce que les algues? 12. Lesquelles sont préférables? 13. Ne fait-on pas du papier avec les varechs ?

32e DICTÉE.

ENGRAIS MIXTES. — FUMIERS.

On entend par engrais mixtes un mélange de substances végétales et des matières d'origine animale. Les fumiers sont dits chauds ou frais, longs ou courts, selon qu'ils ont la propriété de produire plus ou moins de chaleur en se pourrissant, et qu'ils sont plus ou moins décomposés. Les fumiers chauds sont ceux de cheval, d'âne, de mulet, de mouton, etc. Les fumiers frais sont ceux de vache et de cochon ; ils contiennent beaucoup d'eau. Les fumiers longs sont encore en paille, les fumiers courts sont anciens et entièrement pourris. Cependant, dans la pratique agricole, on ne fait guère de distinction entre les différentes espèces de fumier, car dans la culture en grand il y aurait peu d'avantage à les employer séparément. Leur valeur dépend en général de la qualité de la nourriture qu'on donne au bétail et des soins qu'on a de les recueillir et de les conserver convenablement. Il vaut mieux conduire le fumier sur les champs lorsqu'il est décomposé que lorsqu'il est frais. Cependant, si l'on avait toujours des terres disposés à le recevoir en ce dernier état, il faudrait, de préférence, la mettre en terre par un labour. Mais il ne faut pas ignorer que le fumier frais contient des graines de mauvaises herbes, qu'on détruit par le sarclage. Il ne faut pas croire, comme on l'a prétendu, que le fumier frais, en fermentant dans le sol argileux et froid, puisse y produire assez de chaleur pour favoriser la végétation ; sous ce rapport, on peut admettre que les effets du fumier, dans les mêmes circonstances, sont à peu près les mêmes quel que soit son état. On donne ordinairement l'engrais à l'année de jachère ou à la récolte sarclée qui la remplace.

Conjuguer le verbe fumer *aux temps de l'indicatif, en mettant après chaque personne un complément qui soit un nom qui se rapporte à l'agriculture.*

Bride, n. f. Partie du harnais composée de la têtière, des rênes et du mors.
Brider, v. a. Mettre la bride à un cheval.
Bridon, n. m. Petit mors brisé au milieu.
Brume, n. f. Gros brouillard.
Brumeux, adj. Couvert de brouillard, temps brumeux.

CALCUL. — SYSTÈME MÉTRIQUE.

Exposé des mesures de surface, pages 23 et suivantes : voi l'instruction, page 116 ; faire résoudre les problèmes 19 : 20, 21, page 83. Voir les solutions, page 150.

TRENTE-TROISIÈME DEVOIR.

Questions à faire aux élèves sur la dictée précédente.

1. Qu'est-ce qu'on entend par engrais mixtes ? 2. Comment sont désignés les fumiers ? 3. Qu'est-ce que les fumiers chauds ? 4. Les fumiers frais ? les longs ? et les courts ? 5. Dans la pratique, fait-on attention à toutes ces distinctions? 6. De quoi dépend leur valeur ? 7. Vaut-il mieux conduire le fumier frais ou décomposé ? 8. Le fumier frais en fermentation peut-il favoriser la végétation ? 9. Quelle année saisit-on pour donner l'engrais ?

33e DICTÉE.

IMPORTANCE DES FUMIERS.

Les fumiers sont d'une si grande importance en agriculture, que l'on peut dire qu'ils sont la fortune de ceux qui cultivent la terre, parce que sans fumier, pas ou presque pas de récoltes possibles ; c'est pour cela qu'il faut en avoir grand soin et y attacher un grand intérêt. Partant de là, on se gardera bien de le jeter sans précaution au milieu d'une basse-cour, mouillé par les eaux des pluies, piétiné par les bestiaux, gratté par les poules, et exhalant des vapeurs malsaines pour ceux qui les respirent. Mais quand on connaît l'importance de cette source de prospérité agricole, on les recueille dans une aire à fumier un peu creuse qu'on enduit à l'intérieur d'une couche de terre argileuse, afin que l'écoulement du purin ne s'en échappe pas. On fait en sorte que cette aire ou fosse soit large et ouverte d'un côté, placée à l'ombre de quelques arbres, au nord, derrière les écuries et à l'abri des eaux de pluies. On a soin aussi, au moyen d'un petit conduit, de réunir les urines des bestiaux dans ce réservoir des fumiers. A la partie inférieure on pratique un trou où vient se rassembler l'eau noire du fumier ou purin, dont on doit l'arroser quand il s'échauffe pour empêcher qu'il ne devienne blanc. Une pompe en bois plonge dans ce trou pour en extraire le liquide. Ainsi placé à l'abri de l'influence de l'air et d'une chaleur trop vive, on entasse le fumier nouveau pour y fermenter, jusqu'au moment de s'en servir. Il faut avoir soin de presser le fumier, en le mettant par couches sur le tas qu'on recouvre d'un lit de paille et de terre. Le cultivateur le plus habile est celui qui sait produire les plus grosses couches de bon engrais au plus bas prix possible. Les petits tas de fumier ne mènent à rien, les gros mènent à tout ; c'est dans les gros tas qu'est cachée la fortune du cultivateur, ses secrets et ses merveilles. Ce sont les fumiers qui transforment les terres de mauvaise qualité en terres de premier ordre, qui font pousser deux épis où il n'en poussait qu'un, cuire deux pains où l'on n'en cuisait qu'un, enfin qui chassent les disettes et en préviennent le retour. C'est à la fois le remède et le préservatif. Le fumier, c'est le succès, c'est la vie des champs, l'explication des bonnes récoltes et la providence des fermes. On ne saurait donc lui donner trop d'importance et apporter trop d'attention à sa production et à sa conservation.

Analyse de la première phrase de la dictée.

Buisson, n. m. Touffe d'arbrisseaux sauvages et épineux.
Buissonner, v. n. Pousser beaucoup de rejetons par le bas.
Buissonnet, n. m. Diminutif de buisson.
Buissonneux, adj. Plein de buissons.
Butte, n. f. Motte de terre élevée.
Butter, v. a. Amasser de la terre en butte, au pied d'une plante.

CALCUL.

1er *Problème.* Une écurie fournit chaque jour 2 mètres cubes 280 de fumier ; combien de voitures de 4 mètres fournira-t-elle en 25 jours ?

Solution. Elle fournira 2,280 × 25 jours = 57 mètres cubes divisés par 4 = 14 voitures et un quart de voiture.

2e *Problème.* On demande combien il faudra de 1,000 kilogrammes de fumier pour couvrir de 6 millimètres de surface 2 hectares 50 ares, sachant que le mètre cube de fumier pèse 750 kilogrammes ?

Solution. Le cube du fumier sera de 2 hectares 50 ares ou 25,000 mètres carrés × 0,006 = 150 mètres cubes. Le mètre cube pesant 750, il faudra 750 × 150 mètres = 112,500 kilogrammes de fumier.

3e *Problème.* On demande quelle sera la dépense en fumier valant 3 fr. 60 c. le mètre cube ; au bout de 9 ans, sur une exploitation de 20 hectares 85 ares, sachant qu'il faut en moyenne 15,800 kilogrammes de fumier par hectare pour chaque ensemencement, et que le mètre cube pèse le même poids que dans le problème précédent ?

Solution. Puisqu'il faut 15,800 kilogrammes par hectare, 20 hectares 85 demanderont en une année 15,800 $\times$ 20,85 = 329,430 kilogrammes, et en 9 ans, 9 fois plus ou 329430 k. $\times$ 9 = 2,964,870. Le mètre cube pesant 750 kilogrammes, cette quantité sera représentée par 2,964,870 : 750 = 3,953 mètres 160 décimèt. cubes à 3 fr. 60 c. = 14,231 fr. 37 c.

TRENTE-QUATRIÈME DEVOIR.

Questions à faire aux élèves sur la dictée précédente.

1. Les fumiers sont-ils d'une grande importance ? 2. Quels soins réclament les fumiers ? 3. Faut-il les laisser traîner dans une basse-cour ? 4. Là, à quoi sont-ils exposés ? 5. Où faut-il les conserver ? 6. Que faut-il pratiquer dans cette fosse ? 7. Dans quelle partie de la fosse ? 8. Que faut-il établir pour extraire cet engrais ? 9. A quoi faut-il faire attention quand on place le fumier sur le tas ? 10. Quel est le cultivateur le plus habile ? 11. Où réside la fortune du cultivateur ? 12. Qu'est-ce qui transforme les terres ? 13. Qui est le succès de la vie des champs ? 14. Et qui est la providence des fermes ?

34e DICTÉE

CONSERVATION ET EMPLOI DES FUMIERS.

Dans l'agriculture, il est de la plus haute importance, comme nous l'avons dit dans la dictée précédente, de veiller à la conservation des fumiers jusqu'au moment de s'en servir, en les mettant à l'abri sous des hangars couverts, dans des aires ou dans des fosses, comme dans la Flandre. Il faut donc veiller à ce que la litière soit en proportion des déjections des animaux, et que le mélange des matières végétales et animales soit dans de bonnes conditions. Il y a des cultivateurs qui prétendent qu'il vaut mieux employer le fumier lorsqu'il est encore nouveau, parce que, se décomposant dans la terre même, rien n'est perdue. Mais le fumier nouveau peut contenir beaucoup de mauvaises graines, et il faut le mettre pour les plantes qui ont besoin de culture pendant l'année, les plantes sarclées, comme les pommes de terre, afin que les mauvaises herbes que ces graines produiraient soient détruites par les binages. Quand on a conduit le fumier dans les champs, c'est une très-mauvaise méthode que de laisser longtemps les tas de fumier sans les étendre, parce que, dans cet état, il fermente, laisse échapper des gaz utiles qui sont perdus, engraisse trop les places où il est déposé. Lorsqu'on répand le fumier sur un champ ensemencé pour le laisser à la surface, cela prend le nom de fumure en couverture ; l'avantage est qu'il agit mieux sur la récolte de l'année, mais il dure moins longtemps ; cette fumure convient aux terres légères. La quantité de fumier varie par hectare, selon la nature du sol et le temps qui s'est écoulé depuis la dernière fumure. On fume plus fortement et moins souvent les terres argileuses que les terres légères : douze à quinze voitures par hectare sont une faible fumure ; on en met jusqu'à quarante voitures quand on ne recommence que tous les six ans. C'est une excellente méthode que de labourer le jour même de la fumure et de semer immédiatement après, car les plantes profitent aussitôt de l'engrais. »

(LAGRUE.)

Conjuguer le verbe fumer *aux temps du conditionnel et de l'impératif, en mettant après chaque personne un complément qui soit un nom qui se rapporte à l'agriculture.*

Cabane, n. f. Maisonnette couverte de chaume ; hutte garnie de feuilles.

Cabri, n. m. Petit d'une chèvre.

Cabriolet, n. m. Voiture légère à deux roues.

Cadrané et *ée*, adj. Qui est attaqué de la cadranure.

Cadranure, n. f. Maladie des arbres qui se manifeste par des fentes dans le bois.

Cahotage, n. m. Mouvement du cahot.

CALCUL. — SYSTÈME MÉTRIQUE.

Exposé des mesures de surface, page 23 : voir l'instruction page 116, et faire résoudre les problèmes 22, 23, 24, pages 83 et 84. Voir les solutions, page 151.

TRENTE-CINQUIÈME DEVOIR.

Questions à faire aux élèves sur la dictée précédente.

1. Est-il important de veiller à la conservation des fumiers ?
2. Où faut-il les conserver ? 3. Ne faut-il pas porter son attention
sur autre chose ? 4. Y a-t-il de l'avantage à employer le fumier
nouveau ? 5. N'offre-t-il pas des inconvénients quand on l'emploie
nouveau ? 6. Faut-il laisser longtemps le fumier dans les champs
sans l'étendre ? 7. Quand on répand le fumier sur un champ ensemencé, comment appelle-t-on cette fumure ? 8. A quelle terre
convient-elle ? 9. Ne fume-t-on pas plus fort les terres argileuses
que les autres ? 10. Combien de voitures par hectare ?

35e DICTÉE.

COMPOSTS.

On appelle composts des engrais formés par la décomposition
d'un mélange des terres avec du fumier ; c'est à la fois un amendement et un engrais provenant de tout ce qui est susceptible de
se décomposer, comme les mauvaises herbes, les gazons, les
bruyères, les feuillages, les terres boueuses, la chaux, la marne,
la tourbe et les cendres. Lorsqu'il faut beaucoup de fumier et
que la litière est rare, on y supplée en couvrant le sol des écuries
et des bergeries avec de la terre meuble à moitié sèche, qui se
mêle aux excréments des animaux, se charge des produits de leur
transpiration et forme un bon engrais. On peut aussi placer
différentes substances capables de fermenter, par couches les
unes sur les autres : des décombres, des feuilles d'arbres, des
balayures des rues, des cours, des boues des chemins, du fumier
de cheval ou de mouton, et lorsque leur décomposition est assez
avancée, on les transporte dans les champs. Lorsqu'on destine un
compost à une terre argileuse, il doit être formé de terre calcaire ;
c'est le contraire s'il est fait pour des sols légers et poreux. Une
autre manière de faire un compost, c'est de mettre un lit de terre,
un de végétaux, un de boue, ainsi de suite ; on arrose le tout,
autant que possible, avec du jus de fumier ; on laisse fermenter
jusqu'à ce qu'il forme une pâte liante. Les composts, c'est la
petite providence de la ferme, du cultivateur, c'est l'engrais facile à
se procurer, à la portée de toutes les bourses et de toutes les intel-
ligences. Vous qui n'avez pas de fumier, faites des composts,

encore des composts et toujours des composts ; faites-en pour tous les sols et pour toutes les récoltes.

Analyse de la première phrase de la dictée.

Calcium, n. m. Métal blanc qui fait la base de la chaux.

Calvanier, n. m. Homme de journée qui arrange les gerbes de blé dans la grange.

Caquetoire, n. f. Bâton placé au milieu des mancherons de la charrue.

Cailloux, n. m. Pierres très-dures qui nuisent à l'agriculture.

Cameline, n. f. Genre de plante oléagineuse, à feuilles velues, fleurs jaunes.

Camomille, n. f. Genre de plantes de la famille des plantes médicinales.

Modèle de promesse solidaire.

« Nous, soussignés, promettons payer solidairement à M. Dautray, propriétaire à Sedan, la somme de douze cents francs qu'il nous a prêtée pour nos besoins, et que nous lui rembourserons le 25 mars prochain, avec l'intérêt à cinq pour cent, date de ce jour.

« A Sedan, le 25 novembre 1867.

« Bon pour douze cents francs.

« Jos. Lapie, cultivat.   « Jean Dauplet, cultivat.

« à Donchery (Ardennes).   « à Donchery. »

CALCUL.

1er *Problème.* Un compost se compose de 18 hectolitres 20, plus de 30 tombereaux de base, contenant 17 hect. 30, de chacun, et 180 brouettées de chacune 30 décimètres cubes d'herbes : quel est le volume de ce compost, en supposant que par le tassement il diminue de $\frac{8}{18}$, et combien contiendrait-il de charretées de 20 hectolitres 4 ?

Solution. Le volume du compost est $18.20 + (17.30 \times 30 + (0{,}030$ d. cub. $\times 180) = 54$ hect.; en tout 591,20. Ce volume diminuant de $\frac{8}{18}$ n'est plus que $\frac{10}{18}$ du volume primitif ou

$$91{,}20 \times \frac{10}{18} = 328 \text{ hectol. } 44.$$

Mais, une charretée contenant 20 h. 40, nous aurons autant de charretées que ce nombre sera contenu de fois dans 328,44 = 16 charretées $\dfrac{1}{10}$.

2e Problème. Une vache de taille moyenne bien nourrie au vert donne environ 1 hect. 15 de purin par semaine, constituant un bon engrais liquide pour les prairies : on demande combien il faudra de vaches pour arroser dans quatre mois un hectare de prairies, à raison de 2 hect. 25 par are?

Solution. L'hectare ou 100 ares demande 2 hect. 25 $\times$ 100 = 225. D'autre part, 1 vache, en quatre mois ou dix-sept semaines, donne 1,15 $\times$ 17 = 19,55. Le nombre de vaches sera donc de 225 : 19,55 = 11 vaches $\dfrac{9}{19}$.

3e Problème. Quelle est la valeur d'un compost, long de 15 m. 50c., large de 6,25, et épais de 1 m. 80 c., si le décimètre cube a une densité de 0.85, et si les 100 k. valent 2 fr. 80?

Solution. 15,50 $\times$ 6,25 = 96 m. 875 $\times$ 1,80 = 174 m. cub. 375 $\times$ 0,85 = 148218 kilog. 75 $\times$ $\dfrac{2,80}{100}$ = 4150 fr. 125.

TRENTE-SIXIÈME DEVOIR.

Questions à faire aux élèves sur la dictée précédente.

1. Qu'appelle-t-on composts ? 2. Les composts ne sont-ils pas des engrais et des amendements ? 3. Quand la litière est rare, comment peut-on y suppléer ? 4. Ne peut-on pas, avec différents débris, former des composts ? 5. A quelle terre faut-il destiner un compost calcaire ? 6. Et un argileux ? 7. Donnez un autre moyen de former un compost ? 8. Comment doit-on regarder les composts ?

Que concluez-vous de là, et quel conseil donne-t-on à la fin de la dictée précédente.

36e DICTÉE.

DES INSTRUMENTS ARATOIRES : DEUX CATÉGORIES.

On entend par instruments aratoires les instruments qui servent à cultiver la terre et à la rendre propre à recevoir les plantes qu'on lui confie. L'homme pour cela a besoin d'avoir recours aux instruments et aux machines les plus économiques, soit sous le rapport de la perfection du travail, soit sous celui du temps et de la force. Ces instruments forment deux catégories : 1° les instruments servant à la culture pour les travaux exécutés à l'aide des attelages; 2° les instruments servant à la culture à bras. Ceux de la première exigent à la fois le secours de l'homme et celui des animaux, ce sont : la charrue, la herse, le rouleau, l'extirpateur, le scarificateur, la houe à cheval, etc.; ceux de la deuxième sont ceux que l'homme emploie pour son travail individuel, tels que la bêche, la pioche ou la houe, le râteau, etc. Ceux-ci appartiennent plutôt à l'horticulture qu'à l'agriculture, et sont à peu près les mêmes dans tous les pays. Dans la grande culture, la bêche a été remplacée par la charrue à cause de l'économie du temps, et non à cause de la bonté du travail, car le labour que fournit la bêche est le plus perfectionné de tous. Il en est de même de la herse, qui a remplacé le râteau dont se servent les jardiniers. Plusieurs motifs puissants doivent engager le cultivateur à employer des instruments aratoires perfectionnés ; c'est : 1° la perfection dans le travail; 2° l'économie de temps et de force; 3° les frais moins élevés souvent pour l'achat, et toujours pour les réparations de ces instruments.

Analyse de la première phrase de la dictée.

Coyer, n. m. Petit vaisseau rond dans lequel les faucheurs mettent leur pierre à aiguiser.

Carré, n. m. Figure carrée, espace de terre en carré planté de fleurs, etc.

Carriole, n. f. Petite charrette ordinairement couverte et suspendue.

Carrosse, n. m. Voiture à quatre roues.

Casse-mottes ou brise-mottes, n. m. Instrument pour briser les mottes de terre.

Cassine, n. f. Petite maison de campagne.

CALCUL.

1er *Problème.* Combien faut-il de jours à un manœuvre pour rebiner un champ de pommes de terre qui a 120 mètres de long sur 6 m. 50 de large, s'il rebine 2 ares 50 par jour ?

Solution. 120 $\times$ 6,50 $=$ 780 mètres ou 7 ares 80 : 2,50 $=$ 3 jours $\dfrac{3}{25}$ à peu près $\dfrac{1}{8}$.

2e *Problème*. Un attelage de deux chevaux traînant une charrue doit labourer un champ de 280 mètres de longueur ; 176 sillons ou tours ont été faits dans ce champ, on compte 17 mètres 20 par 2 sillons pour les tournées à chaque bout : combien ces chevaux ont-ils fait de kilomètres ?

Solution. Un sillon ayant 280 mètres, 176 auront 176 fois plus, ou 280 $\times$ 176 $=$ 49280 $\times$ 2 $=$ 98560 mètres. Les tournées donnent $\dfrac{17,20 \times 176}{2} = 1513,60 + (49280 \times 2 = 98560)$. Le tout 100 kil. 073 mètres 60.

3e *Problème*. Un attelage ayant une vitesse moyenne de 80 mètres par minute travaille avec une herse de 1 mèt. 75, et à chaque tour reprend 40 c. de la passée précédente ; combien cet attelage hersera-t-il de terrain dans une journée de 8 heures 40 minutes de travail ?

Solution. La largeur de la passée étant de 1 mèt. 75 — 40 $=$ 1,35; l'attelage fait par minute 1,35 $\times$ 80 $=$ 108, et en 8 heures 40 m. ou 520 minutes il fera 520 fois plus, c'est-à-dire 108 $\times$ 520 $=$ 56160 m. car., ou 5 hect. 61 ares 60 centiares.

TRENTE-SEPTIÈME DEVOIR.

Questions à faire aux élèves sur la dictée précédente.

1. Qu'est-ce qu'on entend par instruments aratoires ? 2. A quoi l'homme a-t-il recours pour cultiver la terre ? 3. Combien ces instruments forment-ils de catégories ? 4. Quels sont les instruments de la première catégorie ? 5. Quels sont ceux de la deuxième ? 6. Qui a remplacé la bêche ? 7. Et le râteau ? 8. Quels sont les motifs qui doivent engager le cultivateur à employer des instruments aratoires perfectionnés ?

37e DICTÉE.

INSTRUMENTS SERVANT POUR LES TRAVAUX EXÉCUTÉS A L'AIDE DES ATTELAGES : LA CHARRUE.

De tous les instruments dont on se sert dans la culture, il n'en est pas de plus utile que la charrue, car, sans elle, il n'est point de grande culture possible. C'est pourquoi, ayant énuméré dans la dictée précédente les divers instruments aratoires, nous donnerons dans celle-ci la description de la charrue comme étant le principal instrument du labourage : elle est composée ordinairement d'un avant-train ayant deux roues, un essieu sur lequel est dressée la sellette sur laquelle repose la haie de la charrue proprement dite. A cette pièce sont assemblés le soc, le coutre, le sep, le versoir, les étançons, les manches ou mancherons et le régulateur. L'avant-train est cette partie de la charrue sur laquelle s'appuie l'age ou haie et à laquelle sont attachés les animaux. L'age, haie ou flèche est cette longue pièce de bois qui transmet à la charrue le mouvement imprimé par les bêtes de trait. Le soc est cette partie de la charrue qui coupe la terre horizontalement, la soulève et permet au versoir de la retourner. La pointe et le tranchant sont en acier. Le coutre est un véritable couteau attaché à l'age ou flèche de la charrue et qui se trouve en avant du soc, et tranche la terre verticalement. Le sep est la base de la charrue; il est emmanché dans le soc, et souvent ne forme qu'une seule pièce avec lui. Dans ce cas, il est en fer ou en fonte. Le versoir ou oreille est une pièce de la charrue qui soulève la terre coupée verticalement par le coutre et horizontalement par le soc, la déplace et la retourne de côté dans la raie précédente ; il est en bois, ou en fonte, ou en fer battu. Les étançons sont des montants qui fixent le sep à l'age, et les mancherons destinés à diriger la charrue sont formés de deux morceaux de bois ou de fer placés obliquement à l'égard du sol. L'araire est une charrue sans avant-train, bien moins facile à diriger que la charrue avec avant-train. Elle ne peut servir dans les sols rocailleux, ni dans ceux qui n'ont qu'une couche de terre superficielle, tandis que la charrue avec avant-train peut labourer dans toute espèce de terre. L'araire est plus légère et moins chère que l'autre charrue et donne la facilité de labourer plus près des buissons, des murs et des arbres; elle laboure plus profondément. Nous n'examinerons pas toutes les charrues, toutes se rapportent aux deux dont nous venons de donner la description : la charrue avec avant-train Dombasle, Rosé, Pinchet, et la charrue sans avant-train nommée araire. (Il sera bon de dessiner sur le tableau noir une charrue et d'en donner la description.)

Conjuguer le verbe fumer *aux temps du subjonctif, en mettant après chaque personne un complément qui soit un nom qui se rapporte à l'agriculture.*

Cepée, n. f. Ce qui repousse des souches d'un bois taillé.

Céréales, n. f. p. Plantes céréales.

Céréale, adj. Se dit des graines farineuses, surtout des graminées.

Cérès, n. p. f. Déesse de la Fable qui préside aux moissons.

Champ, n. m. Étendue de terre labourable.

Champêtre, adj. Qui appartient aux champs ; éloigné des villes.

CALCUL. — SYSTÈME MÉTRIQUE.

Exposé des mesures de surface, page 23, et voir l'instruction, page 116, faire résoudre trois problèmes ou les problèmes 25, 26 et 27, page 84, voir les solutions page 152.

———

TRENTE-HUITIÈME DEVOIR.

Questions à faire aux élèves sur la dictée précédente.

1. Quel est l'instrument aratoire le plus utile ? 2. Qu'avons-nous énuméré dans l'avant-dernière dictée ? 3. Quelle est la première description que nous donnons ? 4. De quoi se compose une charrue ? 5. Qu'est-ce que l'avant-train ? 6. Qu'est-ce que l'age ou haie ? 7. Qu'est-ce que le soc ? 8. Qu'est-ce que le coutre ? 9. Qu'est-ce que le sep ? 10. Qu'est-ce que le versoir ? 11. Qu'est-ce que les étançons ? 12. Et les boulons, et les mancherons ? 13. Qu'est-ce que l'araire ? 14. L'araire est-elle plus légère que la charrue ? 15. Quel avantage offre-t-elle ? 16. Laquelle des deux peut servir partout ?

38e DICTÉE.

SUITE DE LA DESCRIPTION DES INSTRUMENTS ARÀTOIRES : HERSE, ROULEAU, ETC.

La herse est un instrument indispensable dont on se sert pour ameublir le sol et pour le mélanger avec les engrais et les amendements, pour détruire les mauvaises herbes et enterrer les semences. Elle sert à diviser les mottes de terre, et c'est pour cela qu'il faut qu'elle ait un certain poids, surtout dans les terres tenaces. C'est dans les sols légers seulement que l'on peut se servir de herse à dents de bois. Les dents de la herse doivent-être inclinées en avant et ne pas être trop minces. Plus la herse prend de surface, plus elle doit avoir de dents ; et comme, dans ce cas, elle aura plus de résistance à vaincre, elle devra être plus lourde, pour qu'on obtienne une action plus énergique. Les herses à losange, dites herses de Valcourt, sont celles que l'on préfère généralement ; elles ont 1 mètre 30 cent. de longueur sur 1 mètre de largeur ; il y a aussi des herses triangulaires dont les dents sont fortement inclinées en avant, de manière à ce qu'elles puissent faire des hersages profonds. Il est bon aussi que les dents se croisent, afin que chaque dent fasse sa raie et ne soit pas parcourue par une autre dent.—Le rouleau est un cylindre en bois, quelquefois en pierre, en fonte ou en fer creux. On l'emploie pour briser les mottes dans les terres fortes qui ont résisté à l'action de la herse ; il raffermit le sol trop mouvant des terrains légers et leur procure les moyens de conserver la fraîcheur dont ils ont besoin. On s'en sert aussi avant et après la semaille de certaines graines fines, afin d'aplanir le terrain et le rendre plus facile à l'action de la faux. Il est encore employé après l'hiver avec avantage pour chausser le pied des céréales, qui souvent, dans les terres légères, a été soulevé par l'action de la gelée. Son action se réduit à peu de chose dans les terres argileuses fortes ; les gelées produisent plus d'effet sur ces terres, en délitant les mottes qui ont résisté aux instruments de culture. Il y a aussi des rouleaux à pointes et à dents en fer, qui sont très-propres à briser les mottes et à ameublir le sol après les défrichements. (Il sera bon de faire dessiner tous les instruments aratoires sur le grand tableau noir.)

Analyse de la première phrase de la dictée.

Char à bancs, n. m. Voiture à quatre roues longue et basse, garnie de plusieurs bancs.

Charroi, n. m. Action de charrier, salaire du charretier.

Charroyer, v. a. Transporter sur des charrettes, des tombereaux.

Charroyeur, n. m. Celui qui charroie.

Charrue, n. f. Machine à labourer.

Chariot, n. m. Voiture à quatre roues propre à porter diverses choses.

CALCUL.

1er *Problème.* Un attelage, avec une vitesse moyenne de 75 mètres par minute, travaille avec une herse de 1 mètre 80 cent., et à chaque tour reprend 35 centimètres : combien cet attelage hersera-t-il de terrain en une journée de 6 heures 40 minutes, et combien recevra-t-il s'il a 4 fr. 50 c. par hectare ?

Solution. La largeur de la passée est de 1.80 — 35 = 1.45. L'attelage fait donc 1.45 × 75 = 108.75, et, en 6 heures 40 ou 400 minutes, il fera 400 fois plus ou 108.75 × 400 = 43,500 m. c. ou 4 hectares 35 ares à 4,50 l'hect. 4,50 × 4,35 = 19 fr. 575 pour le herseur.

2e *Problème.* Un laboureur roule un champ en trains parallèles, avec un rouleau de 2 mètres et recouvrant de 0,45 le train précédent. Le champ a 425 mètres de largeur et 650 mètres de longueur : combien faudra-t-il de trains pour rouler ce champ, et en combien de temps, si le laboureur marche à raison de 4 kilomètres 500 mètres par heure ?

Solution. Un train fait une largueur de 2 m. — 0,45 = 1,55. Autant de fois cette largeur sera comprise dans la largeur totale, autant de trains il faudra faire. Le champ ayant 425 mètres, nous avons donc 425 : 1,55 = 274 trains. Mais, un train ayant 650 m. de longueur, les 274 trains auront autant de fois plus, ou 650 × 274 = 178100 m., et comme le laboureur fait 4 kil. 500 à l'heure, il mettra 178100 : 4,5 = 39 h. 34 m.

3e *Problème.* On veut herser et rouler un champ de 8 hect. 50 ares, mais on veut qu'il soit en sillons de 2 ares 50 cent. On demande le nombre des planches, quel sera le reste, et combien on fera de tours de herse s'il en faut deux par planche et une de rouleau ?

Solution. Il y aura 85000 : 250 = 340 planches ou sillons, et on fera 680 tours de herse et 340 de rouleau.

TRENTE-NEUVIÈME DEVOIR.

Questions à faire aux élèves sur la dictée précédente.

1. Qu'est-ce que la herse ? 2. Est-il nécessaire que la herse ait du poids ? Dans quels sols la herse à dents de bois peut-elle suffire ? 4. Quelle disposition doivent avoir les dents d'une herse ? 5. Le nombre des dents est-il fixé ? 6. Quelles sont celles qu'on préfère ? 7. N'y a-t-il pas d'autres herses ? 8. A quoi faut-il faire attention dans la pose des dents ? 9. Qu'est-ce que le rouleau ?

10. A quoi l'emploie-t-on ? 11. Pourquoi s'en sert-on encore ?
12. A quoi son action se réduit-elle dans les terres argileuses ?

39e DICTÉE.

SUITE DE LA DESCRIPTION DES INSTRUMENTS ARATOIRES : EXTIRPATEUR, SCARIFICATEUR, HOUE A CHEVAL.

L'extirpateur est un instrument qui se compose de plusieurs socs horizontaux qui coupent la terre plus ou moins profondément, la soulèvent et la bouleversent, mais sans la retourner. Les socs sont tenus par des tiges de fer et disposés par rangs, dans un cadre de bois ; leur forme et leur nombre varient : plus le sol est argileux, plus ils doivent être pointus et étroits ; dans une terre facile, ils peuvent être plus nombreux ; il faut qu'ils soient assez rapprochés pour ne pas laisser la terre sans l'atteindre. L'extirpateur bouleverse la terre, fait un labour plus rapide et moins coûteux que la charrue ; il convient pour les semailles d'automne et dans les terres meubles. — Le scarificateur a la même forme que l'extirpateur ; seulement les socs sont remplacés par des coutres droits et recourbés. Il s'emploie dans les défrichements, fouille la terre, la déchire sans la retourner, coupe les racines, brise les mottes lorsque la terre est dure, et arrache le chiendent et toutes les mauvais herbes.

La houe à cheval est un instrument muni de socs et de couteaux destinés à détruire les mauvaises herbes et à ameublir la surface du sol dans la culture des plantes racines semées en lignes ou rayons. La houe à cheval dont on se sert aujourd'hui est composée d'un age qui porte à l'une des extrémités le régulateur d'un cadre où sont attachés les couteaux, au nombre de quatre, s'élargissant à volonté, de sorte que l'instrument peut fonctionner entre des lignes distantes entre elles de 50 centimètres jusqu'à un mètre. Outre les quatre couteaux, la houe a dans sa partie antérieure un soc triangulaire. Si les lignes sont distantes de 50 à 60 centimètres seulement, les deux couteaux du milieu sont inutiles, et, dans ce cas, au lieu de placer les deux couteaux de derrière dans deux trous opposés, on place l'un des deux un peu en avant de l'autre dans un trou pratiqué à cet effet ; de cette manière, ni les racines ni les herbes ne gênent jamais la marche de l'instrument ; il est conduit par un seul cheval qui s'accoutume bientôt à marcher entre les lignes, sans les endommager. Cet instrument économise beaucoup de temps ; mais il n'empêche pas de recourir au travail à la main pour terminer l'opération entre les plantes de chaque ligne. Outre ces instruments, il y en a encore que nous ne ferons que nommer, ce sont : le buttoir, le planteur, le semoir et le rigoleur, la faucheuse, la moissonneuse, etc., dont l'usage économise du temps.

Conjuguer le verbe fumer *aux modes de l'infinitif, en mettant après toutes les formes un complément qui soit un nom qui se rapporte à l'agriculture.*

Chauler, v. a. Préparer le blé avec de la chaux, avant de le semer; jeter de la chaux dans un champ, pour amender la terre.

Chaulage, n. m. Action de chauler.

Chaulier, n. m. Celui qui exploite un four à chaux.

Chaumage, n. m. Action de couper le chaume.

Chaume, n. m. Ce qui reste sur pied du tuyau de blé, après la moisson.

Chaumer, v. a. Couper, arracher le chaume.

CALCUL. — SYSTÈME MÉTRIQUE.

Exposé des mesures de surface, p. 23 et suivantes, et voir l'instruction p. 116; faire résoudre les problèmes 28, 29 et 30, pages 87 et 88, et voir les solutions p. 152 et p. 153.

QUARANTIÈME DEVOIR.

Questions à faire aux élèves sur la dictée précédente.

1. Qu'est-ce que l'extirpateur? 2. Comment les socs sont-ils terminés? 3. Comment doivent-ils être pour travailler dans un sol argileux? 4. L'extirpateur fait-il plus d'ouvrage qu'une charrue? 5. Quelle est la forme du scarificateur? 6. Où l'emploie-t-on? 7. Que fait-il? 8. Qu'est-ce que la houe à cheval? 9. De quoi la houe à cheval se compose-t-elle? 10. La houe à cheval n'a-t-elle pas un soc? 11. Quand il y a peu de distance entre les lignes, tous les couteaux sont-ils nécessaires? 12. Où les place-t-on? 13. Cet instrument économise-t-il du temps?

40e DICTÉE.

DICTÉE RÉCAPITULATIVE D'ORTHOGRAPHE ET D'AGRICULTURE
POUR LA FIN DU MOIS.

Déjà vingt leçons nous ont été faites depuis la dernière composition qu'on nous a présentée. Dans ces vingt leçons, on nous a parlé du chaulage, du marnage et des stimulants, tels que la cendre et le plâtre. A ce sujet, on nous a dicté une expérience de Franklin faite aux portes de Washington. Nous avons aussi étudié les différentes espèces d'engrais, et nous avons pu apprécier ce que sont les engrais animaux et les engrais végétaux, tels que les purins, le guano, les tourteaux, les engrais en vert, les marcs, les varechs, les algues. On nous a fait passer en revue les engrais mixtes, surtout les fumiers. L'importance qu'on y a attachée doit nous convaincre de la nécessité de ces engrais, si nous voulons recueillir des récoltes abondantes et ne pas voir le sol cesser de produire. A la suite de ces explications, on nous a amenés à la connaissance des instruments aratoires, tels que charrue, herse, rouleau, extirpateur, scarificateur, houe à cheval, versoir, etc. Quelles que soient les descriptions qu'on nous en ait données, ils ne seront bien compris par nous qu'autant que nous les aurons vus fonctionner en plein champ. Mais, quelque bons et bien conditionnés que soient ces instruments, ils ne produiront aucun résultat sur nos récoltes qu'autant que nous nous appliquerons à obtenir par leur moyen un labour convenable. Ce labour devra être regardé comme la principale source de la fécondité du sol ; aussi, notre dernière dictée nous a-t-elle inspiré un grand zèle pour l'étude des instruments qui nous aident à travailler la terre. Appliquons-nous donc à les bien connaître, à les voir, à les faire fonctionner, et nous ne mériterons pas le blâme que s'attirent ceux qui ne savent pas profiter des leçons qui leur sont offertes par l'administration.

Analyse de la première phrase de la dictée.

Chaumet, n. m. Instrument à couper le chaume.
Chenane, n. f. Terre argileuse et mêlée de sable.
Chènevière, n. f. Champ semé de chènevis.
Chènevis, n. m. Graine de chanvre.
Chènevotte, n. f. Partie ligneuse du chanvre, dépouillé de son écorce.
Chènevotter, v. n. Se dit de la vigne qui pousse du bois faible, comme les chènevottes.

Demande d'une radiation de contributions.

« Monsieur le Préfet,
« Le sieur Auguste Henry a l'honneur de vous exposer qu'il a

été imposé au rôle de la contribution personnelle de l'année 1876 à la somme de 2 fr. 25 cent ; c'est pourquoi, vu son état d'indigence, il demande sa radiation sur le rôle des contributions directes, et il l'attend de votre justice.

« Il a l'honneur d'être,

« Monsieur le Préfet,

« Votre très-humble et obéissant serviteur,

« Auguste HENRY.

« Bourbonne-les-Bains, le 28 février 1876. »

CALCUL.

1er Problème. Quelle est la surface d'une chènevière qui a la forme d'un trapèze dont une base a 225 mètres et l'autre 105 ? La hauteur est de 52 mètres 40.

Solution. $\dfrac{225 + 105}{2} \times 52$ m. 40 $= 8,666$ m. carrés ou 86 ares 66 cent.

2e Problème. Un jardin potager a quatre carrés de chacun 15 m. 50 sur 10 m. 25 de largeur. Quelle est la contenance du terrain, s'il y a dans les allées autant de superficie que dans un carré ?

Solution. $15,50 \times 10,25 = 158$ m. $875 = 4 = 6$ ares $355 + 1$ m. $5887 = 7$ ares 943 centiares 37.

3e Problème. Le cent d'échalas coûte 2 fr. 85 ; en comptant 86 ceps de vigne par are, et 8 échalas par cep, quelle serait la dépense pour une vigne longue de 75 m. 70 et large de 68,85 ?

Solution. Surface de la vigne $75,70 \times 68,85 = 52$ ares 1194 $\times 86 = 4482$ ceps $\times 8$ éch. $= 35858$ échalas, à 2 fr. 85 $= 1021$ fr. 95.

QUARANTE-UNIÈME DEVOIR.

Questions à faire aux élèves sur la dictée précédente.

1. Combien de dictées depuis notre dernière composition mensuelle ? 2. De quoi nous a-t-on parlé dans ces vingt leçons ? 3. Ne nous a-t-on pas parlé de Franklin ? 4. Que nous a-ton dit ? 5. Et de quoi nous a-t-on parlé ensuite ? 6. Ne nous a-t-on pas parlé

des instruments aratoires? 7. Vous rappelez-vous bien encore leurs noms ? 8. Nommez-en quelques-uns ? 9. A quoi devons-nous nous appliquer ? 10. En nous livrant à l'étude qu'éviterons-nous ?

41e DICTÉE.

INSTRUMENTS SERVANT POUR LA CULTURE A BRAS.

Dans la culture à bras, on se sert de divers instruments dont nous allons faire l'énumération. Ce sont le pic à pointe et à taillant, employés dans les défrichements; la bêche, qui remplace la charrue, mais qui demande plus de travail et de dépense; la pioche, ou houe à main; les binettes, la pelle, le râteau et la brouette. Pour opérer un défrichement à la main, on emploie le pic, propre à remplacer en quelque sorte la pioche et la coignée; on s'en sert pour ouvrir des tranchées, arracher les arbres et extraire les pierres de moyenne dimension. La bêche, dans le Midi, remplace souvent la charrue, retourne d'une manière plus parfaite les terres franches et profondes. Cet outil modifie sa puissance et sa forme selon la nature du terrain et la force de l'ouvrier. La bêche du jardinier se briserait du premier coup dans les défonçages. La bêche du Nord ne saurait entrer en comparaison avec la forte bêche du Midi ; la bêche belge offre à sa partie tranchante un triangle isocèle. La houe à main est une bêche à lame recourbée. On s'en sert assez fréquemment pour émietter la terre, la remuer, la mêler avec des engrais; on l'emploie aussi en arrachant des racines, etc. La pioche sert aux mêmes usages que la houe à main. Les binettes sont de petites houes carrées à très-longs manches. Cet instrument sert à donner un labour léger à la main, entre deux lignes, et à extirper les mauvaises herbes survenues après les semailles, à biner et à sarcler. La pelle s'emploie pour les terrassements et le transport des terres. Le râteau est un instrument armé de dents en fer ou en bois, et qui est destiné à servir dans la culture à bras, et à remplacer la herse; il est très-propre à ameublir la surface du sol. Le sarcloir est un instrument qui se compose d'un manche assez long, armé d'un fer à douille avec un tranchant en forme de couteau.

Analyse de la première phrase de la dictée.

Chérolle, n. f. Nom vulgaire d'une espèce de vesce.

Chèvre, n. f. La femelle du bouc.

Chiendent, n. m. Graminée dont les racines longues et noueuses servent à faire de la tisane.

Chien, n. m. Animal domestique qui aboie.

Chiffonne, adj. Se dit d'une branche grêle et mal conformée.

Chlore, n. m. Substance gazeuse d'un jaune verdâtre et d'une odeur suffocante.

CALCUL.

1er *Problème*. Un fermier a un champ de pommes de terre à biner : il contient 80 ares 25 cent.; il prend des hommes à la journée de 1 fr. 25 cent.; combien lui en faut-il si chacun bine 2 ares 08 cent. par jour, et combien ce travail lui coûtera-t-il?

Solution. Autant de fois 2,08 seront contenus dans 80,25, autant de journées il faudra; ainsi 80,25 : 2,08 = 38 journées environ 558 à 1,25 par jour = 1,25 × 38,558 = 48 fr. × 19 mil.

2e *Problème*. Huit sarcleuses ont dans leur journée sarclé un champ de 2 hectares; combien en ont-elles sarclé chacune, et que gagnent-elles si on leur donne 8 fr. 25 cent. par hectare.

Solution. 2 hectares ou 20,000 mètres carrés : 8 = 2,500 mètres carrés ou 25 ares. Si l'on donne 8,25 pour un hectare, pour deux on donnera 16,50 : 8 = 2,06 pour chaque sarcleuse.

3e *Problème*. A combien revient le premier binage d'un hectare de betteraves quand un ouvrier en peut sarcler 1 are 35 dans une heure, et qu'il travaille douze heures, et que gagne-t-il à 26 centimes par heure?

Solution. Autant de fois 1 are 35 seront contenus dan un hectare, autant d'heures il faudra à l'ouvrier. 1 hectare = 10,000 mètres carrés : 1,35 = 74 heures, à 26 centimes par heure = 0,26 × 74 = 19 fr. 24 pour six jours 2 heures.

QUARANTE-DEUXIÈME DEVOIR.

Questions à faire aux élèves sur la dictée précédente.

1. Quels sont les principaux instruments dont on se sert dans la culture à bras? 2. Qu'est-ce que le pic? 3. Qu'est-ce que la

bêche? 4. Qu'est-ce que la pioche ou houe à main? 5. Pour opérer un défrichement, quel outil emploie-t-on? 6. Qu'est-ce que la bêche remplace dans le Midi? 7. Que deviendrait la bêche du jardinier dans un défonçage? 8. Qu'est-ce que la houe à main? 9. A quel usage la pioche est-elle destinée? 10. Qu'est-ce que les binettes? 11. A quoi emploie-t-on la pelle? 12. Qu'est-ce que le râteau? 13. Qu'est-ce que le sarcloir? 14. Quelle est sa forme?

42ᵉ DICTÉE.

DES LABOURS; LEUR IMPORTANCE.

Les labours ont pour principal but l'ameublissement du sol, son exposition à l'air et la destruction des mauvaises herbes. En labourant la terre, on la débarrasse des pierres et des racines qui gênent le développement des plantes et rendent la culture plus difficile : on la met en contact avec l'air, ce qui contribue à sa fertilité. Les labours s'exécutent au moyen d'instruments à main, tels que la pioche, la bêche et la houe, ou par l'emploi d'instruments, traînés par des animaux. Les premiers s'emploient particulièrement dans les jardins ou dans les cultures des petites propriétés et quelquefois pour compléter le travail des instruments dans la grande culture. Les labours acquièrent une grande importance, si l'on considère que c'est par leur moyen que le sol est ameubli, et que c'est par eux que le développement des plantes s'opère dans la terre. Dans un sol dur et compacte, les racines des plantes sont gênées dans leur accroissement ; elles rencontrent dans le milieu qui les abrite des obstacles qui ne leur permettent pas de s'allonger librement. Dans une terre bien ameublie, au contraire, il leur est permis de s'étendre, d'envoyer leurs ramifications dans tous les sens, de multiplier leurs organes absorbants et de recueillir une nourriture abondante. La plante tout entière profite d'une position si avantageuse, elle prend une fixité plus grande et se couvre de fruits plus beaux et plus riches. De ce qui vient d'être dit, qu'on juge de l'importance des labours, et qu'on comprenne bien qu'ils sont aussi nécessaires que les engrais à la fécondité du sol.

Conjugaison du verbe labourer ou biner *aux temps de l'indicatif, en mettant après chaque personne un complément qui soit un nom qui se rapporte à l'agriculture.*

Ciboule, n. f. Espèce d'oignon qu'on mange en salade ou en ragoût.

Cheval, n. m. Animal à quatre pieds, qui hennit, propre à tirer des voitures et à porter.

Chenille, n. f. Insecte reptile, qui ronge les feuilles et les fleurs.

Chevelu, n. m. Nom donné aux petites racines des plantes.

Cochon, n. m. Animal quadrupède à pieds fourchus.

Chou, n. m. Genre de plante potagère.

CALCUL — SYSTÈME MÉTRIQUE.

Exposé des mesures de surface, page 23 et suivantes, et voir l'instruction page 116; faire résoudre les problêmes 31, 32, 33, page 86, et voir les solutions, page 153.

QUARANTE-TROISIÈME DEVOIR.

Questions à faire aux élèves sur la dictée précédente.

1. Qu'est-ce que les labours ont pour but? 2. En labourant la terre, de quoi la débarrasse-t-on? 3. Au moyen de quoi exécute-t-on les labours? 4. Les labours acquièrent-ils une grande importance? 5. Pourquoi ont-ils tant d'importance? 6. Qu'arrive-t-il quand le sol est dur et compacte? 7. Et dans une terre ameublie? 8. Comment profite la plante dans cette position? 9. Que doit-on conclure de ce qui vient d'être dit?

43e DICTÉE.

CONDITIONS D'UN BON LABOUR.

Il ne suffit pas que les labours agissent sur le sol, en activant les travaux chimiques de la terre minérale, qu'ils aident la chaleur du soleil, l'eau de la pluie et l'air à y pénétrer plus facilement; qu'ils favorisent le développement des racines en rendant la terre meuble, et qu'ils détruisent les mauvaises herbes. Mais il faut qu'ils soient faits dans de bonnes conditions; il faut que la charrue entame le sol, qu'elle ne se borne pas à le diviser en tranches plus ou moins larges et épaisses; il faut qu'elle opère en même temps le renversement des bandes de terre qu'elle détache, de sorte qu'après son passage, les surfaces de rapport soient complétement changées. En variant convenablement leur profondeur, les labours doivent ramener successivement à l'air les couches qui n'en avaient pas subi le contact depuis un temps plus ou moins long, et qui viennent alternativement s'imprégner des gaz fécondants dont l'atmosphère est le réservoir. Voilà les conditions des bons labours ; en ajoutant toutefois qu'ils doivent être faits quand le sol est suffisamment sec, friable et propre à se diviser ; mais, quand ils sont exécutés dans un moment trop humide ou trop sec, ils n'offrent jamais qu'un mauvais travail, et ne peuvent assurer une récolte abondante. Le cultivateur doit donc savoir bien choisir le moment le plus favorable pour exécuter ses cultures, car c'est moins le nombre que l'opportunité des labours qu'il faut considérer, puisque nous venons de voir qu'une culture donnée à contre-temps est, sinon nuisible, au moins inutile. Une autre condition d'un bon labour, c'est de bien régler la charrue, c'est-à-dire de lui faire prendre une raie aussi profonde et aussi large que l'on veut, veiller à ce que le mouvemnet des animaux ne soit point trop brusque, remettre l'instrument dans la même direction, chaque fois qu'une pierre ou tout autre obstacle le détourne de la ligne qu'il doit suivre. Si le terrain a peu de terre végétale, il faut labourer jusqu'au sous-sol ; s'il est profond, on laboure d'autant plus profondément que les plantes qu'on se propose d'y cultiver ont des racines plus étendues et plus longues.

Analyse de la première phrase de la dictée.

Coing, n. m. Gros fruit qui a une odeur forte et la peau couverte de duvet.
Colon, n. m. Cultivateur, habitant des colonies.
Colonage, n. m. Exploitation d'un colon.
Colombeau, n. m. Petit pigeon.
Colombe, n. f. Pigeon.
Colombier, n. m. Bâtiment où l'on nourrit des pigeons.

CALCUL.

1er *Problème.* Un attelage de bœufs peut labourer 6 ares 50 de terrain dans une heure, en travaillant 7 heures par jour ; combien faudra-t-il de temps à un attelage pour labourer un champ de 5 hect. 85 ares ?

Solution. L'attelage, faisant 6 ares 50, fera en 7 heures $6,50 \times 7 = 45,50$; autant de fois 45,50 seront contenus dans 5,85 autant on mettra de jours pour faire ce labour. Ainsi 5 h. 85 $= 58,500$ m. divisés par $45,50 = 12$ jours environ $\dfrac{3}{4}$.

2e *Problème.* Un cultivateur fait faire un labour à son manœuvre de 66 ares 40 dans sa journée au prix de 25 fr. par hectare; quelle différence y aurait-il avec le prix de 25 fr. par hectare, s'il emploie trois colliers, à 5 francs le collier, et que la nourriture de ses chevaux lui coûte 1 fr. 50 c. et celle des hommes 1 fr. 25 par jour, plus la journée de deux hommes estimée à 4 francs, et enfin 1 fr. pour l'usure de la charrue ?

Solution. À 25 fr. l'hect. pour un are, on aura 100 fois moins ou 25 cent., et pour 66,40 on aura $0,25 \times 66,40 = 16,60$. — Calculons la dépense $1,50 \times 3 = 4,50$; plus la nourriture de 2 hommes égale 2 fr. 50 $+ 4.50 = 7$ fr. Il a reçu 16 fr. 60. Il lui reste donc de bénéfice sur la journée des chevaux 16.60 — 7 fr. $= 9$ fr. 60 ; si l'on compare avec le prix des colliers, qui donnerait 15 fr. pour la journée et 5 fr. pour les hommes et la charrue, il recevrait 20 fr. Mais il a 7 fr. de dépense ; il lui reste 13 fr. de bénéfice lorsqu'il laboure à 5 fr. par collier.

3° *Problème.* Un manœuvre fait labourer un champ de 82 ares 25 centiares à raison de 30 francs 50 centimes l'hectare ; combien le cultivateur a-t-il par heure pour son attelage s'il met deux jours de 8 heures de travail, et combien le manœuvre fera-t-il de journées de fenaison à 2 fr. 50 cent. par jour pour être quitte ?

Solution. Si l'hectare coûte 30.50, un are coûtera 100 fois moins ou 0,305, et 82 ares 25 coûteront $0,305 \times 82,25 = 25$ fr. 086. Deux jours de 8 heures égalent 16 h.; autant 16 h. seront contenues dans 25,086, autant de francs il gagne par heure ; $25,086 : 16 = 1$ fr. 568 par excès : comme le manœuvre doit faire des journées à 2 fr. 50, autant de fois 2,50 seront contenus dans 25,086, autant il fera de journées ; $25,086 : 250 = 10$ journées.

QUARANTE-QUATRIÈME DEVOIR.

Questions à faire aux élèves sur la dictée précédente.

1. Que faut-il pour que les labours agissent sur le sol ?

2. Que faut-il encore ? 3. Que doit faire la charrue pour opérer un bon labour ? 4. Quelles sont les conditions d'une bonne culture ? 5. Dans quel temps doit elle être faite ? 6. Et quand les labours sont exécutés en temps de pluie, quel travail fait-on ? 7. Que doit faire le cultivateur ? 8. Quelle est encore une autre condition d'un bon labour ? 9. Si le terrain a peu de terre, que doit-on faire ?

44e DICTÉE.

HERSAGE, SARCLAGE, BINAGE.

Le hersage après le travail de la charrue est l'opération la plus utile ; il complète l'ensemencement. Il convient de laisser un intervalle entre le labour et le hersage, afin de permettre à l'atmosphère d'agir sur la terre retournée. Le hersage est presque toujours indispensable aux céréales d'automne. Dans les années ordinaires, il se donne au mois de mars; cette culture facilite le développement des racines coronales, et produit une espèce de marcotage qui est très-avantageux, lorsque les racines se trouvent en contact avec une terre nouvelle. Mais un point essentiel pour toutes ces cultures, c'est de les effectuer pendant qu'il fait beau temps; cependant cette observation regarde moins les terres légères que les terres argileuses.

Après le hersage, les opérations les plus importantes sont le sarclage et le binage. Le sarclage peut avoir lieu soit à la main, soit avec la herse à cheval. C'est à la fin d'avril ou au commencement de mai que s'effectue ce travail, surtout pour les céréales. Les féveroles, les topinambours, les carottes, les pavots, les betteraves, les choux, etc., exigent pour se bien développer d'être débarrassés des mauvaises herbes. Ces plantes, qu'on appelle sarclées, remplacent la jachère; pour qu'elles le fassent avec avantage, il faut qu'elles reçoivent de nombreuses cultures qui qui nettoient bien et ameublissent le sol. Le binage a lieu au moyen d'un instrument appelé *binette*. Ce travail est pour les céréales une des opérations les plus nécessaires ; c'est par lui que les mauvaises herbes sont détruites avant d'avoir pu venir à maturité. De toutes les mauvaises herbes, le chiendent est la plus difficile à détruire, et pour y parvenir, il faut bien choisir l'époque des labours. Pour les plantes annuelles, on les détruit plus facilement, car il suffit d'empêcher la maturité de ces graines. Les céréales, n'étant presque jamais semées en lignes, le binage se fait toujours à la main et leur est très-nécessaire.

On regarde le mois de mai comme l'époque la plus convenable pour cette opération, qui est faite ordinairement par des femmes et des enfants.

Conjuguer le verbe labourer ou biner *aux temps du conditionnel et de l'impératif, en mettant après chaque personne un complément qui soit un nom qui se rapporte à l'agriculture.*

Colza, n. m. Sorte de chou dont la graine sert à faire de l'huile.
Complant, n. m. Plant de vigne etc., composé de plusieurs pièces de terre.
Complanter, v. a. Planter ensemble de la vigne et des arbres.
Composer, v. a. Mettre une terre en bon état.
Compost, n. m. Engrais composé d'un mélange formé de couches alternatives de terre, de marne, de terreau, de débris de végétaux etc.
Colombine, n. f. Fiente de pigeon dont on se sert comme engrais.

CALCUL. — SYSTÈME MÉTRIQUE.

Exposé des mesures de surface, page 23 et suivantes; voir l'instruction page 116, faire résoudre les problèmes 34, 35, 36, page 87, et voir les solutions page 154.

QUARANTE-CINQUIÈME DEVOIR.

Questions à faire aux élèves sur la dictée précédente.

1. Après le travail de la charrue, quelle est l'opération la plus utile ? 2. Ne doit-on pas laisser un intervalle entre le labourage et le hersage ? 3. A quelles plantes est-il nécessaire ? 4. A quelle époque de l'année se donne-t-il ? 5. Quel est l'effet de cette culture ? 6. Quand faut-il effectuer le hersage ? 7. Après le hersage, quelle est l'opération la plus importante. 8. Quand les sarclages ont-ils lieu ? 9. Comment appelle-t-on les plantes qui remplacent les jachères ? 10. Que faut-il pour en assurer les avantages ? 11. Comment le binage a-t-il lieu ? 12. Qu'est le binage pour les céréales ? 13. Quel est son résultat ? 14. A quelle époque se fait le binage et par qui ?

45ᵉ DICTÉE.

DU DRAINAGE; SON UTILITÉ.

Le drainage est l'ensemble des procédés qu'on emploie pour débarrasser les terres des eaux de source ou de pluie qui s'y accumulent et y séjournent. Le drainage d'une terre consiste dans l'ouverture d'un certain nombre de tranchées au fond desquelles on place des tuyaux raccordés entre eux par des manchons; c'est par ces tuyaux de 36 centimètres de long, en terre cuite, que les eaux de pluie et de source s'écoulent et se déchargent dans des fossés, ou dans des ruisseaux, ou sur des chemins. Le drainage est d'une si grande utilité qu'une fois drainé, un tertain humide présente après les qualités d'un sol perméable, n'ayant plus besoin d'ados, de fosses ni de rigoles; on peut y mettre la charrue presque en tout temps; il est moins facile à se durcir depuis que le drainage est opéré : on peut dire qu'assécher un sol, c'est l'ameublir, et d'humide qu'il était, c'est le dessécher, c'est le réchauffer. L'air, cet immense bienfait, traverse cette couche asséchée par l'effet du drainage; ce terrain qui avait été infertile jusqu'alors, dans tout ce qui était inférieur au sol arable, se vivifie au contact atmosphérique, et devient plus propre à la fécondité. Tout en reconnaissant les avantages et l'utilité du drainage et le mérite de cette amélioration, découverte par les Anglais, obligés plus que ceux du continent à se préserver de l'humidité, on ne peut pas dire que ce genre de travail et d'assainissement du sol date seulement de quelques années. De temps immémorial, les cultivateurs ont cherché à assainir leurs terres par des tranchées pratiquées dans les lieux humides. Ils remplissaient ces fossés de pierres à une certaine hauteur, recouvraient ce lit de pierres par un lit de fagots ou de paille, ou de mousse, et nivelaient le terrain Nous pouvons affirmer que, depuis plus de cinquante ans, nous avons nous-même pratiqué ce genre de drainage, sans doute moins parfait que celui dont nous parlons, mais moins coûteux et plus accessible à la petite culture.

Analyse de la première phrase de la dictée.

Coq, n. m. Oiseau domestique qui est le mâle de la poule.
Coteau, n. m. Penchant d'une colline, colline même.

Colline, n. f. Petite hauteur à pente douce au-dessus de la plaine.

Couleuvre, n. f. Espèce de serpent.

Coulinage, n. f. Action de passer rapidement une torche enflammée sur l'écorce des arbres à fruits pour brûler les insectes et les lichens.

Coupé, n. m. Voiture dont la caisse n'a qu'un fond.

Demande de réduction des contributions foncières.

« Monsieur le Préfet.

« Le sieur Buquet Jean-Baptiste, cultivateur à Jussey, a l'honneur de vous exposer qu'il a été taxé à la somme de cinquante francs pour sa contribution foncière de l'année 1875 ; que sa maison, qui a servi de base pour fixer cet impôt, a été évaluée à un revenu beaucoup plus considérable que celui qu'elle produit réellement : c'est pourquoi, il vous demande que, d'après une nouvelle évaluation, il lui soit accordé une réduction. Il attend cette faveur de votre équité, et vous salue respectueusement. —
« Jussey le 25 février 1876.

« BUQUET. »

CALCUL.

1er *Problème.* On fait drainer un champ de 350 mètres de long et large de 25 mètres ; les drains sont espacés de 4 mètres 25 : on demande quelle sera la dépense, si le mètre courant vaut 58 centimes.

Solution. La dépense sera de 25 : 4.25 = 5 rangs $\times$ 350 = 1750 $\times$ 0,58 = 1015 fr.

2e *Problème.* Un cultivateur a employé 15 ouvriers pendant 69 jours de 9 heures de travail pour faire les tranchées de drainage et poser les drains ; ils ont fait 30 mètres de tranchées par jour et posé 15 m. ; il les paye 1 fr. 50 par jour, et le mètre de drain 0 f 30 cent. y compris les manchons. Combien a-t-il fait faire de mètres de drains et qu'elle somme lui faut-il pour la dépense ?

Solution. 15 ouvriers font 30 mètres $\times$ 69 = 2070 m. de drains à 30 cent. = 0,30 $\times$ 2070 = 621 fr. ; maintenant 15 ouvriers à 1 fr. 50 par jour coûtent 1,50 $\times$ 15 = 22,50 qu'il faut par jour $\times$ 69 = 1552 fr. 50 + 621 d'achat de drains = 2173 fr. 50.

3e *Problème.* D'après le problème précédent, la solution et la réponse faites, à combien revient le mètre de drain posé ?

Solution. Puis qu'on sait qu'on a fait 2070 mètres de drains qui ont occasionné une dépense de 2173 fr. 50, il suffit de diviser cette somme par le nombre de mètres drainés : 2173,50 : 2070 = 1 fr. 05 pour un mètre.

QUARANTE-SIXIÈME DEVOIR.

Questions à faire aux élèves sur la dictée précédente.

1. Qu'est-ce que le drainage ? 2. En quoi consiste le drainage d'une terre ? 3. Le drainage est-il d'une grande utilité ? 4. Quelle qualité obtient le sol ? 5. Quel avantage procure le drainage à l'air ? 6. Qui sont ceux qui les premiers ont mis en pratique cette amélioration ? 7. N'y avait-il pas autrefois une espèce de drainage ? 8. Ne s'en sert-on pas encore dans la petite culture ?

46ᵉ DICTÉE.

EXÉCUTION ET PRIX DE REVIENT D'UN SYSTÈME DE DRAINAGE.

Lorsqu'on veut drainer un terrain, il faut d'abord le sonder pour connaitre la nature des couches et la manière dont les eaux suintent à travers le sol, puis lever le plan du terrain, en faire le nivellement, pour se renseigner sur la direction à donner aux drains; il faut aussi déterminer les lignes de drains avec des jalons, poser les tuyaux sur un sol uni et les ajuster, creuser les tranchées et les unir parfaitement dans le fond ; après on pose les tuyaux dans le fond des tranchées, sur un terrain ferme, on met 30 centimètres de terre sur les tuyaux, on a soin de la bien tasser, puis on comble la tranchée et on la nivelle. Dans la direction des drains de desséchement, on a soin de les placer selon les lignes de la plus grande pente ; on fait occuper les parties bases des champs aux drains collecteurs, et on les place le plus souvent en travers des versants. Lorsqu'on donne un grand espace aux drains, il faut une profondeur proportionnelle, c'est-à-dire qu'il faut que les tuyaux soient placés plus profondément, parce que plus les drains sont profonds, plus le terrain qu'ils assainissent de part et d'autre a d'étendue. En général, la profondeur des drains varie de 1 à 2 mètres. La distance à garder entre les drains dépend de la profondeur à laquelle ils sont placés, de la nature du sol et de sa pente. L'espacement entre eux est aussi en rapport avec la profondeur. Quoiqu'il soit difficile de donner des mesures invariables, on peut dire par approximation que, pour une profondeur d'un mètre, l'espacement serait de 13 mètres, et pour 1 m. 40 on placerait les drains à 24 mètres de distance. Dans la terre sablonneuse, on peut donner de 15 à 18 mètres, et dans les terres argileuses on espace de 8 à 9 mètres; on fait en sorte de donner le plus de pente possible afin que l'écoulement soit plus rapide, et pour éviter les obstructions dans les tuyaux; cette pente ne sera pas au-dessous de 2 à 3 millimètres par mètre et devra être uniforme. Le diamètre des drains d'asséchement est de 0 m. 025 à 0,027 à l'intérieur; pour celui des drains collecteurs, il varie de 0,05 à 0,08, selon la longueur et le nombre des asséchements que reçoivent les collecteurs.

Le prix de revient du drainage est 200 à 300 francs par hectare, mais ces prix varient avec la nature du sol et le prix de la main-d'œuvre, des tuyaux, de la profondeur et de l'espacement des drains.

Analyse de la première phrase de la dictée.

Couche, n. f. Planche de terre couverte de fumier pour les melons, etc.

Coulant, n. m. Jet de certaines plantes qui poussent des racines de distance en distance, comme le fraisier.

Coupe-foin, n. m. Instrument pour trancher le foin **brun** en meule.

Coupe-gazon, n. m. Instrument qui sert à couper le gazon par plaque.

Coupe-paille, n. m. Instrument propre à diviser la paille en fragments très-petits.

Coupe-racines, n. m. Machine propre à diviser les racines pour la nourriture des bestiaux.

CALCUL.

1er *Problème.* On veut faire drainer une pièce de terre de 3 hectares 35 ares. Sa longueur est de 250 mètres, dites quelle doit être sa largeur, et, si l'on y met des drains dans le sens de la longueur,

espacés de 16 mètres, quel sera le nombre de mètres de tuyaux
à acheter à 0 fr. 90 cent. le mètre.

Solution. La largeur du champ est de 3 hect. 35 : 250 = 134
mètres de large: les drains étant espacés de 16 mètres, autant ce
nombre sera contenu dans 134, autant il faudra de rangs;
134 : 16 = 8 rangs et 6 mètres de reste; 8 rangs de 250 mètres
de longueur donneront 250 × 8 = 2000 mètres, et multipliés par
0,90 cent. = 1800 fr.

2° *Problème.* Pour drainer une prairie de 28 hectares 75 ares
on a dépensé 4490 fr. : combien par hectare a-t-on employé de tuyaux de 0 mèt. 30 de longueur à 0 fr. 095 le mètre; le
prix de la main-d'œuvre étant le même que celui des tuyaux. ?

Solution. Le drainage d'un hectare coûte 4490 : 28,75 =
156,18. Par hectare, les tuyaux coûtent 156,18 : 2 = 78,09. Le prix
d'un tuyau = 0,095 × 0,30 = 0,0285. Pour un hectare on a
employé 78,09 : 0,0285 = 2740 tuyaux.

3° *Problème.* Un agriculteur veut faire drainer, dans le sens
de la longueur, un terrain dont l'espèce du sol est un sable graveleux coulant. Ce terrain a 185 mètres 5 de largeur sur 214 de
longueur. Les drains sont établis sur des rangées distantes de
20 mètres 50, les tuyaux coûtent 22 fr. le mille et ils ont 40 cent.
de longueur. Le creusement des fossés, la pose des tuyaux et le
remplissage coûtent 2 fr. 09 par décamètre courant : combien
faudra-t-il de tuyaux pour drainer cette terre, et que coûtera le
drainage? Les drains collecteurs ont une longueur de 200 mètres
et coûtent 30 fr. le mille.

Solution. Il y aura 185 mètres 5 : 20,5 = 9 rangées; longueur
totale des drains ordinaires, 21,4 × 9 = 192 d. 6. La longueur
de tous les drains = 1926 × 200 = 2126. Les frais = 2,09 ×
212,6 = 444 fr. 33. En premier lieu, il y aura 1926 : 0,4 =
4815 tuyaux, coûtant chacun 22 fr. : 1000 = 0 fr. 022; en
tout, 0,022 × 4815 = 105 fr. 93, et en 2° lieu 200 : 0,4 =
500 tuyaux valant chacun 30 fr. : 1000 = 0,030, en tout 0,03
× 500 = 15 fr. La dépense totale = 444.33 + 105.93 + 15
= 565,26. Réponse : Il faudra 4815 tuyaux ordinaires et
500 tuyaux collecteurs, en tout, 4815 + 500 = 5315. La dépense est de 565 fr. 26.

QUARANTE-SEPTIÈME DEVOIR.

Questions à faire aux élèves sur la dictée précédente.

1. Que faut-il faire quand on veut drainer un terrain? 2. Que faut-il faire ensuite ? 3. Quelles précautions faut-il prendre dans le placement des drains ? 4. Quand on donne une longue distance aux drains, qu'y a-t-il à faire? 5. Quelle profondeur faut-il donner aux tranchées ? 6. Quelle distance faut-il donner entre chaque ligne de drains? 7. Quel espace donne-t-on à la profondeur d'un mètre? 8. Et pour 1 mètre 40 ? 9. Et dans les terres sablonneuses ? 10. Et dans les terres argileuses? 11. Que faut-il faire pour éviter les obstructions? 12. Quel est le diamètre des drains? 13. Quel est le prix de revient ?

47e DICTÉE.

DES DÉFRICHEMENTS

Les défrichements sont des opérations qui ont pour but de débarrasser les terrains des obstacles qui s'opposent à la culture ; ces obstacles sont les pierres, les végétaux nuisibles, les eaux, la mauvaise qualité de la terre. Les opérations de défrichement sont: 1º l'épierrement, par lequel on enlève toutes les pierres nuisibles ; 2º l'écobuage, qui consiste à brûler la surface du sol avec les végétaux qui s'y rencontrent ; 3º le desséchement, par lequel on fait disparaître les eaux, 4º le mélange des terres qui remédie aux mauvaises qualités du sol, tel que l'apport de la marne, de la chaux, du noir animal, etc. — Avant de commencer un défrichement, il convient de sonder le terrain à certaine profondeur, afin de s'assurer de la couche arable et de connaître la nature du sous-sol, car il peut arriver que le sable repose sur de la marne ou sur de l'argile, ou que l'argile compacte repose sur du sable ; et, le cas échéant, la découverte aurait du prix. Il peut arriver aussi que le sable se trouve au-dessus d'un tuf imperméable et qu'il soit nécessaire de rompre cette croûte souterraine et de la ramener à la surface pour assurer le succès de l'entreprise. Avant de défricher un terrain, il faut bien se demander si la terre donnera, déduction faite des dépenses énormes que nécessite cette opération, un produit supérieur à celui qu'elle rendrait en bois ou en pâture. Trois obstacles matériels peuvent rendre les défrichements d'une exécution parfois fort difficile et toujours assez dispendieuse. Ce sont les racines qui occupent le sol, les pierres qui en pénètrent la masse de manière à entraver les labours, et les eaux stagnantes qui en recouvrent la surface. Lorsqu'il a lieu sur des anciennes pâtures ou sur des landes couvertes de sous-arbrisseaux d'une faible consistance, on écroûte le sol et on brûle le produit des végétaux terreux ainsi enlevés. Un autre moyen recommandé par Thaer consiste à enlever jusqu'à une faible profondeur la surface du terrain, à diviser les gazons en morceaux irréguliers, puis les mettre en tas avec du fumier d'étable ou de la chaux, puis on les laisse ainsi jusqu'à leur décomposition. Pendant ce temps, on donne plusieurs labours au champ écroûté, on y répand ensuite le compost, et on l'enterre en semant sous raie ou par un fort hersage. Le sarrasin, le seigle, l'avoine ou le colza, et quelquefois le froment sont les plantes qui réussissent le mieux sur les défrichements, mais ce dernier ne se met pas après l'opération ou le défrichement d'un bois, si le sol n'est pas calcaire.

Conjuguer le verbe labourer ou biner *aux temps du subjonctif en mettant après chaque personne un complément qui soit un nom qui se rapporte à l'agriculture.*

Coupeur, euse, n. m. Celui ou celle qui coupe les grappes en vendange.

Courée, n. m. Bois que le vigneron laisse à la taille.

Cour, n. f. Espace découvert environné de murs ou de bâtiments.

Courson, n. m. Branche de vigne taillée et raccourcie à trois ou quatre yeux.

Cousson, n. m. Vent chaud et humide qui brûle les jeunes pousses de la vigne.

Coyer, n. m. Petit vaisseau rond dans lequel les faucheurs mettent leur pierre à aiguiser.

CALCUL. —SYSTÈME MÉTRIQUE.

Exposé des mesures de solidité, page 35 et suivantes, et voir l'instruction, page 123 et suivantes; faire résoudre les problêmes 1, 2, 3, 4, 5, page 44, et voir les opérations page 129.

QUARANTE-HUITIÈME DEVOIR.

Questions à faire aux élèves sur la dictée précédente.

1. Qu'est-ce que les défrichements? 2. Quels sont les obstacles qu'on rencontre dans les défrichements? 3. Quelles sont les opérations de défrichement? 4. Que faut-il faire avant de commencer un défrichement? 5. Que faut-il se demander? 6. Quels sont les trois principaux obstacles qu'on peut rencontrer dans le défrichement? 7. Que faut-il faire quand il a lieu sur des landes? 8. Que fait-on encore? 9. Indiquez-nous les moyens? Quelles sont les plantes qui réussissent le mieux sur un défrichement?

48e DICTÉE.

DÉFRICHEMENT DES TERRES INCULTES.

D'après les documents officiels, la France compte dans les 86 départements anciens 52,874,614 hectares, dont il restait encore environ un septième de terrains incultes. Mais, grâce à Dieu, depuis quelques années, on s'est mis à l'œuvre et, tous les jours, les friches et les landes tendent à disparaître de nos campagnes et de nos déserts, et, avant peu d'années, le sol français sera partout en culture et en plein rapport. On a compris que le défrichement crée le travail pour les bras inoccupés, et amène le bien-être; de plus, il procure des récoltes où rien ne poussait et enrichit du même coup les particuliers et le pays. Les procédés de défrichement varient avec la nature des terrains, avec leur étendue, avec les ressources et le degré d'intelligence des cultivateurs. Mais, toutefois, on ne doit pas entreprendre un défrichement sans avoir bien réfléchi. Dans les terrains de qualité médiocre, celui par exemple qui aurait pour but d'ajouter à la quantité des terres assolées d'une ferme, ou à plus forte raison d'en créer une nouvelle, serait généralement une fort mauvaise opération si elle n'était exécutée partiellement ou par des personnes en état de faire grandement les avances nécessaires. En pareil cas, bien souvent, les semis d'essence ligneuse, particulièrement ceux de pins, qui se montrent généralement si peu difficiles sur le choix des terrains, offrent le meilleur et le plus sûr moyen d'amélioration. Pour les sols de meilleure qualité, les chances de succès augmentent en raison inverse de la difficulté de maintenir leur fécondité; mais là encore, loin de sacrifier l'avenir au présent, il faut au contraire ne savoir demander à la terre que ce qu'elle peut produire sans épuisement, et songer avant tout à augmenter la masse des fourrages pour obtenir plus d'engrais. Voilà le secret de la réussite.

Analyse de la première phrase de la dictée.

Cravache, **n. f.** Fouet d'une seule pièce à l'usage des cavaliers.
Crème, n. f. La partie la plus grasse du lait.
Crible, n. m. Instrument percé de trous, pour nettoyer le grain.
Cribler, **v. a.** Nettoyer avec le crible.
Cribleur, euse. Celui, celle qui crible.
Criblure, n. f. Mauvais grain que le crible sépare du bon.

CALCUL.

1er *Problème.* Trois frères se partagent un bien contenant une surface de 48 hectares 60 ares ; l'aîné a un bois contenant 12 hectares 30 ares ; le cadet une terre de 14 hectares et une friche de 4 hectares 50 : quelle est la part du troisième ?

Solution. La part des deux premiers $= 12,30 + 14 + 4,50 = 30,80$; la part du troisième $= 48$ hectares 60 ares $- 30$ hectares 80 ares $= 17$ hectares 80 ares.

2e *Problème.* Le cadet, comme il est dit au problème précédent, a 4 hectares 50 ares qu'il fait défricher au prix de 250 francs l'hectare. La première récolte en pommes de terre lui rapporte par hectare 86 sacs de 100 kilogrammes qu'il vend 10 fr. 50 les 100 kilogrammes ; la seconde année il sème une avoine qui lui produit 200 doubles par hectare à 1 fr. 25 c. : quel bénéfice fera-t-il, s'il donne pour la façon moitié de la vente et s'il a mis 100 mètres cubes de compost par hectare à 1 fr. 25 c. le mètre ?

Solution. Le défrichement coûte $250 \times 4,50 = 1125$ fr. Les 100 mètres de compost qu'il met par hectare $= 100 \times 4,50 = 450$ mètres cubes à 1 fr. 25 $= 562$ fr. 50. $+ 1125$ fr. $= 1687$ fr. 50 de dépense.

La première année il vend 86 sacs $\times$ 4 hect. 50 $\times$ 10 fr. 50 $= 4063$ fr. 50. La deuxième année il récolte $200 \times 4,50 = 900$ doubles à 1,25 $= 1125$ fr. La recette est de $4063,50 + 1125 = 5188$ fr, 50 ; mais il faut déduire la moitié pour la main-d'œuvre ; 5188 fr. 50 : 2 $= 2594$ fr. 24. La dépense étant de 1687 fr. 59, le bénéfice net sera de $2594,25 - 1687,50 = 906$ fr. 75.

3ᵉ *Problème*. Si 906 fr. 75 sont le bénéfice de 2 années, quel capital ce revenu représente-t-il, s'il a voulu placer son argent à 4 fr. 50 pour 0/0 ?

Solution. Le revenu d'une année est de 906 fr. 75 : 2 = 453,37. Autant de fois 4,50 seront contenus dans 453,75, autant de fois 100 fr. composeront ce capital = 10074 fr.

QUARANTE-NEUVIÈME DEVOIR.

Questions à faire aux élèves sur la dictée précédente.

Combien la France a-t-elle d'hectares en surface dans les 86 anciens départements ? 2. Combien y a-t-il d'hectares incultes ? 3. Qu'avons-nous à espérer dans quelques années ? 4. Les procédés de défrichement varient-ils ? 5. Que faut-il faire dans un défrichement avant de l'entreprendre ? 6. Quels sont les semis qui conviennent aux mauvaises terres ? 7. Y a-t-il plus de chance de succès dans les bonnes terres ? 8. A quoi faut-il songer pour l'avenir ?

49ᵉ DICTÉE

ÉCOBUAGE.

L'écobuage est une opération qui a pour but de débarrasser les terrains de toutes les herbes, de toutes les racines et de tous les insectes, en les brûlant avec la terre qui les contient, et de fertiliser le sol en y répandant les cendres obtenues par ce genre de travail. Il consiste donc à enlever par mottes, d'un champ ou d'une prairie, une légère couche de terre avec les herbes ou les broussailles et leurs racines, à sécher ces mottes et à les brûler. Le but de l'écobuage, comme nous venons de le dire, est de débarrasser la couche labourable des plantes qui en sont en possession, de détruire les insectes et leurs larves, en éloignant par une odeur particulière la multiplication ou les ravages de tous ces êtres nuisibles ; de modifier favorablement la disposition moléculaire et les propriétés physiques du sol, d'ajouter enfin à la puissance fécondante des engrais, de les suppléer même parfois presque entièrement dans la pratique. — On écobue principalement les friches couvertes d'arbrisseaux et d'arbustes ligneux ou non ligneux, tels que les genêts, les ajoncs, les bruyères; les terres depuis plus ou moins longtemps cultivées en fourrages artificiels vivaces, comme la luzerne, le sainfoin, les vieilles prairies, les pâtures, les tourbières et les marais nouvellement desséchés. Pour opérer l'écobuage sur des friches en pâture, ou sur de vieilles prairies, la première chose à faire est de détacher le gazon en plaques aussi régulières que possible. Pour cela on se sert d'une bêche acérée et terminée en pointe triangulaire. Après l'avoir fait pénétrer à la profondeur de 26 à 50 millimètres, l'ouvrier soulève ainsi des espèces de lanières de terre plus ou moins longues, qu'il retourne ensuite sens dessus dessous, Après avoir mis tous ces débris en petits tas qu'on dispose en forme de fourneau, on profite d'un temps sec pour y mettre le feu, et lorsqu'ils sont assez brûlés on répand le résidu sur le sol, puis on donne un léger labour; on écobue les terres fortes en mauvais état de culture, afin de les diviser et de les ameublir; mais l'écobuage ne convient pas aux terres légères telles que les sablonneuses et les terres calcaires, qu'il rendrait trop molles.

Conjuguer le verbe semer ou biner *aux temps de l'infinitif en mettant après toutes les formes un complément qui soit un nom qui se rapporte à l'agriculture.*

Crin, n. m. Poil long et rude qui tient au cou et à la queue des chevaux et des autres animaux.

Coutre, n. m. Fer tranchant qui fait partie de la charrue.

Cyprès, n. m. Arbre toujours vert qui s'élève droit et en pointe.

Débarber, v. a. Couper les petites racines de la vigne qui tracent à la superficie du terrain.

Débiner, v. a. Donner un léger labour à la vigne pour enlever les mauvaises herbes.

Déchalasser, v. a. Oter les échalas d'une vigne.

CALCUL. — SYSTÈME MÉTRIQUE.

Exposé des mesures de solidité, page 35 et suivantes, voir l'instruction page 120 et faire résoudre les problèmes 6, 7, 8, 9, 10, page 45, et voir les solutions page 130.

CINQUANTIÈME DEVOIR.

Questions à faire aux élèves sur la dictée précédente.

1. Qu'est-ce que l'écobuage ? 2. En quoi consiste-t-il ? 3. Quel est le but de l'écobuage ? 4. N'a-t-il pas d'autres effets ? 5. Quels sont les terrains qu'on écobue principalement ? 6. Dites comment on opère l'écobuage ? 7. De quel instrument ou outil se sert-on ? 8. Dites le travail qu'il fait ? 9. Quelles sont les terres qu'on écobue ? 10 Quelles sont les terres auxquelles il ne convient pas ?

50e DICTÉE.

DÉFRICHEMENT DES TERRAINS BOISÉS.

Pour défricher un terrain boisé, immédiatement après l'abatis des arbres, on arrache du sein de la terre les pivots et les grosses racines horizontales, non-seulement pour nettoyer le terrain et pour en utiliser le produit, mais encore afin d'en enlever les obstacles souterrains qui entraveraient la marche de la charrue. On peut abréger ce travail par l'emploi d'un instrument appelé moufle à 2 rouets qui fait mouvoir un puissant levier en fer ; deux hommes peuvent arracher en peu d'instants la souche d'un arbre séculaire. Quand le défrichement est opéré, on laboure de 40 à 50 centimètres, si l'on peut, ce qui est possible avec la charrue du Braban ; mais, dans l'impossibilité, on a recours à la bêche, si le sol est meuble et profond. Engraissé depuis tant d'années par la décomposition des feuilles et des rameaux, un pareil terrain peut produire pendant vingt ans d'abondantes récoltes sans avoir besoin de fumage. Car, outre ce terrain, qui enrichit les couches superficielles, il s'en produit un nouveau chaque année par la décomposition des racines que l'arrachement n'a pu atteindre, mais qu'il a frappées de mort. L'expérience a démontré qu'il faut quatre à cinq ans aux racines coupées d'érable et de hêtre pour être transformées en terreau dans les entrailles de la terre, et à celles du chêne plus de temps encore. Guidés par cette donnée, quelques défricheurs auxquels l'enlèvement des racines coûtent plus cher que leur vente ne rapportait préfèrent abandonner à l'herbage pendant quelque temps les emplacements des bois abattus, tout en ayant soin de faucher de temps à autre les nouvelles pousses. Pour activer la décom-

position des souches , il les creusent encore fraîches au collet ,
et déposent dans l'enfoncement un péu de chaux vive ou de
cendres : au bout de cinq ans, ils ont une terre arable d'une qualité
supérieure , et engraissée pour vingt ans jusqu'à plus de
60 centimètres de profondeur. C'est en automne qu'il faut défricher,
parce que à cette saison la main-d'œuvre est moins chère ,
ensuite afin que pendant l'hiver les gelées et les pluies aient
le temps de déliter les mottes de terre. (*Maison-Rustique*.)

Clôtures, chemins vicinaux, voitures.

Olivier de Serres a dit : « Il convient que toutes propriétés soient
fermées , soit terres à grains , prairies , pâturages et bois ; elles
apportent bien plus de revenus closes qu'ouvertes. » Cependant
les clôtures ont leurs détracteurs ; on leur reproche de prendre
beaucoup de place, de tenir le sol humide, d'être la pépinière des
mauvaises herbes, le refuge des oiseaux et des insectes nuisibles ;
mais aussi elles offrent de grands avantages , et Thaer conclut
des opinions contradictoires que les haies trop multipliées peuvent être nuisibles sur un terrain naturellement humide et bon.
Mais il ajoute qu'elles sont très-utiles dans les contrées sèches ,
et élevées, sur les sols légers et sablonneux. Les clôtures ne sont
pas moins utiles aux terrains consacrés alternativement au
pâturage du bétail et à la culture des plantes céréales , légumineuses ou fourragères ; elles mettent les propriétés à l'abri des
animaux et des pillards. Les clôtures sont des murailles , ou des
fossés, ou des haies et des fossés plantés de haies sèches ou mortes,
des haies vives, des palissades et des barrières. — Les chemins
vicinaux sont des chemins qui ne sont pas compris dans le
classement des routes impériales, départementales et stratégiques.
L'établissement, le tracé, la confection et l'entretien de toutes
ces voies de communication sont laissés aux soins du gouvernement , des départements et des communes. L'agriculteur n'a à
s'occuper que de s'acquitter de ses prestations , et le reste est
du ressort de l'administration. Mais ce qui doit faire l'objet de
sa sollicitude, c'est l'établissement, l'entretien des chemins ruraux et de défruitement qui servent aux travaux de la culture ,
qui, mal entretenus, peuvent être la cause de grandes pertes pour
lui. Un chemin déformé est la laide enseigne d'un mauvais gîte.
Ces chemins, qui sont presque toujours en terre, doivent être
établis de manière à présenter un plan uni , bombé au milieu ;
on doit faire disparaître les ornières à mesure qu'elles se forment,
en rabattant les bourrelets dans les cavités, qu'on rempli aussi de

pierres ou de fagots, en faisant en sorte qu'elles offrent toujours un passage libre et facile. Les chemins bien entretenus permettent de rentrer les récoltes avec promptitude.—Les voitures agricoles sont des véhicules traînés par des animaux pour le service de l'agriculture. Il y en a à deux roues et à quatre roues. Le véhicule à deux roues se nomme charrette ; on en distingue plusieurs sortes : celle d'Angleterre, la charrette commune, qui est la plus généralement employée en France, le tombereau avec rehausse. Cet instrument est porté par deux roues attachées à un essieu sur lequel elles tournent ; deux brancards sont supportés par l'essieu et servent à recevoir la charge et l'animal qui la traîne. Ce genre de voitures convient aux pays de plaines parce qu'elles offrent moins de résistance. Les chariots reposent sur quatre roues, et sont généralement employés dans les contrées de l'Europe les mieux cultivées, en Lorraine, dans la Flandre, la Belgique et l'Allemagne. On distingue le chariot flamand, le chariot Roville, qui est celui de la Lorraine et de la Franche-Comté. Dans les contrées accidentées, les voitures à quatre roues sont préférables, parce que, dans les montées et les descentes, elles sont moins dangereuses. Nous ne donnerons pas la description de ces véhicules. Nous renvoyons aux traités de dessin linéaire pour en avoir une idée; nous en disons autant pour les instruments aratoires et pour les constructions rurales, dont nous parlerons à la division du programme qui traite de l'économie agricole.

Analyse de la première phrase de la dictée.

Déchargement, n. m. Action de décharger une voiture.
Déchaumer, v. a. Oter le chaume d'une terre. Défricher.
Déchaumage, n. m. Action de déchaumer.
Déchaussement, n. m. Façon qu'on donne aux arbres et aux vignes en labourant au pied, ou en ôtant la terre qui est sur les racines.
Déchausser, v. a. Oter la terre qui est au pied.
Décolletage, n. m. Action de couper le collet d'une betterave.

Modèle de réclamation.

« Monsieur le Préfet,
« Le sieur Bailly (Victor), cultivateur à la ferme de Civray, commune de Maillezais, a l'honneur de vous exposer que la plus grande partie de sa récolte a été détruite par la grêle

cette année, ainsi que l'attestent les certificats joints à sa demande: c'est pourquoi il vous supplie, en considération de la perte considérable qu'il a éprouvée, de lui accorder pour dédommagement la remise de sa contribution foncière. Il attend cette faveur de votre humanité et de votre justice, et a l'honneur d'être avec respect,

« Monsieur le Préfet, votre, etc. »

CALCUL.

1er *Problème*. Un propriétaire fait défricher un bois pendant l'automne par 25 manœuvres auxquels il donne 1 fr. 50 c. par jour; combien cela lui coûtera-t-il s'ils mettent deux jours pour 50 ares, et que son bois contienne 12 hectares 60 ares?

Solution. Les ouvriers coûtent par jour à ce propriétaire 1 fr. 50 × 25 = 37 fr. 50 c.; si l'on paye 37 fr. 50 c. pour 50 ares, on donnera cinquante fois moins pour un are, et pour un hectare cent fois plus, ou $\dfrac{37 ; 50 \times 100}{50} = 75$ francs; mais pour cela il faudrait qu'ils défrichassent un hectare dans un jour; mais comme ils en mettent 2, c'est donc 75 × 2 = 150 par hectare; et pour 12,60, c'est 150 × 12,60 = 1890 francs.

2e *Problème*. Deux ouvriers ont défriché un petit bois en 30 jours; on leur abandonne les souches et les brins qui se trouvent à la surface; ils ont un mille de fagots vendus 80 francs, et dix stères de racines vendus 6 francs le stère. Combien leurs journées sont-elles payées?

Solution. 1000 fagots ont fait 80 francs, 10 stères de racines 60 francs = 140 francs divisés par 60 = 2 fr. 33 c. qu'ils ont gagnés par jour.

3e *Problème*. Dites combien on aura de stères de racines dans un bois défriché de 5 hectares 35 ares si un are donne 3 stères 7.

Solution. 3,7 × 525 ares = 1979 stères 5 décistères.

CINQUANTE-UNIÈME DEVOIR.

Questions à faire aux élèves sur la dictée précédente.

1. Que fait-on pour défricher un terrain boisé ? 2. En quoi consiste le défrichement ? 3. Peut-on abréger ce travail ? 4. Que fait-on quand le défrichement est opéré ? 5. Combien d'années un défrichement bien exécuté peut-il produire des récolte sans être fumé ? 6. Qu'est-ce qui se produit chaque année ? 7. Qu'est-ce que l'expérience a démontré à ce sujet ? 8. Les racines du chêne sont-elles plus longtemps ? 9. Que fait-on pour activer la décomposition ? 10. A quelle époque faut-il faire les défrichements ? 11. Pourquoi dans cette saison ? 12. Que dit Olivier de Serres au sujet des clôtures ? 13. Que conclut Thaer ? 14 De quoi sont formées les clôtures ? 15. Parlez-nous des chemins vicinaux ? 16. Dites-nous un mot des voitures agricoles ?

51ᵉ DICTÉE.

DES IRRIGATIONS.

Les irrigations sont des arrosements en grand, avec une eau de bonne qualité, faits en saison convenable et sur terrain convenablement disposé. Les irrigations sont sans contredit une des plus importantes pratiques de l'agriculture ; par elles, des sables arides sont convertis en riches prairies, des terres infertiles produisent d'abondantes moissons, du chanvre, du lin, des légumes, etc. De tous les moyens que l'homme peut employer pour augmenter les produits de son exploitation, il n'en est pas d'aussi fécond en bons résultats, d'aussi puissamment efficace que celui des irrigations. Un grand nombre de cours d'eau charrient des parties fécondantes qui influent puissamment sur la végétation. Les arrosements diminuent considérablement les dommages occasionnés par les gelées blanches du printemps. L'eau des sources, par sa température plus élevée, réchauffe le sol et fait qu'il se couvre de verdure et présente déjà des prairies nourrissantes, lorsque, dans les terrains non arrosés, l'on n'aperçoit pas encore un brin d'herbe. Sans chaleur point de végétation ; de l'action de ces deux agents, l'agriculture obtient les plus heureux résultats ; sans eux tous les efforts de l'homme ne feraient qu'attester son impuissance. Il n'est point en son pouvoir d'accroître ou de diminuer les degrés de la chaleur atmosphérique, mais l'eau peut en tempérer les effets et devenir le principe d'une active végétation. L'eau est d'autant plus utile à la végétation de l'herbe qu'elle contient des substances nutritives en suspension et en dissolution, qu'elle dissout les engrais sur lesquels elle passe, qu'elle, conduit ces engrais à leur destination, qu'elle est absolument nécessaire aux parties herbacées, qui en contiennent souvent 70 pour cent. C'est encore l'eau qui remplace les liquides que les plantes ont perdus par la transpiration et l'évaporation; et l'on sait qu'il n'y a pas de végétation possible sans humidité.

Analyse de la première phrase de la dictée.

Décurtation, n. f. Maladie des arbres qui en fait périr la racine.

Défoncer, v. a. Défoncer un terrain, c'est le creuser à quelque profondeur pour y mettre du fumier.

Défoncement, n. m. Action de défoncer, résultat de cette action.

Dégénération, n. f. État de ce qui dégénère. Dégénération des animaux, des plantes, etc.

Délavé, ée, adj. Se dit du foin qui a été exposé à la pluie ou à la rosée abondante, etc.

Dépiquage, n. m. Action de dépiquer.

CALCUL

1er *Problème.* On emploie 3 ouvriers à creuser des rigoles d'irrigation dans un pré de 2 hectares 25 ares. Par suite de ce travail, la récolte a été augmentée de moitié, c'est-à-dire qu'au lieu de 5 mille kilog. que l'on récoltait on en recueille 7 mille 500 kilog. vendus à 62 fr. 50 les 1000 kilog.; on demande si le propriétaire a fait du bénéfice la première année, sachant que les 3 ouvriers ont travaillé 25 jours à 1 fr. 75 cent. par jour ?

Solution. $7500 - 5000 = \dfrac{2500 \times 62.50}{1000} = 156,25$. D'autre part, $1.75 \times 3 = 5.25 \times 25$ jours $= 131.25$: ainsi $156.25 - 131.25 = 25$ fr. 00 c. de bénéfice la première année.

2e *Problème.* Un homme et un enfant munis d'un cordeau et d'une bêche à gazon ont tracé et creusé 150 mètres de rigoles dans un pré : combien gagneront-ils par jour s'ils ont mis deux jours et qu'ils aient 0,08 centimes du mètre ?

Solution. 0.08 $\times$ 150 m. = 12 fr. divisé par deux jours = 5 francs pour eux deux.

3e *Problème.* Un pré qu'on veut arroser demande un volume d'eau de 25 mètres cubes par heure : combien aura-t-il absorbé de mètres dans 8 heures 40 minutes et à combien ils lui reviendront pour 30 jours d'arrosage s'il donne 1.75 à l'ouvrier qui dirige l'irigation et qu'on paye au meunier 3 cent. du mètre cube d'eau qu'il détourne?

Solution. 25 $\times$ 8 h. 40 min. = 216 mètres cubes $\dfrac{2}{3}$ = 667

pendant 30 jours = 6500,010 $\times$ 0.03 cent. = 195 fr. ; de plus l'ouvrier à 1. 75 $\times$ 30 = 52.50 $+$ 195 = 247 fr. 50 cent.

CINQUANTE-DEUXIÈME DEVOIR.

Questions à faire aux élèves sur la dictée précédente.

1. Qu'est-ce que les irrigations? 2. Que sont les irrigations? 3. Par elles, que devient un sol stérile? 4. Quel est le plus fécond des moyens pour avoir des résultats en agriculture? 5. Qu'est-ce que charrient un grand nombre de cours d'eau? 6. Qu'est-ce que les arrosements diminuent? 7. Que fait l'eau de source par sa température élevée? 8. L'agriculture serait elle possible sans air et sans eau? 9. A quoi serviraient tous les efforts de l'homme? 10. Pourquoi l'eau est-elle nécessaire à la végétation des herbes ?

52e DICTÉE.

DIFFÉRENTES MANIÈRES D'IRRIGUER.

On distingue deux différentes manières d'irriguer : 1o l'irrigation par inondation ou submersion; 2o l'irrigation par infiltration; enfin une troisième manière, qu'on obtient au moyen des eaux qu'on fait refluer à la surface du sol. Si l'on veut ajouter à la fertilité du sol, il faut procéder par inondation, en employant les eaux vaseuses que charrient les bonnes terres, et avec elles toutes les substances fertilisantes qu'elles entraînent en ravinant les terres supérieures. L'irrigation par inondation exige que, naturellement ou par art, le sol soit entouré, au moins de trois côtés, d'une petite digue qui retienne l'eau sur la place inondée.

Elle doit avoir lieu plus généralement à la fin de l'automne et en hiver. On fait monter l'eau autant que possible, et, après avoir séjourné le temps nécessaire pour que le sol soit bien imprégné et pour qu'elle ait déposé le limon précieux entraîné par elle, on fait en sorte qu'elle ne reste pas dans les bas-fonds. Après la première coupe, si le temps est sec, on peut donner une inondation qui ne doit pas se prolonger au delà de deux jours. L'irrigation par infiltration est très-favorable pendant les sécheresses de l'été, surtout dans les terrains brûlants et dans les pays méridionaux. L'eau, secondée par la chaleur, contribue à la nutrition des plantes. Cette espèce d'irrigation convient particulièrement aux marais nouvellement desséchés, dont le sol spongieux et inflammable réclame beaucoup d'eau pour la nourriture des plantes. Pour obtenir de cette irrigation tout le succès désirable, il faut un grand volume d'eau, et la maintenir dans les canaux, à dix-sept centimètres au-dessous du niveau du terrain que l'on veut arroser. L'irrigation qu'on obtient en faisant refluer l'eau à la surface du sol consiste à lui faire remonter son courant pour la distribuer dans des canaux ou tranchées qui arrosent sans que l'eau se répande à la surface du sol. Elle a lieu principalement sur les terrains spongieux et marécageux, après qu'ils ont été desséchés.

Conjuguer le verbe semer *ou le verbe* sarcler *aux temps de l'indicatif, en mettant après chaque personne un complément qui soit un nom employé en agriculture.*

Dépiquer, v. a. Faire séparer le grain de l'épi, en faisant fouler les gerbes par des animaux.

Défrichement, n. m. Mise en valeur des terrains incultes et des landes.

Dessécher, v. a. Rendre sec, dessécher un marais.

Dessèchement, n. m. Action de dessécher.

Dégoût, n. m. Répugnance, maladie des chevaux.

Dent-de-lion, n. m. Pissenlit, plante, salade recherchée.

Dessoler, v. a. Arracher la sole à un cheval.

CALCUL. — SYSTÈME MÉTRIQUE.

Exposé des mesures de volumes, pages 35 et suivantes; voir l'instruction, page 123. Faire résoudre les problèmes 40, 41, 42, page 88, et voir les solutions, page 155.

CINQUANTE-TROISIÈME DEVOIR.

Questions à faire aux éléves sur la dictée précédente.

1. Combien distingue-t-on de sortes d'irrigations? 2. N'y en a-t-il pas une troisième? 3. Comment arrive-t-on à procurer la fécondité au sol? 4. Qu'est-ce qu'exige l'irrigation par l'inondation? 5. N'est-il pas utile d'irriguer après la première coupe? 6. Et l'irrigation par infiltration? 7. A quelle terre cette irrigation convient-elle? 8. A quoi contribue l'eau secondée par la chaleur? 9. Que faut-il faire pour obtenir le succès de cette irrigation? 10. En quoi consiste l'irrigation où l'on fait remonter l'eau vers la source?

53e DICTÉE.

EFFETS PRÉCIEUX DES IRRIGATIONS.

Les irrigations faites dans les conditions que nous avons indiquées dans les deux dictées précédentes ne peuvent avoir que de précieux effets. Mais pour arriver à ce résultat, il faut arroser les prairies quand elles se dessèchent , et que cela est possible sans trop de dépenses. Plus les terres sont naturellement sèches et plus la saison est chaude, et plus l'irrigation devient nécessaire, car l'humidité du sol s'évapore promptement dans ces circonstances. Quand on doit arroser un sol en pente, on donne peu d'eau à la fois et on fait des rigoles en zigzag et très-nombreuses, afin que la terre ne soit pas entraînée. Le moment le plus favorable pour donner de l'eau avec efficacité, c'est le matin et le soir : le soir est préférable pour les terres fortes qui s'humectent difficilement, et le matin pour les terres légères. Pour que les irrigations produisent ces bons effets , il faut aussi faire attention à la nature des eaux qu'on emploie, attendu que toutes ne sont pas bonnes; elles varient en raison des localités qu'elles parcourent, des substances qu'elles entraînent. Selon M. de Perthuis, les eaux qui viennent des bois doivent être rejetées de toute irrigation par inondation. Troubles, elles tiennent en suspension des graines de bois et de plantes forestières qui détériorent les prairies; claires, elles deviennent trop crues; et, loin d'activer la végétation, elles la retardent en refroidissant le sol. Les eaux de rivières, de sources qui viennent de loin, valent mieux que celles qui viennent de près. Celles qui sont limoneuses, qui ont parcouru des contrées bien cultivées et celles des rivières qui coulent au pied des coteaux sont préférables à celles des pays plats. Heureuses les contrées où des sources suffisantes et des ruisseaux abondants ne laissent au cultivateur d'autre soin que de les fixer dans de simples rigoles, pour porter dans ses prairies, au moyen d'une distribution bien entendue, le tribut journalier de leur fraîcheur et de leur fécondité !

Analyse de la première phrase de la dictée.

Domaine, n. m. On entend par ce mot un héritage, un fonds, une habitation, un bien de campagne.

Drainage, n. m. Opération par laquelle on enlève à la terre arable l'excès d'humidité ou d'eau stagnante capable de nuire à la fertilité du sol.

Drainer, v. a. Enlever par des tranchées et des drains l'humidité au sol arable.

Drains, n. m. Tuyaux en terre cuite qu'on place dans le fond des tranchées de drainage.

Drageon, n. m. Nom donné aux boutures des arbres et aux œilletons des fleurs.

Duc, n. m. Oiseau de nuit rapace.

CALCUL.

1er *Problème.* Une prairie a été irriguée par des rigoles qui ont coûté 18 fr. 50 c. par hectare ; qu'est-ce que le propriétaire ou le fermier doit payer s'il y a 9 hect. 25 arcs 80 cent., et combien faudra-t-il qu'il récolte de 1000 kilogr. de foin, vendus 65 francs au plus la première année des irrigations ?

Solution. Un hectare coûte 18 fr. 50 c. ; 9 h. 25,80 coûteront 18,50 × 9,25,80 = 171 fr. 273 : 65 = 2635 kilogr. par excès.

2e *Problème.* Un pré de 3 hectares 60 arcs ne produisait que 4000 kilogr. de foin par hectare ; depuis qu'on y a fait des travaux d'irrigation, il en produit 5600 kilogr. par hectare. Quelle est la différence du revenu si les 1000 kilogr. de foin se vendent, prix moyen, 70 francs ?

Solution. 4000 × 3,60 = 14400 kilogr., à 70 fr. les 1000 kilogr. = 1008 francs. — 5600 kil. × 3.60 = 20160 kil. — 14400 = 5760 × 70 = 403 fr. 20.

3e *Problème.* A l'époque où nous vivons, on voit de jeunes adolescents qui, fument, dès l'âge de 13 ans. Jusqu'à l'âge de 17 ans ils dépensent par semaine pour 15 centimes de tabac, et de 17 à 18 ans, ils en usent pour 25 centimes; de 18 à 20 ans pour 35 centimes; de 20 à 60 ans pour 50 centimes. Quelles économies auraient-ils réalisées à 60 ans, s'ils se fussent abstenus de prendre une habitude qui, à de bien rares exceptions, n'a aucune influence salutaire sur la santé?

Solution. de 13 à 17 ans, 15 c. $\times$ 52 $\times$ 4 ans = 31 fr. 20 c.
de 17 à 18 ans, 25 c. $\times$ 52 = 13 00
de 18 à 20 ans, 35 c. $\times$ 52 $\times$ 2 = 36 40
de 20 à 60 ans, 50 c. $\times$ 52 $\times$ 40 = 1040 00

Ils auraient économisé. 1120 60

CINQUANTE-QUATRIÈME DEVOIR.

Questions à faire aux élèves sur la dictée précédente.

1. Quand faut-il arroser les prairies? 2. Qu'y a-t-il à faire quand le sol est en pente? 3. Quel est le moment le plus favorable pour donner de l'eau? 4. Pour quelles terres le soir est-il préférable? 5. Quelles sont celles qu'il faut arroser le matin? 6. A quoi faut-il faire attention si l'on veut que l'eau produise ses bons effets? 7. Que dit M. de Perthuis des eaux qui viennent des bois? 8. Les eaux de sources et celles de rivières sont-elles préférables aux autres? 9. Lesquelles valent le mieux? 10. Quelles sont les contrées qui doivent s'estimer heureuses?

3° Végétaux qui intéressent la culture française.

54e DICTÉE.

DES PLANTES AGRICOLES ; CINQ GRANDES DIVISIONS.

La culture des plantes agricoles doit être bien connue de quiconque se livre à l'agriculture. Il n'en est aucune qui ne mérite son attention; mais il en est deux catégories qui la réclament d'une manière particulière : ce sont les céréales et les légumes farineux, et nous ajouterons les plantes fourragères, car ce sont celles-là qui lui procurent les bénéfices les plus certains et les plus durables. Dans la culture de chaque plante agricole, on ne peut guère donner de principes bien fixes. Il arrive que telle plante se plaît sur une terre argileuse et ne réussit pas sur un terrain sablonneux; que tel végétal préfère un sol calcaire à tout autre, et ne produirait rien sur un terrain argileux. On connaît les principes suivant lesquels il faut exécuter les cultures, l'époque à laquelle il faut les effectuer; mais on ne sait pas comment il se fait que votre voisin, ayant ensemencé son champ dans les mêmes conditions que vous le vôtre, a réussi à avoir une belle récolte, tandis que la vôtre a manqué. D'après cela, on ne peut indiquer que des règles générales, qui doivent guider dans la culture des plantes, sans les donner toutefois comme invariables. Les cinq grandes divisions des plantes agricoles sont : 1° les céréales; 2° les fourragères; 3° les légumineuses; 4° les plantes industrielles; 5° les plantes oléagineuses. Nos dictées vont rouler successivement sur ces cinq grandes divisions, et nous tâcherons de donner des notions claires et exactes sur chacune des plantes qui les composent. Mais il ne faut pas oublier que le plus sûr moyen d'obtenir les meilleurs produits dans la culture d'une plante quelconque, c'est de choisir le climat et le sol qui lui conviennent; c'est de veiller à la préparation de la terre, aux semailles, aux soins des plantes pendant leur existence et au moment de la récolte. La connaissance des indications que nous venons de donner, en ce qui concerne les végétaux que l'agriculteur fait croître sur ses terres, est la première condition du succès dans une exploitation, et c'est ce qui assure l'abondance des récoltes.

Conjuguer le verbe semer *ou* sarcler *aux temps du conditionnel et de l'impératif, en mettant après chaque personne un complément qui soit un nom employé en agriculture.*

Eau, n. f. Élément liquide et transparent, sans odeur ni saveur, que la chaleur vaporise et que le froid condense. Dans l'économie animale et dans l'agriculture, l'eau est d'une importance suprême.

Eau-de-vie, n. f. Liqueur spiritueuse, extraite du vin, du cidre ou des grains.

Ebourgeonner, v. a. Oter les bourgeons inutiles.

Eborgner, v. a. Enlever avec l'ongle les boutons ligneux qui, lors de l'ascension de la séve, produiraient des boutons inutiles ou nuisibles.

Ebrancher, v. a. Oter une partie des branches d'un arbre en les coupant ou en les rompant.

Ebranchoir, n. m. Outil servant à ébrancher les arbres. On l'appelle aussi sécateur.

CALCUL. — SYSTÈME MÉTRIQUE.

xposé des mesures de volumes, p. 35 et suiv. ; voir l'Instruction, p. 123. Faire résoudre les problèmes 43, 44, 45, p. 88, et voir les solutions, p. 156.

CINQUANTE-CINQUIÈME DEVOIR.

Questions à faire aux élèves sur la dictée précédente.

1. Qu'est-ce qui doit être connu de celui qui se livre à l'agriculture? 2. Quelles sont celles qui méritent son attention? 3. Quelles sont celles que vous ajoutez? 4. Peut-on donner des principes sur la culture de chaque plante? 5. Qu'arrive-t-il souvent au sujet des plantes? 6. Citez-nous des exemples. 7. Quelles sont les cinq grandes divisions ? 8. Sur quoi nos dictées vont-elles rouler ? 9. Qu'est-ce qu'il ne faut pas oublier? 10. A quoi faut-il veiller? 11. Qu'est-ce qui assure l'abondance des récoltes?

55e DICTÉE.

DES CÉRÉALES ; PRINCIPALES CÉRÉALES.

Les céréales sont les plantes à semences farineuses dont les produits servent principalement à la nourriture de l'homme. Ce sont : le blé ou froment, le seigle, l'orge, l'avoine, le maïs, le sarrasin ou blé noir. Mais avant d'entrer dans le détail de la culture des plantes céréales et autres, nous dirons qu'une plante est un être vivant, qui a des organes au moyen desquels il se nourrit, respire, se développe et se reproduit sans pouvoir se déplacer. Les plantes ont pour organes les racines, la tige, les feuilles et les fleurs. La fonction des racines est de puiser dans le sol et de fournir à la tige les substances dont la plante se nourrit. La terre est le point d'appui de tous les végétaux; s'il y en a qui enfoncent leurs racines dans les fentes des murs et des rochers, ce ne sont pas ceux-ci dont s'occupe l'agriculture. La tige d'une plante est la partie qui sort de terre et qui porte les feuilles, les fleurs et les fruits; elle est formée de vaisseaux qui sont destinés à préparer et à faire circuler la séve. Les feuilles absorbent l'air, et, sous l'influence de la lumière, conservent les éléments de l'air propres à perfectionner la séve, tandis qu'elles rejettent les parties qui lui sont contraires. Les fleurs sont destinées à reproduire les germes des nouvelles plantes semblables, et ce sont elles qui donnent les fruits. Les racines sont les organes principaux de la plante; elles se divisent en plusieurs filaments qu'on nomme du chevelu, par où elles reçoivent les sucs de la terre. Les feuilles sont destinées à respirer les gaz atmosphériques, comme l'acide carbonique, et dégagent le gaz oxygène. Les branches ou la tige portent les fruits qui réjouissent l'agriculteur et le récompensent de ses travaux.

Analyse de la première phrase de la dictée.

Ebullition ou échaubaulure, n. f. Maladie des bestiaux caractérisée par de petits boutons qui leur couvrent le corps.

Ecailles d'huître, n. f. pl. Engrais calcaire estimé qui convient aux terres sèches et chaudes.

Ecart, n. m. Extension violente des ligaments qui attachent l'épaule du cheval à son corps, et qui le fait boiter plus ou moins, selon la violence de l'effort.

Echalas, n. m. Support que l'on met à la vigne pour la soutenir.

Echalotte, n. f. Plante potagère.

Echelle, n. f. Instrument composé de deux montants et de plusieurs traverses.

Demande au maire.

« Le sieur Chabot (Joseph), cultivateur à la ferme de la Cassine, commune de Vouziers, a l'honneur de vous exposer qu'on l'a taxé pour l'impôt de deux chiens de luxe, tandis qu'il n'a que deux chiens de garde, comme vous le prouvent les certificats ci-joints, et, à ce sujet, il vous demande la décharge de cette taxe. Il attend de votre justice que vous vouliez bien faire droit à sa réclamation, et, dans cet espoir, il a l'honneur d'être avec respect, monsieur le Maire,

« Votre humble et obéissant serviteur,

« J. CHABOT. »

CALCUL.

1º *Problème.* Trouver la surface d'une vigne qui forme un carré de 150 mètres de côté; sur un de ses côtés est adossé un triangle de 150 mètres de base sur une hauteur de 65 mètres : dire la surface de ce triangle et de toute la pièce de vigne, aussi bien que son prix à 3840 francs l'hectare ?

Solution. 150 $\times$ 150 = 22500 mètres carrés ou 2 hectares 25 ares surface du carré. Le triangle a $\dfrac{150 \times 65}{2}$ = 4875 mètres carrés ou 48 ares 75. Surface totale 2 hectares 25 + 48 ares 75 = 2 hectares 73 ares 75 à 3840 francs = 3840 $\times$ 2,7375 ou 10512 francs.

2o *Problème.* On plante en ligne à 0 mètre 40, en tous sens, des choux cavaliers dans un terrain triangulaire dont la hauteur est de 72 mètres et la base 86 mètres 80 : quelle sera la dépense pour la main-d'œuvre, si l'on paye 0 fr. 12 cent. par cent aux ouvriers ?

Solution. $\dfrac{86,80 \times 72}{2}$ = 3124,80 : (0,40 $\times$ 0,40) = 19530 choux.

Cette surface contient donc 3124 mètres carrés 80 décimètres : 16 décimètres carrés qu'il faut pour chaque choux, en tout 19530.

Aux ouvriers, on donne 0,12 $\times$ 19530 divisés par 100 = 23 fr. 43 cent.

Problème. Un domestique reçoit de son maître pour une année de gages 180 francs, plus une paire de souliers estimée 12 francs, 4 blouses estimées à 20 francs et 10 francs d'entrée. Combien gagne-t-il par jour, si l'on excepte les dimanches et les fêtes, et quelle perte fait-il s'il s'habitue à fumer, en usant du tabac pour 0,75 centimes par semaine ? et au bout de 15 ans qu'aurait-il épargné ?

Solution. 180 fr. + 12 + 20 + 10 = 222 francs : 309 jours de travail = 0 fr. 718 presque 0,72 c., par excès, centimes par jour ; comme il use du tabac à fumer pour 75 centimes par semaine on a 0,75 $\times$ 52 semaines = 39 francs par an, et s'il sert 15 ans, il aurait économisé 585 francs, et il ne s'en porterait pas plus mal.

CINQUANTE-SIXIÈME DEVOIR.

Questions à faire aux élèves sur la dictée précédente.

1. Qu'est-ce que les céréales ? 2. Nommez-les ? 3. Qu'est-ce qu'une plante ? 4. Qu'est-ce que les plantes ont pour organes ?

5. Quel est le point d'appui des plantes ? 6. N'y en a-t-il pas qui enfoncent leurs racines ailleurs que dans la terre ? 7. Qu'est-ce que la tige ? 8. Quelles sont les fonctions des feuilles ? 9. Comment sont appelées les racines ? 10. Aquoi sont destinées les fleurs ? 11. Quels sont les gaz que les feuilles absorbent ou dégagent ? 12. Qu'est-ce qui porte les fruits ?

56ᵉ DICTÉE.

CULTURE DU FROMENT ; SES VARIÉTÉS.

Le blé ou froment exige un terrain consistant, frais et préparé par plusieurs labours, ou par la culture des plantes sarclées ; néanmoins, on peut le semer à la suite d'un seul labour, après un trèfle rompu. Une des circonstances les plus nécessaires à la réussite du froment, c'est que le sol soit net de mauvaises herbes, suffisamment ameubli au moins de 10 à 15 centimètres de profondeur, car après un labour profond, il n'est pas nécessaire de donner au soc une grande entrée dans le sol avant d'exécuter les semailles. Cependant on ne peut apporter trop d'attention à la culture de cette plante, parce que le froment ou blé est la plus importante de toutes les céréales. Son grain moulu fait la farine qui donne le meilleur pain et se transforme en pâte qu'on vend sous le nom de vermicelle, de macaroni, etc. La semoule est le grain de blé dépouillé de son écorce, et écrasé par petites parties en passant entre les meules d'un moulin avec des précautions particulières. — Parmi les différentes variétés de froment on reconnaît le froment ordinaire barbu ou sans barbes, qui est d'automne ou de printemps ; les blés de cette espèce sont les plus répandus, les plus estimés, et les plus cultivés en France. On les distingue à leur grain oblong, ovale ou tronqué, ou rougeâtre, jaune ou blanc : tel est le froment d'hiver à épis jaunâtres. C'est le blé de la Beauce, de la Brie, des plaines du Centre et du Nord : ses variétés sont : 1° le froment d'hiver à épis jaunes, ceux de mars sans barbes, le froment blanc de Flandre, celui de Hongrie, de Sicile, d'Odessa, introduit en Auvergne, le froment rouge sans barbes, assez estimé dans plusieurs contrées de la France ; 2° le froment renflé ou poulard, dont l'épi est barbu et carré. Les blés poulards sont vigoureux, productifs, moins susceptibles de verser que les premiers, parce que la paille en est très-dure et forte mais le grain est inférieur en qualité à celui du blé ordinaire, Tous ces blés sont d'automne, et sont désignés sous le nom de gros blés, tels que les blés barbus de la Vienne, qui se sèment en mars, ceux de Toscane, ceux du Cap, qui se sèment dans le midi de la France, et le blé hérisson ; 3° la troisième variété est l'épeautre, qui est barbu ou sans barbes; cette espèce est d'automne , quoiqu'elle puisse mûrir étant semée en février ; son grain donne une farine très-fine, mais il a l'inconvénient de ne pas se séparer de la balle ou fine paille par le battage. Ses variétés sont l'épeautre sans barbes à épi blanc ou rougeâtre, et l'épeautre noir barbu ; 4° enfin l'engrain, qui ressemble plus à une petite orge à deux rangs qu'à un froment; cette espèce est inférieure à toutes les précédentes.

Analyse de la première phrase de la dictée.

Echenillage, n. m. Action d'écheniller.
Echeniller, v. a. Oter les chenilles des arbres.
Echenilleur, n. m. Ouvrier qui ôte les chenilles.
Echenilloir, n. m. Instrument pour écheniller.
Eclaircir, v. a. Rendre clair ; éclaircir un semis, arracher les plants les plus maigres d'un semis.
Ecusson, n. m. Morceau d'écorce avec un œil pour greffer.

CALCUL.

1er *Problème.* En supposant que la production moyenne d'un champ de froment égale 32 hectolitres du poids moyen de 75 kilogrammes, combien coûte, en fumier seulement, un hectolitre de froment, le prix du fumier étant de 0 fr. 60 c. les 100 kilogrammes et le prix des charrois pour le conduire dans le champ étant de 35 francs? Calculer sur la proportion de 30 kilogrammes de fumier pour 2 kilogrammes de grain, et dire la dépense pour 32 hectolitres.
Solution. Le poids d'un hectolitre de froment étant de 75 kilog., le poids de 32 hectolitres sera $75 \times 32 = 2400$ kil. Puisque pour 2 kilogrammes de blé, il faut 30 kil. de fumier , pour 1 il en faut 2 fois moins ou $\dfrac{30}{2} = 15$ kil., et 2400 kil. = 15 $\times 2400 = 36000$ kilogrammes ; on le paye 0 fr. 60 les 100 kilog., on payera pour le tout 0 fr. 60 $\times$ 36000 kil. = 216 fr. + le charroi, de 35 fr. le tout = 251 francs. Si pour 32 hectol. de blé on paye 216 fr. de fumier, pour un hectolitre on donnera 216 : 32 = 6 francs 75.

2e *Problème*. Combien de voitures enlevant 2 mètres cubes 835 peut-on prendre dans une fosse pleine ayant 22 mètres de long sur 15 m. 50 de large et profonde de 1 m. 25, et quelle somme y aura-t-il à payer, si le fumier coûte 3 fr. 50 c. le mètre cube?

Solution. Le cube de la fosse est de $22 \times 15,50 \times 1,25 = 426$ m. 250, et le nombre de voitures sera $426,250 : 2,835 = 150$ voitures, et 1 mètre du reste à 3 fr. 50 c. le mètre cube $\times 426$ m. $250 = 1491$ fr. 875.

3e *Problème*. Un manœuvre a l'habitude de boire pour 0,10 centimes d'eau-de-vie tous les jours avant d'aller à l'ouvrage. Plus tard, au bout de 3 ans, il en boit 4 litres et demi par mois, et comme dit le proverbe : *Qui a bu boira*, et boira encore, après cinq ans il en boit 6 litres par mois ; il continue pendant dix ans. Quelle économie aurait-il faite, s'il s'en fût abstenu (et cela se serait accompli sans nuire à sa santé)? Nous mettons l'eau-de-vie à 1 fr. 10 c. le litre, et notez qu'il boit le dimanche, bien qu'il ne travaille pas.

Solution. Pendant 3 ans à 10 c. par jour, soit 36,50 par an $\times 3$ ans $= 109$ fr. 50 c.

Pendant 5 ans à 1 fr. 10 c. $\times 4$ litres 5 $\times 12 \times 5$ ans $= 297$ francs.

Pendant 10 ans à 1 fr. 10 c. $\times 6$ litres $\times 12 \times 10$ ans $= 792$ francs.

Dans 18 ans, il aurait économisé 1198 fr. 50 c.

CINQUANTE-SEPTIÈME DEVOIR.

Questions à faire aux élèves sur la dictée précédente.

1. Quel terrain le froment exige-t-il ? 2. Qu'est-ce qui assure la réussite du froment ? 3. Peut-on apporter trop d'attention à la culture du blé ? 4. Qu'est-ce donc que le blé ou froment ? 5. Que donne-t-il quand il est moulu ? 6. Quel blé distingue-t-on parmi la première variété de froment ? 7. Comment les reconnaît-on ? 8. Dans quelles parties de la France les cultive-t-on ? 9. Quelles sont les variétés de la seconde espèce de froment ? 10. Qu'est-ce qui distingue le blé dit poulard. 11. La qualité est-elle préférable à celle de la première variété ?

12. A quelle époque sème-t-on ces blés? 13. Quelles sont les variétés de ces blés? 14. Qu'est-ce que l'épeautre? 15. De quelle saison est cette espèce? 16. Qu'est-ce que l'épeautre a de particulier? 17. Qu'est-ce que l'engrain? Résumez cette leçon.

57e DICTÉE.

SEMAILLES DU FROMENT , CHAULAGE.

Les semailles du froment ont lieu depuis le mois de septembre jusqu'à la fin de novembre, quelquefois dans les premiers jours de décembre, selon les climats. Le froment du printemps se sème dans le mois de mars jusqu'au mois de mai. Les blés de printemps demandent à être semés plus épais que ceux d'hiver, et dans une terre plus riche. Dans le centre de la France, la meilleure époque pour semer paraît être le milieu d'octobre. Il résulte de longues observations que les céréales d'automne semées tard produisent parfois moins de paille et plus de grain que celles semées de bonne heure. Il peut donc arriver que des semailles tardives donnent d'aussi bons et même de meilleurs produits que des semailles précoces. Mais, généralement, le contraire a lieu, et l'on ferait bien de semer toujours de bonne heure si l'on était prêt à le faire, ce qui n'arrive pas toujours, tantôt parce que les sécheresses, en se prolongeant, rendent les labours impossibles, tantôt parce que des pluies accidentelles ne permettent pas d'entrer dans les champs. Les terres argileuses, surtout, présentent fréquemment l'un ou l'autre de ces empêchements; aussi, laissant tout autre travail de côté, le semeur doit-il saisir avec empressement l'occasion favorable, celle où les mottes se trouvent dans un état moyen entre l'humidité et une dessiccation excessive, de sorte qu'elles puissent obéir convenablement à l'action de la herse et du versoir. Au printemps, les semailles précoces sont presque toujours fort avantageuses, parce que les blés ont le temps de développer un plus grand nombre de talles avant l'époque où les chaleurs les saisissent. Mais si la dureté du sol n'est pas à craindre dans cette saison, l'eau qu'il contient en abondance est souvent un très-grave obstacle sur les terres à froment, non-seulement parce qu'elle entrave le labour et qu'elle rend impossibles les semis sous raies, mais encore parce qu'elle contribue physiquement à empêcher ces sortes de serres de s'échauffer aussi promptement qu'il serait désirable.

Un tel effet est d'autant plus marqué que l'argile domine davantage dans la couche labourable, et que celle-ci repose sur un sous-sol peu perméable.   (*Maison rustique.*)

Conjuguer le verbe semer *ou* sarcler *aux temps du subjonctif, en mettant après chaque personne un complément qui soit un nom employé en agriculture.*

Ecobuage, n. m. Opération qui consiste à arracher les derniers fragments des champs défrichés, pour les brûler avec la croûte du sol et les répandre.

Ecobuer, v. a. Ecroûter la surface du sol, et brûler sur place les tranches ainsi enlevées, avec l'herbe et les racines qui s'y trouvent.

Ecobue, n. f. Sorte de pioche recourbée qui sert à couper les broussailles sur place pour les brûler.

Ecocheler, v. a. Ramasser l'avoine par tas pour en former des gerbes.

Ecochelage, n. m. Action d'écocheler.

CALCUL. — SYSTÈME MÉTRIQUE.

Exposé des mesures de volumes, page 35. ; voir l'instruction p. 123. Faire résoudre les problèmes 46, 47, 48, page 89, et voir les solutions page 156.

CINQUANTE-HUITIÈME DEVOIR.

Questions à faire aux élèves sur la dictée précédente.

1. A quelle époque ont lieu les semailles du blé ou froment ? 2. Et le froment du printemps, quand se sème-t-il ? 3. Que de-demande-t-il ? 4. Quelle est la meilleure époque pour semer dans le Centre ? 5. Qu'a-t-on recueilli des observations sur les semailles des blés d'hiver ? 6. Arrive-t-il toujours que les blés semés plus tard valent au moins les autres ? 7. Le contraire n'arrive-t-il pas quelquefois ? 8. N'y a-t-il pas des terres qui deviennent difficiles ? 9. Que doit faire le semeur pour éviter ces contre-temps ? 10. Les semailles du printemps ne sont-elles

pás plus faciles ? 11. Qu'y a-t-il à craindre? 12. Dans quelle sol ceci peut-il avoir lieu ?

58ᵉ DICTÉE.

SEMAILLES DU FROMENT, CHAULAGE (*suite*).

Les meilleures semences sont celles où les grains sont le mieux développés et qui ont complétement mûri sur pied. Il faut préférer le blé de semence qu'on aura récolté dans une terre chaude et sèche à celui qui aura été recueilli dans une année froide et humide ; celui qui a crû sur des hauteurs à celui des bas-fonds ; celui qui a égréné des épis à celui qui est pris au tas dans le grenier ; celui qui a été passé et cylindré à celui qui ne l'est pas ; celui qui a été battu à la main à celui qui a été battu au fléau. Cette dernière précaution, au dire des agriculteurs, pré-serve, les blés de la nielle et et du charbon. Pour les sauver de la carie, on les soumet à l'action de la chaux. A cet effet on fait dis-soudre de la chaux vive dans de l'eau bouillante, et on arrose la semence de cette dissolution de manière que tous les grains soient bien mouillés. D'après M. de Dombasle, le meilleur procédé de chaulage consiste à arroser le grain d'une dissolu-tion de sel de Glauber (sulfate de soude), puis à le saupoudrer, encore humide, avec de la chaux éteinte. Il faut environ 4 à 5 ki-logrammes de chaux et de 10 à 20 litres d'eau par hectolitre de blé quand on n'emploie pas le sulfate de soude, tandis que la préparation que conseille M. de Dombasle est de 8 kilogrammes de sel de Glauber pour un hectolitre d'eau, et la chaux employée est de 2 kilogrammes par hectolitre de grains ; on emploie aussi avec succès une simple dissolution de chaux et d'un peu de sel de cuisine dans l'eau tiède ; on y fait tremper le grain pendant quelques heures. Il suffit de 50 kilogrammes de chaux dans 240 litres d'eau pour 12 hectolitres et demi de froment. Lorsque le grain est chaulé, on peut l'étendre sur un grenier pour le faire sécher ou le semer aussitôt après le chaulage.

Analyse de la première phrase de la dictée.

Effaner, v. a. Couper l'extrémité des feuilles des céréales lorsque leur poids est trop fort.
Effeuillage, n. m. Oter les feuilles des plantes et des arbres.
Effritement, n. m. État d'un sol épuisé.
Eglantier, n. m. Rosier sauvage ou des haies.

Egout, n. m. Canal souterrain pour l'écoulement des eaux, etc.

Egrapper, v. a. Oter des grappes du raisin les grains gâtés ou qui donneraient un goût âpre au vin.

CALCUL.

1er *Problème*. Un fermier a semé en blé 3 hectares 65 ares de mauvaise terre, 6 hectares 25 ares de terre médiocre, et 9 hectares 42 ares de bonne terre. Les bonnes terres ont donné 35 hectolitres à l'hectare, les médiocres 24 hectolitres 25 litres, et les mauvaises terres 17 hectolitres 24 litres : on demande : 1° le produit moyen par hectare de cette culture; 2° la valeur de la récolte totale à 24 fr. 50 c. l'hectolitre ?

Solution. 35 h. $\times$ 9,42 $=$ 329 h. 70 ; $+$ 24,25 $\times$ 6,25 $=$ 151 hect. 5625 ; $+$ 17,24 $\times$ 3,65 $=$ 62 hectol. 926. Cette quantité ou ces trois produits s'élèvent à 544 h. 1885. Cette quantité étant produite par 3 h. 65 $+$ 6,25 $+$ 9,42 $=$ 19 h. 32, un hectare a produit autant de fois moins ou 544,1885 : 19 h. 32 $=$ 28 h. 16. Un hectolitre valant 24 fr. 50, la récolte d'un hectare vaudra 24 fr. 50 $\times$ 28 hect. 16 $=$ 689 fr. 92, et la récolte vaudra 689 fr. 92.

2e *Problème*. Un hectolitre de blé valant 24 fr. 50, quel sera le produit de la récolte d'un champ rectangulaire de 85 mètres sur 65 mètres 45, si un hectare rapporte 28 hect. 16 lit. ?

Solution. La surface ou contenance du champ sera 85 m. $\times$ 65,45 $=$ 0 h. 54 ares 6325 ; et si un hectare produit 28 h., 0 h. 546325 rapportera 15 hectolitres 32 litres 45 cent. Un hectolitre de blé vaut 24 fr. 50 c., 15 hectolitres 3245 vaudront 24 fr. 50 c. $\times$ 15,3245 $=$ 375 fr. 45 c.

3e *Problème*. Les blés se sèment de deux manières : 1° à la volée ou devant la charrue, avec la culture en sillons ; 2° en lignes avec le semoir. Un quart environ de la semence est perdu dans le premier cas faute de pouvoir germer. En supposant qu'on emploie 1 hectolitre 50 litres au prix de 19 francs l'hectolitre par hectare quand on sème à la volée, quelle serait l'économie réalisée en se servant du semoir sur une étendue de 12 hectares ?

Solution. Puisqu'il faut, d'après le premier procédé, 1 hectolitre 50 litres par hectare, pour 12 hectares il en faudra 12 fois plus ou 1 h. 50 $\times$ 12 $=$ 18 hectolitres. Si l'on paye l'hectolitre 19 francs, 18 hectolitres coûteront 18 fois plus ou 19 $\times$ 18 $=$ 342, d'où, prenant le quart, nous aurons une économie de 85 fr. 50 c.

CINQUANTE-NEUVIÈME DEVOIR.

Questions à faire aux élèves sur la dictée précédente.

1. Quelles sont les meilleures semences ? 2. Quelle est celle qu'il faut préférer ? 3. N'y en a-t-il pas d'autres ? 4. Cette dernière précaution ne préserve-t-elle pas de la nielle et du charbon ? 5. Que faut-il faire pour préserver les blés de la carie ? 6. Quel est le procédé recommandé par M. de Dombasle ? 7. Qu'est-ce que M. de Dombasle conseille ? 8. Quels sont les autres procédés ? 9. Dites ce qui entre dans le chaulage du blé pour chacun de ces procédés ? 10. Que faut-il faire quand la semence est chaulée ?

59ᵉ DICTÉE.

DIFFÉRENTES MANIÈRES DE SEMER LE FROMENT.

Avantage du semoir.

Les semis de froment se font soit à la volée et à main d'homme, soit en lignes au moyen de semoirs mécaniques qui économisent environ un tiers ou un quart de la semence. Jusqu'à ces derniers temps, le semis à la volée, qui a le mérite d'être expéditif, mais l'inconvénient de n'être pas à la portée de tout le monde, a prévalu parce que les semoirs n'étaient pas irréprochables; mais les perfectionnements apportés d'année en année à ces instruments leur assurent l'avenir, quant aux terrains qui n'exigent pas un ensemencement dru et serré. On a pour la petite culture des semoirs à brouette qui fonctionnent assez bien, et pour la grande culture des semoirs à cheval, qui, s'ils ne sont point parfaits, du moins approchent de la perfection. On en cite un de M. Robillard, constructeur à Arras, qui unit la précision à la simplicité et à un prix raisonnable.

Le semoir enterre le grain en même temps qu'il le distribue; mais quand il s'agit des semis à la volée, on enterre le plus ordinairement la graine avec la herse. Quelquefois aussi avec la charrue ou la ritte par un labourage très-superficiel ou avec l'extirpateur, ou bien enfin, comme dans les Ardennes, à la suite d'un écobuage; on se sert pour recouvrir la semence de la terre que l'on sort des rigoles ouvertes, soit avec le *haq* ou croc (sorte de buttoir primitif), soit avec une pelle, dans la petite culture. On dit de la graine enterrée avec la charrue qu'elle a été *semée sous raie.* La profondeur à la quelle la semence de froment doit être enterrée varie nécessairement avec les terrains et les climats. Dans les terres légères, il convient de recouvrir plus que dans les terres fortes ; dans les terres maigres, plus que dans les terres riches en humus ; dans les climats chauds et secs, plus que dans les climats humides. L'essentiel , c'est d'assurer à la semence l'air et la fraîcheur indispensables à la germination, et de la préserver en même temps des rayons trop ardents du soleil. (JOIGNEAUX.)

Conjuguer le verbe semer ou sarcler *aux temps de l'infinitif, en mettant après toutes les formes un complément qui soit un nom employé en agriculture.*

Ecurie, n. f. Lieu destiné à loger les bestiaux.

Ellébore, n. f. Plante vivace, médicinale, purgative, à fleurs de couleur bleue et rouge.

Egratigner, v. a. Labourer peu profondément.

Endiguement. n. m. Action de contenir les eaux à l'aide d'une digue.

Engrais, n. m. Fumier et autres matières avec lesquelles on amende les terres.

Engraissement, n. m. Action d'engraisser la terre, les animaux.

CALCUL. — SYSTÈME MÉTRIQUE.

Exposé des mesures de volumes, page 35 ; voir l'instruction, page 123. Faire résoudre les problèmes 49, 50 et 51, et voir les solutions, page 157.

SOIXANTIÈME DEVOIR.

Questions à faire aux élèves sur la dictée précédente.

1. En combien de manières se font les semis du froment ou blé ? 2. Quelle manière de semer a prévalu, jusqu'à ces derniers temps ? 3. Pourquoi l'usage des semoirs ne prévalait-il pas ? 4. Ont-ils plus de chances de succès maintenant et dans l'avenir ? 5. Pourquoi ? 6. Qu'est-ce qu'on a pour la petite culture ? 7. Et

pour la grande ? 8. Que fait le semoir en répandant la semence ?
9. Et qui l'enterre quand on sème à la volée ? 10. De quel terme se
sert-on pour exprimer que la semence est enterrée par la charrue ? 11. A quelle profondeur doit être placée la semence de
froment ? 12. Cette profondeur ne varie-t-elle pas ? 13. Quel est
l'essentiel ?

60e DICTÉE.

DICTÉE RÉCAPITULATIVE D'ORTHOGRAPHE ET D'AGRICULTURE POUR LA FIN DU MOIS.

Avant la quarantième dictée que nous avons faite, nous avons
parcouru une série de devoirs qui nous ont fait voir ce que c'é-
tait que le chaulage, le marnage et leurs effets sur les terres,
et de plus on nous a fait connaître l'emploi du sable et de l'argile comme amendements. Ensuite on nous a parlé des stimulants
et des engrais, du drainage, des défrichements et des irrigations.
On s'est aussi occupé de nous décrire les instruments aratoires,
et de nous indiquer comment ils servent aux conditions d'un bon
labour. Nous avons abordé les cinq grandes divisions de plantes
agricoles ; mais nous n'avons pas dépassé la culture du blé ou froment, et ce ne sera que dans le mois prochain que nous pourrons
les passer toutes en revue. — Mais quelles que soient les explications qui nous aient été données, et quelque zèle que notre professeur ait déployé pour nous faire comprendre ses leçons, ses
efforts ne seront couronnés qu'autant que nous aurons montré
de l'ardeur pour l'écouter, et que nous aurons senti la nécessité de nous livrer à l'étude, et de faire nous-mêmes l'application des principes qui nous ont été exposés. De ce qui précède nous devons comprendre qu'il faut, avant tout, que nous
devenions des hommes pratiques, observateurs des phénomènes
qui se passent sous nos yeux. Le moyen d'arriver à ce résultat,
c'est de lire, de relire nos dictées et nos problèmes, et de nous
poser, chaque jour, avant d'entreprendre un autre devoir, les
questions qui nous ont été adressées. Les problèmes qu'on nous a
donné à résoudre nous seront aussi d'une grande utilité dans les
usages de la vie, et plus d'une fois, nous aurons besoin de nous
les rappeler, pour pouvoir nous rendre compte de nos travaux et
de nos produits, aussi bien que de nos recettes et de nos dépenses.

Analyse de la première phrase de la dictee.

Ensemencement, n. m. Action d'ensemencer.
Ensemencer, v. a. Jeter de la semence dans la terre.
Ente, n. fém. Sorte de greffe, arbre greffé ou enté.
Enter, v. a. Greffer, faire une ente.
Epeaute ou épautre, n. m. Espèce de petit froment rougeâtre.
Epizootie, n. m. Maladie contagieuse des bestiaux.

Demande d'un alignement.

« M. le Maire,

« Le sieur Jean-Baptiste Boudry , cultivateur dans cette commune, a l'honneur de vous informer que, devant démolir la façade de sa grange, sur le chemin du Tourniquet, il vous prie de lui faire donner l'alignement conforme au plan cadastral, et de l'autoriser à reconstruire la façade de ladite grange. »

CALCUL.

1er *Problème.* Un semeur a ensemencé un champ de blé, con tenant 42 ares 35 cent., en 2 heures 42 minutes : combien pourra-t-il ensemencer en 6 heures 26 minutes, et que recevra-t-il, si on le paye 0 fr. 06 c. par are ?

Solution. Si en 2 heures 42 minutes ou $(2 + 60) + 42 = 162$ minutes il ensemence 42 ares 35, en une minute il ensemencera 162 fois moins ou $\dfrac{42,35}{216}$ et en 6 heures 26 minutes ou 386 mi nutes, il ensemencera 386 fois plus ou $\dfrac{42,35 \times 386}{162} = 1$ hect 0 are, 90 cent., à 0 fr. 06 l'are $\times$ 100, 90 $= 6$, 054.

2e *Probl.* Sur une terre de 96 mèt. 65 cent. de longueur, 62 mètres 80 de large, on a semé 42 ares 82 cent. de froment, et le reste en avoine : chaque are de la première culture donne 76 litres à 21 fr. 40 l'hectolitre, et de la dernière, 82 litres par are à 12 fr. 25 l'hectolitre : quel est le produit de cette récolte ?

Solution. La surface de la terre étant de 96.65 $\times$ 62.80 $=$ 60 ares 69, cent. 62 la portion ensemencée en avoine sera donc 60 ares 6952 — 42.82 $=$ 17 ares 8762. Or puisque un are en blé donne 76 litres, on aura 0 h. 76 $\times$ 42,82 $=$ 32 h. 5432 à 21 fr. 40 $\times$ 32,5432 $=$ 696 fr. 426.

L'avoine à donné 82 litres par are, pour 17 ares 8762 on a

82 $\times$ 17.8762 = 1,465 8484 ou 14 h. 65,8484 à 12 fr. 25 l'hect. = 179 fr. 523629. Le tout a produit 875 fr. 80 c.

3e *Probl.* Un domestique ou garçon de ferme est placé chez un maître qui, tenant compte des bons services, lui donne, outre ses gages, qui servent à nourrir son vieux père et sa vieille mère, une prime de 0 fr. 50 cent. par semaine. Au lieu de dépenser cet argent au jeu, au cabaret ou en tabac à fumer, il le place à la caisse d'épargne et se contente des intérêts pour ses menus besoins : quelle somme aura-t-il à 30 ans, s'il a commencé à servir à 14 ans ?

Solut. L'année se composant de 52 semaines, on a donc 0,50 $\times$ 52 = 26 fr. Ce jeune homme ayant servi de 14 à 30 ans, il a donc servi 30 ans — 14 = 16 ans : or 26 $\times$ 16 = 416 fr. Il aura donc 416 fr. qui l'aideront à se mettre en ménage s'il en a la vocation, et dans cette somme ne sont pas compris les intérêts qu'il a touchés ni le sacrifice qu'il a fait en faveur de ses vieux parents.

SOIXANTE-UNIÈME DEVOIR.

Questions à faire aux élèves sur la dictée précédente.

1. Qu'avons-nous parcouru depuis la 40e dictée? 2. De quoi nous a-t-on parlé ensuite? 3. Et après? 4. Qu'avons-nous abordé? 5. A quoi nous sommes-nous arrêtés? 6. A quelles conditions les efforts de notre professeur seront-ils couronnés? 7. Que devons-nous conclure de ce qui vient d'être dit? 8. Quel est le moyen d'arriver à ce résultat? 9. Les problèmes qu'on nous a fait résoudre peuvent-ils nous être utiles?

61e DICTÉE.

QUANTITÉ DE SEMENCE NÉCESSAIRE; ÉPOQUE DES SEMAILLES.

La quantité de semence qu'il faut employer par hectare est ordinairement de deux hectolitres pour le froment d'automne et de 225 litres pour celui de printemps. Il en faut un tiers en moins quand on sème en lignes; mais il est important, dans tous les cas, d'employer une semence qui offre toutes les conditions pour garantir la réussite de la récolte. Ainsi l'on évitera de faire usage comme semence des grains provenant d'une récolte roulée, ayant crû sur un terrain ombragé, trop humide ou dans un sol fumé avec excès. On choisira donc pour faire de la semence un champ où la maturité soit complète, où il n'existe aucune plante vivace ou parasite. Quant à l'époque où il convient de semer le froment, elle est subordonnée au climat, à la rusticité de la plante et au temps où l'on se propose d'en récolter les produits. Il n'y a point d'époque fixe pour les semailles. Cependant, pour les blés d'automne, c'est vers la mi-septembre, comme nous l'avons déjà dit, qu'on commence, pour continuer en octobre, novembre et même en décembre, selon les zones et les climats. Les Anglais disent à cet égard qu'il vaut mieux être hors de temps que hors de température, et ils ont raison. D'après ce principe, il faut donc ensemencer les premiers blés dans les terres froides et argileuses aussi bien que celles qui se trouvent éloignées des bâtiments de l'exploitation, parce que, ordinairement, ce ne sont pas ces dernières qui reçoivent les plus fortes fumures. Pour les blés de printemps, c'est de la mi-mars jusqu'au mois de mai qu'on les confie à la terre; ils demandent d'être semés plus épais que ceux d'automne; mais il ne convient pas de les confier aux sols argileux de trop bonne heure, parce que ces terres, trempées par les pluies de l'hiver, résistent davantage aux instruments de culture, ce qui n'a pas lieu dans les terres siliceuses et dans les terres calcaires.

Analyse de la première phrase de la dictée.

Espalier, n. m. Rangée d'arbres fruitiers dont les branches sont assujetties à un mur.

Esparcette, n. f. Nom vulgaire du sainfoin.

Essode, n. f. Sorte de houe affectée aux labours des champs.

Essortement, n. m. Action d'essorter.

Essorter, v. a. Défricher en arrachant les bois et les épines.

Essaim, n. m. Volée de jeunes abeilles qui se séparent des vieilles.

CALCUL.

1er *Problème*. Pour ensemencer à la volée 32 ares de terrain il faut 68 litres de grain; quel bénéfice ferait-on si l'on employait le semoir en lignes, qui économise un tiers de la semence, à 21 fr. 50 c. l'hectolitre?

Solution. 68 litres à 21,50 = 21,50 × 0,68 = 14 fr. 62 c. qu'il faudrait dépenser pour semer à la volée; mais en lig. _s on gagne un tiers, c'est le 1/3 de 14 fr. 62 c. = 4 fr. 87 d'économie.

2e *Problème*. Combien faudra-t-il de doubles décalitres de blé pour ensemencer un champ de 43 ares 36 cent. si l'on met 200 litres par hectare, et que devra-t-on pour faire cet ensemencement, à 22 francs l'hectolitre ?

Solution. S'il faut 200 litres pour semer un hectare, pour un are il en faut cent fois moins, ou 2 litres, et pour 43 ares 36, il en faut 43,36 ou 2 litres $\times$ par 43,36 $=$ 86 lit. 72 à raison de 22 $\times$ 43,36 $=$ 19 fr. 078 — 86 lit. 72 : 20 $=$ 4 doubles décal. 6 lit. 72.

3e *Problème*. Pour ensemencer à la volée une terre de 89 ares, il faut 192 litres de grains, tandis qu'il n'en faut que 116 litres en faisant semer grain à grain par des enfants. Par la première méthode, le rendement des 89 ares est de 180 décalitres, et par la deuxième, il est de 25 hectolitres : on demande quelle serait, tant pour la semence que pour le rendement, l'économie résultant de l'emploi de la seconde méthode dans une terre de 5 hectares, le blé étant au prix de 22 francs l'hectolitre.

Solution. Par la deuxième méthode on économise 192 — 116 $=$ 76 litres de semence, et le surplus de la récolte est de 25 — 18 $=$ 7 hectolitres. Le gain total est donc 7 $+$ 0,76 $=$ 7 h. 76 pour 89 ares de terrain. Pour un are, il sera 7,76 : 89 $=$ 8 lit. 72 par excès, et pour 5 hectares, il sera 8,72 $\times$ 500 $=$ 43,6000 ou 43 hect. 60 litres. En faisant semer le blé grain à grain, on fera une économie de 22 $\times$ 43,60 $=$ 959 fr. 20 c. sur la semence et le rendement.

SOIXANTE-DEUXIÈME DEVOIR.

Questions à faire aux élèves sur la dictée précédente.

1. Quelle quantité de semence faut-il employer par hectare? 2. Quand on sème en lignes, en faut-il autant? 3. Est-il important d'employer de la bonne semence? 4. De quelle semence faut-il éviter de faire usage? 5. Quelle semence doit-on choisir? 6. Y a-t-il une époque fixe pour les semailles? 7. Que disent les Anglais à ce sujet? 8. Dans quelles terres faut-il semer les premiers blés? 9. Et les blés de printemps? 10. A quelle époque les sème-t-on? 11. Doit-on semer dans les terres argileuses avant que d'avoir rendu la terre meuble? 12. En est-il de même dans les terres calcaires?

62ᵉ DICTÉE.

CULTURE DU FROMENT (*suite*); **TRAVAUX APRES LES SEMAILLES;
TRAVAUX D'ENTRETIEN.**

Après les semailles, on donne un bon hersage et, s'il reste de petites mottes, ce n'est pas un mal, pourvu que le grain soit suffisamment recouvert ; ces mottes, se réduisant en poussière à la suite des gelées, procurent aux jeunes plantes une sorte de buttage qui est très-utile. Ensuite le cultivateur fait des rigoles d'écoulement et des fossés de décharge ; il faut les nettoyer et les entretenir en bon état pour que les eaux ne puissent jamais séjourner sur les emblaves. Lorsque l'automne est pluvieux et doux, les limaces sont à craindre. Au lieu de se lamenter et de rester les bras croisés devant l'ennemi, il y a deux partis à prendre : l'un, bien connu, qui consiste à saupoudrer les récoltes avec de la chaux éteinte; l'autre, plus efficace, mais à peu près ignoré, consiste à faire manger les limaces par des dindons. On a vu mettre ce moyen en pratique par un ancien fermier de la Bourgogne, des environs de Dijon. Tous les ans, il achetait un troupeau de dindons maigres, au moment où les limaces pullulaient dans ses terres argileuses, et au bout de trois semaines, un mois, il les revendait en bon état. Double profit par conséquent : limaces détruites et argent gagné. A la sortie de l'hiver, il est très-utile de passer le rouleau sur les froments, semés en terres légères, afin de tasser cette terre soulevée et de déchausser les racines des plantes. Dans les terres fortes, une pareille opération serait nuisible ; mais un coup de herse est très-avantageux. A cette époque, c'est-à-dire au moment où la végétation va repartir, il est très-utile encore d'arroser les emblaves avec des purins étendus d'eau. A la fin d'avril ou au commencement de mai et juin, viennent les sarclages. Ce sont ordinairement les femmes et les enfants qui se livrent à ce travail, mais pour atteindre son but, il doit être fait lorsque les mauvaises herbes n'ont pas pris encore un grand développement; le sarclage se pratique avec plus de succès, lorsque la terre conserve encore assez de fraîcheur pour que les plantes soient facilement arrachées; mais on ne doit jamais l'effectuer par un temps humide, autrement les mauvaises plantes reprendraient avec plus de facilité. Pour opérer ce travail, les sarcleurs se servent ou de couteaux allongés pour couper les herbes entre deux terres ou de tenailles en bois (moettes) pour les arracher. Les mauvaises herbes qui gênent les blés sont les cirses, les chardons, la patience, les renouées, les liserons, les vesces, le chiendent, les renoncules, la folle avoine, les coqueli-cots, la nielle, l'ivraie, les bluets, la moutarde des champs, les radis sauvages, le mélampyre, la camomille, le pas-d'âne, etc.

(*Le Livre de la ferme* de JOIGNEAUX.)

Conjuguer le verbe herser *aux temps de l'indicatif, en met-tant après chaque personne un complément qui soit un nom employé en agriculture.*

Excru, crue, adj. Se dit des arbres qui ont pris leur croissance hors des forêts.

Exploiter, v. a. Faire valoir, cultiver une terre, débiter des bois.

Expropriation, n. f. Action d'exproprier.

Expropriation forcée. Vente par autorité de justice des im-meubles d'un débiteur, sur la poursuite de ses créanciers.

Exproprier, v. a. Priver quelqu'un d'une propriété immobi-lière.

Extirpateur, n. m. Instrument composé de plusieurs petits socles horizontaux, propres à extirper, à couper les mauvaises herbes, etc.

CALCUL. — SYSTÈME MÉTRIQUE.

Exposé des mesures de volumes, page 35 ; voir l'intruction, page 123. Faire résoudre les problèmes 52, 53, 54, page 90, et voir les solutions, pages 157 et 158.

SOIXANTE-TROISIÈME DEVOIR.

Questions à faire aux élèves sur la dictée précédente.

1. Après la semaille ne faut-il pas faire un bon hersage ? 2. Pour-quoi ? 3. Que doit faire le cultivateur avant l'hiver ? 4. Quand l'automne est pluvieux, qu'y a-t-il à craindre ? 5. Quel parti faut-il prendre ? 6. Racontez ce que faisait un fermier de la Bourgo-gne. 7. Qu'y a-t-il à faire dans les blés à la sortie de l'hiver dans les terres légères ? 8. Et dans ceux qui sont semés dans les terres argileuses ? 9. Quels sont les travaux des mois de mai et juin ? 10. A qui confie-t-on ce travail ? 11. Comment se pratique le sar-

clage? 12. Dans quelles conditions doit s'effectuer ce travail? 13. Quelles sont les plantes nuisibles qu'il faut détruire?

63ᵉ DICTÉE.

MALADIES DU FROMENT, RÉCOLTE.

En parlant des travaux d'entretien, nous avons omis de signaler les maladies des céréales. Les plus redoutables pour le froment sont : la pourriture du collet ou mal de pied dans les terrains trop mouillés, la carie, la rouille, le miellat, l'ergot, le charbon et la coulure. La carie attaque l'intérieur du grain et répand une odeur détestable. On la regarde comme occasionnée par une sorte de champignon parasite. Quelques-uns prétendent que c'est une affection contagieuse pouvant se communiquer au sol par les pailles, les fumiers qui proviennent des blés cariés. La rouille se manifeste sur les feuilles et l'épiderme de la tige par de petites bosselures qui, d'abord blanches, crèvent à une certaine époque pour laisser échapper une poudre jaune comme la rouille de fer. Le miellat, sorte de sueur visqueuse qui sort des feuilles, des tiges et des fruits d'un grand nombre de plantes. Les plus dangereuses de ces maladies, et les plus communes sont la carie et la pourriture. Si, comme nous l'avons indiqué, l'on prenait plus de précautions pour préparer la semence , et si, après les avoir prises, on lavait parfaitement cette graine, on n'aurait pas à se plaindre souvent de la carie. Si, d'un autre côté, on avait soin d'assainir les terres consacrées à la culture du froment, la pourriture qui provient de l'eau stagnante sur les racines n'aurait plus de cause pour se reproduire. La récolte du froment à lieu vers la fin de juin ou au commencement de juillet, dans le midi de la France ; vers la fin de juillet et au commencement d'août dans le Centre ; quinze jours ou trois semaines plus tard dans le Nord et dans la Flandre. Le rendement est très-variable. Il y a des terres qui ne rapportent que 9 ou 10 hectolitres par hectare, en retour d'autres rendent de 20 à 30 hectolitres. Quand on arrive à 20 hectolitres il n'y a pas à se plaindre, et quand on arrive à 25 il faut se réjouir.

Analyse de la première phrase de la dictée.

Façon, n. m. Labour qu'on donne à la terre, à la vigne.
Fagot, n. m. Faisceau de branches et de menus bois, unis par un lien de bois vert nommé hart.

Fagotaille, n. f. Garniture d'une chaussée d'étang avec des fagots.

Falun, n. m. Couches composées de débris de coquilles.

Faluner, v. a. Amender une terre avec du falun.

Faner, v. a. Tourner et retourner l'herbe d'un pré.

CALCUL.

1er *Problème*. Deux ouvriers ont fait la moisson chez un fermier, au septième du produit en grain : chaque ouvrier a reçu 24 doubles décalitres 1/4 ; ils étaient 7 : quelle est la surface du champ qu'ils ont moissonné si 1 are produit 28 lit. 40 ?

Solution. Le produit total est égal à $48,5 \times 8 \times 7 = 27,160$ lit. Par conséquent, le nombre d'ares sera de $27,160 : 28\ 40 = 9$ hect. 56, 33.

2e *Problème*. Un cultivateur qui exploite un terrain de 50 hectares ensemence de froment 12 hect. 25 ares qui doivent rapporter en moyenne 24 hectol. 5 par hectare. Le poids d'un hectolitre étant de 76 kilogrammes, et 24 kilogrammes de fumier étant nécessaires pour produire 1 kilog. 90 de froment, on demande combien de voitures de fumier pesant 1,500 kilog. seront nécessaires, et quel sera le volume de cet engrais si le mètre cube pèse 750 kilogrammes.

Solution. Le poids du froment est de $76 \times 24,5 = 1862$ kil. $\times 12,25 = 22809$ kilog. 5 Le poids du fumier à employer est de $\dfrac{24 \times 22809,5}{1,9} = 288120$ kilog. $: 1500$, poids d'une voiture $= 192$ voitures 4/5. Le volume sera de 288120 kilog. $: 750 = 385$ mètres cubes 600.

3e *Problème*. Il faut 1 hect. 80 de froment pour semer 1 hectare : combien faudra-t-il de litres pour semer un petit champ de 12 ares 50, et quel sera le rendement si on récolte 25 hectolitres dans un hectare ?

Solution. Il faudra $1,80 \times 12,50 = 22$ lit. 50 centilitres. Le rendement sera 25 h. $\times 0$ hectare $1250 = 3$ hectolitres 125.

SOIXANTE-QUATRIÈME DEVOIR.

Questions à faire aux élèves sur la dictée précédente.

1. Quelles sont les plus redoutables maladies pour le froment? 2. Qu'est-ce que la carie? 3. Comment la rouille se manifeste-t-elle? 4. Et le miellat? 5. Que faudrait-il faire pour

éviter ces maladies? 6. Comment pourrait-on éviter la pourriture de la plante? 7. A quelle époque de l'année la récolte du froment a-t-elle lieu? 8. Le rendement est-il le même partout? 9. Quand doit-on être content et quand doit-on se réjouir.

64e DICTÉE.

INSTRUMENTS DONT ON SE SERT POUR MOISSONNER. AVANTAGES DE LA SAPE FLAMANDE.

L'instrument le plus généralement employé pour la moisson des blés est la faucille ; mais moins qu'autrefois. Cet instrument se compose de deux parties : le manche et le fer. Le fer dans sa forme et son ouverture diffère d'une contrée à une autre, mais ces légers changements n'ont pas une influence appréciable sur les produits de la moisson et sur la facilité du travail. On se sert de la faucille de deux manières : dans l'une, l'ouvrier saisit le chaume de la main gauche, un peu au-dessus du sol ; le penche et appuie en avant, et de la main droite, il coupe sa poignée et met en javelles. Dans l'autre, le moissonneur saisit le chaume à 40 ou 50 centimètres, réunit toutes les tiges qu'il tient de sa main gauche, et de la main droite il scie comme avec la faux. Ce procédé est un acheminement à l'emploi de la sape flamande. Ce dernier instrument est peut-être le plus avantageux pour moissonner les céréales. Les femmes peuvent facilement le manier ; cette sape coupe le blé versé avec une perfection et une promptitude que l'on chercherait vainement à obtenir par un autre instrument. De plus, elle permet de couper et de former les javelles en même temps, c'est là un avantage que ne possède pas toujours la faux. On emploie ce dernier instrument comme le plus expéditif. L'ouvrier a le grain à gauche, et la pointe de sa faux étant dirigée vers la pièce, il dirige la lame de droite à gauche en jetant le grain coupé contre celui qui ne l'est pas. Le travail de la faux est d'autant plus parfait que le grain coupé s'appuie régulièrement sur l'autre sans tomber. Une femme ou un enfant avec une faucille ou un bâton recourbé suit le faucheur, et met en javelles ce qui vient d'être abattu. Dans certaines contrées, la faux est fermée d'une ou plusieurs baguettes nommées dents du râteau. Le fauchage est le même que celui de l'herbe, seulement le râteau dispose régulièrement les épis qu'une légère secousse dépose sur le sol. De ces trois procédés, il résulte que la faucille est désavantageuse sous plusieurs rapports. Elle laisse des éteules plus grandes ; il faut un habile moissonneur pour abattre en un jour 20 ares de céréales, mais elle permet d'employer les bras des enfants et des vieillards, ce qui est d'une grande ressource pour les populations. Dans un jour, un sapeur coupe le grain sur une superficie de 40 ares. Un faucheur peut moissonner une surface de 60 ares, mais il a besoin d'un aide pour amasser et ranger le grain derrière lui.

Conjuguer le verbe herser *aux temps du conditionnel et de l'impératif, en mettant après chaque personne un complément qui soit un nom employé en agriculture.*

Faneur, euse, n. Celui, celle qui fane les foins.
Farine, n. f. Grain moulu. Farine de froment.
Fascine, n. f. Fagot de branchages pour combler les fossés.
Fauchage, n. m. Action de faucher.
Fauchaison, n. f. Temps où l'on fauche les foins; action de faucher. — *Fauche*, temps de faucher.

CALCUL. — SYSTÈME MÉTRIQUE.

Exposé des mesures de volumes, page 35 ; voir l'instruction page 123. Faire résoudre les problèmes 55, 56, 57, pages 90 et 91, et voir les solutions pages, 158 et 159.

SOIXANTE-CINQUIÈME DEVOIR.

Questions à faire aux élèves sur la dictée précédente.

1 Quelle espèce d'instrument est le plus généralement employé pour la moisson ? 2. De quoi se compose la faucille ? 3. Ne diffère-t-elle pas d'une contrée à une autre ? 4. De combien de manières se sert-on de la faucille ? 5. Dites comment l'ouvrier agit dans les deux procédés ? 6. A quoi ce procédé est-il un acheminement ? 7. La sape flamande n'est-elle pas un instrument avantageux ? 8. Quel autre avantage présente-t-elle encore ? 9. Comment emploie-t-on la faux ? 10. Le travail de la faux est-il parfait ? 11. Diffère-t-il du fauchage de l'herbe ? 12. Ne faut-il pas un aide à celui qui fauche ? 13. Quel est le procédé le plus

avantageux ? 14. Combien un bon moissonneur peut-il couper dans un jour ? 15. Et un sapeur ? 16. Et un faucheur ? 17. Faites connaître les avantages de ces divers instruments ?

65e DICTÉE.

SOINS A DONNER AUX BLÉS COUPÉS, USAGES DES MOYETTES.

Lorsque les blés sont coupés, les uns les mettent en javelles, d'autres les rentrent tout de suite. Dans certains pays, comme dans les plaines du Bas-Poitou et dans le Bocage de la Vendée, on bat à mesure qu'on moissonne. Quoi qu'il en soit, il est certain que le javelage a ses avantages surtout pour des blés coupés avant d'être arrivés à une entière maturité, mais il a aussi ses inconvénients. Dans les années pluvieuses, on court risque de voir son blé germer et rester sur le sol. Pour avoir voulu donner au blé le temps de mûrir et aux herbes le temps de sécher, on perd sa récolte ou du moins on lui fait subir un véritable dommage. On pare à ces inconvénients en battant dans une aire au soleil à mesure qu'on opère le sciage du froment. Mais cette méthode n'est pas praticable dans les pays où l'on manque de bras. Il s'agit donc, tout en conservant le javelage, d'éloigner l'humidité, soit qu'elle provienne du sol, soit qu'elle se produise par les pluies, par les rosées. Et c'est à quoi on parvient au moyen des meulons qu'on nomme aussi moyes ou moyettes. Ce sont des amas de blé formés dans le champ immédiatement après le sciage. Elles se font avec de simples javelles ou avec des gerbes de moyenne grosseur de manière à garantir les épis de l'humidité et à en laisser bien murir le grain avant de le rentrer. Mathieu de Dombasle écrivait : « Dans les étés extraordinairement pluvieux qui se sont succédé de 1823 à 1831, je me suis bien trouvé des meulons ou moyettes appelés aussi viottes, et j'ai reconnu que dans toutes les circonstances, le grain y acquiert une qualité supérieure à celle du blé qui a été traité autrement. » Cela doit engager les cultivateurs à faire des moyettes.

Analyse de la première phrase de la dictée.

Fauchet, n. m. Râteau de bois pour ramasser l'herbe fauchée.
Faucheur, n. m. Celui qui fauche.
Faux, n. f. Instrument pour faucher.
Fétu, n. m. Brin de paille.
Fenasse, n. m. Un des noms vulgaires du sainfoin.

Fenaison, n. f. Saison où l'on coupe les foins, travaux pour la récolte des foins.

CALCUL.

1er *Problème*. Combien trois faucheurs à 2 fr. 50 par jour et une femme à 1 fr. 50, pour aider à chaque faucheur, mettront-ils de jours pour faucher 8 hectares 04 ares de blé, si chaque ouvrier abat 62 ares par jour, et quelle sera la dépense?

Solution. Puisque 1 faucheur coupe 62 ares, 3 en couperont $62 \times 3 = 186$ ares. Autant de fois 186 ares seront contenus dans 8 hect. 04 ares ou 804 ares, autant il faudra de jours. Ainsi 804 divisé par 186 = 4 jours 32 pour chaque homme à 2 fr. 50 c. = 10 fr. 80 c., et pour 3 = 32 fr. 40 c. Pour les femmes à 1 fr. 50 c. = 4 fr. 50 c. et pour 4 jours 32, 19 fr. 44 c. + 32 fr. 40 c. = 51 fr. 84 c.

2e *Problème*. Un moissonneur coupe du froment et reçoit le 10e pour salaire : il coupe par jour 25 ares 58 donnant 30 hect. à l'hectare. On demande quel sera son salaire journalier, le froment valant 20 fr. l'hectolitre ?

Solution. Si 1 hect. donne 30 hectol., un are donne 100 fois moins ou $\frac{30}{100} = 0,30$, et 25 ares 50 donnent 25 fois 50 plus ou $30 \times 25,50 = 7$ h. 65 lit., dont le 10e est au moissonneur, ou 76 litres 5. Le prix de l'hect. étant de 20 fr., 0 hect. 765 vaudront autant de fois $20 \times 0,765 = 15$ fr. 35 c.

3e *Problème*. Le compte d'un champ de blé de 60 ares 20 s'établit de la manière suivante : le loyer coûte 120 fr., engrais 175 fr., frais de culture 25 fr. 50, sarclage, moissonnage et battage 15 fr. 20. Le produit est de 16 hect. 80 vendus 21 fr. 50, et de 840 bottes de paille estimées 15 fr. 50 le cent ; quel est le produit net ?

Solution. Le produit net sera de 16 h. 80 $\times$ 22,50 + 840 bottes $\times$ 15 fr. 40 le cent = 508 fr. 20 — 120 + 175 + 25,50 + 15,20 = 172 fr. 50.

Pétition au préfet pour non-location.

« Monsieur le Préfet,

« Le sieur Baudry (Joseph), de Mirecourt, a l'honneur de vous exposer que la maison dont il est propriétaire à Mattaincourt a été vacante pendant deux années consécutives pour cause de non-location.

« C'est pourquoi il vous prie , Monsieur le Préfet, de lui accorder une diminution proportionnée au temps qu'elle a été inhabitée. Il attend cette faveur de votre justice, et demeure avec respect, etc. »

SOIXANTE-SIXIÈME DEVOIR.

Questions à faire aux élèves sur la dictée précédente.

1. Quels sont les premiers soins à donner aux blés coupés ? 2. Qu'est est l'usage de certains pays ? 3. Le javelage offre-t-il quelques avantages ? 4. Quels inconvénients offre-t-il? 5. Dans les années pluvieuses, est-il bon de laisser en javelles les blés coupés ? 6. Comment pare-t-on à cet inconvénient ? 7. En conservant le javelage, comment évite-t-on l'action de l'humidité ? 8. Qu'appelle-t-on meulons ou moyettes? 9. Comment se font-elles ? 10. Que dit Mathieu de Dombasle à ce sujet ? 11. Qu'est-ce que cela doit inspirer au cultivateur ?

66e DICTÉE.

MÉTHODE POUR CONSTRUIRE DES MOYETTES.

Voici la méthode suivie à l'Institut impérial de Grignon, recommandée par M. Henri, professeur d'agriculture dans cet établissement : On replie une javelle sur elle-même vers le milieu de la longueur de la paille, en ayant soin que les épis ne touchent pas à terre. On peut aussi se servir d'une gerbe liée au-dessous des épis. Lorsque la javelle ou la gerbe, dont la partie inférieure est très-élargie, a été placée sur un endroit un peu élevé du champ, on forme un petit rang circulaire de javelles dont les épis son dirigés vers le centre ; on pose ensuite sur ce premier rang, dont la partie inférieure repose sur la gerbe affaissée ou sur une javelle pliée, un deuxième rang, un troisième, enfin autant de couches semblables de javelles qu'il en faut pour élever les boros de la moyette ou du meulon à la hauteur de 1 m. 20 environ. On doit maintenir les parois circulaires parfaitement d'aplomb. Quand cette moyette est parvenue à la hauteur voulue, elle ressemble à une petite meule, ou à une tourelle surmontée, coiffé d'un cône ayant une pointe de 45 à 50 degrés, et une hauteur de 1 m. 65 cent. La pente est destinée à faciliter l'écoulement des eaux du centre à la circonférence. En terminant cette moyette, dont le diamètre est égal à environ deux fois la longueur des tiges de blé, il faut avoir soin de croiser fortement les épis des dernières rangées de javelles, qu'on place alors par poignées pour faire un sommet plus régulier. Ensuite, on fait une forte gerbe et on la lie près de la base ; on entr'ouvre les tiges qui la composent, de manière à former une espèce d'entonnoir ou de chapeau, et on la renverse sur le sommet conique de la moyette, de manière à la couvrir et à former une espèce de toit ; si l'on redoutait les pluies trop abondantes, on ferait bien d'employer à cet usage une gerbe déjà battue. Afin d'éviter que la moyette ne soit décoiffée par un vent violent, on peut la maintenir au moyen d'un grand lien de paille qui embrasse le pourtour du meulon, et que l'on fixe à l'aide de quelques épingles de bois ou crochets.

(*Le Livre de la ferme* de JOIGNEAUX.)

Analyse de la première phrase de la dictée.

Fertile, adj. des deux genres. Fécond, qui produit, qui rapporte beaucoup : champ fertile, année fertile.

Fève, n. f. Plante légumineuse; fèverole, n. f. petite fève.

Fiente, n. f. Excréments des animaux, et particulièrement des oiseaux.

Figuier, n. m. Arbre qui porte des figues.

Filtrer, verbe a. Passer un liquide par le filtre, afin de le débarrasser de certaines matières qu'il tient en suspension. — L'eau filtre à travers les terres.

Foin. n. m. Herbe fauchée et séchée pour la nourriture des bestiaux.

CALCUL.

1er *Problème*. Une récolte de froment absorbe autant de richesse du sol que peut en fournir une quantité de fumier égale en poids à 2 fois et 1 tiers le double du poids total de la récolte en grain et en paille. On demande combien il faudra de fumier pour remplacer la richesse consommée par une récolte de 40 hectolitres de froment, le poids de l'hectolitre étant de 75 kilog. et celui de la paille de 150 kilog. par hectolitre ?

Solution. Le poids de 40 hectol. sera le grain de $75 \times 40 = 3000$.

Pour la paille de $150 \times 40 = 6000$, et au total $3000 + 6000 = 9000$ kilog. Puisque le poids du fumier doit être

2 fois et $\dfrac{1}{3}$ le double du poids de la récolte, nous aurons

donc $9000 \times 2 \times \dfrac{7}{3} = 42000$ kilog. de fumier.

2ᵉ Problème. 100 kilog. de blé pesant 72 kilog. par hect. rendent en farine 70 kilog.; de son, 28 kilog. : que rendront 3 sacs de 200 kilog., et à combien reviendra le kilog. de farine, si le blé a coûté 25 fr. 50 hectol? Le son compte pour la façon.

Solution. Si 100 kilog. de froment, du poids de 72 kilog. par hect., rendent 70 kilog. de farine, 3 sacs de 200 rendront 6 fois plus ou $70 \times 6 = 420$ kilog. de farine. Autant de fois 72 seront contenus dans 420, autant il aura fallu d'hectol. $420 : 72 = 5$ hect. 83 litres $\dfrac{1}{3}$ à 25 fr. 50 $= 146$ fr. 11 par excès.

3ᵉ Problème. Un cultivateur a récolté 25 hect. 82 litres de froment, pesant 76 kilog. l'hectolitre ; un acheteur lui offre 0 fr. 26 du kilog. On demande combien vaudra la récolte.

Solution. 76 k. $\times 25,82 = 1962$ k. 32 $\times 0,26 = 510$ fr. 20.

SOIXANTE-SEPTIÈME DEVOIR.

Questions à faire aux élèves sur la dictée précédente.

1. Où est pratiquée la methode de moyettes que nous allons expliquer ? 2. Comment procède-t-on pour construire une moyette ? 3. Que fait-on quand la gavelle ou la gerbe a été placée? 4. Combien met-on de couches ? 5. Qu'y a-t-il à garder en élevant la moyette ? 6. A quoi ressemble-t-elle quand elle est parvenue à la hauteur voulue ? 7. A quoi la pente est-elle destinée? 8. A quoi le diamètre de la moyette est-il égal ? 9. Que fait-on ensuite ? 10 Quelle précaution faut-il prendre pour éviter l'enlèvement de la gerbe du sommet ?

67ᵉ DICTÉE.

CONSEILS AUX CULTIVATEURS SUR LA RENTRÉE DES RÉCOLTES.

« La récolte est la fin et le commencement des travaux de l'agriculture, dit M. de Gasparin. Il semble que toute sollicitude doive être désormais bannie. Le fruit est mûr, il ne nous reste qu'à le cueillir ; et cependant tout le travail de l'année peut être compromis par la négligence ou la nonchalance d'un fermier. »

Il ne suffit pas d'avoir mené à bonne fin les labours, les ensemencements, les cultures d'entretien, d'avoir obtenu, Dieu aidant, de beaux blés bien tallés, bien épiés ; il faut aussi assurer, par de sages et intelligentes mesures, la rentrée de la moisson. Il y a des précautions à observer, des mesures à prendre, des préparatifs à faire, qu'un chef d'exploitation ne peut oublier ou négliger sans s'exposer à compromettre, au dernier moment, le résultat de ses travaux de l'année. On a souvent comparé avec raison, le fermier à un général d'armée ; cette comparaison paraît très-juste : l'époque de la moisson, c'est le jour de la grande bataille qui doit décider du sort de la récolte. L'ennemi à vaincre, c'est la pluie intempestive, c'est le soleil trop ardent, le blé trop mûr, la moisson abattue par l'averse, par la grêle, ou par la pluie ; ou bien ce sont les hommes qui manquent, les outils qui se brisent, les machines qui se dérangent ; l'ennemi qu'il faut vaincre, ce sont toutes les difficultés qui se présentent jusqu'à ce que la récolte soit mise saine et sauve, à l'abri, sous le gerbier ou dans la grange. Un cultivateur qui ne songerait à sa moisson que la veille ressemblerait à une hôte qui se souviendrait qu'il a invité de nombreux amis à dîner, et qui y songerait au moment juste de se mettre à table. En agriculture, il arrive souvent que *prévoir* c'est *pouvoir*. Ainsi, cultivateurs et fermiers, n'attendez pas à la veille du jour où vous devez couper votre blé pour prévoir tout ce qui assure la célérité dans la rentrée de vos denrées. DILIGENCE donc dans la moisson, comme le dit Olivier de Serres, le père de l'agriculture en France.

(Le Livre de la ferme de JOIGNEAUX).

Conjuguer le verbe herser *aux temps du subjonctif en mettant après chaque personne un nom employé en agriculture.*

Fermage, n. m. Loyer d'une ferme.

Ferme, n. f. Métairie ou héritage consistant en terres, prés, vignes, etc., dont le propriétaire abandonne la jouissance pour longues années et pour un certain prix. — Maison du fermier.

Feuille, n. f. Partie de la plante, de l'arbre, de la fleur, qui garnit les tiges et les rameaux.

Fleuraison, n. f. Développement et épanouissement des fleurs.

Foncier, ière, adj. Se dit de celui à qui un fonds de terre appartient.

Fonds, n. m. Sol d'une terre, d'un champ. — Somme d'argent, capital.

CALCUL. — SYSTÈME MÉTRIQUE.

Exposé des mesures de volumes, page 35 ; voir l'instruction page 123. Faire résoudre les problèmes 58, 59, 60, page 91, et voir les solutions, page 159.

SOIXANTE-HUITIÈME DEVOIR.

Questions à faire aux élèves sur la dictée précédente.

1. Comment doit-on regarder la récolte ? 2. Suffit-il d'avoir bien exécuté les labours et fait les ensemencements ? 3. N'y a-t-il pas des précautions à prendre avant l'ouverture de la moisson ? 4. Comment et à qui a-t-on comparé un chef d'exploitation ? 5. Quel est l'ennemi qui est à vaincre ? 6. A qui ressemblerait un cultivateur qui ne songerait à sa moisson que la veille ? 7. Qu'arrive-t-il en agriculture comme en autre chose ? 8. Quelle leçon est-ce pour le cultivateur ou fermier ? 9. Que recommande à ce sujet Olivier de Serres ?

68ᵉ DICTÉE.

CULTURE DU SEIGLE ; SES USAGES.

En France, après le froment, c'est le seigle que l'on cultive le plus. On le sème plus tôt que les autres céréales parce qu'il a besoin de plus de force avant l'hiver. On le sème en automne à raison de deux hectolitres par hectare, après deux ou trois labours. Sur un sol médiocre il y a souvent plus d'avantage à cultiver du seigle que du blé, parce qu'il donne ordinairement plus de produits. La récolte se fait au mois de juillet. Le moment de la floraison est une époque critique encore plus pour le seigle que pour les autres céréales ; une gelée blanche, une pluie froide empêche la graine de se former, et il est probable que c'est alors que s'engendre l'ergot. Le seigle vient après la jachère ; il succède aussi facilement à un pâturage, au lin, au chanvre, aux légumineuses aux plantes-racines sarclées, récoltées de bonne heure. Il vient encore après l'épeautre, le méteil, l'avoine et même le froment, si le sol est riche et propre. Il faut le semer par un temps sec et dans un sol bien ameubli. Il rend un peu moins que le blé, et le poids de l'hectolitre de seigle varie de 65 à 75 kilogrammes. Les usages du seigle sont nombreux dans l'économie domestique : son grain donne une farine, à la vérité moins blanche et moins nourrissante que celle du froment, mais qui procure cependant, seule ou mélangée à cette dernière, un pain de bonne qualité, fort agréable au goût, qui se conserve longtemps frais, et qui sert encore à la nourriture de l'homme, dans une grande partie de l'Europe, surtout dans les pays des montagnes où on le cultive. Le seigle fait aussi la base du pain que l'on donne aux chevaux dans divers lieux et dont l'emploi commence à se répandre parmi nous. Après une mouture grossière et sans blutage préalable, on le mêle, en proportions variables, à la farine également grossière d'avoine ou d'orge, d'autres fois à celle de pois, de gesses et de fèverolles. Le grain de seigle sert à nourrir et à engraisser les volailles ; on le transforme en gruau, on l'utilise pour la fabrication de la bière, celle de l'eau-de-vie de grain. Cette céréale produit un des fourrages verts les plus abondants et les plus économiques que l'on puisse donner aux bestiaux ; après la consommation des légumes d'hiver, il est un des plus propres à rafraîchir les chevaux fatigués ou à renouveler les produits des vaches laitières. La paille de seigle est tellement utile qu'il arrive qu'on en préfère la récolte à celle du grain même. On l'emploie généralement comme litière. Dans beaucoup de contrées, on en fait un cas particulier pour affourrager les moutons, les vaches et les bœufs ; elle sert à faire des liens, des paillassons, à remplir les paillasses, à garnir les chaises, à fabriquer des chapeaux communs, enfin on en forme des toitures qui ne manquent ni de solidité ni de durée.

Analyse de la première phrase de la dictée.

Fougeraie, n. f. Lieu planté de fougères.

Fourbure, n. f. Maladie qui prive les bêtes de somme de l'usage des jambes.

Fourche, n. f. Outil de bois ou de fer muni de deux ou trois branches à son extrémité pour enlever le foin, remuer le fumier.

Fourchon, n. m. Une des pointes de la fourche ou de la fourchette.

Fournée, n. f. La quantité de pain qu'on fait cuire à la fois dans un four.

Frion, n. m. Lame de fer attachée au côté de la charrue.

CALCUL.

1er *Problème*. Dans un pays pauvre et mal cultivé, un hectare emblavé en seigle produit 12 hectolitres de grain et 1800 kilogr. de paille ; ensemencé en blé il produit seulement 10 hectolitres et 1900 kilogr. de paille. Quelle différence dans le revenu si le blé se vend 36 francs les 100 kilogr. et la paille 6 fr. 75 c. le même poids? Le seigle se vend 29 fr. 50 c. les 100 kilogr. et la paille 8 fr. 25 c. L'hectolitre de blé pèse 72 kilogr., le seigle 68 kilog.

Solution. Un hectol. de blé pèse 72 kilogr. ; 10 pèseront 10 fois plus ou 720 à 36 francs = 259 fr. 20 + la paille 19 $\times$ 6 fr. 75 = 128 fr. 25 ; le tout = 387 fr. 45. Pour le seigle c'est 68 $\times$ 12 = 816 kilogr. à 29 fr. 50 = 240 fr. 72 + la paille 8 fr. 25 $\times$ 18 = 148 fr. 50. Ainsi 148 fr. 50 + 240 fr. 72 = 389 fr. 22 c. Otant de cette somme 387 fr. 45, on aura une différence en faveur de l'orge de 1 fr. 77.

2e *Problème*. D'après ces données, que ferait un champ de 65 ares ?

Solution. Si 1 hectare donne 10 hectol. de blé, un are donnera 10 litres et 65 ares 10 $\times$ 65 = 650 lit. pesant 72 kilogr. l'hectol. = 6, 50 $\times$ 72 ou 468 kilogr. à 36 francs les 100 kilogr. $= \dfrac{468 + 36}{100}$ = 168 fr. 48. La paille donne 19 kilogr. par are, 65 ares en donneront 19 $\times$ 65 = 1235 kilogr. à 6 fr. 75 le 100 = 83 fr. 36. En blé 168 fr. 48 + 83 fr. 36 = 251 fr. 84.

En seigle l'hectare donne 12 hectol., 65 ares donneront $\dfrac{12 \times 65}{100}$ = 780 lit. à 68 kilogr. poids de l'hectol. = 7,80 $\times$ 68 ou 530 kilogr. 40 à 29 fr. 50 = 156 fr. 468. Paille 19 $\times$ 65 ares = 1235 kilogr. à 8 fr. 25 les 100 kilogr. = 101 fr. 88. En seigle 156 fr. 468 + 101 fr. 88 = 258 fr. 35.

3e *Problème*. Un champ est loué 48 fr. 75 c. plus 4 fr. 18 c. d'impôts, et a coûté 104 fr. 85 c. de frais de culture ; le produit brut est de 316 fr. 80 c. ; quel sera le produit net?

Solution. Le produit net sera de 316 fr. 80 c. — (104,85 + 4,18 + 48,75) = 159 fr. 02 c.

SOIXANTE-NEUVIÈME DEVOIR.

Questions à faire aux élèves sur la dictée précédente.

1. En France, après le froment, quelle céréale cultive-t-on le plus ? 2. Quand sème-t-on le seigle? 3. A quelle époque le recueille-t-on? 4. Quel est le moment le plus critique pour le seigle ? 5. Après quoi place-t-on le seigle? 6. Et encore après quelle

graine ? 7. Dans quelles conditions faut-il le semer ? 8. Quels sont ses usages ? 9. De quoi fait-il encore la base ? 10. A quoi mêle-t-on la farine grossière de seigle ? 11. A quoi sert le grain ? 12. Peut-on faire usage de cette plante en vert ? 13. Que fait-on de la paille sèche ?

69e DICTÉE.

TERRAINS QUE LE SEIGLE AFFECTIONNE ; SES VARIÉTES.

Les terrains que le seigle affectionne sont les terres légères, calcaires-siliceuses, ou sablonneuses, granitiques et schisteuses, sur lesquelles le froment ne réussit pas toujours ; il faut à cette céréale un sol qui ne soit pas sujet à être mouillé constamment ; rappelons un vieux proverbe ou dicton qu'il ne faut pas oublier : *Sème tes seigles en terre poudreuse.* Mais les terrains que le seigle préfère par-dessus tout, sont ceux de bruyères après qu'ils ont été soumis à l'écobuage ; sur l'emplacement des fourneaux à charbon, qui ont été à peu près soumis à cette opération, on récolte des seigles magnifiques, et même plusieurs années de suite. Il y en a qui les ramènent six à huit fois de suite, à la même place, principalement sur le sol d'un bois nouvellement défriché ; mais il n'est pas moins vrai que les récoltes de seigle, multipliées successivement, ruinent le sol pour longtemps, parce que ce qui a été pris n'est plus à prendre, et qu'on lui enlève la totalité ou la presque totalité des substances nécessaires et propres à cette céréale, substances que l'on connaît peu, mais que l'on connaîtra peut-être un jour. Le seigle est aux contrées pauvres ce que le blé est aux contrées riches. Cette céréale redoute moins que le froment les hivers rudes et n'exige pas autant de degrés de chaleur pour mûrir sa graine. C'est pour ces raisons qu'elle s'accommode bien des climats du nord et des situations élevées. Aussi la rencontre-t-on dans les pays montagneux et septentrionaux, dans le Morvan, dans les Vosges, les Ardennes, l'Allemagne et la Russie. Les variétés cultivées de seigle sont : le seigle d'automne, appelé aussi seigle de Rome, le seigle de mars, ou seigle trémois, ou seigle marsais ; le seigle multicaude ou de la Saint-Jean et le seigle de Russie.

Conjuguer le verbe herser *aux temps de l'infinitif, en mettant après chaque forme un complément qui soit un nom employé en agriculture.*

Fumeler, v. a. Arracher le chanvre mâle.
Fumer, v. a. Engraisser la terre avec du fumier.

Fumeteron ou *fumetereau*, n. m. Tas de fumier qu'on forme dans les champs quand on se propose de les fumer.

Fumier, n. m. Paille qui a servi de litière aux bestiaux et qui est mêlée de leur fiente.

Gâcher, v. a. Herser le blé au printemps pour recouvrir de terre les racines de la plante.

Gâcheux, euse, ad. Bourbeux, chemin gâcheux.

CALCUL. — SYSTÈME MÉTRIQUE.

Exposé des mesures de volumes, de capacité et page 35 et page 47; voir l'instruction page 132. Faire les problèmes 1, 2, 3, 4, 5, page 53 et 54 et voir les réponses.

SOIXANTE-DIXIÈME DEVOIR.

Questions à faire aux élèves sur la dictée précédente.

1. Quels sont les terrains que le seigle affectionne ? 2. Que dit le vieux proverbe? 3. Quels sont les sols qu'il préfère? 4. Faut-il le ramener toujours à la même place? 5. Qu'est le seigle aux contrées pauvres ? 6. Cette céréale redoute-t-elle les hivers rudes ? 7. Cette plante s'accommode-t-elle des climats du nord et des lieux élevés? 8. Quels sont les variétés du seigle? 9. Nommez-les ?

70e DICTÉE.

MÉTEIL: BINAGE DU SEIGLE ; ÉPEAUTRE.

Dans les dictées précédentes, en parlant de la culture du seigle, nous avons fait connaître que cette céréale affectionne les terres légères, sablonneuses, sablo-argileuses ou calcaires, etc., et qu'elle veut surtout un sol bien meuble et bien préparé. Comme nous l'avons dit, le seigle craint peu le froid et la sécheresse ; mais l'humidité lui est funeste, quand surtout elle est un peu prolongée. Les semailles du seigle se font comme celles des blés, mais rarement on sème avec la charrue. C'est par un bon hersage qu'on l'enterre. Dans les automnes doux et pluvieux, la végétation du seigle prend souvent trop de développement ; il convient de l'arrêter en passant le rouleau sur l'emblave. Quand l'automne est pluvieux, les ravages des limaces sont à craindre ; il est difficile de se défaire de ces animaux; on aura recours aux procédés que nous avons indiqués pour les blés. Quand l'hiver est trop doux, la végétation devient fougueuse au printemps ; il est nécessaire de couper l'extrémité des feuilles, autrement on aurait de la paille et peu de grain. Il est très-salutaire après l'hiver de passer le rouleau sur les seigles et d'arracher les mauvaises herbes, ce qu'on fait avant le passage du rouleau afin de rasseoir la terre et de couvrir les racines ; et après le sarclage, dans le courant du mois d'avril, avant que l'épiage ne s'effectue. Le méteil est un mélange de blé et de seigle, dans lequel la semence du froment entre pour les deux tiers environ, et celle du seigle pour un tiers. On le sème dans les terres qui sont trop pauvres pour donner du blé et qui ne le sont pas assez pour se contenter du seigle. La semaille du méteil se fait en septembre avant celle du froment, et autant que possible par un temps beau et sec ; on le récolte plus tôt que le blé ; c'est un avantage précieux, surtout dans les mauvaises années, car à la veille de la moisson les greniers sont vides chez les petits cultivateurs, et s'ils ont à vendre quelques sacs de méteil, ils en trouvent un bon prix sur les marchés ; on en cultive environ 500 mille hectares. L'épeautre est une espèce de grain qui tient le milieu entre le froment et l'orge. Sa tige ressemble assez à celle du froment, son grain est petit et noirâtre ; on en fait du pain agréable au goût, mais difficile à digérer. Sous le rapport du sol, l'épeautre est moins exigeant que le froment ; sa culture est la même.

Analyse de la première phrase de la dictée.

Gages, n. m. Appointements, salaires aux domestiques.

Galetas, n. m. Petite chambre d'une maison, prise en partie dans le comble, logement pauvre et mal en ordre.

Galop, n. m. La plus élevée et la plus rapide allure du cheval.

Galoper, v. neutre. Se dit du cheval et du cavalier ; aller au galop.

Gardeur, n. m. Celui, celle qui garde les dindons, les vaches, etc.

Garrot, n. m. Partie du corps du cheval supérieure aux épaules, et qui termine l'encolure.

A un préfet ou à un sous-préfet pour avoir des renseignements sur une personne.

« Monsieur le Préfet (ou Sous-préfet),

« Je désirerais, pour des motifs importants, avoir des renseignements sur l'état civil du nommé Thibaudeau, mécanicien, qui passe pour habiter votre département (ou votre arrondissement), et y exercer la profession de mécanicien, dans la commune de Void. Il est né à Sermaise, département de la Marne, et il est âgé de trente-cinq ans. Voudriez-vous bien, Monsieur le Préfet, avoir la bonté de faire faire des recherches à cet égard?

« Veuillez agréer, Monsieur le Préfet, l'assurance de mes resp. »

CALCUL.

1er Problème. Un hectare de terre ensemencé en seigle donne, année moyenne, 22 hectolitres de grain ; combien en donnera un champ de 82 mètres 50 sur 61 mètres 40 de large, semé dans les mêmes conditions?

Solution. 82,50 $\times$ 61,40 = 50 ares 655. Si un hectare donne 22 hectol., l'are donnera 0 hect. 22 litres et 50 ares 655 donneront 0 22 $\times$ 50 655 = 11 hect. 14 litres.

2e Problème. Pour semer un hectare de méteil, on met un hectol. 80 litres par hectare, dans laquelle semence le seigle entre pour un tiers. Quelle quantité devra-t-on mettre de chaque sorte pour semer un champ de 125 m. 60 de longueur sur 75 mètres de largeur, et que coûtera le prix de la semence, si l'on paye le blé 21 fr. 50 et le seigle 16 fr. 25?

Solution. 125,60 $\times$ 75 = 94 ares 20 ; s'il faut 180 litres de semence par hectare, un are en demandera 100 fois moins ou $\frac{180\ \text{litres}}{100}$. 94 ares 20 demanderont 0 hect. 18 $\times$ 94,20 = 169 litres 56. Comme le seigle y entre pour 1/3 on a $\frac{169,56}{3}$ = 56 litres 52. C'est donc 56 litres de seigle à 16 fr. 25 l'hect. = 9 fr. 18 cent. 21,50 $\times$ par 112 = 24 fr. 30, ce qui donne un total pour la semence de 9,10 $+$ 24,30 = 33 fr. 40.

3e Problème. Un même champ a rendu 32 hectolitres à l'hectare ; quelle est la quantité qu'il a produite, déduction faite de la semence, et quel sera le revenu brut du champ?

Solution. Si un hectare rapporte 32 hectol., un are rapportera 32 litres, et 94 ares 20 rapporteront 32 lit. $\times$ 94,20 = 3,014 lit. 40 ou 30 hectol. 14. Le blé coûtant, mêlé avec le seigle, 33 fr. 48 les 180 litres, les 30 hectol. 14 vaudront $\frac{33,48 \times 3014}{180}$ = 560 fr. 67 cent. Prix brut 560,67 — 33 48 = 527 fr. 19.

SOIXANTE-ONZIÈME DEVOIR.

Questions à faire aux élèves sur la dictée précédente.

1. Qu'est-ce que le seigle craint le plus? 2. Comment se font les semailles du seigle? 3. Comment l'enterre-t-on? 4. Dans les automnes doux qu'y a-t-il à craindre? 5. Que faut-il faire pour l'arrêter? 6. Quand l'automne est pluvieux qu'y a-t-il encore à craindre? 7. A quoi faut-il avoir recours? 8. Quels procédés emploie-t-on pour le blé? 9. Quand les hivers sont trop doux que faut-il faire, si la végétation devient trop forte? 10. Ne fait-on pas passer le rouleau sur l'emblave? 11. Qu'est-ce que le méteil? 12. Dans quelles conditions le sème-t-on? 13. Quand fait-on la semaille du méteil et quand le récolte-t-on? 14. Qu'est-ce que l'épeautre? 15. A quoi sa tige ressemble-t-elle?

71ᵉ DICTÉE.

CULTURE DE L'ORGE ; USAGE DE SES PRODUITS.

L'orge est une céréale qui se sème au printemps ou en automne, et qui demande un terrain meuble, mais surtout une terre légère et fraîche. Selon l'état du sol, on le prépare à recevoir la semence soit par un seul labour d'automne et quelques façons à l'extirpateur, soit par deux labours : l'un qui suit immédiatement la récolte préparatoire, l'autre qui précède le semis ; soit enfin par trois labours, si la malpropreté du sol l'exige, ce qui n'arrive que trop souvent, lorsque, contrairement aux principes, on entreprend de cultiver cette céréale après une autre. Quel que soit le nombre des labours, leur profondeur est presque toujours un élément de succès. Il faut aussi que leur résultat soit un ameublissement aussi parfait que possible; comme le savent très-bien tous les praticiens, l'orge ne réussit jamais mieux que lorsqu'elle est semée dans la poussière. Très-rarement on fume directement pour l'orge, mais toujours, dans un bon système de culture, on lui destine des terres qui n'ont pas été épuisées par les récoltes précédentes. Les engrais trop abondants la disposeraient à acquérir, avant de monter en épis, une trop grande vigueur de végétation et nuiraient à son produit en grain, à moins qu'on ne pût recourir, pour les variétés hivernales, à l'effanage, au printemps. C'est de la fin de mars au 15 avril, et même en mai qu'on fait le plus communément les semailles d'orges printanières; quelquefois on en sème encore au commencement de juin quand c'est dans des terrains frais. L'orge sert pour nourrir les bestiaux, la volaille et les chevaux ; cassée en farine grossière, elle sert à l'engraissement ; on l'emploie aussi dans la fabrication de la bière, de l'alcool et dans la médecine. Dans les années de disette, on en fait du pain qui est assez nourrissant, mais pesant sur l'estomac ; en mêlant l'orge avec du blé, on peut faire un assez bon pain. On la coupe en vert dans la Normandie et en Bourgogne pour la nourriture des chevaux. On apprête aussi de l'orge pour servir à diverses sortes d'aliments utiles à la santé. Dépouillée de la peau, lavée, bouillie fraîche dans l'eau pendant 5 ou 6 heures, mêlée avec un peu de beurre frais et un peu de sel, quelquefois des amandes, du sucre et du lait, on obtient une nourriture qui rafraîchit et donne de l'embon point. Cette orge, ainsi employée, s'appelle orge mondé ou gruau, et on en fait usage pour former des boissons rafraîchissantes.

Analyse de la première phrase de la dictée.

Gaule, n. f. Grande perche, houssine pour faire aller un cheval.

Gelée, n. f. Grand froid qui pénètre les corps et glace l'eau ; gelée blanche.

Genévrière, n. f. Lieu planté de genévriers.

Génisse, n. f. Jeune vache qui n'a point porté.

Genièvre, n. m. Nom vulgaire du genévrier commun, petit fruit noir qu'il donne.

Gerbe, n. f. Faisceau de blé coupé et lié.

CALCUL.

1er *Problème.* Un champ d'orge a produit 17 hectolitres 60 à 14 fr. 50, et 340 bottes de paille à 15 fr. 50 le cent; quel est le produit net, sachant que les frais de culture et d'un léger engrais se montent à 200 fr.?

Solution. Le produit du grain est de 14 50 $\times$ 17,60 = 255 fr. 20 cent. ; celui de la paille est de $\dfrac{15 \text{ fr. } 50 \times 340}{100}$ = 52 fr. 70.

Le produit brut total est de 255,20 + 52,70 = 307 fr. 90 cent. Puisque les frais se montent à 200 fr., le produit net sera de 307,90 — 200 = 107 fr. 90.

2e *Problème.* Dans un terrain riche et bien cultivé un hectare ensemencé d'orge donne, en année ordinaire, 86 hectolitres de grain et 3100 kilog. de paille; que tirera-t-on d'un champ dont la longueur est de 180 mètres et la largeur 85 mètres 50, si on a mis 250 litres de semence à l'hectare?

Solution. La pièce de terre contient en hectares, etc., $180 \times 85\,50 = 15,390$ mètres carrés ou 1 hect. 53 ares 90. D'un autre côté, si un hectare donne 26 hectol., un are donnera 100 fois moins ou 0 hectol. 26, et 1 hectare 53 ares 90 donneront $0\,26 \times 153$ ares $90 = 4001$ litres 4 ou 40 hectol. 014. Pour la paille, si chaque are rapporte 31 kilog., 153,90 rapporteront $31 \times 153,90 = 4770,9$. Comme on met 250 par hectare, on aura $250 \times 1\,5390 = 3$ hectol. 8475 à déduire.

3ᵉ *Problème.* Et que tirera-t-on de cette récolte si on déduit 3 hectol. 8475 de semence, et qu'on vende le reste à 15 fr. l'hectolitre et la paille à 16 fr. 25 les 1000 kilogrammes?

Solution. D'après le problème précédent, nous avons à déduire 3 h. 8475 de 40 h. 0140, reste 36 hectol. 1665 à 15 fr. $= 542$ fr. 4975 $+ 4770$ k. 9 de paille, à $16,25 = 16,25 \times \dfrac{770,9}{1000}$ $= 77$ fr. 527. Ainsi $542.4975 + 77,527 = 620$ fr. 024.

SOIXANTE-DOUZIÈME DEVOIR.

Questions à faire aux élèves sur la dictée précédente.

1. Qu'est-ce que l'orge? 2. Comment prépare-t-on le sol? 3. Dans les labours, qu'est-ce qui assure le succès? 4. Quel doit être le résultat des labours? 5. Fume-t-on le terrain pour l'orge? 6. Que produiraient les engrais trop abondants? 7. A quelle époque ensemence-t-on l'orge? 8. A quoi sert l'orge et quels usages fait-on de ses produits? 9. N'y a-t-il pas des pays où l'on coupe l'orge en vert? 10. N'emploie-t-on pas l'orge pour divers aliments? — 11. Comment appelle-t-on l'orge ainsi préparé?

72ᵉ DICTÉE.

RUSTICITÉ DE L'ORGE; TERRAINS QU'IL PRÉFÈRE.

La rusticité de l'orge la rend propre à être cultivée dans tous les climats; c'est une céréale qui réussit très-bien dans le nord comme dans le midi de la France; mais elle redoute, ainsi que nous l'avons déjà dit, l'humidité qui se prolonge, et, par conséquent, il n'y a pas avantage et profit à la cultiver dans les pays humides et froids. Bien que cette plante croisse dans tous les terrains qui ne sont pas complétement stériles ou marécageux, elle recherche de préférence ceux qui sont en même temps chauds, légers et de bonne qualité, tels que les sols de consistance moyenne, sablo-argileux, moins compactes que ceux dont s'accommode le froment, et moins légers que ceux dans lesquels le seigle prospère. Ajoutons encore que l'orge est une ressource précieuse pour les terrains calcaires même à l'excès. En Angleterre, cette plante donne des produits parfois équivalents, au point de vue pécuniaire, à ceux du froment; elle succède souvent à une récolte de pommes de terre, de pois ou de fèves, mais jamais, chez les bons fermiers, à un entre-grain, excepté dans les terrains calcaires où la terre est toujours meuble. La quantité de semence varie selon les espèces. On met de 250 à 300 litres par hectare pour l'orge à deux rangs; 200 litres pour l'orge céleste; 225 à 250 pour la petite orge carrée. Le rendement va de 20 hectolitres à 40 par hectare, suivant les diverses espèces. Le poids de l'hectolitre est de 60 à 65 kilog. La quantité de paille est encore plus variable. Cette céréale occupe environ un million d'hect. qui rendent 20 millions d'hectolitres de grain année moyenne.

Conjuguer le verbe défricher *aux temps de l'indicatif en mettant après chaque personne un complément qui soit un nom employé en agriculture.*

Gerbée, n. f. Botte de paille où il reste encore quelques grains
Gerber, v. a. Mettre en gerbe.
Gerbier, n. m. Amoncellement de gerbes en plein air, appelé aussi meule.
Gerbière, n. f. Charrette pour transporter les gerbes. Tas de gerbes.
Germe, n. m. Embryon d'une graine.
Germer, v. n. Pousser un germe. Le blé a germé dans la grange.

CALCUL. — SYSTÈME MÉTRIQUE.

Exposé des mesures de capacité et de contenance, p. 47; voir l'instruction, p. 131. Faire résoudre les problèmes 6, 7, 8, 9, 10, p. 55, et voir les opérations et les solutions, p. 134 et p. 135.

SOIXANTE-TREIZIÈME DEVOIR.

Questions à faire aux élèves sur la dictée précédente.

1. L'orge vient-elle dans tous les climats? 2. Que redoute cette plante? 3. Quels sont les terrains que cette céréale préfère? 4. Cette plante donne-t-elle de beaux produits? 5. A quelle récolte la fait-on succéder? 6. Quelle est la quantité de semence par hectare? 7. Quel est le rendement?

73e DICTÉE.

VARIÉTÉS D'ORGE; PRÉCAUTIONS QU'EXIGE CETTE CÉRÉALE A LA RÉCOLTE.

Les façons qu'exige l'orge après les semailles sont peu nombreuses et souvent elles sont négligées; on roule sur les terrains qui exigent cette précaution; on herse quelquefois, lorsqu'une pluie forte a durci le terrain à sa surface pour faciliter la sortie des germes; mais dès que la plante est levée, cette opération exige beaucoup de précautions et d'instruments très-légers, et présente plus d'inconvénients que d'avantages, parce que l'orge casse avec une extrême facilité. Les principales variétés d'orge sont l'orge commune, à deux rangs, l'orge carrée et l'orge à six rangs. L'orge à deux rangs ou distique est à grain couvert ou nu et en éventail; l'orge à deux rangs à grain couvert est très-productive dans les bonnes terres; l'orge à deux rangs et à grain nu serait préférable à toutes les autres si sa paille n'était cassante au moment de la récolte. L'orge-éventail est ainsi appelée parce que ses barbes sont étalées en forme d'éventail. L'orge carrée ordinaire ou escourgeon est l'orge d'automne par excellence; elle se sème en automne et mûrit avant toutes les autres céréales; il y en a une variété de printemps qui s'accommode des terres les plus maigres. L'orge carrée à grain nu ou orge céleste est une des plus profitables à cultiver; mais il faut un bon terrain; on la sème au commencement de mai. L'orge à six rangs ou exotique rapporte plus que toutes les autres espèces; mais son grain est de qualité inférieure et la paille est plus dure; elle est d'automne et peut se semer au printemps. La récolte de l'orge se fait ordinairement dans la deuxième quinzaine de juillet pour l'escourgeon, et un peu plus tard pour les orges de printemps. Il y a des précautions à prendre pour la récolte de cette céréale ; il ne faut pas attendre que le grain soit trop mûr, autrement la paille casse quand on l'abat et les épis se brisent Il faut aussi éviter de rentrer par un temps trop sec, si l'on ne veut pas s'exposer à laisser plus que la semence sur le sol dans le champ. On fera donc en sorte de la mettre en gerbes par un temps qui ne soit ni trop sec ni trop humide, et on choisira le matin ou le soir un peu tard pour rentrer les gerbes.

Analyse de la première phrase de la dictée.

Givre, n. m. Gelée blanche des frimas qui s'attache aux arbres et aux cheveux.

Glace, n. f. Eau congelée, durcie par le froid.

Glaçon, n. m. Morceau de glace.

Glui, n. f. Grosse paille de seigle dont on couvre les toits.

Glane, n. f. Poignée d'épis ramassés dans un champ après que les gerbes ont été enlevées.

Glaner, v. a. Ramasser les épis de blé après la moisson.

CALCUL.

1er *Problème*. La première qualité d'orge pèse 64 kilogrammes l'hectolitre et se vend 25 francs les 100 kilogrammes. Combien en faudra-t-il d'hectolitres pour 1000 francs?

Solution. Autant de fois 25 seront contenus dans 1000 francs, autant il faudra de quintaux d'orge. Or 1000 : 25 = 40 quintaux ou 4000 kilogr., et autant de fois 64 kilogr. seront contenus dans 4000, autant il faudra d'hectol. 4000 : 64 = 62 hectol. 50 litres.

2e *Problème*. Combien en faudrait-il de troisième qualité pour faire la même somme, si ce grain pèse seulement 56 kilogrammes l'hectolitre et ne se vend que 21 fr. 50 c. les 100 kilog.?

Solution. Même raisonnement. 1000 fr. : 21.50 = 4651 kilogr. 4651 k. : 56 = 83 hectol. 05 de la troisième qualité pour faire 1000 francs.

3e *Problème*. Un batteur a le douzième de son travail; il bat 36 gerbes dans sa journée; il obtient 15 doubles décalitres de grain. Quel sera le prix de sa journée si l'orge se vend 20 francs l'hectolitre?

Solution. 15 doubles : 12 = 1 doub. et $\frac{1}{4}$. L'hectolitre valant 20 francs, le double est de 20 : 5 = 4 fr. plus un quart = 4 + 1 = 5 francs.

SOIXANTE-QUATORZIÈME DEVOIR.

Questions à faire aux élèves sur la dictée précédente.

1. Quelles façons exige l'orge après les semailles? 2. Quelles sont les principales variétés d'orge? 3. Qu'est-ce que l'orge à deux rangs? 4. Qu'est-ce que l'orge à éventail? 5. Qu'est-ce que l'orge carrée? 6. Quand la sème-t-on? 7. Qu'est-ce que l'orge à six rangs? 8. Quand se fait la récolte de l'orge? 9. N'y a-t-il pas des précautions à prendre lorsqu'on récolte cette céréale?

74ᵉ DICTÉE.

CULTURE DE L'AVOINE; SES USAGES.

L'avoine est peu difficile sur le choix du terrain et sur la préparation du sol; mais cela ne veut pas dire qu'elle ne puisse payer les frais d'une culture plus soignée que celle qu'on lui accorde ordinairement. Tous les soins à donner au sol consistent dans un simple labour; mais souvent, s'il suffit, il ne faut pas en conclure qu'il soit le seul rigoureusement indispensable. Un assez grand nombre de faits démontrent que deux ou trois labours sont très-souvent amplement payés par un accroissement proportionnel de produit. Indépendamment de l'ameublissement et du nettoiement de la terre, objet qui est toujours de la plus haute importance, il est très-avantageux qu'elle reçoive des engrais. Il est aussi absurde de dire et de croire qu'elle peut s'en passer, qu'il le serait de dire que des terrains riches ne produisent pas plus que les terrains pauvres. Selon les variétés, l'avoine se sème en automne, ou en février, en mars et même en avril. La première époque est préférée avec raison dans le midi et dans l'ouest de la France, et devrait l'être pour tous les sols légers. Partout où les froids ne sont point assez rigoureux pour endommager cette céréale, on devrait semer avant l'hiver, parce que la plante aurait moins à redouter la sécheresse du printemps. En général, aux environs de Paris, on sème en février et en mars, et dans une grande partie de la France, conformément à ce vieux proverbe : *Avoine de février remplit le grenier*, il faut semer dès qu'on ne redoute plus les fortes gelées et l'excessive humidité du sol. Les avoines mises les premières en terre sont les plus belles, si le temps leur est favorable; elles mûrissent plus tôt, de sorte qu'elles n'ont pas à redouter les effets de la grêle, des vents, et qu'elles donnent plus de temps pour préparer le sol à recevoir d'autres cultures. On sème l'avoine à la volée et on la recouvre par un bon hersage. Dans les terres ameublies, on la sème quelquefois avant la charrue sur le guéret, et on la recouvre ou avec la charrue, ou avec l'extirpateur, ou avec la ritte; puis, après qu'elle est levée, on passe le rouleau afin d'aplanir le sol pour faciliter la coupe. On emploie de deux à trois hectolitres de semence par hectare. L'avoine sert principalement pour la nourriture des chevaux. Ses tiges, vertes ou sèches, sont un bon fourrage quand la récolte en a été bien faite.

Conjuguer le verbe défricher *aux temps du conditionnel, en mettant après chaque personne un complément qui soit un nom employé en agriculture.*

Glaneur — euse, n. Celui, celle qui glane.
Glanure, n. f. Ce que l'on glane.
Gousse, n. f. Cosse, enveloppe des graines des semences dans les plantes légumineuses.
Gourmette, n. f. Chaînette qui tient à un des côtés du mors d'un cheval et qu'on accroche à l'autre côté en la faisant passer sous la ganache.
Grain, n. m. Fruit ou semence du froment, du seigle, etc.
Graine, n. f. Semence de quelques plantes.

CALCUL. — SYSTÈME MÉTRIQUE.

Exposé de mesures de capacité ou de contenance, p. 47 et suiv. ; voir l'instruction, p. 131 et suiv. Faire résoudre les problèmes 61, 62, 63, p. 91, et voir les solutions, p. 159 et 160.

SOIXANTE-QUINZIÈME DEVOIR.

Questions à faire aux élèves sur la dictée précédente.

1. L'avoine est-elle difficile sur le choix du terrain? 2. En quoi consiste ordinairement la préparation du sol? 3. Les engrais

sont-ils avantageux à l'avoine? 4. Démontrez cela. 5. Quelle est l'époque de la semaille des avoines? 6. Est-il avantageux de semer l'avoine avant l'hiver? 7. A quelle époque la sème-t-on aux environs de Paris? 8. Quel est le vieux proverbe? 9. Quels avantages offrent les avoines mises en terre de bonne heure? 10. Comment sème-t-on l'avoine? 11. Que fait-on quand elle est levée? 12. Quelle quantité de semence met-on par hectare? 13. A quoi l'avoine est-elle employée?

<h2 style="text-align:center">75e DICTÉE.</h2>

SUITE DES USAGES DE L'AVOINE; TERRES QU'ELLE AFFECTIONNE;
SES VARIÉTÉS.

L'avoine sert beaucoup moins à la nourriture de l'homme que les autres céréales, ses grains rendent peu de farine, et le pain qu'on en obtient est noir, lourd, amer et d'une saveur désagréable. Cette même farine sert à faire des bouillies et des gâteaux de plusieurs sortes. Le gruau d'avoine, tel qu'on le fabrique en assez grande quantité dans une partie de la Bretagne, et notamment à Nantes, est aussi utilisé en quelques lieux comme aliment; on l'emploie dans la médecine hygiénique, on extrait aussi de l'eau-de-vie du grain de cette plante. Ses fanes vertes procurent aux ruminants un fourrage très-abondant et très-sain; sa paille, quoiqu'elle ne leur plaise plus autant, leur convient cependant encore. Dans les provinces du centre de la France aussi bien que dans l'est, on la destine particulièrement aux vaches, pour lesquelles on la considère comme un excellent fourrage. Parfois on la donne en petite quantité sans l'avoir battue. Mais ce sont ses grains qui font incontestablement le principal mérite de l'avoine pour la nourriture des animaux de travail. Les chevaux auxquels on veut donner de l'ardeur, les moutons qu'on engraisse, les brebis nourrices dont on veut augmenter la quantité du lait, les oiseaux de basse-cour dont on cherche à accélérer la ponte printanière se trouvent également bien d'en manger. Les balles d'avoine ont de plus quelques avantages économiques, comme de servir aux familles pauvres à construire des duvets, des lits qui remplacent les lits ou matelas de plume. — L'avoine affectionne principalement les terrains d'argile compacte, les terrains tourbeux, les marais, les étangs nouvellement desséchés, les terres sablonneuses. On la voit prospérer sur de riches défriches, sur un défoncement qui ramène à la surface une quantité notable de terre vierge ; elle affectionne aussi une lande écobuée et tous les terrains d'alluvion qui lui offrent la fraîcheur. Les variétés de l'avoine sont : l'avoine commune, l'avoine d'automne, l'avoine d'Orient ou de Hongrie, l'avoine nue, l'avoine noire de Brie, et l'avoine de Géorgie. L'avoine commune, ainsi que son nom l'indique, est l'espèce dont la culture est la plus répandue. L'avoine d'automne, ainsi appelée parce que dans quelques contrées chaudes on la sème en septembre, résiste bien au froid, et on peut la semer en février dans les contrées du Nord de la France ; elle donne un bon produit en grain et en paille ; l'avoine à grain noir de Brie est très-productive dans les bons terrains ; l'avoine de Géorgie a le grain d'un blanc jaunâtre. L'avoine d'Orient ou de Hongrie est une espèce facile à reconnaître par la disposition des grains qui s'inclinent tous du même côté ; on en cultive deux variétés, l'une à grains blancs et l'autre à grains noirs. L'avoine nue est une autre espèce qui produit peu, mais dont le grain est très-propre à faire du *gruau*.

Analyse de la première phrase de la dictée.

Gourmands, n. m. Branches qui attirent la séve des branches voisines.

Grappiller, v. n. et act. Cueillir ce qui reste de raisin après la vendange.

Grappe, n. f. Assemblage des grains qui composent le fruit de la vigne, le raisin.

Greffe, n. f. Ente.

Greffer, v. a. Faire une greffe, enter.

Grêle, n. f. Pluie congelée qui tombe par grains.

Lettre à un maire pour l'expédition d'un acte de naissance.

« Monsieur le Maire, voudriez-vous avoir la bonté de faire extraire des registres de l'état civil de votre commune, l'acte de naissance de mon fils Baudry Félix, à la date du 20 décembre 1845, et de m'en faire passer immédiatement une expédition revêtue de toutes les formalités exigées par la loi ?

« J'ai l'honneur d'être avec respect, Monsieur le Maire, votre, etc.

« Signé *J.-B. Baudry*. »

CALCUL.

1er *Problème*. Un défrichement d'un bois produirait 85 hecto-litres de pommes de terre à 5 fr. 50 c., ou 70 hectolitres d'a-voine à 12 fr. l'hectolitre. Quelle sera la culture la plus pro-ductive ?

Solution. 5,50 × 85 = 467 fr. 50 c. en pommes de terre. 12 × 70 = 840 francs en avoine. C'est la seconde.

2e *Problème*. Un champ d'avoine de 3 hect. 50 ares a reçu une fumure sur la moitié de sa surface. Le produit est de 40 hectolitres par hectare sur la partie fumée, et de 24 hectolitres sur la partie qui ne l'a pas été. Combien aura-t-on de bénéfice sur la récolte si l'on a mis du fumier pour 80 francs et qu'on ait vendu l'avoine 10 fr. 50 c. l'hectolitre; et quel a été le revenu de l'autre partie du champ ?

Solution. Le champ a 3 hect. 50 ares, la moitié est de 1 hect. 75 ares, c'est donc 1 h. 75 qui a produit 40 hectolitres à l'hec-tare ; c'est 40 litres par are, et pour 175 on aura 175 fois plus 0,40 × 175 = 70 h. à 10 fr. 50 c. = 735 francs. Comme on n'aurait récolté que 24 hectolitres par hectare, si l'on n'eût pas fumé, pour 1 h. 75 de l'autre moitié on n'aura que 42 hecto-litres à 10 fr. 50 c. = 441 francs. Il y a donc un bénéfice de 735 fr. — 80 fr. de fumure = 655, car on aurait eu sans fu-mure 441 francs. Le bénéfice net n'est donc que de 655 — 441 = 214 francs, et le produit du champ est de 652 + 441 = 1093 francs.

3e *Problème*. Un cheval consomme environ 25 hectolitres 2 litres d'avoine par an. Combien faudra-t-il semer d'ares en avoine pour nourrir 4 chevaux, si un hectare en produit 42 hec-tolitres ?

Solution. Il faut 4 fois 25 h. 2, pour 4 chevaux ou 100 h. 8 ; donc il faudra autant d'hectares que 42 hectolitres seront con-tenus dans 100 h. 8 : 42 = 2 hectares 40 ares.

SOIXANTE-SEIZIÈME DEVOIR.

Questions à faire aux élèves sur la dictée précédente.

1. L'avoine sert-elle autant à la nourriture de l'homme que

les autres céréales? 2. Quel aliment prépare-t-on avec la farine d'avoine? Qu'est-ce que le gruau? 3. N'emploie-t-on pas le gruau dans la médecine hygiénique? 4. Qu'obtient-on des fanes vertes? 5. Quel usage fait-on de la paille? 6. Ne donne-t-on pas aussi aux bestiaux de l'avoine sans être battue? 7. Quel est le principal mérite de l'avoine? 8. Que fait-on des balles de l'avoine? 9. Quels sont les terrains que l'avoine affectionne? 10. Quelles sont les variétés de l'avoine? 11. Qu'est-ce que l'avoine commune? 12. L'avoine d'automne? 13. L'avoine de Brie noire? 14. L'avoine de Géorgie? 15. L'avoine de Hongrie? 16. Quelle est l'avoine préférable pour le gruau.?

76e DICTÉE.

ÉPOQUE DE LA SEMAILLE, ET QUANTITÉ DE SEMENCE.

Selon les variétés que nous avons fait connaître, on sème l'avoine à partir de septembre jusqu'en mars et vers la fin d'avril. Pour les avoines de printemps, il convient de s'y prendre le plus tôt possible, comme par exemple vers la fin de février quand la saison le permet. Le plus souvent, en France, on attend le mois de mars, dans le Centre et dans l'Est on ne saurait répondre d'un semis d'avril, attendu que les sécheresses peuvent le compromettre très-souvent. Mais il n'en est plus de même lorsque nous avançons vers le Nord. Dans quelques localités montagneuses et tardives, il n'est pas rare de semer de l'avoine vers la fin d'avril et en mai, quand les feuilles du bouleau et du hêtre commencent à se montrer dans les forêts; mais ce n'est pas un exemple à citer. La graine d'avoine qu'on destine à la semence doit être bien sèche, lisse, luisante et lourde. C'est du choix de la graine de tous les semis, écrivait un auteur, il y a un demi-siècle, que dépend le succès de tous les semis; de là, la nécessité de laisser bien mûrir ses avoines, et surtout celles qu'on destine à la semence. On sème l'avoine à la volée ou en lignes avec le semoir. Les uns se félicitent du semis en lignes; les autres, notamment dans les pays rudes et humides, trouvent que ce mode de culture favorise le tallage et détermine une maturation irrégulière, qui retarde la moisson de cette céréale. La quantité de graines à répandre varie avec les terrains, avec les climats et aussi avec les usages locaux. Dans le Centre et l'Est, on sème 200 à 250 litres en moyenne par hectare; dans le nord de la France on met de 300 à 350 litres. Dans les Ardennes belges la quantité de semence augmente encore et

va de 400 à 450 et plus haut, mais il paraît que dans ces contrées on sème dru pour avoir de la paille en plus grande quantité
fine et tendre ; mais quand on obtient plus de paille, on a moins
de grain. Souvent aussi on emploie une semence qui ne remplit
pas toutes les conditions que nous avons indiquées plus haut.

Analyse de la première phrase de la dictée.

Grenaison, n. f. Formation en grains. La grenaison du blé.

Grener, v. a. Réduire en petits grains ; n. Produire de la
graine, rendre beaucoup de grains. Les blés ont bien grené.

Grènetier, n. Grainetier. Celui, celle qui vend des graines.

Grenier, n. m. Lieu où l'on serre les grains.

Grésil, n. m. Petite grêle fort menue et fort dure.

Grenu, ad. m. Plein de grains. Epi bien grenu.

CALCUL.

1er *Problème.* Un hectare ensemencé d'avoine dans une terre
riche et bien cultivée donne dans les années abondantes 60 hectolitres de grain pesant 48 kilogrammes. Quelle sera la récolte
d'un champ de 420 mètres de longueur sur 318 de largeur, et
quel sera le poids de cette récolte, et la vente de cette récolte à 24 fr. 50 c. les 100 kilogrammes ?

Solution. La surface du champ est de $420 \times 318 = 13$ hectares $356 \times 60 = 810$ hectol. $36 \times 48 = 38,465$ kil. 28 à 24 fr.
50 ou $\dfrac{24,50 \times 38,465,28}{100} = 9,424$ fr. par excès.

2e *Problème.* Combien fera-t-on d'argent avec la paille de
cette récolte si un hectare donne 6000 kilogrammes et qu'elle
soit vendue 14 francs les 500 kilogrammes ?

Solution. 6000×13 h. $35 = 80100$ kilogr. à 14 francs les
500 kil. donne 28 francs pour 1000 kil.; ainsi il suffit de multiplier 28 fr .par $80,100 = 2242$ fr. 80 c.

3e *Problème.* Le produit connu, comme on vient de le voir
dans le premier problème, est de 60 hectolitres d'avoine à l'hectare ; sur quel produit peut-on se baser pour 4 champs d'avoine,
l'un de 35 ares 26, un autre de 26 ares 16, un troisième de 85 ares
15, et un quatrième de 21 ares 68 ?

Solution. $35,26 + 26,16 + 85,15 + 21,68 = 1$ h. 68 ares
25 cent. Le tout se réduit à multiplier 60 h. par 1 hect. 6825
$= 100$ hectol. 95 litres.

SOIXANTE-DIX-SEPTIÈME DEVOIR.

Questions à faire aux élèves sur la dictée précédente.

1. A quelle époque sème-t-on les avoines? 2. Celles d'hiver? 3. Celles de printemps? 4. Quelle époque prend-on pour les semailles dans le centre de la France? 5. Quand on remonte vers le Nord? 6. Est-ce une bonne habitude? 7. Quelles qualités doit avoir la semence? 8. Qu'écrivait à ce sujet un auteur il y a un demi-siècle? 9. Comment sème-t-on l'avoine? 10. Laquelle de ces deux méthodes est préférable? 11. Quelle quantité de semence faut-il répandre? 12. Dans les Ardennes ne sème-t-on pas plus épais? 13. Dans quel but? 14. Y gagne-t-on?

77ᵉ DICTÉE.

RÉCOLTES APRÈS LESQUELLES L'AVOINE RÉUSSIT LE MIEUX, MOISSON DE L'AVOINE, USAGES DES MOYETTES.

M. de Dombasle pense que la place de l'avoine dans une rotation n'est ni après le seigle, ni après le froment; et c'est ce qui malheureusement a lieu dans bien des pays. Il aurait voulu qu'elle vînt toujours à la suite d'une culture sarclée, d'une prairie rompue ou d'un bois défriché. Il devrait en être ainsi, mais le plus souvent, dans la culture triennale et même dans la culture alterne, l'avoine vient après le seigle ou après un froment comme nous venons de le dire. D'autres conseillent de la placer, ainsi que l'orge, sur une jachère ou après un colza, des féveroles ou des pois. L'avoine d'hiver se récolte dans la seconde quinzaine de juillet; celle qui est semée au printemps n'arrive à maturité qu'au mois d'août dans les climats tempérés, et vers la fin de septembre dans les contrées tardives du Nord. Comme cette céréale mûrit inégalement, il faut pour la récolter choisir le moment où la plus grande partie des graines est mûre. Ce qui n'est pas arrivé à maturité mûrit en javelles. Il ne faut pas laisser trop longtemps l'avoine en javelles parce que les pluies peuvent venir et donner occasion de la voir germer ou de laisser une partie de la semence sur le sol, et on s'expose à la voir décimer par les mulots et les souris. Dans plusieurs contrées on la fauche avec la faux armée d'un râteau à dents, telle que nous l'avons indiquée, à l'occasion de la moisson du froment. Nous renvoyons aussi aux 65ᵉ et

66e dictées, sur l'usage des moyettes et sur la manière de les construire, et nous donnerons dans la dictée suivante la biographie de M. Mathieu de Dombasle avant de terminer ce que nous avons à dire sur la culture des céréales.

En France, le rendement moyen par hectare est de 8 p. 1 ; mais dans les terres bien cultivées, il n'est pas rare de dépasser 35 et 40 hectolitres. Par exception et sur un gazon rompu, le chiffre va jusqu'à 70 hectolitres pour 100 kilogrammes ; quant à la paille, on compte 160 à 200 kilogrammes de grains. Ce sont les départements de la Moselle, de la Meurthe et des Vosges qui en cultivent le plus. 3 millions d'hectares d'avoine sont cultivés en France, et donnent une récolte de 60 millions d'hectolitres.

Conjuguer le verbe défricher *aux temps du subjonctif, en mettant après chaque personne un complément qui soit un nom employé en agriculture.*

Grès, n. m. Pierre formée de grains de sable fin.
Griot, n. m. Recoupe du blé.
Guéret. n. m. Terre labourée et non ensemencée.
Guano, n. m. Engrais très-énergique formé de la fiente des oiseaux.
Gruau, n. m. Grain de céréale dépouillé de son écorce.
Gypse, n. m. Pierre à plâtre.

CALCUL. — SYSTÈME MÉTRIQUE.

Exposé des mesures de capacité ou de contenance, pages 47 et suiv. ; voir l'instruction, pages 131 et suiv. Faire résoudre les problèmes 64, 65, 66, pages 91 et 92, et voir les solutions, page 160.

SOIXANTE-DIX-HUITIÈME DEVOIR.

Questions à faire aux élèves sur la dictée précédente.

1. Que pense M. de Dombasle sur la place de l'avoine ? 2. Qu'aurait-il voulu à ce sujet ? 3. Cela arrive-t-il toujours ? 4. Quels conseils donnait-il ? 5. Après quelle culture convient-il de placer l'avoine, c'est-à-dire après quelle récolte ? 6. A quelle époque de l'année récolte-t-on l'avoine d'hiver ? 7. Et celle du printemps ? 8. Et dans le Nord ? 9. Quel moment faut-il choisir pour la récolte de l'avoine ? 10. Quand elle n'est par arrivée toute à maturité, que faut-il faire ? 11. Faut-il la laisser longtemps en javelles ? 12. Pourquoi ? 13. Comment moissonne-t-on l'avoine ? 14. Fait-on usage des moyettes et qu'en a-t-on dit ?

78ᵉ DICTÉE.

NOTICE SUR MATHIEU DE DOMBASLE.

Mathieu de Dombasle, savant agronome, naquit à Nancy en 1777. Après des études sérieuses, il fonda en 1822 et dirigea l'institut agricole de Roville (Meurthe), et parvint au prix des plus grands sacrifices à élever cet établissement à un haut point de prospérité. Il contribua puissamment au perfectionnement de l'agriculture en France, soit en inventant des machines et des instruments aratoires, soit en publiant plusieurs excellents ouvrages sur la science agricole, soit en formant d'habiles élèves, presque tous devenus agronomes et rédacteurs de la *Maison rustique du dix-neuvième siècle.* Comme toutes les innovations, les siennes n'échappèrent ni à la jalousie, ni à la critique des riches non plus qu'à celle des plus simples cultivateurs ; Dombasle fut taxé par les uns et par les autres d'être un faiseur d'essais, d'être un bourgeois dont le cerveau était dérangé, au point que tant qu'il habita Roville, les paysans des environs ne voulurent ni de ses conseils, ni de ses instruments perfectionnés. Il avait des envieux jusque dans la Société d'agriculture de Lorraine. A l'occasion de la charrue Grangé, deux des membres de cette société, en lui présentant la charrue et son inventeur, lui tendirent un piége qu'il sut deviner et éviter. S'apercevant qu'on voulait lui prouver qu'il ne se connaissait pas en charrues, loin de s'en venger, il jeta un coup d'œil sur l'instrument et vit en quoi cette charrue était défectueuse ; il remédia à ce qui était vicieux, et consola Grangé, en le recommandant à ses élèves et à l'attention publique. — Aujourd'hui, il n'en est plus ainsi, on respecte la mémoire de ce fou d'autrefois, on consulte le *Calendrier du bon cultivateur*, on suit les conseils qu'il renferme, et chacun cherche à imiter son exemple dans la voie des améliorations agricoles. Tout le monde s'incline en passant devant la statue de bronze élevée à Nancy, sur une des places qui porte aujourd'hui son nom. Tous les amis de l'agriculture, et surtout ses compatriotes, se sont fait un devoir de contribuer à perpétuer le souvenir de cet homme de bien, qu'on n'approchait jamais sans admirer en lui la modestie, la douceur, la modération et la puissance de l'exemple et du génie. Il mourut à Paris en 1843. M. de Dombasle ne fut pas seulement un agronome qui se contentait d'exposer des théories ; il descendait jusqu'aux leçons pratiques données avec beaucoup de zèle et de clarté à ses élèves de Roville, et il savait leur inspirer le

goût de l'agriculture et des améliorations. Aussi, cet illustre agriculteur sut-il attirer l'attention des sociétés savantes et celle du
gouvernement. Il fut nommé membre correspondant de l'Institut,
et le roi Louis-Philippe le fit officier de la Légion d'honneur.
Voilà où conduisent l'amour du travail et le dévouement.

Analyse de la première phrase de la dictée.

Hache, n. f. Instrument en fer qui a un manche et qui sert à
fendre le bois.

Hache-paille, n. m. Machine destinée à couper la paille ou le
fourrage.

Hachereau, n. f. Petite cognée.

Hachette, n. f. Petite hache, marteau tranchant d'un côté.

Haie, n. f. Clôture d'épines, de ronces, ou simplement de branches entrelacées.

Haie, n. f. Pièce de bois arrondie qui règne tout le long de la
charrue.

CALCUL.

1er *Problème*. Une charrue ordinaire coûte 50 fr. 20 c.; une
charrue Dombasle coûte 76 francs : celle-ci dure un tiers de plus
que l'autre ; quel est le prix de la première comparée à la charrue Dombasle?

Solution. $50,20 \times \dfrac{4}{3} = 66$ fr. 93 c.

2e *Problème*. Une charrue bien soignée coûte environ 6 fr. 50 c.
de peinture et dure 5 ans, mais négligée, elle ne dure que 3 ans ;
sachant qu'une charrue coûte 60 fr. 50 c., on demande quel profit il y a à la bien entretenir?

Solution. La charrue coûtant 60 fr. 50 et 6 fr. 50 de peinture =
67 francs : 5 ans = 13 fr. 40 par an. Tandis que 60 fr. 50 :
3 ans = 20 fr. 16, ce qui fait une différence de 6,76 par an.

3e *Problème*. Quelle largeur de terrain peut-on labourer en
12 heures avec deux charrues dont l'une enlève 16 centimètres
et l'autre 20 par raie, une raie étant tracée en 6 minutes?

Solution. $0,16 + 0,20 = 36 \times 12$ h. $= 432 \times \dfrac{60}{6} = 43$ m. 20.

SOIXANTE-DIX-NEUVIÈME DEVOIR.

Questions à faire aux élèves sur la dictée précédente.

1. Où est né Mathieu de Dombasle et en quelle année? 2. Que fonda-t-il en 1822? 3. A quoi contribua-t-il? 4. A quoi furent exposés ces procédés et ces innovations? 5. De quoi fut-il taxé? 6. Les paysans des environs profitèrent-ils de ses conseils? 7. N'eut-il pas des envieux jusque dans la Société d'agriculture de Lorraine? 8. Racontez une anecdote à ce sujet? 9. En est-il de même aujourd'hui? 10. Que lui a-t-on érigé sur une des places de Nancy? 11. A la générosité de qui est due cette statue? 12. Faites connaître les qualités de M. de Dombasle? 13. Où est-il mort? 14. Se contentait-il de donner des théories? 15. Comment le gouvernement récompensa-t-il ses services?

79e DICTÉE.

CULTURE DU MAÏS ; SES USAGES.

Le maïs ou blé de Turquie est une plante qui nous vient des États-Unis, et qui demande un climat chaud et un sol argilo-sablonneux, une terre bien ameublie, profonde, fraîche sans être humide, et riche en vieux terreau. Les terres maigres, sèches, ainsi que les terres argileuses conviennent beaucoup moins à cette graminée. Cependant, en Bourgogne, sur les bords de la Saône et dans la Bresse, le maïs réussit parfaitement dans les terrains argileux bien travaillés. Le maïs vient bien après le blé et sur des terrains nouvellement défrichés. Dans les terres compactes, un labour préparatoire, exécuté avant l'hiver, paraît de rigueur; un second labour doit être exécuté vers la fin de février ou en mars ; et dès que les mauvaises herbes se développent, on a intérêt à compléter le travail préparatoire par un coup d'extirpateur. Dans les terres légères, on se contente de labourer deux fois à la sortie de l'hiver, à quelques semaines d'intervalle. Les vieilles fumures sont avantageuses au maïs. De là, il y a profit à enterrer le fumier dès l'automne dans les terres destinées à cette culture ou bien à ne se servir, au moment des semailles, que d'engrais consommés. On ne connaît rien qui vaille un mélange de fumier de vache très-pourri et de cendres de bois vives ou lessivées. Tous les praticiens s'accordent à blâmer l'emploi des fumiers frais, longs ou pailleux. On estime à 510 kilogrammes par 100 kilogrammes de produits la consommation de fumier faite par le maïs. Le maïs sert à la nourriture de l'homme, à la fabrication de la bière en place de l'orge, à l'engraissement de la volaille et des porcs. Ses tiges sont employées comme fourrage, les feuilles servent à faire du papier, et, hachées menu, elles donnent une bonne nourriture pour les bestiaux.

Conjuguer le verbe défricher *aux temps de l'infinitif, en mettant après toutes les formes un complément qui soit un nom employé en agriculture.*

Happer, v. a. Se dit d'un chien qui saisit avec la gueule ce qu'on lui jette.

Haras, n. m. Lieu où l'on entretient des étalons et des juments pour élever des poulains.

Harassier, n. m. Celui qui tient, qui exploite un haras.

Harnais, ou *harnois*, n. m. Tout l'équipage d'un cheval de selle, etc.

Herbacé, *ée*, ad. Se dit des plantes non ligneuses, qui périssent après avoir fructifié.

Herbage, n, m. Toutes sortes d'herbes.

CALCUL. — SYSTÈME MÉTRIQUE.

Exposé des mesures de capacité ou de contenance, pages 47, etc.; voir l'instruction, pages 131, etc. Faire résoudre les problèmes 67, 68, 69 et voir les solutions, page 161.

QUATRE-VINGTIÈME DEVOIR.

Questions à faire aux élèves sur la dictée précédente.

1. Qu'est-ce que le maïs ou blé de Turquie ? 2. Quelles sont les terres qui conviennent le moins à cette graminée ? 3. Comment vient-elle en Bourgogne, sur les bords de la Saône ? 4. Quels sont les terrains où elle réussit bien ? 5. Quelle préparation exige cette plante ? 6. De quoi se contente-t-on dans les terres légères ? 7. Quelles fumures conviennent au maïs ? 8. Peut-on employer le fumier frais ? 9. A combien estime-t-on de fumier

100 kilogrammes de produits? 10. Quels sont les usages du maïs?

80ᵉ DICTÉE.

DICTÉE RÉCAPITULATIVE D'ORTHOGRAPHE ET D'AGRICULTURE POUR LA FIN DU MOIS.

Les vingt derniers devoirs qui nous ont occupés pendant ce mois m'ont paru de la plus grande importance. N'avez-vous pas remarqué, messieurs, que nous nous sommes livrés à l'étude des plantes céréales, jusqu'à celle du maïs, qui, toutes entrent dans l'alimentation de l'homme. Les cultures du blé ou froment, du seigle, de l'orge, de l'avoine et du maïs, nous ont été successivement expliquées. Les conseils qui nous ont été donnés sur la manière de cultiver ces différentes plantes, et les explications qui les ont suivis sont bien propres à nous inspirer la résolution de multiplier ces végétaux dans nos exploitations ; on nous a surtout recommaudé de faire toujours un bon choix de la semence que nous voulons confier à la terre, d'apporter un grand soin à nos récoltes par le sarclage, le binage et par la célérité qu'il faut mettre à les rentrer en temps convenable. Ces soins nous procureront des récoltes abondantes qui nous assureront l'aisance et le bien-être pour nos vieux jours. Mais, rappelons-nous ce que dit saint Paul : Ce n'est ni celui qui plante, ni celui qui arrose qui donne l'accroissement à nos moissons ; c'est celui qui, faisant luire son soleil sur les méchants comme sur les bons, donne la fécondité à nos campagnes. Élevons donc souvent nos mains et nos prières vers le ciel pour attirer les grâces et les bénédictions de Dieu sur nos travaux, et croyons bien que lui seul, quand il veut récompenser, donne des années d'abondance, et des années de disette, quand il veut punir.

Analyse de la première phrase de la dictée.

Herbageux, euse, adj. Couvert d'herbe.
Herbe, n. f. Toute plante qui perd sa tige en hiver.
Herber, v. act. Exposer sur l'herbe.
Herbette, n. f. Herbe courte et menue.
Herbeux, euse, adj. Se dit des lieux où il croît de l'herbe.
Herbier, n. m. Se dit des plantes desséchées, mises entre deux feuilles de papier dans l'ordre de la classification naturelle.

Reconnaissance d'argent prêté.

« Je soussigné, Nicolas Landriot, cultivateur à Saint-Porchaire, reconnais devoir et promets payer à M. Bréhard, avoué à Poitiers, la somme de cinq cents francs, qu'il m'a prêtée dans mon besoin.

« A Poitiers, le 25 mars 1868.

« Nicolas LANDRIOT. »

CALCUL.

1er *Problème.* 1 litre de maïs quarantain peut contenir, en moyenne, 4,500 grains. Sachant qu'une plante donne 3 épis de chacun 270 grains, et que les plantes sont espacées de 35 centimètres en tous sens, on demande quelle est la récolte d'un champ de 26 ares 16 ?

Solution. 26, 16 : (0,35 × 0,35) = 21355 pieds × 270. = 5,765,850 × 3 = 17,297,550 = 17,297,550 grains : 4,500 = 3843 lit. 9 ou 38 hect. 43 lit. 9 décilitres.

2e *Problème.* Quelle somme ferait-on de la récolte d'un champ d'un hectare, si 26 ares 16 produisent 38 hectol. 439 à 5 fr 25 l'hectolitre ?

Solution. Si 26 ares 16 produisent 38 hectol. 439, 1 are donnera 38,439 : 26,16, et un hectare donnera 100 fois plus $\frac{38.\ 439 \times 100}{26,16}$ = 146 hectol. 93 × 5 fr. 26 cent. = 771 fr. 38.

3e *Problème.* On a récolté un champ de maïs de 2,750 litres, dans chaque litre il y a 4,500 grains. Combien aurait-on de grains si l'on était 38 pour partager ?

Solution. 2,750 × 4,500 = 1,237,500 grains ; 38 = 325,657 grains.

———

QUATRE-VINGT-UNIÈME DEVOIR.

Questions à faire aux élèves sur la dictée précédente.

1. Les vingt derniers devoirs sont-ils importants ? 2. A l'étude de quelles plantes nous sommes-nous livrés ? 3. A quoi doivent tendre les explications qui nous ont été données ? 4. Sur quoi a-t-on surtout insisté ? 5. Que procureront les soins donnés aux récoltes ? 6. De quoi devons-nous nous souvenir au milieu de nos

travaux ? 7. Que devons-nous faire à ce sujet ? 8. Qui est-ce qui peut bénir nos moisssons ?

81ᵉ DICTÉE.

SOLS QUI CONVIENNENT AU MAÏS. CETTE PLANTE EST TRÈS-ÉPUISANTE.

Sous un climat chaud, le maïs prospère dans les sols argilo-sablonneux ; sous un climat froid, il se plaît mieux sur les sols sablo-argileux, chauds et fertiles. Il lui faut, comme nous l'avons déjà dit, des terrains bien préparés par des labours profonds et bien fumés. La semaille du maïs se fait dès les premiers beaux jours du printemps ; on le sème à la volée lorsqu'on le destine au fourrage et en lignes quand on veut ramasser les grains. On ne doit semer que quand la terre est réchauffée par le soleil ; autrement, les plantes lèvent tardivement et languissent. On ne doit semer que les grains les mieux nourris ; on enterre la semence avec la charrue, la houe en coin ou le plantoir, et en lignes. Il n'est pas de plantes plus fécondes que le maïs ; il faut moins de semence parce que chaque pied donne deux ou trois épis, chaque épi contenant une douzaine de rangées, et chaque rangée de 30 à 40 grains. Quand on plante à la charrue, les sillons ne doivent pas être profonds, un tour de rouleau facilite la germination. Dès que les tiges sont sorties de terre, on donne un sarclage et on éclaircit ; plus tard, on bine le maïs, puis on le butte et on retranche tous les rejets qui poussent au pied des plants. Lorsque l'épi est sorti de son fourreau, on coupe la cime des tiges ; cette opération s'appelle pincement. Les extrémités pincées ou supprimées sont données au bétail. En Bourgogne, dans les intervalles des tiges, on met des haricots et des choux transplantés, des courges, des laitues et des navets de table que l'on sème ou que l'on plante après le dernier buttage. Pendant la croissance du maïs, on arrache les tiges qui promettent peu ; on retranche les épis trop faibles et la fleur, quand elle est passée, afin que les épis restants deviennent plus beaux. La récolte du maïs se fait vers la seconde quinzaine de septembre et dans le mois d'octobre, lorsque le grain est dur et l'enveloppe jaune. Alors on détache les épis de la tige, on retrousse les ecveloppes, on dépose le produit sur des claies où on l'étend pour qu'il sèche à l'air. Le produit peut être égrené en passant fortement les épis sur l'angle d'une tige de fer, ou bien en se servant d'un égrenoir, fort en usage dans les environs de Nantes et de Bordeaux. Le rendement du maïs varie de 18 à 25 hectolitres de grains par hectare ; dans les bonnes terres, il s'élève jusqu'à

70 hectolitres. Il y a de nombreuses variétés de maïs ; celle qui se nomme quarantain, parce qu'elle mûrit en quarante jours, convient mieux que toute autre pour les contrées du nord de la France ; mais elle a moins de qualité que les autres. Le maïs est une plante très-épuisante, parce que quand il mûrit, les feuilles étant sèches ne s'approprient plus les principes contenus dans l'atmosphère, les racines seules restent chargées de la nutrition de la plante, et absorbent une grande quantité de nourriture provenant du sol ; dans ce cas, les plantes récoltées en graines épuisent beaucoup la terre, et sont appelées plantes épuisantes.

Analyse de la première phrase de la dictée.

Herbu, ue, adj. Couvert d'herbe. Chemin herbu.

Hersage, n. m. Action de herser.

Herse, n. f. Instrument de laboureur, qui sert à rompre les mottes, à recouvrir les graines nouvellement semées.

Herser, v. a. Passer la herse dans un champ.

Herseur, n, m. Celui qui herse.

Hommée, n. f. Ancienne mesure de vigne ; quantité qu'un homme peut labourer en un jour.

Horticulteur, n. m. Celui qui s'occupe d'horticulture.

CALCUL.

1ᵉʳ *Problème.* Le produit d'un hectare de maïs dans un pays riche et bien cultivé, année ordinaire, donne 40 hectolitres et 1,700 kilogrammes de paille : quel sera la récolte d'un champ de 180 mètres de long sur 115, 50 de large, et quel sera le rapport si on le vend 15 francs l'hectolitre ? La paille est pour les façons de culture.

Solution. La superficie d'un champ est de $180 \times 115, 50 =$ 2 hectare 07 ares 90 centiares : si 1 hectare produit 40 hectol., le champ produira 40 hectol. $\times 2, 07, 90 = 83$ hectol. 16 à 15 fr. l'hectolitre $= 15 \times 83$ hectol. $16 = 1247$ fr. 40 centimes.

2ᵉ *Problème.* On plante du maïs et des haricots dans un champ dont la longueur est de 150 mètres et la largeur 75. Un hectare de maïs rapporte 40 hectolitres et les haricots 20 hectolitres ; quel sera le rapport de ce champ, si l'on vend le maïs 18 francs et les haricots 35 francs l'hectolitre ?

Solution. La surface du champ est de 150 mètres $\times 75 =$ 1 hectare 12 ares 50 centiares $\times$ 40 hectol. $= 45$ hectol. à 18 fr. $\times 45 = 810$ fr. $+$ les haricots 1 hect. $1250 \times 20 = 22$ hectol. 50 à 35 fr. $\times 22, 50 = 787$ fr. $50 = 1,597$ fr. 50 pour deu xrécolte.

3e *Problème*. Combien aura-t-on de bénéfice sur 450 hectol. de maïs si on les a payés 6,400 francs, et qu'on les vende 19 francs l'hectolitre ?

Solution. $450 \times 19 = 8,550$ de bénéfice — 6,400 fr. = 2,150 francs.

QUATRE-VINGT-DEUXIÈME DEVOIR.

Questions à faire aux élèves sur la dictée précédente.

1. Sous quel climat le maïs prospère-t-il ? 2. A quelle époque se fait la semaille du maïs ? 3. Quel moment doit-on choisir pour semer ? 4. Quel genre de semence faut-il choisir ? 5. Comment doit-on enterrer la semence ? 6. Qu'y a-t-il à faire quand les tiges sont sorties de terre ? 7. Ét quand l'épi est sorti de son fourreau ? 8. Que fait-on des parties qu'on retranche ? 9. Qu'y a-t-il à faire pendant la croissance du maïs ? 10. Quand se fait la récolte ? 11. Quels sont les procédés à suivre pour l'égrener. 12. Quel est le rendement par hectare ? 13. Le maïs est-il une plante épuisante ? Expliquez cela.

82e DICTÉE.

CULTURE DU SARRASIN ; SES USAGES.

Le sarrasin est une plante qui a été rangée parmi les céréales, quoiqu'elle n'appartienne pas à la famille des graminées. Elle se contente de terrains trop maigres pour toutes les autres espèces de graines d'été ou de printemps. Dans les terrains riches d'engrais, il ne croît vigoureusement qu'aux dépens de sa fructification. On ne donne ordinairement qu'un labour à la terre qu'on destine au sarrasin. Le sarrasin craint beaucoup le froid ; la moindre gelée le détruit, et c'est pour cela qu'on ne doit pas le semer avant le mois de mai, même on peut attendre en juin ou juillet. Comme il mûrit dans l'espace de trois mois, on peut différer de semer jusqu'à ce qu'on n'ait plus à craindre les gelées. C'est une plante qui nettoie bien le sol, parce qu'elle n'en souffre guère d'autres à côté d'elle. Il faut de 50 à 80 litres de semence par hectare, quand on sème en lignes et qu'on a en vue la récolte en grand ; il en faut beaucoup moins que lorsqu'on a cultivé le sarrasin pour engrais. On enterre la semence peu profondément par un coup de herse ou d'extirpateur. Le sarrasin mûrit très-inégalement ; on le récolte quand la plus grande partie des grains sont mûrs ; on le coupe à la faux ou à la faucille où on l'arrache. Sa paille sèche très-difficilement. Pour faire sécher cette plante, on lie les tiges en petites gerbes que l'on place les unes contre les autres le grain en haut, et donnant du pied à la base afin que l'air puisse circuler librement entre les gerbes. De cette manière le grain achève de mûrir. Mais on ne doit pas attendre que la paille soit entièrement sèche pour battre, parce qu'on perdrait beaucoup de graines. Il y a une espèce de sarrasin qui craint moins le froid que le précédent, mais dont le grain est de qualité inférieure, c'est le *sarrasin de Tartarie*.

Le produit en grain du sarrasin varie de 20 à 25 hectol. par hectare et le poids est d'environ 56 kilog. par hectolitre. On fait usage du sarrasin pour la nourriture de l'homme, pour celle des bestiaux, de la volaille ; il sert aussi à celle des abeilles et à l'engraissement du sol. De la farine qu'on en tire, on fait des bouillies, des galettes, des gâteaux, assez digestifs, qui ne causent aucune aigreur à l'estomac. En Bretagne, en Vendée et dans les pays de montagnes on en fait du pain. La volaille est très-friande de la graine. Les feuilles font un assez bon fourrage en vert et les fleurs fournissent une belle pâture aux abeilles, dans le mois de septembre.

C'est en Bretagne, en Vendée et dans les Vosges, sur les terres pauvres de la Picardie et de la Flandre, dans les terres sablonneuses du Midi et dans le Morvan qu'il pousse le mieux, sa production est de 10 millions d'hectol. sur 750,000 d'hectares.

Conjuguer le verbe étendre aux temps de l'indicatif, en mettant après chaque personne un complément qui soit un nom employé en agriculture.

Hotte, n. f. Sorte de panier qu'on met sur le dos, avec des bretelles, pour porter diverses choses.

Hottée, n. f. Plein une hotte.

Hotteur, n. m. Celui qui porte la hotte.

Houblonnière. n. f. Champ planté de houblon.

Houe, n. f. Fer large et recourbée pour remuer la terre.

Houer, v. a. Labourer avec la houe.

CALCUL. — SYSTÈME MÉTRIQUE.

Exposé des mesures de poids, pages 56 et suiv. ; voir l'instruction, page 135. Faire les problèmes 1, 2, 3, 4, 5, pages 65 et 66, et voir les opérations, pages 139 et 140

QUATRE-VINGT-TROISIÈME DEVOIR.

Questions à faire aux élèves sur la dictée précédente.

1. Le sarrasin est-il rangé parmi les céréales? 2. A quelle famille appartient-il? 3. Le sarrasin est-il exigeant sur le terrain? 4. Cette plante craint-elle le froid? 5. Pourquoi ne faut-il pas le semer avant le 15 mai? 6. Dans combien de temps mûrit-il? 7. Cette plante salit-elle le sol? 8. Combien faut-il de litres de semence par hectare? 9. Comment l'enterre-t-on? 10. Comment le sarrasin mûrit-il? 11. Comment fait-on sécher cette plante? 12. Doit-on attendre que la paille soit entièrement sèche pour battre? 13. Quel est le produit en grain? 14. A quels usages emploie-t-on le sarrasin? Que fait-on de la farine? N'en fait-on pas du pain?

83ᵉ DICTÉE.

CULTURE DÉROBÉE DU SARRASIN, ETC.

On entend par culture dérobée, une culture faite à la suite d'une récolte dans la même année, comme à servir de fourrage vert, ou à être enfouie en terre pendant la fleuraison à titre d'engrais. C'est l'unique récolte qui réussisse entre celles du seigle dans les contrées sablonneuses et schisteuses. Sur les terres qui n'ont pu être suffisamment préparées, il est plus profitable que l'orge, dit Arthur Young. On le place indifféremment avant ou après toute autre récolte. Il est très-propre à combler une lacune dans l'assolement, à remplacer d'autres plantes, même des céréales à fourrage, qui n'auraient pas réussi, ou qu'on n'aurait pu semer à l'époque convenable, et à atténuer aussi les effets de la disette. On peut facilement, dit M. de Dombasle, le semer en seconde récolte ou récolte dérobée, après du seigle, du colza, des vesces, etc, et même après du blé, lorsqu'on veut le faucher en vert ou l'enfouir, pour engrais. Le trèfle, la luzerne, le sainfoin, réussissent parfaitement dans sa société, peut-être mieux que dans celle de toute autre espèce de récolte. La méthode des récoltes dérobées ne convient qu'à une agriculture très-active et très-vigoureuse, sur un terrain mis de longue main en bon état. Si on les applique mal, elles occasionnent bien plus de pertes sur les récoltes qui suivent qu'elles ne produisent d'heureux effets. Si ce terrain, dit l'*Almanach du bon cultivateur*, est destiné à recevoir à l'automne du blé ou du colza, le sarrasin devra être fauché en vert pour la nourriture des bestiaux, ou mieux encore, si le sol n'est pas très-riche, enterré par un seul labour, pour recevoir la semaille ou la plantation. Cette méthode d'amender les terres par les récoltes enterrées en vert présente une ressource très-précieuse pour des terrains éloignés de la ferme, ou situés de manière qu'il serait difficile d'y conduire de l'engrais.

Analyse de la première phrase de la dictée.

Housse, n. f. Couverture qu'on attache à la selle, et qui couvre la croupe d'un cheval.

Hoyau, n. m. Sorte de houe à deux fourchons qui sert à fouir la terre.

Houx, n. m. Arbre toujours vert, dont les feuilles sont armées de piquants.

Hue. Terme de charretier pour faire tourner les chevaux à droite ; ils disent aussi *huyau*, et hurhau.

Hypothèque, n. f. Droit acquis à un créancier sur les biens que son débiteur lui a affectés pour la sûreté de sa dette.

Hypothéquer, v. a. Donner pour hypothèque.

CALCUL.

1ᵉʳ *Problème*. Un hectare de sarrasin produit en moyenne 16 hectolitres dans les terrains riches, année ordinaire, et 1700 kilog. de paille. On a dépensé pour l'engrais et la culture d'une récolte dérobée 140 fr. 80. Quel avantage trouverait-on à faire cette culture, si le sarrasin vaut 10 fr. 90 l'hectolitre et la paille 8 fr. les 100 kil. ?

Solution. 10.90 × 16 = 174 fr. 40, + 8 fr. × 1700 = 136. Ainsi 174,40 + 136 = 310 fr. 40. Comme on a dépensé 140 fr. 80 pour l'engrais et la culture, on aura donc un avantage de 310 fr. 40. — 140,80 = 169 fr. 60.

2ᵉ *Problème*. Quand on sème le sarrasin à la volée, on met 75 litres par hectare et la semaille en lignes n'en demande que 50 litres, au maximum ; on vend le sarrasin 15 fr. l'hectolitre, et pour semer en lignes, on a donné 4 fr. 50 de plus que pour semer à la volée. Quel profit aurait-on à le semer en lignes ?

Solution. On aura 95 litres — 50 d'économie = 45, à 15 fr. l'hectolitre × 45 = 6.75, mais on a donné 4.50 pour semer en lignes. Il y a de profit 6.75 — 4. 50 = 2 fr. 25.

3ᵉ *Problème*. Il manque à un cultivateur 5600 kilog. de fourrage, par suite d'une mauvaise récolte ; combien devra-t-il cultiver de terrain après un colza, pour compenser ce déficit, si un hectare peut fournir, en récolte dérobée, environ 1800 kilog. de fourrage sec ?

Solution. Si 1800 kilog. viennent d'un hectare ou 100 ares, d'où viendront 5600 kilog. Donc $\dfrac{100 \times 5600}{1800} = 3$ hectares 11 ares 11.

***

QUATRE-VINGT-QUATRIÈME DEVOIR.

Questions à faire aux élèves sur la dictée précédente.

1. Qu'entend-on par culture dérobée ? 2. Où cette culture dérobée réussit-elle bien ? 3. A quoi le sarrasin est-il propre dans un assolement ? 4. Que dit M. de Dombasle à ce sujet ? 5. Les plantes fourragères s'accommodent-elles bien de sa société ? 6. La méthode des récoltes dérobées convient-elle à toute agriculture ? 7. Que dit à ce sujet l'*Almanach du bon cultivateur* ?

84ᵉ DICTÉE.

PLANTES FOURRAGÈRES. SANS FOURRAGES, POINT D'AGRICULTURE POSSIBLE.

On appelle plantes fourragères celles dont les tiges sont éminemment propres à la nourriture des bestiaux. Elles constituent les prairies naturelles et les prairies artificielles. Les plantés fourragères naturelles sont les herbes des prairies qui donnent le fourrage naturel, ainsi appelé parce qu'il n'exige presque pas de soins ; la culture des plantes fourragères naturelles et artificielles doit être l'objet de l'étude et de la sollicitude du cultivateur, parce que *sans fourrages point d'agriculture*. De là l'importance des plantes qui procurent de si grands avantages au chef d'une exploitation. C'est donc le soin des prairies naturelles, la culture de la luzerne, du trèfle, du sainfoin., etc., et de toutes les autres plantes fourragères, qui assurent des récoltes abondantes, et ce sont leurs produits qui procurent des engrais, et qui par leurs richesses, ne donnent pas seulement à l'agriculture toute son activité, mais qui servent encore à l'amélioration des races d'animaux. Il y a donc nécessité de consacrer une grande étendue de terre à la culture des fourrages. C'est par là que la France pourra procurer des chevaux pour l'armée et les messageries, de la viande pour l'alimentation des populations, du cuir et de la laine pour les vêtements; de plus, le cultivateur fera un gain plus grand que de destiner toutes ses terres à la culture des céréales.

Qu'on se rappelle bien aussi que l'agriculture, dans quelque pays, sous quelque climat et sur quelque nature de sol que ce soit, ne peut exister sans la production des fourrages, et c'est ce que vérifie ce proverbe : *Si vous voulez remplir votre grenier, faites du fumier ; et pour faire du fumier, il faut des fourrages.*

Conjuguer le verbe étendre *aux temps du conditionnel et de l'impératif, en mettant après chaque personne un complément qui soit un nom employé en agriculture.*

Impôt, n. m. Charge, droit imposé sur certaines choses.

Inculte, ad. Qui n'est pas cultivé; terrain, terre inculte.

Inculture, n. f. Absence de culture; laisser les terres dans une inculture complète.

Industriel, adj. Produit par l'industrie; plantes industrielles, qui servent à l'industrie.

Infécond — onde, adj. Qui ne produit point; champ infécond.

Inondation, n. f. Débordement d'eaux qui submergent un pays.

CALCUL. — SYSTÈME MÉTRIQUE.

Exposé des mesures de poids, p. 56 et suiv.; voir l'instruction, p. 135. Faire les problèmes 6, 7, 8, 9, 10, p. 66 et 67, et voir les solutions, p. 140 et 141.

QUATRE-VINGT-CINQUIÈME DEVOIR.

Questions à faire aux élèves sur la dictée précédente.

1. Qu'appelle-t-on plantes fourragères? 2. Comment les divise-t-on? 3. Qu'est-ce que les plantes fourragères naturelles?

4. De quoi cette culture doit-elle être l'objet? **5.** Qu'est-ce que assurer le soin de cette culture? **6.** Y a-t-il urgence et nécessité de consacrer une grande étendue de terre aux fourrages? **7.** Pourquoi? **8.** Que doit-on bien se rappeler?

85e DICTÉE

PRAIRIES NATURELLES; TRAVAUX D'ENTRETIEN QU'ELLES EXIGENT.

Les prairies naturelles sont celles qui se sont formées d'elles-mêmes, dès le principe, dans des terrains bas et humides et qui n'ont jamais reçu aucune culture. Cependant, par ses combinaisons et son travail, l'homme peut en former en disposant des terrains qui s'y prêtent, et en y opérant des semis et des travaux de nivellement et d'irrigation. On doit en former dans tous les terrains qui sont sujets aux inondations, et dans ceux qui sont trop humides pour qu'on y cultive des céréales ou d'autres plantes légumineuses. Les prairies naturelles se divisent en prairies basses, en prairies marécageuses et en prairies sèches. Les prairies basses sont celles qui sont ordinairement situées le long des rivières ou dans le fond des vallées; elles donnent de bons produits en foin. Les prairies marécageuses sont habituellement couvertes d'eau; le foin en est dur et souvent malsain. On ne doit les conserver que quand le sol ne peut recevoir une autre destination. Les prairies sèches sont ordinairement éloignées des grands cours d'eau; elles donnent de bon foin mais en petite quantité, et l'on trouve généralement de l'avantage à les défricher. Quand on a un pré sec qui rapporte peu, on le laboure pour le mettre en culture pendant quatre ou cinq ans, et à la quatrième ou à la cinquième année on sème des graines de pré à la dernière récolte. Ces graines doivent être nouvelles, bien mûres, choisies et non la balayure du grenier à foin. Toutes les plantes fourragères ne sont pas également précoces, et il ne faut semer ensemble que celles qui fleurissent à très-peu près à la même époque, autrement une partie de l'herbe croîtrait encore quand l'autre serait déjà trop dure, et l'on éprouverait une perte sur la quantité et sur la qualité du fourrage. Celui qui veut tenir ses prairies naturelles en bon état, doit les irriguer lorsqu'il le peut; les fumer quelquefois, quand l'irrigation est difficile ou impraticable; en répandre les taupinières au mois de mars et après chaque coupe; en arracher la mousse en automne ou au printemps par des hersages; les débarrasser des pierres qui gênent la faux; n'y laisser aucune inégalité de terrain, et enfin les renouveler dès qu'elles commencent à se couvrir de mauvaises herbes. L'irrigation des prairies a lieu au printemps et après chaque coupe pour ranimer la végétation. Les herbes nuisibles dans les prés sont : la colchique, les orties, les chardons, l'arête-bœuf, le réveille-matin, le millepertuis, la ciguë, les roseaux, la prêle, la grue. etc.

Analyse de la première phrase de la dictée.

Insecte, n. m. Classe d'animaux sans vertèbres, respirant par les trachées, dont le corps et les membres sont articulés.

Instinct, n. m. Sentiment irréfléchi qui dirige les animaux.

Isocèle, adj. Se dit d'un triangle qui a deux côtés égaux.

Itinéraire, n. m. Chemin à suivre pour aller d'un lieu à un autre.

Irrigation, n. f. Arrosement d'un jardin, d'une prairie par un courant d'eau.

Ivraie, n. f. Mauvaise herbe à graine noire qui croît parmi les blés.

Reconnaissance de prêt d'argent.

Je soussigné, Auguste Henry, demeurant à Nançois-le-Petit, reconnais par le présent que le sieur Jean-Baptiste Erard, propriétaire à Bar-le-Duc, m'a aujourd'hui prêté la somme de cinq cents francs, laquelle somme je m'engage à lui rembourser au 25 mars prochain.

A Bar-le-Duc, le 27 janvier 1868.

Signé, AUG. HENRY.

CALCUL.

1er Problème. Une prairie de 5 hectares produit, lorsqu'elle est irriguée, 10000 kilogrammes de foin par hectare, en pré de première qualité ; et, non irriguée, elle donne 6000 kilogrammes par hectare. Quelle est la différence dans les deux produits, et en foin et en argent, si le foin vaut 6 francs les 100 kilogrammes ?

Solution. Un hectare produit en première qualité 10000 kilogrammes et 5 hectares donneront $10000 \times 5 = 50000$ kilogr., et, en deuxième qualité, $6000 \times 5 = 30000$, ce qui fait une

différence de 20000 ; à 6 francs les 100 kilogr. $= \dfrac{6 \times 20000}{100} =$

1200 francs.

2e Problème. Un faucheur abattrait la prairie ci-dessus en

20 jours $\frac{1}{3}$. Un autre le ferait en 18 jours et demi. Tous les deux fauchant ensemble, combien mettront-ils de jours ?

Solution. Le premier faucheur abattant la prairie en 20 jours $\frac{1}{3}$, ou $\frac{61}{3}$ de jour abattrait en $\frac{1}{3}$ de jour $\frac{1}{61}$ de la prairie ; et en $\frac{3}{3}$ ou un jour, il abattrait le $\frac{3}{61}$ de la prairie. Le second faucheur abattant la prairie en 18 jours $\frac{1}{2}$ ou $\frac{37}{2}$, abattrait en un demi jour $\frac{1}{37}$ de la prairie, et en $\frac{2}{2}$ ou un jour, il en abattrait le $\frac{2}{37}$. Les faucheurs travaillant ensemble, abattront donc en un jour $\frac{3}{61} + \frac{2}{37}$ ou les $\frac{233}{2257}$ de la prairie. S'ils abattent les $\frac{233}{2257}$ en un jour, pour en abattre $\frac{1}{2257}$ ils mettront 233 fois moins de temps, ou $\frac{1}{2257}$ de jour et pour abattre les $\frac{2257}{2257}$ ou la prairie entière ils mettront 2257 fois plus de temps, ou $\frac{2257}{233} = 9$ jours $+ \frac{160}{233}$.

3e *Problème.* On emploie deux faucheurs et deux faneuses pour récolter un pré. Combien coûtera-t-il de façon s'ils mettent 4 jours, sachant que les hommes gagnent 2 fr. 75 par jour et les femmes 1 fr. 50 c. ?

Solution. $2,75 \times 4 = 11$ fr. $+ 1,50 \times 4 = 6$ fr. qu'il faut à chacun au bout des 4 jours. 11 fr. $\times 2 = 22$ fr. et $6 \times 2 = 12$. Donc, $22 + 12$ fr. $= 34$ francs à payer pour la récolte de ce pré.

QUATRE-VINGT-SIXIÈME DEVOIR.

Questions à faire aux élèves sur la dictée précédente.

1. Qu'est-ce que les prairies naturelles ? 2. L'homme peut-il créer des prairies naturelles ? 3. Où doit-on en former ? 4. Comment se divisent les prairies naturelles ? 5. Qu'est-ce que les prairies basses ? 6. Qu'est-ce que les prairies sèches ? 7. Quand

un pré rapporte peu, qu'y a-t-il à faire? 8. Toutes les plantes fourragères sont-elles également précoces? 9. Que doit faire celui qui veut tenir ses prairies en bon état? 10. Quand a lieu l'irrigation des prairies? 11. Quelles sont les herbes nuisibles?

86ᵉ DICTÉE.

DES PRAIRIES ARTIFICIELLES; LEUR IMMENSE IMPORTANCE AU DOUBLE POINT DE VUE DE LA PRODUCTION DES FOURRAGES ET DE L'AMÉLIORATION DES TERRES.

Les prairies artificielles sont des terrains sur lesquels on sème, pour un temps plus ou moins long, certaines plantes fourragères pour servir à la nourriture du bétail, qui s'en accommode très-bien. Les principaux avantages que présentent ces prairies sont : 1° de produire plus de fourrage sur un moindre espace de terre; 2° de bien disposer le sol à recevoir ensuite les plantes dont la culture est la plus avantageuse; 3° de procurer les moyens de nourrir toute l'année les bestiaux à l'étable. Il est beaucoup plus profitable de couper l'herbe des prairies artificielles pour nourrir les bestiaux à l'étable, que de la leur faire manger sur place; d'abord, parce que les vaches y sont sujettes à enfler, et que, toujours, une grande quantité de fourrage est foulée aux pieds et perdue; ensuite, parce qu'en nourrissant à l'étable, on peut faire produire au bétail la plus grande masse de fumier possible. Lorsqu'on veut faire des prairies artificielles, il faut en savoir proportionner l'étendue au nombre des bestiaux nécessaires pour fournir le travail et le fumier qu'exigent les autres cultures. Pour cela, il faut s'en rapporter entièrement à l'expérience qu'on en fera, et se diriger si l'on veut d'après ce principe qu'une seule tête de gros bétail (cheval, bœuf, vache) suffit à la culture de deux hectares de terre. Bien qu'on ne puisse donner des règles fixes sur la quantité de terre à consacrer aux prairies artificielles, on ne doit pas craindre de destiner un quart de son exploitation à ce genre de rapport, attendu qu'on aura moins de frais de main-d'œuvre et de labour; qu'on aura des engrais pour fumer les autres terres, et qu'elles donneront un rapport bien plus considérable. Les plantes employées pour la formation de ces sortes de prairies peuvent être des pois, du maïs, du seigle, etc.; mais presque toujours elles sont prises parmi les légumineuses ou les graminées vivaces, telles que la luzerne, le trèfle, le sainfoin, la lupuline, le ray-grass, etc.

Analyse de la première phrase de la dictée.

Jachère, n. f. État d'une terre labourable qu'on laisse reposer.

Jachérer, v. a. Labourer des jachères; donner le premier labour à une terre.

Jalon, n. m. Bâton qu'on plante en terre pour prendre des alignements.

Jalonner, v. a. Planter des jalons de distance en distance.

Jauge, n. f. Verge qui sert à mesurer la capacité des futailles.

Jaugeage, n. m. Action de jauger.

CALCUL.

1er *Problème.* Je veux semer, par hectare, 18 kilogrammes de graine de trèfle: mes passées sont espacées de 1 m. 20; mes pas de 0 m. 75. De quel poids doit être chaque pincée?

Solution. Si mes passées sont espacées de 1 m. 20, autant de fois ce nombre sera contenu dans 100 mètres, largeur de l'hectare autant j'aurai fait de passées par hectare; ainsi 100 : 1, 20 = 83 passées. Mes pas ont 75 centimètres de long, autant de fois 75 centimètres seront contenus dans 100 mètres, longueur de l'hectare et de mes passées, autant ai-je fait de pas par passée. 100 : 75 = 133 pas. Jetant une pincée tous les 2 pas, j'ai donc 133 : 2 = 66 pincées et une fraction, 1/2, que je néglige. Par passée je jette 66 pincées, et j'en ai 83 par hectare, je jette donc en totalité 66 × 83 = 5478 pincées et comme on veut semer par hectare, 18 kilogrammes, j'ai 18 kilogrammes ou 18000 gr. à diviser par 5478 = 3 grammes 28 centigrammes.

2e *Problème.* En mettant 18 kilogrammes de semence de trèfle par hectare, combien en faudra-t-il pour semer un champ de 165 mèt. 80 de longueur et 85 de largeur, et à combien reviendra ce semis, si le kilogramme vaut 1 fr. 25?

Solution. La surface du champ est de 165, 80 × 85 = 1 hectare 40 ares 93. 18 kilog. par hectare, donnent 100 fois moin pour 1 are ou 0 kilog. 18 et pour 140 ares 93 on aura 0, 18 × 140,93 = 25 kilog. 3674 à 1 fr. 25 le kilog. = 31 fr. 709.

3e *Problème.* Un champ donne 8785 kilogrammes de luzerne en 3 coupes; la première a donné 3240, la deuxième 3100 kilog. on demande quel sera le poids de la troisième coupe et quelle recette fera-t-on avec la récolte, si on vend 5 fr. les 100 kilog.?

Solution. 8785 — (3240 + 3100) = 6340 = 2445 kilogrammes à 5 francs les 100 kilogr. = 5 × 2445 = 122 fr. 25 c.

QUATRE-VINGT-SEPTIÈME DEVOIR.

Questions à faire aux élèves sur la dictée précédente.

1. Qu'est-ce que les prairies artificielles? 2. Quels sont les principaux avantages que présentent ces prairies ? 3. Pourquoi y a-t-il plus d'avantages à nourrir le bétail à l'étable ? 4. Qué doit-on faire quand on veut créer des prairies artificielles ? 5. Peut-on donner des règles fixes sur la formation de ces prairies ? 6. Quelles sont les plantes qui entrent dans la formation de ces prairies ?

87ᵉ DICTÉE.

CULTURE DU TRÈFLE.

Comme le blé, l'orge et l'avoine appartiennent à la famille des graminées, le trèfle, la luzerne, le sainfoin et les vesces appartiennent à la famille des légumineuses fourragères. Le trèfle n'est cultivé que depuis deux siècles ; cette plante paraît avoir été complétement inconnue d'Olivier de Serres qui vivait au seizième et au dix-septième siècle ; et longtemps après cet écrivain, elle était encore fort peu répandue en France. C'est en Belgique, d'autres disent en Allemagne, que cette culture a pris naissance. Voici ce que dit M. Morren : « Cette culture prit naissance en Belgique, et de là se répandit en Angleterre, en Allemagne et en France. Aujourd'hui, le trèfle est une fortune, en augmentant de plusieurs millions la richesse des nations ; il a tué la jachère, cette lèpre de l'agriculture, et en se répandant partout, de la Belgique chez les autres nations, il a donné à notre agriculture nationale la réputation dont elle jouit à l'étranger.» L'Allemagne doit, dit-on, le trèfle à Schubart, l'Angleterre à Weston et la France à Schrœder qui, dit encore M. Morren, sont venus le chercher en Belgique (c'est un Belge qui parle). Il y a plusieurs espèces de trèfle : le trèfle rouge, le trèfle incarnat, le trèfle blanc et le trèfle jaune ; mais c'est le trèfle rouge ou violet qui est le plus cultivé. Les sols qui lui conviennent sont les argilo-calcaires profonds, les sables argileux frais,. les terres froides et de moyenne consistance ; il fait partie d'un bon assolement et remplace avantageusement la jachère. Comme toutes les plantes fourragères il demande pour préparation un sol ameubli. On le sème presque toujours avec les céréales de printemps; dans ce cas on répand d'abord l'orge ou l'avoine, o herse pour couvrir le grain, puis on sème le trèfle et on herse légèrement. Il n'aurait pas même besoin d'être hersé s'il survenait une petite pluie après la semaille. On sème aussi le trèfle dans le blé et le seigle, après un hersage au printemps ; on répand de 15 à 18 kilogrammes de graine par hectare. Plus tard, si la récolte de blé menaçait de verser, il faudrait le couper en vert pour éviter que le trèfle ne fût étouffé et perdu. Le trèfle n'occupe le sol que deux années, y compris celle du semis, on le laboure à la fin de la seconde et on enfouit la troisième coupe pour servir d'engrais ; on ne doit pas le remettre sur le même terrain avant six ans au moins. Le trèfle donne ordinairement 6000 kilogrammes par hectare. Pour avoir de la graine de trèfle, il faut laisser mûrir la seconde coupe ; on peut en obtenir 2 à 300 kilogrammes par hectare. On active la végétation par le plâtre cuit ou cru, et c'est en mars et avril qu'on le répand, au moment où la plante a déjà commencé à croître et à couvrir la terre. On emploie ordinairement autant de plâtre en mesure qu'on mettrait de semence de blé sur la même étendue de terrain, c'est-à-dire 2 hectolitres par hectare. On ne doit pas répandre le plâtre par un temps sec, il faut choisir un temps couvert, calme, ne le répandre que le soir ou de très-grand matin, ou après une pluie, lorsque les feuilles des plantes sont humides.

Conjuguer le verbe étendre *aux temps du subjonctif, en mettant après chaque personne un complément qui soit un nom employé en agriculture.*

Jaunir, v. n. Devenir jaune. Les blés, en grandissant, jaunissent dans la plaine.

Jaunissant, *ante*, adj. Des blés jaunissants, des moissons jaunissantes.

Javelé, *ée*, adj. Se dit des graminées dont le grain a été gâté par la pluie tandis qu'elles étaient en javelles.

Javeler, v. a. Mettre le blé en javelles.

Javeleur, n. m. Celui qui javelle.

Javelle, n. f. Poignées de blé, d'avoine etc., qui demeurent couchées sur le sillon, avant d'être liées en gerbes.

CALCUL. — SYSTÈME MÉTRIQUE.

Exposé des mesures de poids, pages 56 et suivantes ; Voir l'instruction page 135. Faire résoudre les problèmes 70, 71, 72, page 93, et voir les solutions page 161 et page 162.

QUATRE-VINGT-HUITIÈME DEVOIR.

Questions à faire aux élèves sur la dictée précédente.

1. A quelle famille le trèfle appartient-il? 2. Quand le trèfle a-t-il commencé à être cultivé? 3. Où a pris naissance la culture du trèfle? 4. Que dit M. Morren à ce sujet? 5. A qui l'Allemagne, l'Angleterre et la France doivent-elles la culture du trèfle? 6. Quelles sont les différentes espèces de trèfle? 7. Quels sols conviennent au trèfle? 8. Que demande-t-il pour préparation? 9. Avec quelles plantes le sème-t-on? 10. Combien met-on de semence par hectare? 11. Combien le trèfle dure-t-il d'années? 12. Combien donne-t-il de kilogrammes par hectare? 13. Que faut-il faire pour avoir de la graine de trèfle? 14. Comment active-t-on la végétation du trèfle? 15. Combien emploie-t-on de plâtre par hectare? 16. Quand le répand-on?

88e DICTÉE

CULTURE DE LA LUZERNE ; USAGE DU PLATRE.

La luzerne est la première des léguminenses fourragères ; elle est originaire du Midi , où l'on en retire des produits très-abondants. Un sol riche, profond, très-propre, bien défoncé, est pour elle la meilleure conditiom de réussite. Cependant on la voit aussi réussir dans quelques sols peu profonds, reposant sur un lit de pierres calcaires qui laissent entre elles des interstices où les racines peuvent s'insinuer. Elle redoute, avant tout, l'humidité. A l'automne on la sème seule ; au printemps on la sème avec une céréale. Comme la première année elle produit peu, on y sème quelquefois du trèfle ; mais ce procédé est mauvais si la luzerne doit être de longue durée. On emploie de 25 à 30 kilogrammes de semence par hectare, et on la recouvre légèrement, comme on le fait pour toutes les graines fines. La luzerne est quelques fois attaquée par la cuscute et le rhizostome, qu'on ne peut détruire qu'en fauchant souvent la prairie de manière à ne pas laisser repousser les plantes vivaces. La luzerne se fauche quinze jours avant le trèfle ; cependant elle ne doit pas être consommée trop jeune, car elle relâche les animaux. Rentrée nouvellement, elle les constipe ; il faut donc attendre qu'elle ait jeté son feu, comme disent vulgairement les cultivateurs. Elle se durcit en séchant, mais elle conserve ses principes nutritifs, si la graine n'est pas formée. On compte ordinairement de 4500 à 6000 kilogrammes de produits par hectare, mais on en obtient davantage si l'on fait quatre coupes. Le plâtre, comme nous l'avons dit dans la dictée des stimulants et du plâtre, augmente de beaucoup le produit des légumineuses ; il ne faut donc pas négliger d'en répandre sur la luzerne, sur le sainfoin comme sur le trèfle. La luzerne convient à tous les animaux ; verte, elle va parfaitement aux bœufs de travail et à ceux qu'on engraisse, aux juments poulinières et aux porcs. Il y a désavantage à faire consommer la luzerne sur pied, car cela nuit à la plante et expose les animaux à enfler. On ne doit la semer de nouveau dans le même terrain qu'après un intervalle de six à huit ans. Les soins à donner à la luzerne consistent à détruire chaque année les mauvaises herbes par des sarclages et des hersages, et à hâter la croissance par des engrais.

Analyse de la première phrase de la dictée.

Jardin, n. m. Lieu ordinairement clos de murailles, de haies, où l'on cultive des fleurs, des légumes, des arbres.

Jardinier, n. m. Celui qui cultive les jardins.

Jardiner, v. n. Travailler au jardin.

Jardinet, n. m. Petit jardin.

Jardinage, n. m. Art de cultiver les jardins.

Jonc, n. m. Plante marécageuse.

CALCUL.

1er *Problème.* Un cultivateur a acheté 25 kilogrammes de graine de trèfle à 1 fr. 20 le kilogramme et 15 kilogrammes de luzerne à 1 fr. 25 pour ensemencer une terre dont le prix de fermage est de 70 fr. 50. Avec le fourrage qu'il a obtenu de cet ensemencement il a nourri 4 mois, 8 vaches qui lui ont rapporté par tête, 24 fr. 20 : on demande quel est le produit net par vache, en comptant le pâturage du premier septembre au premier décembre, comme l'équivalent de la moitié du fermage ?

Solution. La dépense occasionnée par une vache est de $1,20 \times 25 + 1,25 \times 15 = 48,75 +$ la moitié du fermage $\frac{70}{2}$ fr. $= 83$ fr. 75 : 8 vaches $= 10$ fr. 45 de dépense par vache ; en conséquence , le produit net de chaque vache sera de 24 fr. 20 —10 fr. 45, ce qui égale 13 fr. 75.

2e *Problème.* Je vais acheter pour 300 francs de graine de luzerne de Provence à 1 fr. 30 le kilogramme ; quelle contenance de terrain pourrai-je semer s'il faut 25 kilogrammes par hectare?

Solution. Autant de fois 1 fr. 30 seront contenus dans 300 fr., autant il me sera livré de kilogrammes. Ainsi 300 : 1,30 = 230 kilog. 77 par excès. Puisqu'il faut 25 kilogrammes par hectare; autant de fois 25 seront contenus dans 230 kilog. 77, autant je pourrai ensemencer d'hectares. 230, 77 : 25 = 9, 23. On pourra avec 300 francs ensemencer 9 hectares 23 ares.

3e *Problème.* J'ai, à 8 kilomètres de ma ferme, 1 hectare de trèfle dont le produit, en vert, est de 24000 kilogrammes; sec, il ne pèse plus que 6000 kilogrammes. Le charroi de 1000 kilogrammes, de ce champ à la ferme, coûte 25 centimes par kilomètre. De combien les frais de charroi du produit de ce champ, récolté en vert, dépasseront-ils ceux de charroi du produit de la même pièce récoltée en sec?

Solution. Dans 24000 kilogrammes en vert, j'ai 24 charrois de 1000 kilogrammes. Si je n'avais qu'un kilomètre à parcourir j'aurais 25 centimes à payer; mais en ayant 8, c'est donc, 25 × 8 = 2 francs à payer pour un charroi, et pour 24, c'est 2 × 24 = 48 francs. Pour le charroi du sec, je dis 6000 kilogrammes que donne un hectare; c'est le 1/4 de 24; en prenant le 1/4 de 48 francs, j'ai les frais à payer en sec, 12 francs. Les frais de charroi, en vert, dépassent donc de 36 francs ceux de charroi en sec.

QUATRE-VINGT-NEUVIÈME DEVOIR.

Questions à faire aux élèves sur la dictée précédente.

1. Qu'est-ce que la luzerne? 2. Quelle est, pour elle, la meilleure des conditions? 3. Quand réussit-elle dans des sols peu profonds et pierreux? 4 Est-ce une bonne méthode d'y semer du trèfle? 5. Combien met-on de kilogrammes de semence par hectare? 6. Par quelle maladie la luzerne est-elle attaquée et quel remède emploie-t-on? 7. A quelle époque se fauche la luzerne? 8. A quoi la luzerne nouvellement rentrée expose-t-elle les animaux? 9. En séchant, la luzerne perd-elle de ses qualités nutritives? 10. Combien récolte-t-on de kilogrammes de fourrage par hectare? 11. Le plâtre lui est-il avantageux? 12. A quels animaux la luzerne convient-elle? 13. Est-ce un avantage de consommer la luzerne sur pied? 14. Quel intervalle faut-il mettre pour replacer de la luzerne sur le même terrain?

89° DICTÉE.

CULTURE DU SAINFOIN ET DES VESCES.

Dans la première moitié du dix-septième siècle, le sainfoin, qui est originaire des montagnes calcaires de l'Europe, n'était connu que dans le Dauphiné, du côté de Die. C'est là qu'Olivier de Serres conseillait d'en aller chercher ; il disait à ses lecteurs de ne pas craindre d'introduire cette nouveauté, puisqu'elle favorisait l'agriculture. Au commencement de ce siècle, le sainfoin était bien connu dans les montagnes calcaires de la Bourgogne, et c'est de là qu'on le tira, d'abord, pour l'introduire aux environs de Paris. Cette plante est le plus précieux des fourrages sur les sols très-calcaires où souvent aucune autre plante ne réussit. Ses racines pénètrent dans la roche; elle ne redoute que les terres argileuses compactes et les sols marécageux ; partout ailleurs, dans les sables, le granit, les schistes, elle réussit ; mais elle a une prédilection pour les terres calcaires graveleuses et pierreuses. On sème le sainfoin aux mêmes époques que la luzerne, et il peut également recevoir un hersage tous les ans ; avant la semaille, il exige un ou plusieurs labours, et de bonnes fumures quand on le peut. On le sème avec une céréale et on l'enterre à l'aide de la herse. On emploie 4 hectolitres par hectare, pesant de 30 à 32 kilogrammes. Les soins qu'il réclame se bornent comme nous venons de le dire, à un hersage tous les ans, puis on fait un plâtrage ou un cendrage et on est assuré d'une bonne récolte ; il donne de 3 à 4,000 kilogrammes de fourrage par hectare, et il ne peut revenir sur le même terrain qu'après six à huit ans, époque égale à celle de sa durée. Dans le Midi, après la première coupe on le pâture pendant le reste de l'année. — Les vesces se sèment avant l'hiver ou au printemps ; elles se trouvent bien de tous les terrains qui ne sont ni épuisés ni marécageux; elles étouffent toutes les mauvaises herbes. On sème très-souvent des vesces avec le seigle ou avec de l'avoine, parce que ces céréales soutiennent les tiges des vesces et les empêchent de se coucher. Dans ce cas on met un sixième ou un quart de seigle ou d'avoine. Lorsqu'on arrive au mois de mars ou d'avril, on plâtre les sainfoins et les vesces comme on le fait pour le trèfle et la luzerne, et souvent on peut faucher les vesces quinze jours avant les autres plantes fourragères, ce qui n'est pas à dédaigner dans les années où le fourrage fait défaut. Lorsqu'on fauche les vesces après la floraison, on obtient de 27 à 45 quintaux métriques de fourrage sec par hectare.

Conjuguer le verbe étendre *aux temps de l'infinitif, en mettant après toutes les formes un complément qui soit un nom employé en agriculture.*

Journée, n. f. Travail d'un ouvrier pendant un jour. Salaire d'un, etc.

Labeur, n. m. Terres en labeur ; terres façonnées, cultivées.

Labour, n. m. Façon qu'on donne aux terres en les labourant ou en les remuant avec un instrument quelconque.

Laborieux, euse, adj. Qui aime le travail, qui travaille beaucoup.

Labourable, adj. Propre à être labouré, terre labourable.

Labourage, n. m. Art de cultiver la terre.

Labourer, v. a. Remuer, retourner la terre pour la préparer à recevoir les semences : labourer avec des bœufs ; labourer à deux charrues.

CALCUL. — SYSTÈME MÉTRIQUE.

Exposé des mesures de poids, pages 56 et suivantes ; voir l'instruction, page 135. Faire résoudre les problèmes 73, 74, 75, page 94, et voir les solutions page 163.

QUATRE-VINGT-DIXIÈME DEVOIR.

Questions à faire aux élèves sur la dictée précédente.

1. Depuis quelle époque le sainfoin est-il connu en France ? 2. Quand a-t-il été connu en Bourgogne ? 3. Que disait Olivier de Serres au commencement du dix-septième siècle ? 4. Est-ce un bon fourrage ? 5. Où réussit le sainfoin ? 6. Quel sol affectionne-t-il particulièrement ? 7. A quelle époque sème-t-on le sainfoin ? 8. Combien met-on d'hectolitres par hectare et que pèse l'hectolitre ? 9. Quels soins réclame-t-il ? 10. Quel est son rendement par hectare ? 11. Combien faut-il mettre d'années avant de le replacer sur le même sol ? 12. Dites-nous quand les vesces se sèment ? 13. Avec quelles céréales sème-t-on les vesces ? 14. Plâtre-t-on les vesces ? 15. Ne les fauche-t-on pas avant la luzerne ? 16. Que produit un hectare de vesces fauchées après la floraison ?

90ᵉ DICTÉE.

RÉCOLTE DES PLANTES FOURRAGÈRES OU FENAISON.

En agriculture, ce n'est pas tout de savoir bien cultiver, il faut aussi savoir bien récolter. La moindre négligence, dans cette circonstance, peut amener des résultats désastreux pour la qualité et la quantité des produits. Ainsi, c'est donc une maxime qui doit être considérée comme un axiome : *Ne remettre jamais au lendemain ce que l'on peut faire le jour même.* Si c'est un axiome, c'est aussi un principe d'économie qui est vrai en tout temps, mais qui l'est surtout à l'époque des récoltes, de quelque nature qu'elles soient. Il faut donc s'assurer du nombre des bras nécessaires pour que tout marche d'ensemble : faucheurs, faneuses, domestiques, chevaux et autres bêtes de trait; tout doit être prévu pour l'emploi de chacun. Quand le temps est favorable, il faut qu'un maître sache utiliser son monde de manière à éviter le désordre, le tumulte, le gaspillage du temps. C'est là l'occupation d'un chef d'exploitation : vigilance, distribution des ouvriers, visites des voitures, des fenils, etc. Puis il doit veiller à ce que les fourrages soient rentrés dans de bonnes conditions, parce que c'est sur toutes ces précautions que reposent les espérances du cultivateur, et parce que les fourrages sont les éléments essentiels de la production des fumiers et de la nourriture des animaux. L'époque de la fenaison varie avec les climats et la nature des plantes à faucher. C'est ordinairement vers le milieu ou la fin du mois de juin qu'on fauche les prairies naturelles quand les herbes qui y abondent le plus sont en pleine fleur, ou lorsque les plantes sont à peu près au trois quarts fleuries. Lorsqu'elles sont à ce point, quelques jours de retard font une très-grande différence dans la qualité du fourrage, car toute plante qui a amené sa graine à maturité ne produit plus qu'un foin dur, peu savoureux et peu nourrissant pour le bétail.

Analyse de la première phrase de la dictée.

Laboureur, n. m. Celui dont l'état est de labourer la terre.

Lacté, ée, adj. Qui a rapport ou qui ressemble au lait. Plantes lactées : qui renferment un suc laiteux.

Laine, n. f. Le poil des moutons et de quelques autres animaux.

Laie, n. f. Femelle du sanglier.

Laineux, adj. Qui a beaucoup de laine. Moutons laineux.

Lait, n. m. Liquide blanc, doux et sucré, qui se forme dans les mamelles des mammifères.

Quittance pour intérêt d'argent reçu.

Je reconnais avoir reçu du sieur Prionzeau Joseph la somme de cent vingt francs pour une année, échue le 25 janvier dernier, des intérêts de la somme de deux mille quatre cents francs qu'il me doit.

A Maillezais, le 1er février 1876.

DE MAYNARD.

CALCUL.

1er *Problème.* Je suppose que la ration d'entretien d'un bœuf est de 3 p. 0/0 de son poids vivant. On a 8 bœufs à l'engrais, pesant chacun 305 kilog., on doit les nourrir en foin pendant 175 jours : combien en faudra-t-il ?

Solution. Si un bœuf pesait 100 kilog. il faudrait 3 kilog. de foin par jour pour sa nourriture, et s'il pesait 1 kilog. il en faudrait 100 fois moins ou $\frac{3}{100} = 0$ kilog. 03 ; mais, comme chaque bœuf pèse 305 kilog., il faut 0 kilog. 03 $\times$ 305 = 9 kilog. 15 par jour, et pour 175 jours, on a 9,15 $\times$ 175 = 1601 kilog. 25 ; et comme il y a 8 bœufs à nourrir, on a 1601,25 $\times$ 8 = 12810 kil.

2e *Problème.* Un faucheur abat 26 décimètres carrés d'un coup de faux, il peut donner 1500 coups de faux par heure, combien abattra-t-il de foin en surface en une journée de 10 heures ?

Solution. Le faucheur abattra 26 $\times$ 1500 $\times$ 10 heures = 39 ares.

3e *Problème.* Un ouvrier faucheur gagnant 2 fr. 25 c. convient de faucher une prairie et de faner l'herbe, à condition que le travail sera exécuté dans 10 jours ; il s'est fait aider par 4 ouvriers qui gagnent 1 fr. 50 par jour. Il a eu sa part de foin qui est de 2400 kilog. Combien cet ouvrier a-t-il de bénéfice, après le payement fait aux 4 ouvriers qu'il a employés s'il a vendu son foin 36 fr. 50 les 1000 kilog ?

Solution. Si les 4 ouvriers ont travaillé ensemble 40 jours, on aura donc 1,50 $\times$ 40 = 60 fr. 00. Et l'ouvrier faucheur ou entrepreneur gagnant 2,25, en 10 jours il aura gagné 2,25 $\times$ 10 = 22,50. Additionnant 22,50 + 60 fr. on a 82 fr. 50 pour prix de toutes les journées. D'un autre côté, son foin vendu 36,50 les

$$\text{1000 kil} \quad \frac{36,50 \times 2407}{1000} = 87 \text{ fr. } 60. \text{ Son bénéfice est de}$$

$$\text{A fr 60}$$

87 fr. 60 — 82 fr. 50 = 5, fr. 10.

QUATRE-VINGT-ONZIÈME DEVOIR.

Questions à faire aux élèves sur la dictée précédente.

1. Suffit-il de savoir bien cultiver? 2. A quoi entraîne la négligence? 3. Quel est le principe qui est regardé comme un axiome? 4. N'est-ce pas aussi un principe d'économie? 5. De quoi donc doit s'assurer un chef d'exploitation? 6. Quand le temps est favorable, à quoi doit-il veiller? 7. Où doit se porter sa vigilance? 8. Et par rapport aux fourrages? 9. De quoi les fourrages sont-ils les éléments? 10. Quelle est l'époque de la fenaison? 11. Quelle différence peut amener un retard de quelques jours dans la coupe des fourrages?

91e DICTÉE.

CONDITIONS DANS LESQUELLES DOIT ÊTRE FAITE LA FENAISON; REGAINS.

Le travail de la fenaison consiste dans le fauchage, le fanage et la rentrée du fourrage. Le fauchage, tel que son nom l'indique, est l'opération que nécessite la coupe de l'herbe, et qu'on nomme aussi fauchaison. Le fanage n'est autre chose que l'ensemble des travaux nécessités pour la dessiccation de l'herbe. La rentrée des fourrages, c'est la mise en tas ou en meulons et le transport du pré dans le fenil. Tous ces travaux s'exécutent au moyen de la faux, des fourches, de râteaux, et des chariots, ou au moyen d'instruments employés dans la grande culture. La faux ou faucheuse met en andains l'herbe coupée, la fourche ou la faneuse éparpille cette herbe pour la dessécher. Le fanage de l'herbe verte n'est pas une opération difficile, mais assez souvent négligée parce qu'on n'en soupçonne pas toute l'importance. Le foin qui provient d'une herbe bien fanée se reconnaît à sa couleur encore verte, à sa souplesse et à son parfum; le foin mal préparé se reconnaît à sa couleur grise; le soleil l'a blanchi et rendu cassant; il sonne sous la fourche; il est peu aromatique; il se reconnaît encore à sa couleur sombre, lorsque le fanage, au lieu d'avoir été contrarié par un soleil ardent, l'a été par les pluies prolongées. En admettant que le ciel soit clair et le soleil ardent, on se gardera bien de trop éparpiller l'herbe avec la fourche; si celle de dessus se desséche trop vite elle soustrait celle de dessous à l'intensité de la chaleur solaire, et l'on obtient à peu près le même résultat que si l'on opérait à l'ombre. Les conseils que donne à ce sujet le *Dictionnaire d'agriculture* seront développés dans la dictée suivante.

Analyse de la première phrase de la dictée.

Lapin, n. m. Quadrupède rongeur du genre lièvre.

Lard, n. m. Graisse ferme qui est entre la chair et la peau du porc, de la baleine.

Las, se, adj. Fatigué, dégoûté, ennuyé.

Laurier, n. m. Arbre toujours vert.

Lent, lente, adj. Tardif, qui n'agit pas avec promptitude; animal lent.

Lenteur, n. f. Manque de célérité dans le mouvement et dans l'action.

CALCUL.

1er *Problème.* Un faucheur abat 35 ares 30 centiares de foin dans un jour, et par un beau jour de soleil une femme en peut faner autant et le mettre en tas, s'il est coupé de la veille. Le faucheur gagne 2 fr. 75 et la femme 1 fr. 50 par jour; combien mettront-ils de jours pour faucher et faner un pré de 320 mètres de long sur 168 m. 85 de large et quelle dépense ce travail occasionnera-t-il au propriétaire?

Solution. Surface du pré, $320 \times 168,85 = 540$ ares 32. Autant de fois 35 ares 30 seront contenus dans 540 ares 32, autant il faudra de jours au faucheur et à la femme. $540,32 : 35,30 = 15$ journées 3 dixièmes à $2,75 + 1,50 \times 15,3 = 65$ fr. 025.

2e *Problème.* D'après le problème précédent, quelle sera la quantité de foin récolté dans ce pré si l'hectare a produit 3500 kilog. et que payera-t-on pour le transport si l'on donne 3 fr. 25 par voyage et que chaque chargement comprenne 1500 kilog.?

Solution. $3500 \times 540,32 = 18911$ kil. 2; $18911,2 : 1500 = 12$ charrois 6 dixièmes à $3,25 = 40$ fr. 95 c. pour le transport.

3e *Problème.* Si le propriétaire vend son foin 45 fr. 25 les 1000 kilog., que retirera-t-il de sa récolte après les frais de fauchage, de fanage et de transport payés?

Solution. $\dfrac{45,25 \times 18911,2}{1000} = 855$ fr. 731. Façon et charrois $65,025 + 40,75 = 105$ fr. 775. Ainsi $855,731 - 105,775 = 749$ fr. 75 du produit net de la récolte.

QUATRE-VINGT-DOUZIÈME DEVOIR.

Questions à faire aux élèves sur la dictée précédente.

1. En quoi consiste le travail de la fenaison? 2. Qu'est-ce que
e fauchage? 3. Q'est-ce que le fanage? 4. Qu'est-ce la rentrée
des fourrages? 5. Au moyen de quoi ces travaux s'exécutent-
ils? 6. Quel est l'usage de la faux? 7. Le fanage est-il une
opération difficile? 8. Quelles qualités a le foin qui a été bien
fané? 9. A quoi reconnaît-on le foin mal soigné et mal rentré?
10. Quelles sont les précautions à prendre pour étendre les andains?

92ᵉ DICTÉE.

CONDITIONS DANS LESQUELLES DOIT ÊTRE FAITE LA FENAISON
REGAINS (*suite*).

Une des principales conditions de la fenaison, c'est un beau
temps et de la célérité dans le travail, et la mise en œuvre des
procédés suivants pour rentrer des fourrages d'une qualité
avantageuse et profitable au bétail. Voici la méthode de fanage
qu'on a annoncé hier : vers neuf ou dix heures du matin, quand
le soleil a entièrement dissipé l'humidité; les faneurs commencent leur ouvrage, en retournant soigneusement, mais sans les
secouer, les andains que les faucheurs ont abattus depuis la veille
à la même heure, et qui déjà ont reçu, d'un côté, pendant cet
intervalle, les rayons du soleil. Les andains ainsi retournés restent
ensuite exposés aux rayons du soleil et à l'action de l'air. Dans
cet état et tant que l'herbe se conserve verte, elle peut rester
quelques jours en andains, pourvu qu'on ait le soin de les retourner sans les étendre, lorsqu'on s'aperçoit que le dessous jaunit,
c'est le parti le plus sage quand on est menacé de la pluie. Mais
lorsque le temps est favorable, dès que les andains ont éprouvé
un commencement de dessiccation par leur exposition aux rayons
du soleil et à l'action de l'air, il faut les étendre pour achever de
les dessécher. Alors, il faut apporter le plus grand soin à ce
que l'herbe ne soit exposée à la rosée de la nuit qu'après
avoir été mise en tas. Chaque soir, avant que la fraîcheur se
manifeste, on en fait des tas très-petits lorsque la dessiccation
commence, plus gros quand la dessiccation est avancée; on étend

ces tas quand la rosée du matin est dissipée et quand le beau temps se montre, et on retourne plusieurs fois le foin dans le cours de la journée pour refaire les tas chaque soir. Quand le foin a acquis le degré de dessiccation convenable, ce que l'expérience fait connaître, on en fait de grosses meules au milieu des prairies, ayant soin d'intercepter, le mieux qu'on peut, l'introduction de l'air dans la meule, en la tassant également à mesure qu'on la forme. Ceux qui n'ont pas l'usage de former des meules, transportent tout simplement le foin, bottelé ou non bottelé, au fenil de la ferme, ou dans les greniers à foin.

Le foin qui a été longtemps exposé à la pluie, ou submergé, est nuisible aux bestiaux, on ne doit l'employer que comme litière. Cependant, si le manque de fourrage obligeait à le leur donner, il faudrait d'abord le secouer avec force ou le battre au fléau et l'arroser avec de l'eau salée, ou plutôt, jeter du sel sur ce fourrage. — On appelle regain, la dernière coupe des prairies qui se fait en septembre dans les prés qui ont conservé de la fraîcheur, soit par la nature et la position du sol, soit par les irrigations. Cette récolte exige les mêmes soins que la récolte des foins, et de plus grands encore. D'abord parce qu'elle sèche plus difficilement que le foin, et il n'est pas rare de voir s'allumer des incendies occasionnés par des regains rentrés sans être bien secs. On évite ces accidents en mettant des lits de paille entre les lits de regain, ou en le laissant fermenter dans le pré. Pour conserver son arome, au regain comme au foin, on le met en petits tas avant le coucher du soleil et on l'étend le lendemain quand la rosée est dissipée. Ce fourrage est précieux pour les vaches et les autres bêtes à cornes ; mais les chevaux n'en sont pas friands.

Conjuguer le verbe abreuver *aux temps de l'indicatif, en mettant après chaque personne un complément qui soit un nom employé en agriculture.*

Lentille, n. f. Sorte de légume très-nutritif.

Lever, v. neutre. Germer, sortir de terre. Grain levé.

Licou ou *licol*, n. m. Lien qu'on met à la tête d'un cheval pour l'attacher.

Ligne, n. m. Trait simple, considéré comme n'ayant ni largeur, ni profondeur.

Limon, n. m. Terre détrempée. Sorte de citron qui a beaucoup de jus.

Limonier, n. m. Arbre qui porte des limons.

CALCUL. — SYSTÈME MÉTRIQUE.

Exposé des mesures de poids, pages 56 et suiv.; voir l'instruction, page 135. Faire résoudre les problèmes 76, 77, 78, page 94. Et voir les solutions, pages 163 et 164.

QUATRE-VINGT-TREIZIÈME DEVOIR.

Questions à faire aux élèves sur la dictée précédente.

1. Quelle est la principale condition pour faire la fenaison ? 2. Expliquez-nous la méthode de fanage tirée du *Dictionnaire d'agriculture ?* 3. Que doit-on faire des andains ? 4. Peut-on conserver longtemps les andains ? 5. Quand il commence à dessécher un peu que faut-il faire ? 6. Faut-il avoir soin que l'herbe ne soit pas exposée à la rosée ? 7. Que doit-on faire cha que soir avant le coucher du soleil ? 8. Et quand il est sec, qu'y a-t-il à faire ? 9. Que font ceux qui n'ont pas l'usage de mettre en meules ? 10. Que doit-on faire du foin qui a été exposé à la pluie, ou qui a été submergé ? 11. Qu'appelle-t-on regain ? 12 Quels soins exige le regain ? 13. Pourquoi ? 14. Comment peut-on éviter ces accidents ? 15. Que fait-on pour conserver l'arome du regain ? 16. Pour quel bétail ce fourrage est-il précieux ?

93ᵉ DICTÉE.

LÉGUMES SECS OU VERTS : LES LÉGUMINEUSES ; PRINCIPALES LÉGUMINEUSES CULTIVÉES.

Les légumes secs ou verts ou les légumineuses sont des plantes à grainesou semences farineuses, renfermées dansune cosse ; on ne peut pas tirer du pain de leur farine, comme on en feraitavec les céréales, mais elles n'en sont pas moins importantes ; leurs graines fournissent un aliment sain et nourrissant pour l'homme et les bestiaux, et leur paille estun bon fourrage. Ces légumineuses, ayant en parties de larges feuilles, puisent principalement leur nourriture dans l'air, et étouffent les plantes nuisibles ; de plus elles reçoivent des binages qui permettent au cultivateur de préparer ses terres à une récolte de céréales, sans faire de jachères; et les observations font croire que'lles épuisent moins le sol que les céréales. Les principales légumineuses cultivées en grand, sont les fèves, les pois, les haricots et les lentilles. Toutes ces plantes demandent des soins, tels que le sarclage et le binage. Les confier à la terre et ne pas s'en occuper après, ce serait s'exposer à les voir étouffer par les herbes nuisibles et à faire manquer la récolte. Il est donc de la plus grande importance de ne pas les perdre de vue, et de leur donner un léger labour toutes les fois qu'il en est besoin.

Analyse de la première phrase de la dictée.

Limace, n. f. mollusque rampant, sans coquille, de forme allongée.

Limaçon, n. m. Mollusque rampant, habitant une coquille en hélice, dont l'ouverture est en forme de croissant.

Limonière, n. f. Brancard formé des deux limons d'une voiture.

Litière, n. f. Paille, etc., qu'on répand dans les écuries et dans les étables, pour que les chevaux, les bœufs couchent dessus.

Liure, n. f. Grosse corde dont on se sert pour lier les fardeaux sur une charrette.

Location, n. f. Action par laquelle on donne à louage.

CALCUL.

1er *Problème*. On plante des haricots à 0,32 centimètres en tous sens, dans une pièce de terre de 84 m. 60 de longueur, et l'on a 85 lignes, combien y aura-t-il de tiges, et combien de haricots, si l'on en met 5 dans chaque trou ?

Solution. Il y aura aura autant de plantes par ligne que 0,32 sera contenu dans 84,60, or 84,60 : 0,32 = 264 ; puisqu'une ligne contient 264 tiges, 85 lignes contiendront 85 fois plus, ou 264 $\times$ 85 = 22400, et comme chaque trou en renferme 5 graines, on a donc 22440 $\times$ 5 = 112200 haricots.

2° Un cultivateur a employé 15 ouvriers dans le binage de ses légumineuses farineuses, pendant 54 jours de 10 heures. On demande : 1° à quelle surface de terrain a dû être appliqué leur travail, sachant qu'il faut en moyenne 15 journées d'homme de 8 heures pour faire un hectare ; 2° et ce que dépensera le propriétaire, s'il donne 1 fr. 75 par jour ?

Solution. Puisqu'il faut 15 journées pour faire un hectare à 8 h. par jour, on aura 15 $\times$ 8 = 120 heures pour un hectare.

Autant de fois 120 seront contenus dans le travail produit par 15 ouvriers de 10 heures par jour en 54 jours, autant d'hectares il y aura. On aura donc 10 h. $\times$ 54 = 540 heures $\times$ 15 jours = 8100 heures de travail, à 120 pour un hect. = 67 h. 50 ares. Les ouvriers dépensent au propriétaire par jour 1,75 $\times$ 15 = 26,25, et en 54 jours 54 fois plus ou 26,25 $\times$ 54 = 1417 fr. 50 cent.

3° Combien d'hectolitres de grain récolte-t-on dans une année ordinaire sur 2 hectares de légumes, dont l'un en fèves et l'autre en pois ? Et quel sera le poids, si l'hect. de fève pèse 80 kilog. et les pois 79, et enfin quelle somme retirera-t-on si les fèves se vendent 15 fr. 50 et les pois 24 fr. l'hectolitre ? L'hectare donne en fèves, années ordinaires, 25 hectolitres, en pois 18.

Solution. Un hect. de fèves 25 h. $\times$ 80 = 2000 kil. ; 25 h. à 15,50 égalent 387 fr. 50. Un hectare de pois donne 18 h. $\times$ 79 = 1422 kilog., à 24 fr. l'hect. $\times$ 18 = 432 fr.

QUATRE-VINGT-QUATORZIÈME DEVOIR.

Questions à faire aux élèves sur la dictée précédente.

1. Qu'est-ce que les légumineuses farineuses ? 2. Fait-on du pain avec leur farine, comme avec celle des céréales ? 3. A quoi servent leurs graines ? 4. Où prennent-elles principalement leur nourriture ? 4. Ces plantes reçoivent-elles des binages ? 5. Quelles sont les principales légumineuses cultivées en grand ? 6. Si l'on ne leur donnait ni sarclage ni binage, à quoi les exposerait-on ? 7. Est-il important de les soigner ?

94° DICTÉE.

MANIÈRE DE SEMER LES LÉGUMINEUSES. — LES FÈVES.

Les fèves et les féveroles sont des légumineuses qui se sèment après un ou deux labours profonds et une bonne fumure, depuis le mois de février jusqu'au mois de mars : elles réussissent fort bien sur les terres argileuses, rendues par leur trop grande ténacité impropres à la végétation de la plupart des autres plantes qu'il est possible d'intercaler aux récoltes de blé ou d'autres céréales. Comme elles ne craignent pas d'être enterrées profondément, on peut suivre la charrue et répandre la semence dans la raie; on laisse un sillon vide sur deux et l'on n'emploie que 2 hectolitres de grains par hectare. Lorsque les fèves sont levées, on donne un hersage ; un peu plus tard, on sarcle ; si elles sont en lignes, on bine plusieurs fois avec la houe à cheval, et on butte. Il est utile de couper les extrémités des tiges lorsqu'elles sont en fleurs, surtout si elles se couvrent d'un insecte appelé puceron : l'insecte périt et la fructification est plus complète. Le produit des féveroles peut être de 18 à 20 hectolitres par hectare. On récolte ces légumineuses quelque temps avant qu'elles soient entièrement sèches afin que la paille puisse encore être employée comme fourrage. Les fèves et les féveroles sont une excellente nourriture pour les bœufs, les moutons et les cochons ; les chevaux les mangent au lieu d'avoine ; ou mélangées avec cette céréale ou avec des fourrages hachés, sans nulle autre préparation. On les donne aussi au bétail, détrempées dans l'eau, ou concassées, ou réduites en farine grossière. Dans ce cas, on les délaye dans de l'eau, et on peut faire un breuvage qui devient très propre à engraisser rapidement tous les ruminants, les porcs et les animaux de basse-cour.

Conjuguer le verbe abreuver aux temps du conditionnel et de l'impératif, en mettant après chaque personne un complément qui soit un nom employé en agriculture.

Losange, n. m. Figure à quatre côtés égaux, qui a deux angles obtus et deux aigus.
Loup, n. m. Quadrupède sauvage et carnassier.
Louve, n. f. Femelle du loup.
Lunaison, n. f. Espace de temps d'une nouvelle lune à l'autre.
Lupin, n. m. Plante légumineuse.
Lupuline, n. f. Sorte de luzerne.

CALCUL. — SYSTÈME MÉTRIQUE.

Exposé des mesures de poids, pages 56 et suiv.; voir l'instruction, page 135, faire résoudre les problèmes 79, 80 et 81, et voir les solutions, page 164.

QUATRE-VINGT-QUINZIÈME DEVOIR.

Questions à faire aux élèves sur la dictée précédente.

1. Qu'est-ce que les fèves et les féveroles, et quand se sèment-elles ? 2. Où réussissent-elles bien ? 3. Peut-on les semer dans la raie de la charrue ? 4. Combien emploie-t-on d'hectolitres de semence par hectare ? 5. Quel travail y a-t-il à faire quand elles sont levées et plus tard ? 6. Et lorsqu'elles sont en fleurs, qu'y a-t-il à faire ? 7. Quel est le produit des féveroles ? 8. A quelle époque récolte-t-on ces légumineuses? 9. Pour quels animaux les féveroles sont-elles une excellente nourriture ? 10. Et les chevaux ? 11. Ne les met-on pas en farine ? 12. Dans quoi les délaye-t-on ? 13. Que fait ce breuvage?

95ˢ DICTÉE.

CULTURE DES HARICOTS.

Les haricots se plaisent dans les terres fertiles, légères et un peu fraîches, sans être humides, et dans une exposition chaude. On les plante en lignes par touffes de 5 ou 6 graines, après plusieurs labours donnés avant l'hiver, et l'autre avec le semis pour enfouir le fumier. Comme ils craignent beaucoup le froid on ne les sème qu'après les gelées du printemps. Pendant la végétation les haricots doivent être sarclés, et recevoir plusieurs binages : l'un, après qu'ils sont levés ; un second, lorsqu'ils commencent à fleurir, et enfin un troisième plus tard, si on le juge nécessaire. Le fumier de vache leur convient mieux que tout autre. Après la récolte, le haricot reste dans les cosses jusqu'au moment de s'en servir ; il se conserve mieux ainsi, mais, il faut pour cela qu'il ait été rentré bien sec, dans un lieu exempt d'humidité, et où l'air circule facilement. On écosse les haricots à la main ou au fléau. On cultive un très-grand nombre de variétés de haricots, mais on les distingue généralement en deux sortes : les haricots à rames et les haricots nains. Ces derniers se prêtent mieux que les autres à la grande culture ; on en récolte en plein champ, de 18 à 24 hectolitres par hectare. Les haricots enlèvent à la terre beaucoup de parties nutritives. Pour les faire entrer dans un assolement, comme culture préparatoire à un blé, par exemple, il faut les fumer copieusement. Les haricots sont une excellente nourriture, surtout ceux dits haricots de Soissons, mangés verts ou secs; ils donnent de très-beaux produits, surtout aux environs des grandes villes, où la vente en est facile. Cette légumineuse se vend ordinairement de 25 à 35 fr. l'hectolitre, et peut donner un revenu net de 700 fr. par hectare. Le bétail n'est pas friand de cette graine : ni les chevaux ni les bêtes à cornes ne se soucient d'en manger. Parmi les variétés on distingue, pour être mangés en vert, le gris dit Bagnolet, celui de Laon ; celui dit flageolet, le haricot sans parchemin pour être mangés tendres, frais ou secs, comme ceux de Chartres.

Analyse de la première phrase de la dictée.

Maïs, n. m. Blé originaire de l'Inde et de la Turquie.

Maison, n. f. Bâtiment servant d'habitation.

Mammifères, adj. et subs. au pluriel. Qui a des mamelles; classe d'animaux vivipares.

Mancheron, n. m. Partie de la charrue; bras de la charrue qu'on tient avec les mains lorsqu'on laboure.

Mandataire, n. m. Celui qui est chargé d'une procuration pour agir au nom d'un autre.

Manége, n. m. Art de dompter et dresser les chevaux; l'art de monter à cheval. Lieu où l'on dresse les chevaux.

Quittance pour à-compte.

Je soussigné Auguste Milo, charron, reconnais avoir reçu de M. Alisé la somme de cent vingt francs, à compte et en déduction de mon mémoire, se montant à deux cents francs.

Saint-Michel, le 24 novembre 1876.   *Signé,* MILO.

CALCUL.

1er *Problème.* On plante des haricots de 3 à 5 centimètres de profondeur, et on met 35 centimètres en tous sens entre les trous; puis on place 6 grains de semence dans chacun d'eux. On veut planter un champ de 110 mètres de long sur 85 m. 50 de large. Combien faudra-t-il de litres de semence de haricots nains, s'il en entre 2500 dans un litre, et à combien revient la semence, si on l'a payée 28 fr. 50 l'hectolitre?

Solution. Le champ a en surface $110 \times 85,50 = 94$ ares 05, ou 94050000 cent. : $(0,35 \times 0,35) = 76775$ touffes. Dans chaque trou on met 6 grains, et dans 76775, on mettra $6 \times 76775 = 460650$ grains, puisqu'un litre en contient 2500. Autant ce nombre sera contenu dans celui des grains, autant il faudra de litres. $460650 : 2500 = 184$ lit. 26. En les payant 28 fr. 50 l'hecto litre, le litre coûte 0 fr. 285 et 184 l. 26 coûtent 0,285 × 184,26 = 52 fr. 5141 dix-millièmes.

2e Problème. En supposant que la récolte a donné sur le pied de 22 hectolitres 5 à l'hectare, quelle sera la somme que produira la récolte de ce champ, si on les vend au prix de la semence?

Solution. Si un hectare produit 22 hectol. 5, un are produira cent fois moins on 22 l. 5, et 94,05 produiront 22 l. 5 × 94,05 = 2116 litres. 125 ou 21 hectol. 16125, vendus à 28 fr. 50 = 603 fr. 10 c. par excès.

3e Problème. En supposant que la fumure et la main-d'œuvre eussent coûté 181 fr. 67 c., quel serait le bénéfice net par hectare ?

Solution. Le bénéfice net est de 603 fr. 10 — 181,67 = 421 fr. 43 c. Pour un are, il sera de 421 fr. : 94,05 = 4 fr. 48, par excès, et, pour 1 hec., 100 fois plus, ou 4, 48 × 100 = 448 francs.

QUATRE-VINGT-SEIZIÈME DEVOIR.

Questions à faire aux élèves sur la dictée précédente.

1. Dans quelles terres se plaisent les haricots? 2. Comment les plante-t-on? 3. A quelle époque faut-il les semer? 4. Que réclament-ils pendant la végétation? 5. Quel fumier leur convient? 6. Comment les récolte-t-on et les conserve-t-on? 7. Quelles sont les variétés qu'on cultive? 8. Comment les distingue-t-on? 9. Quelles sortes se prêtent mieux à la grande culture? 10. Combien met-on de litres par hectare et combien en recueille-t-on d'hectolitres? 11. Quand on veut les faire suivre d'un blé, que faut-il? 12. Les haricots sont-ils une bonne nourriture? 13. Combien se vend ordinairement l'hectolitre de haricots? 14. Les bestiaux en sont-ils friands?

96e DICTÉE.

CULTURE DES POIS.

L'origine des pois nous est inconnue. Cette plante appartient aux légumineuses farineuses et ne se montre pas difficile quant au climat; toutes les contrées de la France lui conviennent plus ou moins; mais elle réussit partout, et les terres qu'elle affectionne davantage sont les terres légères, de consistance moyenne. Dans les sols argileux ou trop frais, ils donnent beaucoup de fanes et peu de gousses, tandis qu'ils végètent très-bien dans les terres argilo-sableuses ou calcaires. Les parties les plus maigres dans une exploitation sont celles qu'il faut destiner à cette plante. Les pois succèdent à toutes sortes de récoltes; mais il ne faut pas les ramener à la même place avant sept ou huit ans. On doit fumer modérément, à moins qu'on ne destine le sol à une céréale immédiatement après les pois. Dans certaines localités de l'Est, on les couvre avec un fumier assez long et tout frais; mais les composts très-vieux leur sont préférables, et les terres rapportées et les marnes valent encore mieux. On cultive dans les champs trois espèces de pois : les blancs, les verts et particulièrement les gris. Il faut semer de bonne heure, au printemps. On sème à la volée ou en lignes, à raison de deux ou trois hectolitres par hectare; il faut choisir la semence dans la dernière récolte parce que, contrairement aux haricots, elle ne conserve pas longtemps la faculté de germer. On sème ordinairement sur un labour sans engrais, à moins que le terrain n'ait besoin de fumier pour la récolte suivante. Le produit est d'environ de 15 à 18 hectolitres de grain par hectare, et de 3000 à 4000 kilogrammes de paille. Les pois sont très-recherchés à l'état vert, et il s'en consomme des quantités prodigieuses. A l'état sec, ils sont également recherchés et servent surtout à la préparation des purées; les cosses vertes sont mangées avec avidité par les vaches et les moutons. On donne le grain aux bestiaux, soit entier, soit moulu grossièrement. La paille est un bon fourrage ; et en vert elle forme un excellent engrais.

Analyse de la première phrase de la dictée.

Marais, n. m. Terrain dont la surface est habituellement couverte d'eau stagnante.

Marcotte, n. f. Branche de vigne, de figuier, etc., ou rejet d'œillet qu'on met en terre pour leur faire prendre racine.

Marcotter, v. a. Coucher en terre des branches ou des rejeton pour leur faire prendre racine.

Mare, n. f. Amas d'eau dormante et bourbeuse.

Marnage, n. m. Action de marner.

Marne, n. f. Terre calcaire mêlée d'argile dont on se sert pour amender les terres.

CALCUL.

1er *Problème*. Quel est le poids total de 13 litres de pois, si l'hectolitre pèse 79 kilogrammes, et que devra-t-on payer si on les achète à 5 fr. 80 c. le double décalitre?

Solution. Si 100 litres ou un hectolitre pèsent 79 kilogr., un litre pèsera 100 fois moins ou 0 k. 79, et 13 pèseront 13 fois plus ou $0{,}79 \times 13$, ou $\dfrac{79 \times 13}{100} = 10$ k. 27. De plus, le double décalitre à 5 fr. 80 met l'hectolitre à 5 fois plus ou $5{,}80 \times 5 = 29{,}00$, et le litre 100 fois moins ou 0,29, et 13 litres $0{,}29 \times 13 = 3$ fr. 77.

2e *Problème*. On sème un champ de pois d'une longueur de 325 mètres sur 148 mèt, 65 de largeur : à combien reviendront les frais d'ensemencement, si l'on met 2 hectol. 50 par hectare, à 29 francs l'hectolitre, et si le labour coûte 24 fr. 50 l'hectare?

Solution. La surface du champ est de $325 \times 148{,}65 = 48{,}311$ mèt. car. ou 4 hect. 83 ares 11 cent $\times 2{,}50 = 12$ hect. 0,777 à 29 fr. $= 350{,}23$ c. Enfin la main-d'œuvre $24{,}50 \times 4$ hect. $8{,}311 = 117{,}56$. Total $350{,}23 \times 117{,}56 = 467{,}79$ pour le labour et la semence.

3e *Problème*. 126 ares ensemencés en pois ont donné un produit de 549 fr. 25 c. Les frais s'élèvent à 387 francs par hectare; d'autre part, l'hectare de terre vaut 2150 francs. Calculez le taux de l'intérêt auquel le propriétaire a placé son argent.

Solution. Le champ coûte 2150 fr. $\times 1$ h. 26 $= 2709$. Les frais s'élèvent à 389×1 h. 26 $= 490$ fr. 14. Comme il rapporte 549,25 on a 549,25 — 490 fr. 14 $= 59$ fr. 11 c. 2709 rapportent 59 fr. 11, 100 fr. rapportent $\dfrac{59{,}11 \times 100}{2709} = 2$ fr. 18 c. par 100.

QUATRE-VINGT-DIX-SEPTIÈME DEVOIR.

Questions à faire aux élèves sur la dictée précédente.

1. Depuis quand connaît-on les pois? 2. A quelle classe appartient cette plante? 3. Est-ce une plante difficile pour le climat? 4. Quelles sont les terres qu'elle affectionne davantage? 5. Dans quelle partie d'une exploitation doit-on les placer? 6. Peuvent-ils succéder à d'autres récoltes? 7. Comment doit-on fumer le sol

qu'on leur destine ? 8. Combien cultive-t-on d'espèces de pois ?
9. A quelle époque faut-il semer ? 10. Comment faut-il choisir
sa semence ? 11. Pourquoi ? 12. Après quelle préparation faut-il
les mettre ? 13. Combien met-on de semence par hectare ?
14. Quel est le rendement ? 15. Est-ce une bonne nourriture que
les pois en purée? 16. Et la paille et les cosses ? 17. Et la graine ?

97ᵉ DICTÉE.

CULTURE DES LENTILLES.

Les lentilles sont un légume farineux qu'on cultive pour la
production des graines. On en cultive en grand de deux espèces :
la grande et la petite. Toutes les espèces se plaisent dans les
terres légères. Cette plante, dit M. de Dombasle, aime un sol de
consistance moyenne et réussit également dans les sols argileux
calcaires lorsqu'ils sont bien ameublis au printemps par un labour
en automne ou en hiver ; elle ne craint pas beaucoup le froid,
mais elle redoute l'humidité qui se prolonge ; elle réussit mieux
dans les contrées chaudes ou douces que dans les pays du nord
ou dans les climats brumeux. Dans le midi et dans le centre on
cultive la lentille du Puy ; en Lorraine on en cultive beaucoup.
Celle dite à coudes de Gallardon est la plus belle ; on en sème de
130 à 150 litres par hectare. On sème cette légumineuse en mars
ou au commencement d'avril, et celle qui n'a qu'une fleur se
sème en automne, sur un ou deux labours, tantôt par touffes ou
à la volée, et encore mieux en lignes. Dans ce dernier cas, on
suit la charrue et on sème au fond du sillon en laissant successivement un sillon sans grain. On emploie par hectare de 130 à
150 litres de semence quand on sème à la volée, mais beaucoup
moins quand on sème en lignes, et l'on enterre la semence de
deux à trois centimètres. Dès que la plante sort de terre on
donne un sarclage, et quand elle a de huit à dix centimètres de
hauteur, un premier binage ; on donne le second quand la floraison commence, et autant que possible par un temps couvert.
Les graines de lentilles, qui se récoltent à la fin d'août, sont
extraites de leurs gousses par le battage au fléau et sont fort
recherchées pour la consommation de l'homme ; elles lui fournissent une excellente nourriture, et c'est une de celles qui
contiennent le plus de parties nutritives. On la conserve plusieurs années en prenant la précaution de la faire chauffer au four
ou à l'étuve pour la dessécher et détruire les bruches. Les graines
de lentilles, débarrassées de leur enveloppe, donnent une bonne
purée, de digestion facile. Réduites en farine, on en forme des
aliments excellents. Pour les apprêter, il faut les laver, les éplu-
cher et les faire cuire dans l'eau, puis on les fricasse comme les

haricots blancs. Pour reconnaître les bonnes lentilles d'hiver, il faut les éprouver dans l'eau froide; celles qui surnagent sont mauvaises; elles sont attaqués par un insecte appelé mylabris. La Lorraine en produit des quantités considérables. Les tiges et les feuilles sèches des lentilles entrent dans l'alimentation des bestiaux; vertes, lorsque les gousses sont déjà formées, elles forment un délicieux fourrage qui est un des plus nourrissants qu'on connaisse.

Conjuguer le verbe abreuver *aux temps du subjonctif, en mettant après chaque personne un complément qui soit un nom employé en agriculture.*

Marner, v. a. Répandre de la marne sur les terres; un champ marné.

Marre, n. f. Sorte de grosse pioche.

Marrer, v. a. Travailler la terre avec la marre.

Marron, n. m. Espèce de grosse châtaigne bonne à manger.

Marronnier, n. m. Arbre qui produit des marrons.

Marronnier d'Inde, n. m. Grand et bel arbre naturalisé en France, et dont le fruit, semblable à la châtaigne, est néanmoins très-amer. C'est une bonne nourriture pour les vaches; elle leur fait donner plus de lait.

CALCUL. — SYSTÈME MÉTRIQUE.

Exposé des mesures de monnaies, p. 68 et suiv.; voir l'instruction, p. 141. Faire les exercices et les problèmes 1, 2, 3, 4, 5, p. 73 et 74, et voir les opérations et les réponses, p. 143 et 144.

QUATRE-VINGT-DIX-HUITIÈME DEVOIR.

Questions à faire aux élèves sur la dictée précédente.

1. Qu'est-ce que les lentilles? 2. De combien d'espèces en cultive-t-on? 3. Quelles sont les terres qui leur conviennent? 4. Que dit M. de Dombasle à ce sujet? 5. Que redoute la lentille? 6. Dans quelles contrées réussit-elle le mieux? 7. A quelle époque sème-t-on cette légumineuse? 8. Comment la sème-t-on? 9. Combien emploie-t-on de litres par hectare? 10. A quelle profondeur

la sème-t-on? 11. Quels soins réclament les lentilles après être
levées? 12. Quand récolte-t-on les lentilles? 13. Comment les
extrait-on de leurs gousses? 14. Les graines sont-elles utiles
pour la nourriture de l'homme? 15. Comment les conserve-t-on
pendant plusieurs années? 16. Que fait-on de la farine? Et de la
paille et des feuilles sèches?

98ᵉ DICTÉE.

**DES PLANTES SARCLÉES; AVANTAGES PRÉCIEUX DE CETTE CUL-
TURE. — CE QU'ON ENTEND PAR PLANTES AMÉLIORANTES ET
PAR PLANTES ÉPUISANTES.**

On entend par plantes sarclées les plantes racines qui demandent ordinairement un terrain bien ameubli et une forte fumure.
Ces plantes, dont le produit principal consiste dans la racine,
sont employées pour l'alimentation de l'homme et des animaux.
Telles sont les pommes de terre, le topinambour, la betterave,
la carotte, les navets et le rutabaga. Ces plantes fournissent une
masse de nourriture qui permet au cultivateur d'élever des bestiaux, et, par là, de faire le fumier nécessaire pour améliorer ses
autres cultures. De plus, elles s'intercalent très-bien dans les
céréales et font disparaître les jachères dans un bon assolement,
en préparant et en ameublissant le sol par les binages et les buttages qu'elles exigent; puis elles viennent compléter les récoltes
des céréales pour l'alimentation de l'homme. Il ne faut donc pas
négliger la culture de ces plantes. Par plantes améliorantes on
entend celles qui enrichissent le sol au point de vue de l'engrais,
c'est-à-dire celles dont la masse ou les principaux débris retour-
nent au sol après avoir puisé une grande partie de leur nourriture dans l'air. Telles on peut considérer les prairies naturelles et
artificielles, défrichées ou rompues, et les récoltes enfouies en
vert, comme le sarrasin, le lupin, les pois, les vesces, la navette,
la moutarde, etc. On appelle plantes épuisantes celles qui ont
besoin d'une nourriture abondante puisée dans le sol. Telles sont
la pomme de terre, les plantes récoltées en graines, comme les
choux, les betteraves, le froment, l'orge, le maïs, l'avoine, le
seigle, le colza, les haricots, les lentilles, le chanvre, le lin, etc.
Ce sont des plantes qu'il ne faut ramener au même endroit
qu'à des intervalles fort éloignés, si l'on ne veut pas appauvrir le
sol et le rendre impropre à la culture à moins d'une forte fumure.

Analyse de la première phrase de la dictée.

Mâtin, n. m. Grand chien de garde très-vigoureux.

Matinal, *ale*, *als*, adj. Qui s'est levé matin, sans en avoir l'habitude.

Matinée, n. f. Tout le temps depuis le point du jour jusqu'à midi.

Matineux, adj. Qui a l'habitude de se lever matin.

Matinier, *ère* adj. Qui appartient au matin. L'étoile matinière.

Maturité, n. f. Etat des fruits qui sont arrivés à leur entier développement.

CALCUL.

1º *Problème.* Dans l'ensemencement à la volée de la graine de lentilles, on perd $\frac{2}{7}$ de la semence, que gagnera-t-on en semant en lignes d'un champ de 145 mèt. 60 de long sur 86 mètres de largeur, si on met 150 litres à l'hectare, au prix de 28 fr. 60 l'hectolitre?

Solution. La surface du champ est de 145,6 $\times$ 86 = 1 hect. 2521. En mettant 150 litres par hectare pour ce champ on mettra 150 $\times$ 1,2521 = 187 lit. 815 ou 1 hectol. 87,815 à 28,60 = 53 fr. 715. En lignes on économise $\frac{2}{7}$ de 187 lit. 815 = 53 lit. 43, ce qui fait en argent une économie de 0,5343 $\times$ 28 fr. 6 = 15 fr. 28 c.

Réponse. En lignes il faudra 1 h. 52 litres de semence pour...43 fr. 458

2º *Problème.* Il faudrait 152 journées d'ouvriers à 0,85 cent. par jour, pour sarcler un champ de pommes de terre : Quelle économie ferait-on en employant la houe à cheval, si elle diminuait la dépense de $\frac{2}{5}$, et à combien reviendrait l'hectolitre de pommes de terre, si l'on eût payé par le premier mode 2 fr. 20 centimes?

Solution. 0,85 $\times$ 152 = 129 fr. 28 $\times \frac{3}{5}$ = 77 fr. 52.

2º 2,20 $\times \frac{2}{5}$ = 0 fr. 88. 2,20 — 0,88   1 fr. 32 l'hectolitre.

3º *Problème.* Une vache nourrie à l'écurie avec peu de foin et des racines, a coûté 250 fr., elle a été ainsi nourrie pendant 185

jours ; elle produit du lait pour 75 centimes par jour, pendant 7
mois ; le fumier peut être évalué à 18 centimes par jour et la
nourriture 0,82 centimes. Quel est le bénéfice qu'on aura fait sur
cette vache si on la revend 320 fr. ?

Solution. La vache a coûté 250 fr. $+$ (0,82 $\times$ 185 $=$ 151,70),
250 fr. $+$ 151,70 $=$ 401, 70. Elle a produit 0,75 $\times$ 30 $\times$ 7 $=$
157 fr. 50 $+$ 320 fr. de vente $+$ 0,18 $\times$ 185 $=$ 33 fr. 30 de
fumier. Le tout réuni donne 510 fr. Le bénéfice égale 510 fr. 80
$-$ 401,70 $=$ 109 fr. 10 de bénéfice.

QUATRE-VINGT-DIX-NEUVIÈME DEVOIR.

Questions à faire aux élèves sur la dictée précédente.

1. Qu'entend-on par plantes sarclées ? 2. Que demandent ces
plantes ? 4. En quoi consiste leur produit ? 4. A quoi est employé leur produit ? 5. Quelle facilité donnent-elles au cultivateur ?
6. Peut-on les intercaler dans les céréales ? 7. Que font-elles
disparaître ? 8. Qu'entend-on par plantes améliorantes ? 9. Nommez-les ? 10. Qu'est-ce que les plantes épuisantes ? 11. Nommez-
les ? 12 Faut-il les ramener souvent.

99e DICTÉE.

CULTURE DE LA POMME DE TERRE ; SES USAGES.

La pomme de terre a été importée du haut Pérou en Europe
par des navigateurs espagnols, et de l'Amérique du Nord, par
les Anglais qui l'introduisirent en France dans le 17me siècle.
C'est une plante tuberculeuse qui vient dans tous les sols
et dans tous les pays, pourvu que les terres, ne soient ni
trop humides ni trop compactes. Cette plante exige un sol
fumé d'avance, bien préparé par plusieurs labours profonds,
et beaucoup de fumier pailleux pour les sols humides et
du bon fumier gras dans les terres sèches. On enfouit ordinairement le fumier en même temps qu'on opère la plantation.
On conseille de le placer par dessous le turbercule, lorsque la
terre est humide et par dessus quand la terre est sèche. On peut se
dispenser de fumer quand le terrain a reçu une forte fumure pour
la récolte précédente. Cette plante réussit parfaitement sur un d

richement et dans les terrains sablonneux-schisteux, granitiques, calcaires, en un mot dans tous les terrains légers et bien ameublis. La pomme de terre est presque aussi utile que le froment : c'est un pain que l'homme trouve tout préparé, et c'est la plus fréquente nourriture des bestiaux. Dans l'industrie, on en fait de la fécule, de la glucose, de l'eau-de-vie, et dans l'alimentation, on l'assaisonne à toutes les sauces ; elle se mélange aussi avec la farine de froment, dans une petite proportion pour la panification. Employée pour le bétail, sa valeur comparée à celle du foin, varie de $\frac{100}{173}$ à $\frac{100}{187}$, selon qu'elle est cuite ou crue. Les pommes de terre peuvent être données en plus grande quantité lorsqu'elles sont cuites, on les mélange à des fourrages secs ou à de la menue paille. Elles conviennent aux vaches, aux moutons ainsi qu'aux chevaux, même à ceux que l'on emploie au travail ; elles servent aussi à engraisser la volaille, les porcs, les bêtes à cornes ; crues en petite quantité, elles augmentent le lait des vaches. Cette plante tuberculeuse, qui convient aux hommes, aux animaux, est donc appelée avec raison le *pain des pauvres*.

Conjuguer le verbe répandre *aux temps de l'indicatif, en mettant après chaque personne un complément qui soit un nom employé en agriculture.*

Médoc, n. m. Vin renommé du pays de ce nom, dans le Bordelais.

Mélange, n. m. Confusion de choses mêlées ensemble. Mélange de vins.

Mélèze, n. m. Arbre résineux et haut comme le sapin.

Mémoire, n. m. Etat de ce qui est dû à quelqu'un. Présenter un mémoire.

Ménage, n. m. Gouvernement domestique, tout ce qui concerne l'entretien d'une ferme.

Ménil, n. m. Habitation de village.

CALCUL. — SYSTÈME MÉTRIQUE.

Exposé des mesures de monnaies, pages 68 et suiv. ; voir l'instruction, page 141. Faire résoudre les problèmes 6, 7, 8, 9, 10, page 74 et p. 75. Voir les solutions, p. 141 et 142.

CENTIÈME DEVOIR.

Questions à faire aux élèves sur la dictée précédente.

1. Qu'est-ce qui a importé la pomme de terre en Europe et en France ? 2. Qu'est-ce que la pomme de terre ? 3. Quel sol cette plante exige-t-elle ? 4. Quand enfouit-on le fumier ? 5. Quand la terre est humide, que conseille-t-on ?. 6 Est-il nécessaire de fumer quand on l'a fait pour la récolte précédente ? 7. Où cette plante réussit-elle ? 8. Faites-nous connaître l'utilité de la pomme de terre ? 9. Qu'est-elle pour l'homme ? 10. Et pour les bestiaux ? 11. A quel usage l'industrie l'emploie-t-elle ? Quelle est sa valeur comparée à celle du foin ? 13. Comment peut-on les faire manger aux animaux ? 14. Dites ce qu'elle produit cuite ou crue ? 15. Dites à quelles espèces de bêtes elle convient 16. Comment appelle-t-on cette plante tuberculeuse ?

100 DICTÉE.

DICTÉE RÉCAPITULATIVE D'ORTHOGRAPHE ET D'AGRICULTURE POUR LA FIN DU MOIS.

Voilà cent dictées de faites en y comprenant celle-ci ; mais avez-vous retenu tout ce qu'on a expliqué et développé ? Combien de ceux qui les ont écrites et suivies ne pourraient pas seulement se rappeler de quelle partie des végétaux on leur a parlé. Combien s'en trouverait-il qui pourraient les énumérer et les nommer successivement, à mesure qu'ils ont fait l'objet des leçons qu'on leur a données ? Pourraient-ils dire qu'on les a entretenus des céréales, des plantes fourragères recueillies sur les prairies artificielles, de la récolte de leurs produits, des plantes légumineuses, et que déjà deux leçons ont été données sur les plantes sarclées ? Cependant, on ne s'est pas contenté de faire seulement la nomenclature de ces diverses plantes, on a aussi fait connaître les cultures qui leur conviennent, les usages auxquels elles sont destinées, leurs variétés, les sols qu'elles affectionnent, la manière de les semer, de les soigner, de les récolter et la quantité des produits que chacune d'elles rend en moyenne par hectare..... Un grand nombre de jeunes gens qui ont assisté à ces exercices, se repentiront plus tard, d'en avoir fait si peu de cas, et d'en avoir si peu profité, et ils regretteront le temps qu'ils auront sacrifié à la dissipation, aux plaisirs, et peut-être au désordre, plutôt que de l'avoir employé à acquérir des connaissances si utiles, si nécessaires même dans toutes les positions de la vie sociale.

Analyse de la première phrase de la dictée.

Mercenaire, adj. Qui se fait pour le gain. Travail mercenaire.
Mercuriale, n. f. Etat du prix des grains, fourrages, etc., vendus au marché.
Méridienne, n. f. Sommeil que les habitants des pays méridionaux ont l'habitude de faire après le repas de midi.
Mésange, n. f. Petit oiseau de plumage gris, rayé de noir, de bleu et de jaune, utile aux plantes.
Métairie, n. f. Petite ferme de médiocre étendue. Bâtiments pour l'exploitation.
Mesurer, v. a. Chercher à connaître ou à déterminer une quantité par le moyen d'une mesure. — Mesurer un champ, du grain, etc.

Reconnaissance portant promesse de passer constitution de rente.

Je reconnais que M. Jean-Baptiste Renaud m'a prêté la somme de trois mille francs en numéraire et en billets de banque pour être employés à mes affaires, de laquelle somme je lui promets passer contrat de constitution de rente à sa volonté, me soumettant cependant à lui en payer dès ce jour l'intérêt au taux de cinq pour cent.

A Chaumont, le 23 avril 1876.

ROBAS, cultivateur, à Vrécourt (Vosges.)

CALCUL.

1o *Problème* Deux journaliers sont employés dans une ferme ou une exploitation, et gagnent chacun 2 fr. 75 par jour, excepté les dimanches et les 4 fêtes principales. L'un n'a pas d'enfant et dépense pour sa nourriture et son entretien 2 fr. par jour; mais à cela, il faut ajouter le petit verre de 0,05 qu'il prend tous les jours avant d'aller au travail, et du tabac à fumer pour 10 cent., puis 1 fr. qu'il dépense le dimanche au cabaret. L'autre ne dépense pas plus que son compagnon, 2 fr. par jour, mais il a un enfant. Seulement le dimande il achète une bouteille de vin de 30 cent. qui est consommée en famille. Combien auront-ils fait d'économie depuis 25 ans jusqu'à 60 ans?

Solution. Le premier reçoit 2.75 $\times$ 309 = 849 fr. 75 par an.

    Petit verre 0,05 + tabac 0,10 = 0,15 $\times$ 365 =   54. 75

    Plus la dépense au cabaret 1 $\times$ 56 =   56. 00

    Plus la nourriture et l'entretien 365 $\times$ 2 =   730. 00

                               840. 75

                     Il lui reste 9 fr. par an.

Il reste au premier 9 fr. d'économie par an $\times$ 60 — 25 = 315 francs qu'il aura à 60 ans pour sa retraite, s'il n'a rien mis de côté avant 25 ans.

Le deuxième reçoit comme le premier 849 fr. 75 c.

Il dépense pour la nourriture et l'entretien 2 $\times$ 365 = 730. 00

Vin qu'il consomme en famille   16. 80

                               746. 80

               Il lui reste 102 fr. 95 par an.

Il reste à ce dernier 849 fr. 75 — 746.80 = 102 fr. 95 $\times$ 60 — 25 = 3603 fr. 25, qu'il aura économisés dans 35 ans, et il ne s'en porte pas plus mal.

2ᵉ *Problème.* Il faut faire entrer dans la nourriture des animaux au moins le tiers de grains ou de racines. Cela étant, on donne à un cheval 10 kilogrammes 6 de foin par jour, au lieu de 15 kil. 9, et à une vache 8, au lieu de 12. On demande ce qu'il faudrait de foin par an à un cultivateur qui a 4 chevaux et 2 vaches?

Solution. Il faut par jour 10,6 $\times$ 4 + 8 $\times$ 2 = 58 k. 4, et en 365 jours autant de fois plus ou 58.4 $\times$ 365 = 21316 kilog. de foin et 10658 kilog. de racines.

3ᵉ *Problème.* Quelle est la valeur du foin et des racines dont il vient d'être parlé, si les 3/5 du foin consommé valent 6 fr. 25 les 100 kilog., et les deux autres 5ᵐᵉˢ valent 5 fr. 25 centimes; les racines 2 fr. 10 les 100 kilogrammes.

Solution. Pour la première qualité, le poids sera 21316 $\times$ 3/5 = 12789 $\times$ 6.25 = 799 fr. 31 + les 2/5 = 21316 $\times$ 2/5 8526 kilog. $\times$ 5,25 = 447,615 m. Le tout coûte, pour le foin 1246 fr. 92 c.; pour les racines, 2,10 $\times$ 10658 = 223 fr. 81 c. Dépense totale 1246 fr. 92 c. + 223.81 = 1470 fr. 73 c.

CENT UNIÈME DEVOIR.

Questions à faire aux élèves sur la dictée précédente.

1. Combien avons-nous fait de dictées? 2. Tous ceux qui les

ont faites se rappellent-ils de quels végétaux on a parlé? 3. De quoi les a-t-on entretenus? 4. S'est-on contenté de faire la nomenclature des plantes? 5. Qu'a-t-on dit sur chacune d'elles? 6. De quoi se repentiront les jeunes gens qui ont assisté à ces exercices s'ils n'en ont pas profité? 7. Ces leçons sont-elles utiles?

101ᵉ DICTÉE.

TERRES QUE LA POMME DE TERRE AFFECTIONNE. — ÉPOQUE DE LA PLANTATION.

La pomme de terre affectionne singulièrement un sol calcaire, sablonneux, schisteux, et même la réunion de deux ou de tous les trois de ces éléments ; elle exige un terrain bien préparé et bien fumé; mais les terres compactes, argileuses et les marais, en un mot, tous les sols humides lui conviennent peu. Elle est de bien meilleure qualité dans les premiers qu'on vient d'énumérer que dans les seconds. Dans ces dernières terres on met de préférence les variétés hâtives. On en compte un grand nombre, et on peut facilement en obtenir de nouvelles par le semis des graines qu'on retire du fruit ou baie parvenu à maturité, et en replantant les petits tubercules qui en proviennent la première année. Parmi les variétés cultivées, on distingue principalement : la truffe d'août, très-précoce et bonne à manger; la schave jaune et ronde, plus productive et plus hâtive encore que la précédente ; la grosse grise et la grosse blanche tachetée de rose, cultivées pour les bestiaux ; la hollande jaune ou rouge en forme de cornichon, la vitelotte ou petite corne rouge, très-estimée pour la table; la pomme de Rohan, encore très-peu répandue, produisant beaucoup, mais donnant peu de fécule. Les meilleures variétés de pommes de terre sont celles qui, étant bien lavées, coupées par morceaux et desséchées à une température de 25° à 30°, conservent le plus de poids; la substance sèche qui reste est seule alimentaire, et la diminution de poids représente la quantité d'eau qui s'est évaporée. Dans beaucoup de localités, c'est vers le mois d'avril qu'on plante la pomme de terre ; dans d'autres contrées, c'est dès les mois de février, mars et avril ; dans le Nord et dans l'Ouest on plante au mois de mai, jusqu'à la mi-juin. Pour cela, on place les tubercules dans des trous pratiqués en lignes sur une terre bien labourée, ou bien, on les dispose à 30 centimètres au moins de distance, au fond de la raie qui est ouverte par la charrue, en laissant une ou deux raies vides entre chaque ligne. Il faut planter plus clair dans les sols riches que dans les sols maigres, et dans les terrains légers plus profondément que dans les terrains argileux et humides.

Analyse de la première phrase de la dictée.

Métayer — ère, n. Celui, celle qui fait valoir une métairie.

Méteil, n. m. Froment et seigle semés ensemble.

Météore, n. m. Phénomène atmosphérique, tel que la formation du vent, de la pluie.

Métis — isse, adj. et n. Né de deux espèces, comme le mulet.

Métrage, n. m. Action de mesurer par mètres.

Mètre, n. m. Mesure de longueur, base du système légal des mesures en France.

CALCUL.

1er *Problème.* Combien faut-il de voitures, chargées chacune de 975 kilogrammes, pour enlever un tas de pommes de terre long de 3 mèt. 10, large de 2 mèt. 30 et haut de 80 centimètres. Le poids d'un mètre cube est 634 kilogrammes ?

Solution. Le volume du tas est de $3,10 \times 2,30 \times 0,80 =$ 5 m. 704 cub. $\times$ 634 k. $= 3616$ kilogr. 333. Autant de fois 975 seront contenus, autant de voitures. $3616,336 : 975 = 3$ voitures, et il reste 691 kilogr. pour une voiture incomplète.

2e *Problème.* 100 kilogrammes de pommes de terre donnent environ 24 litres d'eau-de-vie ; on demande combien donneront 2 hectares qui ont produit 360 hectolitres à l'hectare, sachant que l'hectolitre pèse 65 kilogrammes ?

Solution. Si l'hectolitre pèse 65 kilogr., $360 \times 2 = 720$ hectol. pèseront $720 \times 65 = 46.800$ kil. Autant de fois 100 kilogr. seront contenus dans 46800 kilogr., autant on fera de fois 24 litres,

ou $\dfrac{24 \text{ lit.} \times 46800}{100} = 11232$ litres d'eau-de-vie obtenus dans 2 hectares de pommes de terre.

3e *Problème.* 100 kilogrammes de pommes de terre donnent environ 16 kilogrammes de fécule, c'est-à-dire à peu près le sixième, valant 42 fr. 50 les 100 kilogr. Sachant qu'un are de pommes de terre produit 2 hect. 50 de tubercules, pesant 65 kil. l'hectolitre, on demande la valeur de la récolte d'un champ d'un hectare 85 ares 25 centiares réduite en fécule ?

Solution. Le produit du champ est de $2,50 \times 85,25 = 213$ hect. 125 lesquels produisent en fécule $\dfrac{213,125 \times 65 \times 16}{100} =$

2,216 kilogr. 50 à 42 fr. 50 les 100 kilogr. $= 942$ fr. 0125.

CENT DEUXIÈME DEVOIR.

Questions à faire aux élèves sur la dictée précédente.

1. Quels sols la pomme de terre affectionne-t-elle? 2. Qu'exige-.-elle? 3. Quelles sont les terres qui lui conviennent le moins? 4. Dans quelles terres est-elle de meilleure qualité? 5. Quelles sont les variétés qu'on met dans les terres compactes? 6. Ne peut-on pas obtenir des pommes de terre par le semis des graines? 7. Quelles sont celles qu'on distingue parmi les variétés cultivées? 8. Quelles sont les meilleures variétés? A quelle époque se fait la plantation? 9. Dans le Nord et dans l'Ouest, plante-t-on aussi-tôt? 10. Combien y a-t-il de manières de planter? 11. A quelle distance les place-t-on? 12. Dans les sols riches, plante-t-on aussi épais?

102e DICTÉE.

BINAGE ET BUTTAGE; MALADIE DE LA POMME DE TERRE.

Les soins à donner aux pommes de terre après qu'elles sont levées ou un peu auparavant sont un ou deux hersages en tous sens, puis des sarclages, des binages à la houe à cheval ou à la houe à main, et enfin des buttages. Cependant M. de Dombasle pense que les buttages ne sont pas nécessaires. On doit s'abstenir de couper les fanes des pommes de terre pendant leur croissance si l'on ne veut pas nuire aux développements des tubercules. Quand les fanes sont sèches, on arrache les tubercules, par un beau temps, si cela est possible. On fait cette opération au moyen de la bêche, de la fourche ou du trident, selon la nature du sol. L'arrachage à l'aide de la charrue à double versoir est très-expéditif. Pour l'effectuer, ou coupe d'abord les fanes, puis on fait piquer la charrue dans le milieu de chaque rangée, en ayant soin d'en laisser alternativement une sans y toucher; on ramasse les tubercules mis à découvert, ensuite la charrue revient derrière les ouvriers, et arrache les rangées qui étaient restées intactes. Une charrue à deux chevaux et accompagnée de deux personnes fait ainsi autant de besogne que vingt arracheurs. Le rendement par hectare est de 105 hectolitres, pesant chacun 65 kilo-grammes. Dans ces derniers temps, la pomme de terre a été atta-quée d'une maladie qui, dans beaucoup de contrées, a détruit une grande partie des récoltes. Les tubercules se noircissent à l'intérieur, et pourrissent dans le sol ou lorsqu'ils sont rentrés. Pour éviter ce fléau qui, depuis 1843, a causé tant de ravages dans les pommes de terre, on croit que des semis faits avec la graine sont un moyen excellent. Plusieurs expériences ont été faites et ont bien réussi à donner la première année des tubercules plus gros que des noix, et qui ont eu toute leur grosseur la deuxième année. Il faut ainsi renouveler les espèces ou les races avec des pommes de terre provenant des semis, puis planter en février au lieu d'attendre au mois d'avril. On doit choisir des sols légers, sablo-calcaires et meubles; ne pas planter dans les terrains humides; espacer les touffes de 50 centimètres au moins; employer des tubercules entiers; les chauler avec mélange de trois parties et une de sel dissoute dans l'eau ou dans l'urine fraîche et se servir pour engrais de la poudrette, de cendres, du guano.

Conjuguer le verbe répandre *aux temps du conditionnel et de l'impératif, en mettant après chaque personne un complément qui soit un nom employé en agriculture.*

Métrer, v. a. Mesurer une longueur, une surface ou un solide quelconque par mètres.

Métrique, adj. Se dit des mesures qui constituent le nouveau système, dont le mètre est la base.

Métrologie, n. f. Traité des mesures.

Meule, n. f. En agriculture, tas de foin, de blé, etc., disposé en forme conique.

Mie, n. f. Partie du pain qui est entre la croûte.

Mille, n. de nomb. ou n. m. Mesure itinéraire dont l'étendue varie selon les pays.

CALCUL. — SYSTÈME MÉTRIQUE.

Exposé des mesures de monnaies, p. 68 et suiv.; voir l'instruction, p. 141. Faire résoudre les problèmes 82, 83 et 84, p. 95, et voir les solutions, p. 164 et 165.

CENT TROISIÈME DEVOIR.

Questions à faire aux élèves sur la dictée précédente.

1. Quels sont les soins à donner aux pommes de terre? 2. Que pense M. de Dombasle au sujet du buttage? 3. Doit-on couper

les fanes pendant la croissance? 4. Quand arrache-t-on les pommes de terre? 5. Avec quoi fait-on cette opération? Faites connaître l'avantage de les arracher avec la charrue à double versoir? 6. Indiquez comment se fait cette opération ou ce travail. 7. Combien une charrue à deux chevaux et aidée de deux personnes fait-elle d'ouvrage? 8. Quel est le rendement par hectare et combien pèse l'hectolitre? 9. De quoi a été attaquée la pomme de terre? 10. Comment cette maladie se manifeste-t-elle? 11. Que conseille-t-on pour éviter ce fléau? 12. N'a-t-on pas fait plusieurs expériences? 13. Qu'est-il résulté de ces expériences?

103e DICTÉE.

NOTICE SUR PARMENTIER.

Parmentier (Auguste, baron), est né à Montdidier (Somme), en 1737, de parents pauvres, incapables de lui donner une instruction et une éducation solides. Ayant perdu son père fort jeune, sa mère l'éleva dans des sentiments pieux qui le firent remarquer par un excellent ecclésiastique. Celui-ci se chargea gratuitement de son éducation. A dix-huit ans, après avoir passé un an chez un pharmacien de sa ville natale, pour n'être pas à la charge de sa mère, il vint à Paris, se mit chez un de ses parents, et là, il put continuer ses études pharmaceutiques. Dix ans plus tard, il fut nommé pharmacien de l'armée du Hanovre, puis intendant des hôpitaux, et, en 1766, il était adjoint pharmacien aux Invalides, puis pharmacien en chef. Pendant toute sa vie, il s'appliqua à l'étude des substances alimentaires, rendit de grands services à la boulangerie en faisant adopter la mouture économique, qui donne un seizième de farine en plus. Il chercha et trouva le moyen d'utiliser le maïs et la châtaigne, et sut extraire du sucre du moût de raisin. Son nom est mêlé à celui de toutes les illustrations de la science et à tout ce qui se fit d'utile à la vie. Tous les gouvernements utilisèrent et mirent à profit ses vastes connaissances et son infatigable dévouement. Mais ce qui a surtout immortalisé Parmentier, ce sont tous les efforts qu'il a faits, les obstacles qu'il a surmontés, les préjugés qu'il a dissipés pour la propagation et la culture de la pomme de terre en France.

Bien que ce tubercule eût déjà été admis, cultivé dans le royaume, et que, en 1616, on en eût servi sur la table du roi, les préventions étaient loin d'être levées. Après avoir démontré que l'homme pouvait trouver un aliment délicat dans cette racine, après avoir établi que la pomme de terre n'appauvrissait pas la terre et qu'elle venait même dans les plus ingrates, il justifia ses assertions par l'expérience, et fit voir que ce qu'il avançait était la vérité. Il planta, près de Paris, 54 arpents de terrain que le gouvernement lui avait cédé pour faire son essai. Il fut traité de fou par le vulgaire; mais en dépit de ses critiques, les tiges des tubercules sortent de terre et s'élèvent, des fleurs se montrent ensuite. Parmentier, toujours confiant dans son essai, va, en fait un bouquet, le porte au roi Louis **XVI** qui l'accepte et en pare sa boutonnière. Tout le monde d'applaudir; chaque courtisan veut de la semence pour l'introduire dans ses domaines; on en plante dans la plaine de Grenelle, aux portes de la capitale; les produits sont expédiés sur tous les points de la France.

Analyse de la première phrase de la dictée.

Millet, n. m. Espèce de céréale à graine fort petite.

Moellon, n. m. Pierre à bâtir qui sert dans les murs de clôture.

Moisson, n. f. Récolte des blés et autres grains; moisson abondante.

Moissonner, v. a. Faire la récolte des blés et autres grains.

Moissonneur, — *euse*, n. Celui, celle qui moissonne.

Mollière, n. f. Terre grasse et marécageuse, où les chevaux sont en danger d'enfoncer.

CALCUL.

1er *Problème.* Un cultivateur ou fermier a planté trois champs de pommes de terre : dans le premier, il en a mis 2 hectol. 16 lit. ; dans le deuxième, 1 hectol. 50 lit., et, dans le troisième, 4 hectol. 18 lit. Combien a-t-il planté en tout et combien recueillera-t-il d'hectolitres si chaque hectolitre de semence produit 8 hectol. 56 lit., et quel argent en fera-t-il s'il les vend 6 francs les 100 kilogr. ? — L'hectolitre pèse 65 kilogrammes.

Solution. $2,16 + 1,50 + 4,18 = 7$ hectol. $84 \times 8,56 = 67$ h. 1104×65 kilogr. $= 4362$ kilogr. 176. A 6 francs les 100 kilogr.

$$= \frac{4362,176 \times 6}{100} = 261 \text{ fr. } 73 \text{ c.}$$

2e *Problème.* J'ai planté un champ de pommes de terre d'une longueur de 135 mètres sur 86 mèt. 65 de large, formant un trapèze dont l'autre longueur a 175 m. 50. Si le champ produit 120 hectolitres par hectare, que devrai-je obtenir de fécule à

16 kilogrammes par 100 kilogrammes? — L'hectolitre pèse 65 kilogrammes.

Solution. La surface du champ est de $\dfrac{135 + 175,50}{2} \times 86,65$ $= 13452$ m. c. 41, ou 1 hectare 34 ares 52 cent. $\times$ 120 hectol. $= 161$ hectol. 428 $\times$ 65 kilogr. $= \dfrac{10492 \text{ k. } 82 \times 16}{100} = 1678$ kilogr. 852 de fécule.

3e *Problème.* En supposant que je vende la fécule 0, 85 c. le kilogramme, et que la main-d'œuvre m'ait coûté la moitié du rapport de ma récolte, à quel taux ai-je placé mon argent en achetant ce terrain à 2823 fr. 46 c. l'hectare?

Solution. 0,85 $\times$ 1678 k. 85 $= 1427$ fr. 02; la moitié pour la façon de la culture $= 713$ fr. 51; l'autre moitié représente donc l'intérêt de la somme qu'il m'a coûté. Elle est de 2823 fr. 46 $\times$ 1,3452 $= 3798$ fr. 11; donc 3798 fr. 11 est le capital qui a rapporté 713 fr. 51. Le taux sera de $\dfrac{71351, \times 100}{3798, 11} = 18$ fr. 80 c. par excès.

CENT QUATRIÈME DEVOIR.

Questions à faire aux élèves sur la dictée précédente.

1. Où est né Parmentier? 2. Comment sa mère l'éleva-t-elle? 3. Que lui attira sa conduite? 4. De quoi se chargea cet ecclésiastique? 5. Que fit-il à dix-huit ans? 6. A quel emploi fut-il nommé dix ans plus tard? 7. A quoi s'appliqua-t-il pendant toute sa vie? 8. Que firent tous les gouvernements? 9. Qu'est-ce qui a surtout immortalisé Parmentier? 10. En quelle année la pomme de terre avait-elle été servie sur la table du roi Louis XVI? 11. Les préventions étaient-elles levées? 12. Que fit-il après cela? 13. Où planta-t-il des tubercules? 14. Comment fut-il traité? 15. Que fit-il quand les plantes fleurirent? 16. Que firent ceux qui l'avaient critiqué?

104e DICTÉE.

NOTICE SUR PARMENTIER (SUITE).

Ce n'était pas tout pour Parmentier d'avoir convaincu le roi et les courtisans des avantages et de la réussite de la tubercule a pomme de terre, il fallait la faire adopter aux masses, cette nourriture, *ce vrai pain des pauvres.* Il employa un stratagème assez ingénieux et qui lui réussit parfaitement. Il se dit: En France (comme ailleurs), les choses défendues ont quelquefois plus de succès que les choses recommandées. Quand la plantation dont nous avons parlé dans la dictée précédente fut arrivée à sa maturité, il obtint du pouvoir, pour faire faction pendant le jour, des soldats qui devaient se retirer pendant la nuit. Les gens de la banlieue de Paris se dirent naturellement qu'une plante ainsi gardée devait avoir une immense valeur, et, aussitôt la nuit close, les factionnaires partis, les maraudeurs se mirent à ravager les champs de pommes de terre de Parmentier. Il s'y attendait et battit des mains : les enfants d'Ève allaient manger du fruit défendu. Bientôt la pomme de terre se trouva trop à l'étroit dans les jardins des environs de Paris, et on en vit paraître et cultiver en plein champ. Parmentier, profitant de cet élan, poussa de plus belle la propagation de la pomme de terre; mais des faiseurs d'opposition répandirent les bruits les plus absurdes sur ce tubercule, jusqu'à dire qu'il n'était propre qu'à empoisonner le peuple, et il n'en fallut pas davantage pour exciter la colère des masses contre cet infatigable bienfaiteur de l'humanité. On avait beau répéter que le roi lui-même en avait mangé à toutes les sauces, ce même peuple n'était pas moins prévenu contre celui qui ne travaillait que pour lui. Au moment de la Révolution, il allait être appelé à des fonctions municipales, lorsqu'une voix s'écria dans la foule : « Gardez-vous bien de le nommer, il ne nous ferait manger que des pommes de terre; c'est lui qui les a inventées! » Parmentier ne fut pas élu; mais cela n'empêcha pas que son tubercule avait cours et était accepté avec reconnaissance par toute la France. Il en était si content et si heureux qu'un jour il réunit les illustrations de son époque et leur fit servir la pomme de terre sous vingt formes, et, jusqu'aux liqueurs, elle fit tous les frais du repas. Ce fut lui qui composa le gâteau de Savoie, dont il donna la recette gratis aux pâtissiers de Paris. Aussi le gouvernement, voulant récompenser ses services, le nomma, en 1796, membre de l'Institut; sous l'Empire, il fut fait baron, et obtint, par ses utiles travaux, l'estime publique et le droit à la reconnaissance de la postérité. Il mourut en 1813. La vie de cet infatigable agronome doit nous convaincre qu'avec de la patience, de la persévérance et du dévouement on vient à bout de vaincre bien des difficultés, et qu'on réussit toujours dans ses entreprises quand elles sont basées sur la justice et sur la vérité. Mais elle nous apprend aussi que le bien qu'on veut faire à ses semblables n'est pas toujours apprécié par ceux-là mêmes qui en sont l'objet. Il ne faut donc pas s'étonner si quelquefois, pour récompense de son dévouement, on ne recueille que l'oubli, la persécution, la calomnie, et peut-être la mort. Ainsi est faite l'humanité ; souvent elle ferme les yeux à la lumière.

Conjuguer le verbe répandre *aux temps du subjonctif, en mettant après chaque personne un complément qui soit un nom employé en agriculture.*

Monder, v. a. Nettoyer de l'orge, le dégager de sa pellicule.

Monnaie, n. f. Pièce de métal servant au commerce, frappée par autorité souveraine, marquée au coin d'un prince ou d'un État souverain.

Monticule, n. m. Très-petite montagne isolée, naturelle ou factice ; monticule couvert de gazon.

Monture, n. f. Bête sur laquelle on monte pour aller d'un lieu à un autre.

Mors, n. m. Partie de la bride qui se place dans la bouche du cheval.

Morve, n. f. Humeur visqueuse qui sort des narines ; maladie contagieuse des chevaux.

CALCUL. — SYSTÈME MÉTRIQUE.

Exposé des mesures de monnaies, p. 68 et suiv. ; voir l'instruction, p. 141. Faire résoudre les problèmes 85, 86, 87, p. 95, et voir les solutions, p. 165 et 166.

CENT CINQUIÈME DEVOIR.

Questions à faire aux élèves sur la dictée précédente.

1. Était-ce assez pour Parmentier d'avoir convaincu le roi et ses courtisans ? 2. Quel stratagème employa-t-il pour réussir ? 3. Racontez comment il réussit. 4. Comment Parmentier agit-il ensuite ? 5. Que firent les faiseurs d'opposition ? 6. Le peuple sut-il apprécier les efforts de Parmentier ? 7. Citez une anecdote qui prouve que les préventions n'étaient point dissipées. 8. Enfin la pomme de terre se propagea-t-elle ? 9. Que fit-il un jour dans un repas ? 10. A quelle dignité fut-il nommé ? 11. Comment le pre-

mier empire récompensa-t-il ses services? 12. En quelle année mourut-il? 13. Que nous apprend la vie de cet infatigable agronome? 14. Faut-il s'en étonner?

105e DICTÉE.

CULTURE DU TOPINAMBOUR.

Le topinambour est une plante à qui tous les sols conviennent. Elle est vivace, c'est-à-dire qu'elle repousse d'elle même une fois plantée et peut supporter les hivers les plus rigoureux. La culture de cette plante exige que la plantation se fasse quand la terre est dégelée, au printemps, et qu'elle soit faite comme celle des pommes de terre. Plus tard, on herse une ou deux fois si cela est nécessaire, afin de détruire les mauvaises herbes. Au moment où les plantes sortent de terre, on donne encore un hersage qui produit un très-bon effet. Lorsque l'on plante les topinambours en lignes, la houe à cheval fait les trois quarts de la besogne. Quoique ce tubercule produise beaucoup dans un sol riche, il s'accommode cependant fort bien des terrains pauvres et sablonneux. Il forme une bonne nourriture pour tous les bestiaux, et présente une ressource précieuse pour les moutons à la fin de l'hiver et au commencement du printemps; on croit qu'il est moins nutritif que la pomme de terre. Les tiges vertes, qui s'élèvent au moins à deux mètres, pouvant être coupées quand le tubercule est mûr, sont mangées avec avidité par les vaches et les moutons; séchées sur pied, elles servent à chauffer le four. Le plus grand inconvénient que présente cette culture consiste dans la difficulté de débarrasser complétement de topinambours un terrain qui en a produit; des tubercules laissés en terre ou de petites racines suffisent pour en reproduire constamment de nouvelles. La récolte se fait après l'hiver, et on a vu au mois de mars, dans cinq mètres carrés, sous quatorze touffes, 35 kil. 500 gr. de tubercules, lavés, c'est-à-dire 7 kil. 100 gr. par mètre carré ou 710 kilogr. par are ou 71,000 kilogr. par hectare. Dans la cave ils s'amolissent. On le cultive surtout en Alsace, et dans les contrées fertiles.

Analyse de la première phrase de la dictée

Motte, n. f. Petit morceau de terre détaché avec la charrue, avec la bêche, etc.

Motter (se), v. p. Se cacher derrière les mottes de terre. Les perdrix se mottent.

Mouillure, n. f. Action de mouiller. En agriculture, arrosement léger.

Moulin, n. m. Machine à moudre.

Moudre, v. Broyer, mettre en poudre avec la meule. Moudre le blé.

Mousse n. f. Famille de plantes rampantes. Écume qui se forme sur une liqueur.

Modèle de quittance.

Je reconnais avoir reçu de Marc Burcard la somme de soixante francs, pour une année de loyer de la petite maison qu'il tient de moi, échue à la Saint-Georges, de laquelle somme je le tiens quitte.

A Angoulême, le 24 mai 1876.

Signé : BAUCHAMP.

CALCUL.

1er *Problème*. Un hectare de topinambours donne, d'après M. Gossin, en moyenne 20000 kilogr. équivalant à 6666 kilos de foin, c'est-à-dire à un tiers. Quelle quantité de foin m'économisera un champ de 85 mètres 60 de large sur 143 mètres 80 de long?

Solution. La surface du champ est de $143,80 \times 85,60 = 12309$ m. 28 ou 1 hect. 23,09 cent. $28 \times 20000^{k} = 24\ 618$ kilogr. 56. D'où, prenant le tiers, on aura 8206,18. Donc cette récolte épargnera 8206 kilog. 18 de foin.

2e *Problème*. Combien faut-il de voitures chargées chacune de 750 kilogr. pour enlever un tas cubique de topinambours de 1 m. 70 de côtés? On sait que le mètre cube pèse 654 kilog.

Solution. Le volume est de $1,70 \times 1,70 \times 1,70 = 4$ m. 913. Si 1 mètre pèse 654, kilog. 4 m. 913 pèseront $654 \times 4,913 = 3213$ kilog. 102 : 750 = 4 voitures et 213 kilog. de reste.

3e *Problème*. J'ai recueilli 225000 kilog. de foin naturel première qualité, combien me faudrait-t-il de racines de topinambours pour remplacer ce foin et combien pourrai-je nourrir de moutons du poids de 60 kilog, au régime ordinaire pendant six mois ? Au régime ordinaire, c'est 3 p. 0/0 de leur poids.

Solution. Si au régime ordinaire un animal dépense en nourriture 3 p 0/0 de son poids, un mouton de 60 kilog. dépensera 1 kil. 80. Multipliant cette quantité par le nombre de jours contenus dans 6 mois de 30 jours, j'aurai 180 jours ou 180 fois 1 kil. 80 que dépensera le mouton = 324 kilog. pour nourrir un mouton

Donc autant de fois 324 seront contenus dans 225000, autant je pourrai nourrir de moutons. Enfin , 225000 : 324 = 694 moutons et 144 kilog. de reste. Mais comme les topinambours ne valent que le tiers du foin pour la nutrition, il faut multiplier 225000 par 3 = 675000 kilog. de topinambours pour nourrir 694 moutons, ou bien prendre le 1/3 de 794 moutons = 231 montons qu'on peut nourir avec 225000 kilogrammes de topinambours.

CENT SIXIÈME DEVOIR.

Questions à faire aux élèves sur la dictée précédente.

1. Qu'est-ce que le topinambour? 2. Quelle espèce de plante est le topinambour? 3. Qu'exige la culture de cette plante? 4. Quand elle sort de terre, que fait-on? 5. Et plus tard? 6. S'accommode-t-elle d'un sol peu riche? 7. Le topinambour forme-t-il une bonne nourriture? 8. Que peut-on faire des tiges et quels sont les animaux qui les mangent avec plaisir? 9. Quel inconvénient présente cette plante? 10. Quand la récolte se fait-elle?

106e DICTÉE.

CULTURE DE LA BETTERAVE; SES USAGES; SES VARIÉTÉS.

La culture de la betterave offre de nombreux avantages au cultivateur; c'est une plante qui réussit dans une terre défoncée et divisée par la charrue ou par la bêche. Elle demande un sol bien ameubli et qui conserve sa fraîcheur; mais elle réussit sur tous es sols, même sur les terres tenaces qui ne conviennent guère aux plantes tuberculeuses. Ce qu'elle redoute, c'est un climat trop froid et un climat trop chaud. Ce sont les climats tempérés qui lui conviennent particulièrement; cependant dans une partie de la Belgique et dans le nord de la France, où la culture ne laisse rien à désirer, elle réussit fort bien et produit des récoltes abondantes.

L'introduction de cette plante dans la culture française ne date que de 1776, et elle a été mise en honneur par M. Villemorin, un des hommes qui ont rendu le plus de services à l'agriculture. La valeur nutritive de la betterave est telle, qu'on prétend que 100 kilos de cette racine valent 45 kilos de bon foin. On fait usage de ce tubercule pour l'alimentation domestique, soit en sauce soit en salade ; on l'utilise pour la fabrication du sucre et de l'eau-de-vie, pour la préparation d'un sirop nommé poiré à l'usage de la population ouvrière du nord de la France. On fait une grande consommation de cette racine pour la préparation du sucre, parce que la betterave contient 11 parties de sucre sur 100. Les feuilles sont aussi une nourriture qui plaît au bétail; mais dans l'intérêt de la récolte, il n'est pas avantageux de l'enlever à la plante, car, en gagnant 5 centièmes en feuilles, on en perd 10 en racines. Les principales variétés de la betterave sont : 1° la betterave blanche de Silésie, la plus sucrée devant être préférée pour la fabrication du sucre et pour la nourriture des bestiaux ; 2° la betterave champêtre; 3° la disette ou betterave rouge que l'on cultive dans les jardins ; 4° la betterave jaune produite par la rouge et la blanche, placées non loin l'une de l'autre.

Analyse de la première phrase de la dictée.

Moutarde, n. f. Graine de sénevé.

Moyeu, n. m. Partie du milieu de la roue où s'emboîtent les raies.

Moyettes, n. f. Espèce de meules ou de meulons faits avec des gerbes,

Mugir, v. n. Crier, se dit des bœufs.

Mugissement, n. m. Cri du bœuf, etc.

Mulot, n. m. Espèce de souris des champs.

Moufon, n. m. Bélier coupé qu'on engraisse.

CALCUL.

1er Problème. On a 25 hectares de betteraves à sucre ; quel est le poids total de cette récolte pour trois années dont une mauvaise, la seconde ordinaire, la troisième très-favorable ? En mauvaise année on recueille 20000 kil. par hectare; en année ordinaire, 30000, et en année très-abondante 50000 kilog. Que donneront les trois récoltes, si l'on vend 17 fr. 25 les 1000 kil., dont la moitié servira à payer l'engrais et la main-d'œuvre ?

Solution. $20000 + 30000 + 50000 = 100000 \times 25 = 2500000$

ou $\dfrac{2500000 \times 17.25}{1000} = 43125$ fr., dont moitié pour l'engrais et la main-d'œuvre $= 21562$ fr. 50 c. qui resteront pour la rente de la terre occupée par des betteraves pour trois récoltes.

2e Problème. On fait transporter la pulpe produite dans une sucrerie par 1 million de kilog. de betteraves et celle non égouttée, produite dans une distillerie, par 200000 kilog.; quelle sera la totalité des chargements, et combien en fera-t-on, si chaque voiture enlève 1500 kilog.? 100 kilog. rendent 22 kilog. de pulpes, et pour la distillerie 70 pour 100 kilog.

Solution. $1000000 \times 22 = \dfrac{22000000}{100} = 220000$ kilog. $70 \times 200000 = \dfrac{14000000}{100}$. Ainsi $220000 + 140000 = 360000 : 1500 = 240$ voitures. $0{,}70 \times \dfrac{360000}{100} = 252000$ kilogr. de pulpes pour la distillerie et pour la sucrerie on aura $360000 \times \dfrac{0{,}22}{100} = 79200$ kilogr.

3e *Problème*. Dans un tas de 55000 betteraves, on doit démêler ce qu'il faut pour planter un hectare 25 ares en porte-graines, qu'on place à 0 m. 60 cent de distance ; combien restera-t-il de racines?

Solution. $0{,}60 \times 0{,}60 = 0$ m. carré 36 pour chaque pied. Autant ce nombre sera contenu dans 1 hect. 25 ares, ou 1250000 décimètres carrés, autant il faudra de porte-graines $= 34722$. Donc $55000 - 34722 = 20278$ racines.

CENT SEPTIÈME DEVOIR.

Questions à faire aux élèves sur la dictée précédente.

1. Qu'offre la culture de la betterave? 2. Que demande cette plante? 3. Où réussit-elle bien? 4. Que redoute-t-elle le plus ? 5. Quels sont les climats qui lui conviennent? 6. Ne réussit-elle pas en Belgique et dans le nord de la France? 7. A qui doit-on l'introduction de ce tubercule dans la culture française ? 8. Vers quelle année? 9. A-t-elle une grande valeur nutritive? 10. Ne fait-on pas usage de cette racine dans l'alimentation? 11. A quoi l'utilise-t-on encore? 12. Combien de parties de sucre sur 100 contient-elle? 13. Les feuilles peuvent-elles être utilisées comme fourrage? 14. Quelles sont les principales variétés?

107e DICTÉE.

SOLS QUE LA BETTERAVE PRÉFÈRE ; PRÉPARATION DU SOL POUR CETTE CULTURE.

La betterave préfère un sol profond, consistant, ni trop sec, ni trop humide, ni trop léger : elle vient très-bien dans les sols calcaires, mais profonds, dans les terrains graniteux, schisteux, marneux et dans les alluvions sablonneuses : peu importe la composition de la terre ; mais il faut la profondeur afin de donner la facilité aux racines de plonger dans le sol. Toutes les terres à blé, bien ameublies, bien fumées et défoncées par des labours profonds, peuvent produire toutes les variétés de la betterave. Ses premiers labours se donnent avant l'hiver : on ne doit pas négliger les hersages ni les roulages pour mettre la terre en bon état. Le plus ordinairement on déchaume au mois d'août, on laboure profondément avant l'hiver, puis viennent les préparations du printemps, qui consistent en labours, en hersages et en roulages, comme on vient de le dire. On doit placer cette racine en tête d'un assolement avec une fumure convenable et la faire suivre d'une céréale d'automne ou de printemps. Il arrive quelquefois que l'on cultive la betterave deux fois à la même place, afin de nettoyer des champs infestés d'herbes ; mais il ne convient pas de la ramener sur le même sol trop souvent, si l'on ne veut pas altérer la fertilité de la terre, ou bien il faut y mettre du fumier en abondance, surtout un fumier bien consommé, formé de terreau et de feuilles. A défaut de celui-ci, on fume avant l'hiver avec du fumier d'étable et d'animaux.

Conjuguer le verbe répandre *aux temps de l'infinitif, en mettant après toutes les formes un complément qui soit un nom employé en agriculture.*

Mûr, re, adj. Se dit proprement des fruits de la terre qui sont en saison d'être cueillis et mangés.

Mûre, n. f. Sorte de fruit gros comme le pouce et formé de petites graines.

Mûrier, n. m. Arbre qui porte des mûres.

Muscadet, n. m. Sorte de vin qui a quelque goût du muscat.

Myriamètre, n. m. Mesure itinéraire qui vaut 10000 mètres, environ 2 lieues 1/2 de poste.

Myriagramme, n. m Poids de 10,000 grammes.

CALCUL. — SYSTÈME MÉTRIQUE.

Exposé des mesures de monnaies, page 68 et suiv. ; voir l'instruction, page 141. Faire résoudre les problèmes 88, 89, 90, page 96, et voir les solutions aux pages 166 et 167.

CENT HUITIÈME DEVOIR.

Questions à faire aux élèves sur la dictée précédente.

1. Quel sol préfère la betterave ? 2. Où vient-elle encore ?
3. Quelle est la condition essentielle pour sa réussite dans quelque terre que ce soit ? 4. Vient-elle dans les terres à blé ?
5. Quand se donnent les premiers labours ? 6. Qu'est-ce qu'il ne faut pas négliger ? 7. Que fait-on ordinairement avant l'hiver ?
8. Et au mois d'août ? 9. Où doit-on placer cette racine ? 10. Que faut-il faire pour ne pas altérer la fertilité de la terre ?

108e DICTÉE.

ÉPOQUE DE LA SEMAILLE DE LA BETTERAVE ; NOMBREUX BINAGES.

C'est au commencement d'avril, lorsque les gelées ne sont plus à craindre, qu'on sème la betterave à raison de 12 à 15 kilos par hectare, s'il s'agit de semis à la volée, et de 5 à 6 kilos si l'on sème en lignes espacées de 50 à 70 centimètres. Dans ce cas, qui est préférable, on ouvre des rigoles à 5 centimètres de profondeur, et on y dépose 3 ou 4 grains à 30 centimètres de distance, soit qu'on fasse usage du rayonneur, soit qu'on agisse de la manière qu'on vient d'indiquer. On sème aussi la betterave en pépinière, et on repique le plant quand il a atteint la grosseur du petit doigt. Ce mode convient surtout dans les terres blanches, se battant fortement par les pluies, dans lesquelles terres le sol doit recevoir une bonne préparation. Les feuilles sont alors coupées de 8 à 10 centimètres au-dessus du collet et la racine retranchée afin qu'elle ne se replie pas dans le trou. L'arrosage n'est pas nécessaire, mais il serait très-utile, s'il n'était pas difficile de le pratiquer sur une grande surface. — Dès que les feuilles ont 3 ou 4 centimètres, on bine une première fois et on fait en sorte de tenir le sol exempt de mauvaises herbes : quinze ou vingt jours après, on recommence, et à chaque binage on sarcle, on éclaircit, de manière à ce que les plants soient distants de 25 à 30 centimètres, suivant la richesse du sol ; on ne casse que les feuilles tombées sur la terre pour être données aux bestiaux, car on a remarqué que les betteraves fréquemment dépouillées de leurs feuilles sont moins propres à la fabrication du sucre, et produisent des racines

moins grasses — On arrache les betteraves avant les grosses gelées
d'automne, on donne alors les feuilles aux bestiaux et on rentre
les racines. Le produit varie de 20 à 30 et quelquefois à 50000 kilogrammes par hectare. Au printemps, on plante les plus belles
racines pour obtenir la graine de semence ; on leur donne plusieurs binages; on met des tuteurs aux tiges pour les garantir
contre les effets du vent, et quand la semence est en pleine maturité, elles sont coupées et battues après dessiccation.

Analyse de la première phrase de la dictée.

Nature, n. f. L'universalité des choses que Dieu a créées.
Navet, n. m. Racine bonne à manger, la plante.
Navette, n. f. Navet sauvage dont la graine donne une huile
bonne à brûler.
Nébuleux, adj. Obscurci par les nuages. — Horizon, temps
nébuleux.
Nèfle, n. f. Fruit qui a des noyaux fort durs.
Néflier, n. m. Arbre qui produit des nèfles.

CALCUL.

1er *Prob*. Un ouvrier peut sarcler 1 are 40 de betteraves en
une heure. Combien faudrait-il prendre d'ouvriers travaillant 12
heures par jour pendant 5 jours pour sarcler un champ rectangulaire de 260 mètres 50 de base sur une hauteur de 186 m. 60?

Solut. La surface du champ de betteraves est de 260,50 $\times$
186,60 = 48609 m. carrés, ou 4 hectares 86 ares 09. Puisque
un ouvrier peut sarcler un 1 are 40 en une heure, pour sarcler
4 h. 86 ares 09, il faudra autant d'heures de travail que 1.40
sera contenu dans 4 h. 86,09. Ce qui donne 486.09 : 1,40 =
347 heures 12 min. De plus, un ouvrier qui travaille 12 heures
par jour pendant 5 jours, fera 12 $\times$ 5 = 60 heures de travail.
Ainsi autant de fois 60 heures seront contenues dans 347,12,
autant d'ouvriers il faudra pour sarcler le champ de betteraves ;
347.12 : 60 = 5 ouvriers et un sixième ouvrier qui ne fera que
les 4/5 environ d'une journée de 12 heures.

2e *Prob*. Il me manque 15000 kilog. de foin, combien faut-il
de kilogrammes de betteraves pour le remplacer ? 120 kilog. de
foin équivalent à 400 de betteraves.

Solut. Puisque 120 kilog. de foin peuvent équivaloir à 400 kil.

de betteraves, un seul kilog. équivaut à $\frac{400}{120}$ et 15000 équivalent à 15000 fois plus ou $\frac{400 \times 15000}{120}$ 50000 kilog.

3e *Prob..* Un champ de betteraves a une longueur de 180 m, et une largeur de 112 mètres 50. Sur le côté qui a 180 mètres se trouve adossé un triangle ayant ce côté pour base, et un hauteur de 56 mètres 50. Combien me donnera-t-il de kilog. de racines, si dans une année ordinaire on porte la moyenne à 40000 kilogrammes par hectare, et combien fera-t-on de kilogrammes de sucre, si sur 100 kilogr. on en tire 11 kilogr. ?

Solut. La surface du rectangle est $180 \times 112,50 = 202$ ares 50. Le triangle est $\frac{180 \times 56.50}{2}$ 50 ares 85. Total 202.50 $+ 50,85 = 253$ ares 35 ou 2 hectares 5335. On aura donc $40000 \times 2,5335 = 101300$ kilog. Si 100 kilog. de racines donnent 11 kilogr. de sucre, 101340 kil. en donneront $\frac{101340 \times 11}{100}$ $= 11147$ kil. 40.

CENT NEUVIÈME DEVOIR.

Questions à faire aux élèves sur la dictée précédente.

1. Quand et à quelle époque de l'année sème-t-on la betterave ? **2.** Combien de kilos met-on par hectare à la volée et en lignes ? **3.** A quelle profondeur met-on les graines quand on sème en lignes ? **4.** Ne repique-t-on pas la betterave ? **5.** A quelle espèce de terre ce mode convient-il le mieux ? **6.** Quelle précaution faut-il prendre quand on repique la betterave ? **7.** L'arrosage est-il nécessaire ? **8.** A quel moment faut-il faire le premier binage ? **9.** Quand fait-on le second ? **10.** Est-il avantageux de défeuiller la betterave ? **11.** A quelle époque arrache-t-on les betteraves ? **12.** Quel est le produit par hectare ? **13.** A quelle époque plante-t-on pour obtenir de la semence ?

109e DICTÉE.

CULTURE DE LA CAROTTE.

La carotte cultivée pour le fourrage est une plante fort avantageuse qui exige comme toutes les racines pivotantes un sol profond et de bonne qualité. Il lui faut une terre bien fumée et ameublie convenablement par plusieurs labours, assez fraîche et un peu ombragée, à l'exposition du midi. Cette racine se plaît sous tous les climats tempérés, plus humides que secs. Le froid ne lui convient pas, encore moins une chaleur intense et prolongée. Aussi elle prospère dans le nord de la France, dans les Vosges, en Alsace, en Belgique, mieux que dans les pays chauds. On cultive la carotte assez souvent comme récolte accessoire dans une récolte principale, telle que le lin, le seigle, etc. On procède à l'arrachage par un temps sec, vers la fin de septembre et dans la première quinzaine d'octobre. On se sert de houes à deux dents, de bêches ou de fourches en fer. A la rigueur on peut encore employer la charrue, dont on a enlevé le versoir, pour y substituer un coin ; cette charrue pique au-dessous des racines et les soulève ; une herse les ramène à la surface du sol, et on les ramasse ensuite. Le rendement par hectare est très-variable et s'échelonne entre 20000 et 40000 kilos. La carotte est d'une grande ressource pour l'alimentation des hommes et des animaux. Matthieu de Dombasle a dit d'elle : « Il y a très-peu de récoltes qui surpassent la valeur de celle-ci dans l'application à la nourriture des bestiaux. » On peut calculer qu'un terrain planté de carottes produit une récolte de moitié plus considérable en poids qu'une récolte en pommes de terre, et double en volume. La carotte est un des aliments les plus sains qu'on puisse donner au bétail de quelque espèce qu'il soit. C'est la racine qui convient le mieux à l'entretien des chevaux, et un supplément de 7 à 10 kilog. de carottes par tête peut contribuer à les tenir en bon état pendant tout l'hiver. Quand les chevaux sont employés au travail, il ne faut pas les sevrer de grains pour leur donner seulement des carottes. La carotte a encore l'avantage de conserver ses qualités jusqu'au mois d'avril et même plus tard, quand on prend des précautions pour la rentrer dans des magasins. Les fanes de carottes rompues au moment de l'arrachage sont mangées avec avidité par les vaches, plutôt à l'étable que dans le champ. Le jus de carotte, soumis à la fermentation, donne une grande quantité d'eau-de-vie, que l'on dit être d'assez bonne qualité. On fait aussi du sirop de carotte qui ne coûte en ménage que 10 centimes le kilo.

Conjuguer le verbe niveler *aux temps de l'indicatif en mettant un complément qui soit un nom employé en agriculture.*

Nielle, n. f. Maladie des grains qui convertit l'épi en poussière noire.

Niveler, v. a. Rendre un terrain uni et horizontal.

Nivellement, n. m. Action de niveler.

Noiseraie, n. f. Lieu planté de noyers ou de noisetiers.

Noix, n. f. Fruit du noyer à coque dure et ligneuse, couverte d'une écorce verte.

Normander, v. a. Nettoyer le grain battu.

CALCUL. — SYSTÈME MÉTRIQUE.

Exposé des mesures de temps, pages 76 et suivantes; voir l'instruction, page 141. Faire résoudre les problèmes 91, 92, 93, page 96, et voir les solutions, page 168.

CENT DIXIÈME DEVOIR.

Questions à faire aux élèves sur la dictée précédente.

1. Qu'est-ce que la carotte? 2. Quelle terre faut-il à la carotte? 3. Un climat trop froid ou trop chaud convient-il à la carotte? 4. Dans quelles contrées cette plante réussit-elle bien? 5. Souvent, comment cultive-t-on la carotte? 6. Comment procède-t-on à l'arrachage? 7. Ne peut-on pas employer la charrue? 8. Quel est le rendement par hectare? 9. Cette plante offre-t-elle des ressources pour l'alimentation? 10. Est-elle préférable à la récolte de pommes de terre? 11. La carotte est-elle un aliment sain? 12. Les chevaux s'en accommodent-ils? 13. Se conserve-t-elle longtemps? 14. Les fanes peuvent-elles être mangées? 15. Et du jus soumis à la fermentation, qu'en fait-on?

110ᵉ DICTÉE.

VARIÉTÉS DE LA CAROTTE; SOLS QU'ELLE PRÉFÈRE; RÉCOLTE.

Les principales variétés de la carotte sont : 1° la carotte jaune commune, à racines étranglées, courtes et élargies; 2° la carotte blanche, variété de la précédente, mais inférieure sous tous les rapports; 3° la carotte jaune dorée, dont la racine ne colore point le bouillon; c'est la carotte de couche, qui est la meilleure espèce, mais une des plus petites; 4° la rouge, longue et grosse, vient bien dans les sols argileux; 5° la carotte hollandaise ou printanière, variété des jardins ; 6° la carotte d'Achicourt et de Bréteil, cultivée dans le département de la Somme ; 7° la blanche, à collet vert, dont l'espèce a été propagée par les soins de M. Villemorin ; c'est une espèce très-productive. Comme presque toutes les plantes dont la racine forme le principal produit, les carottes préfèrent un sol meuble, ou du moins une terre dont la compacité n'offre pas trop de résistance à l'extension des racines ; elles recherchent également un sol sablonneux, qui ne soit pas exposé à une grande sécheresse ni à une humidité persistante ; elles donnent aussi de beaux produits dans un sol argileux, surtout si celui-ci contient un peu de chaux et approche des terrains marneux ; elles ne réussissent pas dans les terrains argileux purs, parce que les racines y pourrissent dans les années trop humides, et, dans celles qui sont sèches, la terre, en se resserrant, empêche les racines de se développer. On doit aussi l'éloigner des terrains pierreux et graveleux, parce qu'ils s'opposent au développement des racines. Dès que les carottes sont levées, on doit les sarcler, parce que les mauvaises herbes gêneraient le plant ou l'étoufferaient. On éclaircit plus tard et on repique en faisant le premier binage. Il ne faut pas oublier que pour avoir une bonne récolte en carottes, il faut des soins répétés et surtout avoir bien fumé le sol où on les place.

Analyse de la première phrase de la dictée.

Nourrissage, n. m. Manière d'élever le bétail.

Nourrisseur, n. m. Celui qui nourrit des vaches pour en vendre le lait.

Noyau, n. m. Partie dure et ligneuse renfermée dans certains fruits dont elle contient la semence.

Nuage, n. m. Amas de vapeurs élevées en l'air. Le soleil dissipe les nuages.

Nutritif, — *ve*, adj. Qui nourrit, qui sert d'aliment.

Nutrition, n. f. Fonction naturelle par laquelle les aliments sont convertis en la substance de l'animal ou de la plante. L'effet qui en résulte.

Demande d'un enfant à un hospice.

Messieurs les administrateurs, j'ai l'honneur de vous adresser une demande tendant à obtenir de l'administration un enfant du sexe masculin, de l'âge de quatorze ans, afin d'en faire un domestique dans la profession de cultivateur, que j'exerce dans la ferme de Merveau, commune de Godoncourt. Je m'engage à le faire instruire et de le mettre à même de gagner sa vie honorablement dès son entrée chez moi. De ce jour, je lui donnerai comme gages 10 francs par mois. J'attends votre décision, et j'ai l'honneur d'être, Messieurs, etc.

CALCUL.

1er *Problème*. Combien coûte la culture d'un champ de carottes en forme de rectangle, long de 250 mètres et large de 126 m. 50, à 75 francs l'hectare?

Solution. 250 × 126,50 = 31625 mèt. carrés, à 75 fr. l'hect. × 3 h. 1625 = 237 fr. 1875.

2e *Problème*. Un champ de carottes donne 4 hectol. 08 de racines par are, et 66 kilogr. de tiges. On nourrit des vaches avec les racines et des chèvres avec les tiges; une vache consomme 14 kilogr. 5 de carottes par jour, et une chèvre 4 kilogr. de tiges; combien de jours peut-on nourrir 4 vaches et 6 chèvres avec le produit d'un hectare, si l'hectolitre comble de carottes pèse 76 kilogrammes?

Solution. Un are produisant 4 h. 08 de racines et 66 kilogr. de tiges, on aura donc 76 k. × 4,08 = 310 k. 08. Un hectare ou 100 ares produira 100 fois plus ou 31008 kilogr. Puisqu'une vache mange 14,5 de carottes par jour, 4 vaches en mangeront 4 fois plus ou 14,5 × 4 = 58 kilogr. Ainsi autant de fois 58 k. seront contenus dans 31008, autant de jours on nourrira les 4 vaches. 31008 : 58 = 534 jours 6 dixièmes. Mais comme les racines ne pourraient pas se garder si longtemps, on mettra 12 vaches, et on aura pour 178 j. 2 dixièmes. Mêmes procédés pour les chèvres.

3e *Problème*. On a récolté dans un jardin 28 paniers de carottes et 15 paniers de panais; chaque panier de carottes pèse 15 k. 5 et chaque panier de panais 8 kilogr. Combien durera cette provision si l'on consomme 12 k. 5 de racines par jour?

Solution. 15,5 × 28 = 434 k. + 8 k. × 15 = 120 k. 434 + 120 = 554. 554 k. : 12,5 = 44 jours et 4 kilogr. de reste.

CENT ONZIÈME DEVOIR.

Questions à faire aux élèves sur la dictée précédente.

1. Quelles sont les variétés de la carotte? 2. Dites les 1re, 2e, 3e, 4e, 5e, 6e, 7e? 3. Quelle est la plus productive? 4. A qui en doit-on la propagation? 5. Quels sols la carotte affectionne-t-elle? 6. Dans quel terrain ne réussit-elle pas? 7. Quels soins faut-il donner à la carotte?

111° DICTÉE.

CULTURE DES NAVETS; VARIÉTÉS; USAGES DE CETTE RACINE.

Le navet affectionne les climats humides et brumeux, et c'est pour cela qu'il constitue l'une des richesses de l'Angleterre, de l'Ecosse, de Jersey et de Guernesey. Il faut à cette plante une terre légère, un peu fraîche et d'une certaine consistance, surtout dans les climats chauds. Les prairies naturelles rompues ou retournées portent assez habituellement des navets d'un volume prodigieux. Aussitôt qu'on a terminé la récolte de l'escourgeon ou du seigle, on déchaume, c'est-à-dire qu'on laboure légèrement, afin de ne pas donner le temps aux mauvaises herbes de se dessécher et à la suface du sol de se resserrer. La fraîcheur qui reste et qu'entretiennent les mauvaises herbes enfouies est on ne peut plus favorable à la levée. Les navets servent pour l'alimentation du bétail pendant l'hiver, mais ce n'est pas une nourriture de premier ordre. On assure qu'il ne faut pas moins de 250 kilogrammes de navets pour remplacer 50 kilogrammes de foin. Ils sont aussi un aliment agréable et léger pour l'homme. Les feuilles de navet sont consommées à l'étable comme les racines. On fabrique aussi du sirop de navet, et on prépare en Alsace, en Lorraine, des navets aigres comme auxiliaires de la choucroute. Parmi les variétés cultivées dans la grande culture, on distingue les navets blancs et rouges et la balle de neige des Anglais, ou bien une autre variété plus ou moins tardive, comme le navet boule-d'or, le navet jaune d'Angleterre, le navet de Norfolk, à collet vert ou rose; on distingue encore le navet bouteille de Flandre, le navet long du Palatinat, le navet long ou rond d'Écosse. Les turneps ou rutabagas sont des plantes-racines qui servent à la nourriture des bestiaux pendant l'hiver, etc. Nous laissons de côté les races de navets exclusivement destinés à la cuisine, pour ne pas empiéter sur le potager et le jardinage.

Analyse de la première phrase de la dictée.

Oriner, v. a. Planter des arbres très-près l'un de l'autre en attendant qu'on les replante.

Obier ou *Aubier*, n. m. Arbre fort dur qui ressemble un peu au cornouiller.

Obligation, n. f. Acte notarié par lequel on s'engage à payer à une époque fixe.

Octogone, n. m. Figure de géométrie qui a huit angles et huit côtés.

OEillet, n. m. Plante et fleur odoriférante.

OEillette, n. f. Nom vulgaire du pavot cultivé dont on tire de l'huile.

CALCUL.

1er Problème. Combien un cultivateur mettra-t-il de rutabagas dans un champ de 75 ares 60 centiares, ayant 36 mètres de large, et en mettant un mètre de distance entre chaque rang, mais espaçant les racines de 40 centimètres, et que tirera-t-il de sa récolte, si un hectare produit 36000 kilogrammes, et quelle quantité de foin lui remplacera cette récolte si 3 kilogrammes de cette racine équivalent à 1 kilogramme de foin?

Solution. Puisque la largeur du champ est de 36 mètres, la longueur est de 7560 : 36 = 210 mètres. D'autre part, les plantes-racines sont espacées de 0,40 dans le sens de la longueur, il y aura dans chaque rangée 210 m. 00 : 0,40 = 525; et comme les rangs sont espacés d'un mètre, dans 36 mètres il y a 36 rangées, ce qui donne 525 × 36 = 18900 racines. En second lieu, comme un hectare produit 36000 kilogr., un are en donnera 100 fois moins, ou 360 kilogr., et 75 ares 60 donneront 360 × 75,60 = 27216 kilogr. de racines. Ce légume n'ayant qu'une valeur nutritive d'un tiers du foin, on aura donc le foin que remplace cette racine en divisant 27216 par 3 = 9072 kilogr. de foin.

2e Problème. Dans un tas cubique de navets de 3 m. 75 de côtés, combien pourra-t-on faire de voitures, si chaque voiture emporte 300 kilogrammes; et que coûtera ce transport, si l'on donne 5 fr. 50 des 1000 kilogrammes : le mètre cube pèse 450 kilogr.?

Solution. Le volume est de 3,75 × 3,75 × 3,75 = 52 m. cub. 734475. Le mètre cube pesant 450 kilogr., le tas pèsera 450 ×

52,734475 $=$ 23730 k. 513. Autant de fois 800 kilog. seront contenus dans ce nombre, autant on aura de voitures. 23730,513 : 800 $=$ 29 voitures, et il reste 530 k. 513 pour la trentième voiture. Le transport coûtera 5,50 $\times$ 23,730 $=$ 130 fr. 515 millièmes.

3e *Problème*. S'il faut 2 kilog. 5 hectogr. de semence de navets pour un hectare, combien en faudra-t-il pour un champ de 125 mètres de longueur sur 92 m. 80 de largeur, et que coûtera l'achat de la semence si on la paye 1 fr. 75 le kilogramme?

Solution. Le champ a en superficie 125 m. $\times$ 92,80 $=$ 11600 mètres carrés ou 1 hectare 16 ares. Il faudra donc de semence 2,5 $\times$ 1,16 $=$ 2 k. 9 h., et elle coûtera 1 fr. 75 $\times$ 2,9 $=$ 5 fr. 075.

CENT DOUZIÈME DEVOIR.

Questions à faire aux élèves sur la dictée précédente.

1. Quels sont les climats et les sols que le navet affectionne? 2. Quelle terre faut-il à cette plante? 3. Où réussit-elle bien? 4. Ne peut-on pas semer cette racine en seconde récolte? 5. Les herbes enfouies, à quoi sont-elles favorables? 6. A quels usages sont employés les navets? 7. Combien faut-il de kilogrammes de navets pour remplacer un kilogramme de foin? 8. Les navets sont-ils un aliment pour l'homme? 9. A quoi sont employées les feuilles de navets? 10. Dans quelles provinces fabrique-t-on du sirop de navets? 11. Quelles sont les variétés de navets? 12. Qu'est-ce que les rutabagas? 13. A quoi sont-ils employés?

112e DICTÉE.

ÉPOQUE DES SEMAILLES DES NAVETS ; NOMBREUX BINAGES,

Dans la grande culture, on sème les premiers navets par un temps couvert et pluvieux, vers le 15 juin au plus tôt, et on continue les semis jusqu'au mois d'août. En semant avant cette époque, on s'expose à voir dévorer les jeunes plantes par les altises au moment de la levée, et les navets qui survivraient seraient sujets à monter en fleurs. On ne gagne rien à contrarier la nature; or, la nature ne sème ses navets qu'au mois de juillet, à l'époque de la maturité complète des siliques. Le plus ordinairement on sème les navets à la volée, à raison de 3 ou 4 litres ou 2 à 3 kilog. par hectare; on enterre avec la herse à dents de bois et on roule vigoureusement dans les terres légères afin de maintenir la fraîcheur à la surface. En temps de pluie, ou mieux quand une pluie survient de suite après les semis, il n'est nécessaire ni de recouvrir la graine, ni de rouler le champ: l'eau se charge de la besogne. Quand les navets ont cinq ou six feuilles, on les sarcle, on les éclaircit, et on se trouve bien après cela de les arroser avec de l'engrais liquide. Les Flamands se servent de la herse pour sarcler et éclaircir; ils hersent dans tous les sens sans regarder derrière, car s'ils y regardaient, peut-être seraient-ils effrayés de la besogne. Il semble après le passage de l'instrument que le ravage est complet, qu'il ne reste plus rien. Cependant il n'y a pas lieu de s'en inquiéter; il reste toujours assez de navets : mais s'ils étaient destinés à passer l'hiver et à servir de fourrage au printemps, il ne faudrait pas herser de la sorte, attendu que dans ce cas on recherche plutôt la feuille que la racine et qu'on perdrait beaucoup de trop éclaircir. — Les navets produisent de 20 à 30 mille kilos par hectare.

Conjuguer le verbe niveler *aux temps du conditionnel et de l'impératif, en mettant après chaque personne un complément qui soit un nom employé en agriculture.*

Officiel, elle, adj. Se dit de toute proposition ou déclaration faite en vertu d'une autorité.

OEuf, n. m. Corps qui se forme dans la femelle de certains animaux, destiné à recevoir le germe et à nourrir l'être qui en provient.

Oiseau, n. m. Animal ovipare, ayant deux pieds, un bec, des plumes, des ailes.

Oléagineux, euse, huileux. — Matière oléagineuse.

Olive, n. f. Fruit à noyau, bon à manger et dont on retire de l'huile excellente.

Olivette, n. f. Plante qui porte des grains en tête comme le pavot.

CALCUL. — SYSTÈME MÉTRIQUE.

Exposé des mesures de temps, page 76; voir l'instruction des monnaies, page 141. Faire résoudre les problèmes pages 94, 95, 96, page 96, et voir les solutions page 168 et page 169.

CENT TREIZIÈME DEVOIR.

Questions à faire aux élèves sur la dictée précédente.

1. A quelle époque sème-t-on les navets dans la grande culture? 2. A quoi s'expose-t-on quand on sème les navets avant cette époque? 3. Gagne-t-on quelque chose à contrarier la nature? 4. Quand la nature sème-t-elle les navets? 5. Comment sème-t-on le plus ordinairement les navets? 6. Et en temps de pluie, est-il nécessaire de passer le rouleau? 7. Que fait-on quand les navets ont cinq ou six feuilles? 8. Comment les Flamands font-ils cette besogne? 9. N'y a-t-il pas lieu de s'effrayer après cette besogne? 10. Et s'ils étaient destinés à passer l'hiver?

113e DICTÉE.

PLANTES INDUSTRIELLES OU COMMERCIALES; DU CHANVRE, CULTURE ET USAGES.

On divise les plantes industrielles ou commerciales en plantes textiles en plantes oléagineuses et en plantes tinctoriales. Les plantes textiles sont celles qui fournissent de la filasse, telles que le chanvre et le lin. Le chanvre aime un sol de consistance moyenne, profond, facile à labourer et à ameublir, frais, sans être mouillé, riche en humus provenant d'anciennes fumures. Les gazons rompus, les marais desséchés lui conviennent parfaitement. On voit de beaux chanvres dans des terrains calcaires, dans l'argile bien ameublie, dans des schistes et dans les terres sablonneuses, copieusement fumées de vieille date, en un mot dans la plupart des bons terrains. Dans les climats chauds et dans les terres un peu légères, les fumiers de vache et de porc produisent de bons résultats. Dans les climats du Nord ou qui s'en rapprochent, les fumiers de cheval et de mouton sont plus efficaces. Les façons données avec la bêche valent mieux que celles données avec la charrue mais elles sont plus coûteuses. En somme, cette plante exige une préparation soignée, des labours fréquents et profonds, des hersages, et surtout elle est gourmande de fumier. Dans certaines parties de la Lorraine on fume après la semaille, qui a lieu au mois de mai; ce genre de fumure préserve la semence des ravages causés par les oiseaux ou les poules; on met 3 hectolitres de semence par hectare. La graine lève rapidement; ces volatiles en sont fort avides; aussi est-il à propos de faire garder les semis jusqu'à ce que la plante couvre la terre. La récolte du chanvre se

ait en deux fois et à des époques qui ne sont pas les mêmes
partout; la femelle, c'est-à-dire toute tige qui ne porte pas de
graine, se recueille au mois de juillet ou d'août. Le mâle mûrit
plus tard et on l'arrache lorsque la graine, appelée chènevis, est
noire. Les pieds en sont moins nombreux que ceux de la femelle
pour un pied de mâle, on compte trois à quatre femelles. Le chanvre
a besoin d'être soumis au rouissage. Le chènevis employé comme
semence doit être renouvelé souvent, parce que semé sur le même
sol il dégénère promptement. Les produits du chanvre sont employés à plusieurs usages; de ses graines on extrait de l'huile à
brûler, dont on se sert pour les peintures grossières et pour la
préparation du savon mou, etc.; de la filasse recueillie sur la
partie ligneuse, on fabrique du fil pour la toile de ménage, de
la ficelle et de grosses cordes. Avec les parties ligneuses appe-
ées chènevottes, on confectionne des allumettes soufrées. Avec
l'huile de chanvre, la médecine prépare une émulsion; avec les
graines écrasées, on fait des cataplasmes. Les tourteaux de chanvre ou résidus d'huilerie sont employés pour l'engraissement
les bestiaux et aussi à titre d'engrais pour la terre. Dans ce
dernier cas, on devrait toujours les appliquer aux terres à
chènevières, afin de leur rendre ce qu'elles ont donné.

Analyse de la première phrase de la dictée.

Olivier, n. m. Arbre toujours vert qui produit des olives.

Omnibus, n. m. Voiture publique établie dans les grandes
villes, qui conduit à des prix très-modiques.

Orage, n. m. Tempête, vent impétueux, grosse pluie mêlée de
grêle, de tonnerre.

Oranger, n. m. Arbre toujours vert qui produit des oranges.

Orangerie, n. f. Partie d'un jardin où sont placés les orangers. Lieux où on les met pendant l'hiver.

Orangiste, n. m. Celui qui élève des orangers et qui en a soin.

Oreillons, ou *orillons*. Pièces de bois qui accompagnent le soc
d'une charrue.

CALCUL.

1er *Problème.* Le prix ordinaire d'un hectolitre de graine de
semence de chènevis est de 15 fr. chanvre commun; combien en
faudrait-il pour semer 1 hectare 45 ares s'il en faut 2 hectolitres
80 litres par hectare, et quel sera le prix de cet ensemencement?

Solution. S'il faut 2 h. 80 lit. pour un hectare, il en faudra, pour 1 h. 45; 2,80 $\times$ 1,45 = 3 hectol. 06 litres : à 15 francs, donnent 15 fr. $\times$ 4, 06 = 60 fr. 90 c.

2e *Problème*. Un hectare en grand chanvre produit dans les sols très-riches 8000 kilogrammes de tiges sèches et 960 kilog. de filasse épurée qu'on vend 1 fr. 10 c. le kilog. Quel sera le produit de la récolte d'une chènevière qui a la forme d'un trapèze de 45 m. de hauteur et dont les bases ont l'une 85 mètres de long, et l'autre 63, 80 ?

Solution. La surface de la chènevière est de $45 \times \dfrac{85 + 63, 80}{2}$

= 33 ares 48. Si un hectare donne 960 kilog. de filasse et 8000 kilog. de tiges, un are donnera 80 k. de tiges, et 33 ares 48 donneront 80 $\times$ 33, 48 = 2678 k. 60 ; et en filasse 9 kilog. 60 $\times$ 33. 48. = 321 kil. 408 à 1 fr. 10 c.; 1 fr. 10 $\times$ 321 408 = 353 fr. 55 cent. par excèssous la graine.

3e *Problème*, Dites ce qu'on retirera de la vente de la graine de la recolte faite dans la chènevière dont il est parlé au problème précédent, si 1 hectare en produit 6 hectolitres, et qu'on la vende 15 fr. l'hectolitre?

Solution. Si un hectare produit 6 hectolitres de graine, 1 are en produira 6 litres, et 33 ares 48 produiront 6 lit. $\times$ 33, 48 ou 2 hectol. 0088. = 200 lit. 88. A 15 francs l'hectolitre égalent 15 c. $\times$ 2,0088= 30 fr. 132.

CENT QUATORZIÈME DEVOIR.

Questions à faire aux élèves sur la dictée précédente.

1. Comment divise-t-on les plantes industrielles? 2. Qu'est-ce que les plantes textiles? 3. Quel sol convient au chanvre? 4. Quelle est la condition nécessaire pour la réussite du chanvre? 5. Dans les climats chauds, quel fumier convient au chanvre? 6. Et dans le Nord? 7. Quels sont les meilleurs labours? 8. Qu'exige donc cette plante? 9. Dans la Lorraine, quand fumet-on le chanvre? 10. Quelle quantité de semence met-on par hectare? 11. Pourquoi est-il prudent de faire garder les chènevières avant que la semence soit levée? 12. Comment se fait la récolte du chanvre? A quelle époque mûrit le mâle? 13. Les pieds du mâle sont-ils aussi nombreux que ceux de la femelle 4. Quels sont les usages du chènevis? 15. Ne faut-il pas re-

nouveler la semence assez souvent? 16. A quoi emploie-t-on le chènevis et les tiges?

114e DICTÉE.

CULTURE DU LIN; SES USAGES.

Le lin est une plante textile qui se plaît particulièrement sur un terrain léger, frais, contenant beaucoup d'humus, très-propre, très-riche, très-meuble, et sous un climat humide. Il réussit dans les défriches de bois et de vieilles prairies, sur un trèfle rompu et dans toutes les terres franches, richement fumées pendant la culture précédente. On ne répand point de grand fumier sur la terre qui doit le recevoir, cela le ferait croître inégalement; les engrais liquides ou en poudre, tels que la poudrette, les cendres, la suie, le purin, sont les seuls qui conviennent. La meilleure place pour le lin est après une récolte sàrclée ou du chanvre; il ne faut le ramener sur le même sol qu'au bout de sept ou huit ans, car il épuise beaucoup la terre. On sème sur un sol bien ameubli. La semence doit être grosse et pesante, de la dernière ou de l'avant-dernière récolte et d'une seule variété pour la même pièce de terre, car toutes ne mûrissent pas à la même époque. Quand on cultive le lin pour la filasse, on doit semer à raison de 3 à 4 hectolitres par hectare, et seulement de 2 à 2 1/2 quand on veut récòlter des graines de première qualité pour semence. On sème en mars ou en avril; on enterre la semence au moyen de la herse. Plusieurs sarclages lui sont nécessaires, et on arrose quand la sécheresse se fait par trop sentir. Afin de l'empêcher de verser, on y met des rames de branches d'arbres, ou bien on y sème des fèves; dont les tiges servent de tuteurs. On le cueille lorsque les feuilles commencent à jaunir, on le range par poignées, puis on le laisse sécher au soleil; et on le bat avec des maillets pour séparer la graine des tiges. Il faut voir soin de laisser bien mûrir sur pied le grain de semence, autrement il dégénérerait bientôt au point d'être méconnaissable. La filasse est plus fine quand on arrache le lin avant sa complète maturité. Le produit du lin varie de 300 à 800 kilog. de filasse par hectare, de 6 à 8 hectolitres de graines pour le lin à filasse et de 10 à 15 hectolitres pour le lin de semence. Les principales variétés du lin sont : le lin *Riga*, qui atteint le plus de hauteur, et dont la graine est fort estimée dans le commerce; le lin de *?landre*, qui s'élève moins que le premier, mais dont la filasse las très-fine; le lin de Chalonne-sur-Loire, dont la tige est encore moins haute, mais qui donne la filasse préférée pour obtenir du fil d'une grande finesse. — On emploie la filasse du lin à différents usages: d'abord à la fabrication de corde qui ne valent pas celles du chanvre ; des toiles ordinaires et des toiles fines d'un grand renom. Qui est-ce qui n'a pas entendu parler des toiles de Hollande, de Courtrai, de Bruges, de Gand, d'Audenarde, des batistes, des dentelles de Malines et de Valenciennes ? Toutes ces richesses sortent de la filasse du lin. La farine de graine de lin est utilisée en médecine, à titre d'émollient; on en fait des cataplasmes. L'huile siccative de graine de lin remplit un rôle très-important dans les arts. On s'en sert pour préparer l'encre des imprimeurs, des lithographes, pour préparer les vernis gras, les taffetas gommés, les toiles cirées, les cuirs vernis. Les chasseurs à la pipée ou au gluau emploient l'huile de lin pour fabriquer une sorte de glu. Il suffit pour cela de la faire réduire sur le feu. La graine de lin ne rend que 25 pour 100 d'huile. Les tourteaux sont consommés par le bétail ou servent d'engrais.

Conjuguer le verbe niveler *aux temps du subjonctif, en mettant après toutes les personnes un complément qui soit un nom employé en agriculture.*

Ortillage, n. m. Maladie de la vigne, dans laquelle ses feuilles jaunissent.
Ortie, n. m. Plante sauvage et très-commune, armée de poils piquants.
Ouvrier, — *ère*, n. Celui, celle qui travaille.
Ovine, adj. Du genre de la brebis; espèce ovine, la race ovine
Ovule, n. m. Rudiment de la graine dans l'ovaire.
Oxygène, n. m. Un des principes de l'air atmosphérique, qui entretient la respiration et la combustion.

CALCUL. — SYSTÈME MÉTRIQUE.

Exposé des mesures du temps, page 76. Faire résoudre les problèmes 97, 98, 99, 100; voir les solutions page 169.

CENT QUINZIÉME DEVOIR.

Questions à faire aux élèves sur la dictée précédente.

1. Qu'est-ce que le lin ? 2. Où le lin réussit-il bien ? 3. Doit-on répandre du grand fumier dans un champ de lin ? 4. Quels sont les engrais qui lui conviennent ? 5. Où est la meilleure place pour le lin ? 6. Quelle qualité doit avoir la semence ? 7. Quand on cultive le lin pour la filasse, quelle quantité faut-il de semence par hectare ? 8. Et quand c'est pour la semence ? 9. Sarcle-t-on le lin et ne l'arrose-t-on pas ? 10. Que fait-on pour l'empêcher de verser ? 11. Comment le recueille-t-on ? 12. Quel est le produit par hectare ? 13. Quelles sont les variétés de lin ? 14 A quels usages emploie-t-on la filasse ? 15. Quelles sont les toiles qui ont de la renommée. 16. A quoi emploie-t-on la farine de graine de lin ? 17. Combien rend-elle en huile ? 18. Quels usages fait-on des tourteaux ?

115e DICTÉE.

PLANTES OLÉAGINEUSES ; CULTURE DU COLZA ; VARIÉTÉS ET USAGES ; SEMAILLES.

Les plantes oléagineuses sont celles qui produisent de la graine dont on extrait l'huile. Les principales sont le colza, la navette, la cameline, le pavot ou œillette, et on pourrait ajouter le chanvre et le lin, si nous ne les avions rangés dans la classe des plantes textiles. Le colza paraît avoir été cultivé dans les Pays-Bas ; c'est de là qu'il est arrivé dans la Flandre française. Pendant la révolution de 93, il était peu connu au delà de Paris ; mais à dater de cette époque, cette graine s'est répandue sur tous les points du territoire français avec une certaine réserve dans les contrées méridionnales. Le nord de la France lui est bien plus favorable que le midi : la Belgique et l'Allemagne seront toujours les contrées privilégiées de cette culture. Cette plante affectionne les terres riches à froment, bien fumées et bien ameublies. Il vient cependant dans les terres légères, sablo-argileuses et schisteuses, pourvu qu'elles soient sous des climats humides. Il y a deux sortes de colza : celui d'hiver et celui du printemps. Le colza d'hiver se sème à la mi-août à raison de 7 à 8 litres par hectare quand on sème à la volée et 4 au plus, si c'est en lignes. Les semailles du colza de printemps se font au mois de mars. C'est vers les mois de septembre et d'octobre qu'on repique le colza semé en pépinière; on opère avec le plantoir, avec la pioche, en se servant de la pointe pour faire le trou, et même avec la charrue, lorsque les bras sont rares; mais alors il faut que la terre soit assez meuble pour recouvrir les racines. Il est essentiel d'éclaircir, de sarcler, de biner le colza en automne, dès que les plants sont assez résistants pour supporter ces opérations, que l'on répète après l'hiver pendant le mois de mars et les mois suivants. Le colza est mûr au mois de juillet lorsque les siliques ou étuis jaunissent. Dans la fraîcheur d'une matinée ou d'une soirée, avant que les tiges soient trop sèches, on les coupe à la faucille avec précaution, afin de ne pas faire tomber la graine, puis on les met en javelles ou on les apporte avec attention dans la grange, où on les met en tas, pour achever complétement sa maturité sans perte. Le colza d'hiver peut donner de 18 à 26 hectolitres de graine par hectare, et même davantage; il donne la meilleure huile à brûler. Celui du printemps donne beaucoup moins; il se sème aux mois d'avril et de mai à raison de 12 à 15 litres par hectare et en produit 10 hectolitres environ; il reussit très-bien sur un bois défriché, sur les luzernes et les sainfoins rompus. Tant en colza, qu'en navette, cameline et pavot la culture occupe en France 750,000 hectares qui rendent plus de 3 millions d'hectolitres de graines, sans compter le fourrage. En vert, le colza fournit un fourrage précoce. Son huile n'est utilisée que pour l'éclairage et l'industrie. Les tourteaux servent à l'alimentation des bestiaux et aux engrais. Les siliques ramollies par l'eau et mêlées aux fourrages cuits conviennent aux vaches. Les pailles après le battage peuvent servir de litière, et dans les pays privés de bois on en chauffe le four.

Analyse de la première phrase de la dictée.

Pacage, n. m. Pâturage. Droit de pacage, d'envoyer paître son troupeau dans un lieu.

Paillasson, n. m. Paille qu'on dispose pour préserver les couches et les espaliers de la gelée.

Paille, n. f. Tuyau et épi du blé, de l'orge, etc., quand le grain est dehors.

Pailler, n. m. Cour d'une ferme où il y a de la paille. Meule de paille battue.

Pailleux, — *euse*, n. m. et f. Celui, celle qui vend, qui fournit de la paille.

Paisseau, n. m. Échalas.

CALCUL.

1er *Problème.* Combien aura-t-on d'hectolitres de colza, dans un champ de 5 hect. 68 ares, quand un hectare produit 12 hect., et combien fera-t-on d'argent si l'hectolitre est à 31 francs ?

Solution. 12 hectol. $\times$ 5, 68 = 68 hectol. 16 vendus à 31 fr. donnent 31 $\times$ 68, 16 = 2112 fr. 97.

2e *Problème.* Si 100 kilog. de colza donnent 34 kil. 75 d'huile et 65 kilog. de tourteau, combien fera-t-on de kil. d'huile avec la récolte du champ dont on vient de parler au problème précédent et combien fera-t-on d'argent de l'huile et des tourteaux, à 108 fr. les 100 kilog. d'huile, et à 16 fr. les 100 kilog. de tourteaux. L'hectolitre de colza pèse 68 kilog.

Solution, 100 kil. = 34,75 d'huile, 1 kil. = 100 fois moins ou $\dfrac{34,75}{100}$

et le nombre de kilog. produit par le champ autant de fois plus Puisqu'un hectol. de graine de colza pèse 68 kilog. 68 hectolitres 16 pèseront 68 kil. $\times$ 68,16 = 4634 kil. 88. Or, si 100 kil. de colza rendent 34 kilogr. 75 d'huile, 1 kilogr. rendra 100 fois moins ou 0 kil. 3475, et 4634 kil. 88 rendront 0 kil. 3475 $\times$ 4634,88 = 1610 kilogr. 620 à 108 fr. les 100 kilogr. = 1739 fr. 47. D'autre part, si 100 kilog. de graine donnent 65 en tourteaux, un kilog. donnera 100 fois moins, et 4634,88 donne-

ront $\dfrac{65 \times 4634,88}{100}$ = 3,012 kilogr. 672 ; le prix sera de 108

$\times \dfrac{3012,672}{109}$ = 298 fr. 50.

3e *Problème.* Combien a-t-on recueilli d'hectolitres de colza dans deux années, une mauvaise qui rend 10 hectol. par hectare et une bonne qui donne 35 hect. dans une pièce de terre de 450 mètres sur 325 de large ensemencée moitié chacune des années, et quelle somme d'argent aura-t-on faite avec les récoltes vendues l'une 31 fr., et l'autre 22 fr., escomptée à 1.50 p 0/0 ?

Solution. Superficie 450 $\times$ 325 = $\dfrac{14 \text{ hectares } 62 \text{ ares } 50}{2}$ =

7 hect. 31 ares 25 $\times$ 35 = 255 hectol. 9375 $\times$ 22 francs prix de l'hectol. = 5,630 fr. 62.

7 hectares 3,125 $\times$ 10 = 73 hectol. 125 à 31 francs. = 2,266 fr.

875 $+$ 5,630 fr. 62 = $\dfrac{7897,50 \times 1 \text{ fr. } 50}{100}$ = 118 fr. 46.

1re Rép. On a recueilli 255 hectol. 9,375 $+$ 73,125 = 329 hectol. 062.

2e Rép. Ces récoltes ont rapporté 7897,50 — 118,46 = 7,779 fr. 04.

Lettre à un greffier pour demander des papiers.

Monsieur,

Les papiers qui concernent (indiquer l'affaire) me sont nécessaires: voudriez-vous me faire savoir combien il m'en coûterait pour me les procurer? Je vous ferai passer le montant de la somme que vous aurez déboursée. Veuillez, Monsieur, me les adresser en toute diligence, et recevez d'avance les remercîments de celui qui a l'honneur d'être, Monsieur le greffier, etc.

CENT SEIZIÈME DEVOIR.

Questions à faire aux élèves sur la dictée précédente.

1. Quelles sont les plantes oléagineuses et que sont-elles? 2. D'où est venu le colza? 3. Quelle est la contrée de la France qui lui est le plus favorable? 4. Quelles terres cette plante affectionne-t-elle? 5. N'y a-t-il pas deux espèces de colza? 6. Quand se font les semailles du colza? 7. Peut-on repiquer le colza? 8. Est-il essentiel de sarcler et d'éclaircir le colza? 9. A quelle époque le colza est-il mûr? 10. N'y a-t-il pas des précautions à prendre pour le récolter? Combien donne le colza d'hiver par hectare? 11. Celui du printemps donne-t-il autant que celui d'hiver? 12. Après quelle récolte vient-il bien? 13. Faites connaître les usages du colza et ceux de la paille?

116e DICTÉE.

CULTURE DE LA NAVETTE, DE LA CAMELINE ET DU PAVOT.

La navette est moins difficile que le colza sur le choix du terrain, mais elle donne beaucoup moins; il y en a une variété d'automne et une de printemps. On sème la navette d'automne au mois d'août ou de juillet; celle du printemps peut se semer jusqu'à la fin de juin, pour remplacer une récolte manquée, et n'occupe le sol que pendant deux mois; on sème toujours à la volée et on emploie 5 à 6 litres de semence par hectare ; les soins d'entretien de la navette sont à peu près les mêmes que ceux du colza; elle se récolte aussi de la même manière. — De l'une et l'autre variétés, on ne retire que de 10 à 14 hectolitres par hectare, et encore celle du printemps ne donne-t-elle guère que moitié de celle d'hiver. — La cameline se trouve bien dans tous les sols; mais elle préfère les terres légères; on la sème à la volée en avril et en mai ; elle se contente d'un sol médiocre, de nature sablon-

neuse ou calcaire; elle craint peu la sécheresse; dans l'espace
de trois mois elle se sème, mûrit et se récolte. On la sème
quelquefois avec la moutarde blanche ou noire. Les deux plantes
s'arrangent bien et mûrissent en même temps, elles donnent une
récolte meilleure que si on les avait semées seules. Le produit
est de 12 à 20 hectol. par hectare. — Le pavot demande une
terre sablonneuse, légère, un peu fraîche, mais parfaitement
labourée, fumée, hersée avant les semailles. On sème le pavot
pendant le mois de février ou de mars, et même en automne,
si la température n'est pas trop rigoureuse en hiver; on répand
à la volée 2 ou 3 litres de semence par hectare et on herse très-
légèrement; on sème aussi en lignes distantes de 45 centimètres.
Au mois d'avril ou de mai, on doit sarcler et éclaircir de manière
à ne laisser que 20 à 25 centimètres d'intervalle entre les
plants; on bine à plusieurs reprises, mais toujours quand la terre
et les plantes sont ressuyées. Dès que les têtes des pavots jaunissent, on les coupe sans attendre qu'elles s'ouvrent, car les secousses
répétées du vent feraient tomber une partie de la graine; on bat
les têtes ou capsules au fléau et l'on nettoie les graines par un van-
nage et un criblage; on obtient 12 à 18 hectol. par hectare.

(La Grue.)

Analyse de la première phrase de la dictée

Palmier, n. m. Arbre qui porte des dattes.
Palmérier, n. m. Lieu planté de palmiers.
Palissade, n. f. Suite de charmes ou d'autres arbres dont les
branches font une espèce de palissade.
Pansage, n. m. Action de panser un cheval.
Panais, n. m. Plante potagère.
Panification, n. f. Art de faire le pain.

CALCUL.

1er *Problème*. On a récolté un champ de navette d'été, long
de 145 mètres et large de 102 m. 60 : quel en sera le produit,
si dans un hectare on recueille dans une année abondante
18 hectolitres et qu'on la vende 19 francs l'hectolitre?

Solution. La surface du champ est $145^m \times 102,60 = 14877$ m.
carrés ou 1 hectare 48 ares 77 centiares. Si 1 hectare p duit
18 hectolitres, un are produit 18 litres, c'est-à-dire 100 fois
moins, et 148 ares 77 cent. produiront 18 l. $\times$ 148,77 2677 l.
86 ou 26 h. 7786. à 19 fr. $\times$ 26 h. 7786 = 508 fr. 7934.

15

2e *Problème*. Dans les conditions exprimées au problème précédent, établir la différence du rapport avec une année mauvaise dans un champ de même contenance ne donnant que 6 hectolitres par hectare vendu 26 francs l'hectolitre?

Solution. 6 h. $\times$ 1,4877 = 8 hect. 9262 vendus à 26 fr. $\times$ 8,9262 = 232 fr. 1810.

L'année abondante a donné 26 h. 7786; à 19 francs l'hectolitre ont produit.. .... 508 fr. 79

L'année mauvaise a donné 8 h. 9262 à 26 francs, ont produit.............................. 232 fr. 08

La différence est de   276 fr. 71

3e *Problème*. Un hectare produit 10 hect., année mauvaise, de cameline et donne pour poids 69 kil. par hectol. Combien aura-t-on d'huile dans un champ de pareille contenance que celui du 1er problème, si l'on obtient 28 kil. d'huile sur 100 kil. de graine?

Solution. 1 h. 4877 $\times$ 10 = 14 h. 877 $\times$ 69 = 1026 k. 513 à 28 k. p. 100 = 287 kil. 423 grammes d'huile.

CENT DIX-SEPTIÈME DEVOIR.

Questions a faire aux élèves sur la dictée précédente.

1. La navette est-elle aussi difficile que le colza sur le choix du sol? 2. Quand sème-t-on la navette d'automne? 3. Et celle de printemps? 4. Comment la sème-t-on? 5. Quels soins d'entretien demande la navette? 6. Quel est le rendement par hectare? 7. Où se plait la cameline? 8. Avec quelle graine la sème-t-on? 9. Ces deux plantes s'arrangent-elles bien ensemble? 10. Quel est le produit d'un hectare? 11. Quelle terre demande le pavot? 12. A quelle époque sème-t-on le pavot? 13. Le sème-t-on à la volée? 14. Combien met-on de litres par hectare? 15. Quels soins réclame-t-il? 16. Quand se fait la récolte? 17. Quel est le rendement par hectare?

117e DICTÉE.

EMPLOI ET USAGES DES PLANTES OLÉAGINEUSES ET DE LEURS PRODUITS.

Les graines oléagineuses se conservent en tas peu épais que

l'on remue souvent, et qu'on a eu soin de mêler avec de la **menue** paille provenant des siliques brisées. On ne doit porter les graines au moulin pour en extraire l'huile que quand elles sont bien sèches ; elles ne doivent être ni trop nouvelles, ni trop vieilles. Pour cela, on attend 2 ou 3 mois après la récolte, et la qualité comme la quantité ne fait qu'y gagner ; il est préférable de les sécher à l'air que de les mettre dans le four. Les graines dont on veut exprimer l'huile sont d'abord concassées entre deux cylindres, puis écrasées sous une paire de meules verticales. La farine ou pâte qui en résulte est tantôt soumise à une forte pression sans être chauffée ; et l'huile qui en provient est dite faite à froid et se trouve d'un goût plus délicat. D'autres fois, cette pâte est chauffée, et l'huile est dite faite à chaud. Les pains ou tourteaux qu'on obtient après l'expression de l'huile sont de nouveaux broyés sous les meules, chauffés une deuxième fois et soumis à la presse qui achève d'extraire toute l'huile, suivant sa qualité ; la quantité d'huile que peut donner un hectolitre de graine varie. Il y a des lieux et des années où un hectolitre de colza donnera 38 kilogrammes d'huile, et dans une autre, il n'en donnera que 32 kil. La navette encore donne un dixième en moins que le colza. La cameline autant que la navette. Les pavots donnent environ 28 l. ou 2 déc. 8 l. d'huile par hectolitre. Toutes ces huiles sont employées, comme nous l'avons dit, à l'éclairage, excepté celle de pavot, qui est bonne à manger et qui remplace très-bien l'huile d'olive pour l'usage de la table. Les huiles s'altèrent peu à peu à l'air ; les unes s'épaississent et finissent par se dessécher ; ce sont les huiles dites siccatives employées pour la peinture. Les autres ne se dessèchent pas, ce sont les huiles dites non siccatives. Les huiles siccatives sont celles de pavot ou d'œillette, de lin, de chanvre et de noix. Les huiles non siccatives sont celles de colza, de navette, de cameline, etc. Avant de les employer à l'éclairage, on les clarifie en les mélangeant avec une certaine quantité d'acide sulfurique, en agitant, en ajoutant de l'eau et en les laissant déposer. Ainsi traitées, dans le commerce, ces huiles prennent le nom d'*épurées*.

Conjuguer le verbe récolter aux temps de l'infinitif en mettant après toutes les formes un complément qui soit un nom employé en agriculture.

Parcage, n. m. Séjour des moutons parqués sur une terre labourable.

Parc, n. m. Lieu clos de haies où l'on renferme les moutons quand ils couchent dans les champs.

Parquer, v. a. Mettre dans un parc, dans une enceinte.

Passereau, n. m. Moineau.

Pâtre, n. m. Gardien de bœufs, de chèvres, de moutons.

Paysan, *anne*, m. n. Homme, femme de la campagne.

CALCUL. — SYSTÈME MÉTRIQUE.

Exposé des lois sur le système métrique et légal, pages 5 et suivantes.

1er *Problème*. Dans un champ de pavot d'une longueur de 120 mètres sur 75 m. 50 de large on a récolté 12 hectolitres de graines vendues à 24 fr. 50 l'hectolitre. Dites ce que rapporte un hectare en graines et en argent.

Solution. Surface $120 \times 75,50$ 90,60. Si 90 ares 60 rapporte 12 hect., 1 are rapporte 12 h. : 90,60 = 0 h. 13245, et un hectare 100 fois plus ou 13 hect. 24 litres. La vente sera de $24,50 \times 13,245 = 324$ fr. 50 cent. que produit un hectare.

N. B. Ayant donné à résoudre 170 problèmes sur le système métrique et sur ses diverses applications, désormais on se contentera de faire des interrogations sur le système légal, puis on donnera un problème à résoudre sur le sujet de la dictée, puis on donnera à faire une facture ou un mémoire.

Modèle d'une facture ou note.

Le 15 avril 1868.

Vendu par M. Richard, marchand à Sedan,

A M. Guyot, cultivateur fermier à Vrignes-aux-Bois.

	m. c.				fr. c.	fr. c.
1er février	8 50	Indiennes pour robes.	à	0 85		7 22
id.	17	Calicot pour rideaux.		1 25		21 25
8 mars	7 50	Cotonnade		1 20		9
id.	8 40	Toile à matelas		1 50		12 60
9 avril	1	Couverture de laine				18 50
					Total.	68 57

Sedan, le 20 avril 1868.

Pour acquit, RICHARD.

CENT DIX-HUITIÈME DEVOIR.

Questions a faire aux élèves sur la dictée précédente.

1. Comment les graines oléagineuses se conservent-elles?
2. Quand doit-on porter les graines au moulin à huile ? 3. Combien faut-il attendre après la récolte ? 4. A quel travail sont-elles soumises? 5. A quoi soumet-on la farine qui en résulte? 6. Que fait-on des tourteaux , après avoir extrait l'huile? 7. Combien un hectolitre de colza donne-t-il de kilogrammes d'huile? 8. La navette donne-t-elle autant que le colza? 9. Et les pavots combien rendent-ils? 10. A quoi sont employées toutes ces huiles? 11. Les huiles s'altèrent-elles? 12. Comment les nomme-t-on? 13. Et celles qui se déssèchent? 14. Quelles sont les huiles siccatives? 15. Quelles sont les huiles non siccatives? 16. Avant d'employer ces dernières à l'éclairage, à quoi les soumet-on? 17. Faites connaître comment on les prépare? 18. Après cette opération, que fait-on de ces huiles et quel nom leur donne-t-on ?

118e DICTÉE.

PLANTES TINCTORIALES; CULTURE DE LA GARANCE, SES USAGES·

On appelle plantes tinctoriales celles dont on obtient de la teinture : ce sont la garance, le pastel et la gaude. La garance est une plante de la famille des rubiacées, dont la racine sert pour la teinture en rouge. Cette racine n'est pas plus grosse que le doigt, son écorce est d'un rouge tirant sur le jaune ; ses tiges sont longues et carrées ; ses feuilles sont verticillées, c'est-à-dire placées autour de la tige, nœud par nœud, en manière d'étoiles; sa graine est ronde et noire quand elle est mûre (1). Cette plante veut un sol léger, frais, sans gravier, contenant beaucoup de calcaire et d'humus, profond, bien défoncé et fumé. On ne la cultive guère que dans les départements de Vaucluse, du Gard, des Bouches-du-Rhône, du Haut et du Bas-Rhin On sème la garance en lignes, vers la fin de l'hiver, après les gelées, à la quantité de 170 litres par hectare, soit de 100 à 120 kilogrammes, ou bien on plante des racines fraîches de 30 à 40 quintaux par hectare également. La plantation se fait en lignes espacées de 16 centimètres, de manière qu'il y ait 16 à 18 centimètres entre les pieds dans tous les sens. On herse après la semaille ; on sarcle à la main quand la plante est levée. Le bi-

(1) Cette plante a été introduite en France, dans le département de Vaucluse, vers l'an 1778, par un Persan nommé Allhen.

nage se fait avec soin et plus tard ; la deuxième et la troisième année, on butte fortement pour convertir une partie de la tige en racines. On recueille la graine la première année ; on récolte les racines vers le mois de septembre de la troisième année ; alors on coupe les tiges pour fourrage ; on arrache les racines quand le sol est détrempé par quelques jours de pluie, et on les ramasse. Ensuite on les laisse bien ressuyer, on les débarrasse de la terre qu'elles retiennent en les remuant fréquemment à la fourche, et on les transporte dans un endroit sec ou à l'étuve pour les faire sécher. Quand les racines sont sèches, on les fait passer sous une meule pour les réduire en poudre, puis les vendre. L'ennemi de la garance, c'est le champignon. Le produit est de 30 à 40 quintaux de racines sèches par hectare.

Annalyse de la première phrase de la dictée.

Pêche, n. f. Gros fruit à noyau.
Pêcher, n. m. Arbre qui porte des pêches.
Pédoncule, n. m. Queue d'une fleur ou d'un fruit.
Pelleversage, n. m. Labour à la bêche.
Pelleverser, v. a. Labourer à la bêche.
Pelou, n. m. Épi de maïs dépouillé de son grain.

CALCUL.

1er *Problème*. Un champ de garance de 30 mois ayant produit 7460 kilog. de racines qui ont été vendus au prix de 0 fr. 58 le kilog., dites quelle est sa contenance, si 1 hectare rapporte en poids ordinaire 3000 kilog., et quel sera le prix de la vente ?

Solution. Autant de fois 3000 seront contenus dans 7460, autant le champ contiendra d'hectares. Ainsi 7460 : 3000 = 2 h. 48 ares contenance du champ ; et la vente des racines sera 0,58 × 7460 = 4326 fr. 80 centimes.

2e *Problème*. D'après le problème précédent, dites ce qu'on vendra le fourrage de cette récolte de garance si l'hectare produit 4000 kilog., et qu'on le vende 2 fr. 50 les 100 kilog.

Solution. 4000 k. × 2 h. 48 ares = 9920 k. à 2,50 × $\frac{9920}{100}$ = 248 fr. 20 c.

3e *Problème*. Quel est en kilogrammes le poids total du produit principal et du produit accessoire d'une culture comprenant 10 ares 10 centiares de garance dans les conditions de rendement indiquées par les deux problèmes précédents ?

Solution. Si 1 hectare produit 3000 k., 1 centiare, qui est la dix-millième partie, produira 10000 fois moins ou 3000 : 10000 = 0; 3, et 1010 centiares en produiront 0, 3 $\times$ 1010 = 3030 hectog. ou 303 kil. D'un autre côté, si un hectare donne 4000 k. de fourrage, 1 centiare donnera 10000 fois moins ou 4000 : 10000 = 0,4, et 1010 centiares donneront 0,4 $\times$ 1010 = 4040 hectogrammes ou 404 kilogrammes de fourrage.

CENT DIX-NEUVIÈME DEVOIR.

Questions à faire aux élèves sur la dictée précédente.

1. Qu'appelle-t-on plantes tinctoriales? 2. Qu'est-ce que la garance? 3. Quelle est la grosseur de cette racine et la couleur de son écorce? 4. Quel sol cette plante veut-elle? 5. Comment sème-t-on la garance? 6. Comment la plantation se fait-elle? 7. Que fait-on après la semaille? 8. Que fait-on la deuxième et la troisième année? 9. A quelle époque recueille-t-on la graine? 10. Comment procède-t-on à cette opération? 11. Que fait-on quand les racines sont sèches? 12. A quoi utilise-t-on la garance? 13. Quel est l'ennemi de cette plante? 14. Quel est le rendement par hect. ?

119e DICTÉE.

CULTURE DU PASTEL, SES USAGES.

Le pastel est une plante bisannuelle qui vient de graine, et qu'on cultive à cause de ses feuilles, qui sont d'un grand usage dans la teinture pour donner une couleur d'un beau bleu d'azur dit *indigo*. Le pastel veut une terre légèrement calcaire et bien fumée et ne se cultive que dans les départements de la Gironde, du Lot-et-Garonne et du Tarn. On sème en automne et au commencement du printemps, à la volée, et plus souvent en lignes espacées de 45 à 50 cent., en employant au moins de 12 à 15 kilog. de graine par hectare. Lorsqu'il a quatre feuilles, on le sarcle, on l'éclaircit et on le bine. Vers le mois de juin ou de juillet, les feuilles jaunissent; on coupe avec une faucille toutes celles qui sont mûres et on laisse les autres pour les récoltes postérieures; ces récoltes se font quelquefois au nombre de trois ou quatre pendant le cours de l'été; on doit les effectuer par un temps sec. Les feuilles cueillies sont déposées et étendues sur l'herbe, à l'ombre, pour s'y ressuyer un peu, puis, on les porte sous la meule d'un moulin semblable à celui dont on se sert pour écraser les graines oléagineuses ; là elles sont réduites en pâte : on pétrit cette pâte sous les pieds, on en fait un tas dans un lieu sec et à l'abri ; on polit l'extérieur du tas, et on le laisse fermenter huit à douze jours, selon la température. Lorsque la pâte a fermenté convenablement, on en fait des boules de la grosseur d'un œuf qu'on sèche sur des claies à l'air et qu'on vend enfin sous le nom de pastel en coques. On obtient 55 à 60 quintaux par hectare, et on vend les 100 kilog. 40 à 42 fr. Mais cette plante a beaucoup perdu de son importance, même dans le Languedoc, où elle était cultivée en grand. Tous les jours la culture se restreint et, sauf dans quelques départements du Midi, elle tend à disparaitre. M. de Dombasle, en 1828, cultivait le pastel à Roville ; mais il fut forcé de renoncer à cette culture à cause du peu de débouché qu'il trouvait (1), et parce que cette plante lui prenait trop de temps et lui faisait peu de profit.

Conjuguer le verbe biner ou sarcler *aux temps de l'indicatif en mettant après chaque personne un complément qui soit un nom employé en agriculture.*

Pastel, n. m. Plante bisannuelle qui vient de graines dont les feuilles donnent une couleur bleu d'azur.
Pastel, n. m. Crayon fait de couleur pulvérisée.
Pasteur, n. m. Anciennement berger.
Pastoral, adj. *ale, aux.* Qui appartient au berger.
Pataud, n. m. Jeune chien.
Patron, n. m. Maître de maison.

CALCUL. — SYSTÈME MÉTRIQUE.

Exposé des lois relatives au système métrique et légal, pag. 5.

1er *Problème.* Quelle est la valeur de 15 kilogrammes de pastel du produit principal, quand l'hectare donne 1200 kilogrammes vendus à 0 fr. 42 cent. et combien retire-t-on de la vente de la récolte de 1 hectare ?
Solution. 15 kil. valent $0,42 \times 15 = 6,30$; et un hectare vaudra $0,42$ c. $\times 1200 = 504$ francs.

(1) Aujourd'hui cette plante est remplacée par l'indigo, cultivé dans l'Amérique du Sud, dans les Indes et l'Algérie.

2ᵉ *Problème.* Un hectare de pastel donne en feuilles sèches en coques, poids élevé, 1500 kilogram. ; quelle sera la récolte d'un champ de 208 mètres 60 de long sur 150 mètres 85 de large?

Solution. $208,60 \times 150,85 = 3$ h. 14 ares 6731×1500 kil. $= 4720$ kil. 096 grammes.

3ᵉ *Problème.* Quelle somme terait-on de cette récolte si l'on vendait 0,42 cent. le kilog., et l'intérêt de quelle somme représenterait cette récolte si on en prenait la moitié pour la main-d'œuvre et l'engrais etc., l'intérêt étant calculé à 5 pour 100?

Solution. 4720 kilog. $096 \times 0,42 = 1982$ fr. 44 ; 1982 fr. $44 : 2 = 991$ fr. $22 \times 20 = 19824$ francs 40 cent.

CENT VINGTIÈME DEVOIR.

Questions à faire aux élèves sur la dictée précédente.

1. Qu'est-ce que le pastel? 2. Quelle terre veut le pastel? 3. A quelle époque le sème-t-on? 4. Quelle quantité de semence met-on par hectare ? 5. Que fait-on quand il a quatre feuilles? 6. Comment se fait la récolte? 7. Comment le prépare-t-on pour le livrer au commerce? 8. Est-ce que cette plante ne perd pas de son importance? 9. Par quoi est-elle remplacée? 10. Où l'indigo est-il cultivé ?

120ᵉ DICTÉE.

DICTÉE RÉCAPITULATIVE D'ORTHOGRAPHE ET D'AGRICULTURE POUR LA FIN DU MOIS.

Parvenus à la cent vingtième dictée, il nous reste peu de choses à voir pour terminer nos devoirs sur la culture des plantes qui font partie des cinq grandes divisions dont nous avons parlé. Depuis notre dernière composition, nous avons fait un grand nombre de devoirs qui ont eu pour objet ce qui nous restait à expliquer sur la culture de la pomme de terre, du topinambour, de la betterave, de la carotte, et des navets. Nous nous sommes aussi occupés de la culture des plantes industrielles, des plantes oléagineuses et de leurs usages. Encore un devoir ou deux, et nous aborderons les plantes parasites, les végétaux ligneux et la culture des arbres. Dans les vingt dictées consacrées à l'étude de ces tubercules et de ces plantes-racines et commerciales, on nous a fait remarquer que leurs produits servaient en partie à la nourriture de l'homme et des animaux, au commerce et à l'industrie, et à un très-grand nombre d'usages. Si nous n'avons pas su profiter des leçons et des explications qui nous ont été données, nous serons d'autant plus dignes de blâme qu'on n'a rien épargné pour nous inculquer les principes de cet art si utile de l'agriculture, et qu'on s'est efforcé de nous donner tous les développements désirables. Combien nous serions donc coupables, si toutes les peines qu'on a prises devenaient inutiles et restaient sans fruit pour l'avenir ! Arrivés bientôt au terme de nos leçons, croyons que nous devons mettre à profit le peu de temps qui nous reste; plus tard nous nous repentirions de n'avoir pas su tirer parti des avantages qui nous étaient offerts et nous aurions à regretter les moments perdus dans la légèreté et la dissipation.

Analyse de la première phrase de la dictée.

Pelouse, n. f. Terrain couvert d'une herbe douce et courte.

Perpendiculaire, n. et adj. Ligne droite, qui tombant sur une autre droite, forme avec elle deux angles adjacents égaux, qu'on appelle angles droits.

Persil, n. m. Plante potagère.

Pétale, n. m. Chacune des pièces qui composent la corolle d'une fleur.

Pétrin, n. m. Huche; coffre où l'on pétrit et où l'on serre le pain.

Pic, n. m. Instrument de fer recourbé, pour ouvrir la terre dans les endroits pierreux.

Modèle d'une demande de renseignements.

Monsieur le maire, prêt à conclure une affaire importante avec M. Pierron, qui a longtemps habité votre commune, je prends la liberté de vous écrire pour vous prier de me donner quelques renseignements sur cette personne; je désirerais connaître quelle peut être sa solvabilité et quelle confiance il a acquise dans le pays. Je le connais peu; mais jusqu'à présent je n'ai qu'à me louer de mes relations avec lui. J'ai pensé que je ne pouvais pas être mieux renseigné que par un homme qui a la confiance du gouvernement et qui est placé à la tête de l'administration municipale.

CALCUL.

1er *Problème*. Quand 1 hectare de pastel rapporte 1500 kilogrammes de feuilles sèches en coques, vendues à 0 fr. 42 c., que rapportera une pièce de terre de 215 mètres de longueur sur 185 m. 80 de largeur?

Solution. 215 × 185,80 = 39947 m. ou 3 h. 99 ares. Si un hectare donne 1500 kilogr., le champ donnera 1500 × 3,9947 = 5992 k. 50. Le prix sera de 42 c. × 5992,50 = 2516 fr. 661.

2e *Problème*. Quand un domestique emploie bien son temps et prend les intérêts de son maître, il reçoit une gratification de 5 francs tous les mois. Qu'aura-t-il économisé, de 28 à 38 ans, sachant que ses appointements fixes sont de 280 francs, qu'il donne chaque année à ses vieux parents 90 francs, et qu'il dépense 50 francs pour son entretien; son argent est placé à 5 pour 100?

Solution. 5 fr. par mois × 12 = 60 fr. de gratification ; + 280 — 90 + 50 = 140 fr. ; 60 fr. de gratification + 140 du reste de ses gages = 200 francs.

1re année. Il met de côté.........................		200 fr.	00
2e	— Avec les intérêts de l'année précédente.	210	00
3e	— Avec les intérêts de 410 fr.............	220	50
4e	— Avec les intérêts de 630 fr. 50.........	231	52
5e	— Avec les intérêts de 862 fr. 02........	243	10
6e	— Avec les intérêts de 1105 fr. 12...... .	255	25
7e	— Avec les intérêts de 1360 fr. 37........	268	01
8e	— Avec les intérêts de 1628 fr. 38.......	281	41
9e	— Avec les intérêts de 1909 fr. 79.......	295	49
10e	— Avec les intérêts de 2205 fr. 28.......	310	26
Ce domestique aura au bout de 10 ans....		2515	54

3e *Problème*. Un élève d'une école primaire, dans ses loisirs, a élevé 18 lapins jusqu'à 6 mois et 24 jusqu'à 9 mois. Il vend les premiers 1 fr. 35 et les autres 2 fr. 10. Sachant qu'il a dépensé pour les nourrir 17 fr. 50, et que le fumier valait 12 francs, on demande s'il a du bénéfice?

Solution. Les lapins valent 1 fr. 35 × 18 = 24 fr. 30; les lapins 2 fr. 10 × 24 = 50 fr. 40. Le tout vendu 74 fr. 70. et le fumier donnant 12 francs. La vente entière donne 86 fr. 70. La nourriture coûtant 17 fr. 50, le bénéfice net sera de 86 fr. 70 — 17 fr. 50 = 69 fr. 20 c.

CENT VINGT ET UNIÈME DEVOIR.

Questions à faire aux élèves sur la dictée précédente.

1. Reste-t-il beaucoup à dire sur la culture des plantes qui font partie des cinq grandes divisions? 2. Qu'est-ce qui a fait l'objet de nos dictées depuis la dernière composition? 3. Nommez les plantes dont on nous a parlé? 4. Que nous a-t-on fait remarquer dans ces vingt dernières dictées? 5. Si l'on n'a pas profité de ces leçons, de quoi sera-t-on digne? 6. Ne serions-nous pas coupables si nous ne profitions pas des peines qu'on a prises? 7. Quelles résolutions devons-nous prendre? 8. De quoi nous repentirions-nous plus tard? 9. Qu'aurions-nous à regretter?

121ᵉ DICTÉE.

CULTURE DE LA GAUDE, SES USAGES.

La gaude est une plante dont les tiges et les fleurs fournissent une belle couleur jaune. Cette plante donne d'abondantes récoltes dans les terres riches et meubles; mais elle n'a pas une si grande valeur que dans les terrains sablonneux et secs, où elle réussit très-bien et où elle est plus chargée de matières colorantes. On la cultive sur divers points, tant du Nord que du Midi. La gaude est d'automne ou de printemps. La gaude d'automne se sème au mois de juillet ou d'août pour être récoltée l'année suivante en juin ou en juillet; celle du printemps se sème au mois de mars pour être récoltée en septembre. On sème la gaude à la volée et elle peut être placée parmi les féveroles, le maïs et les cardères, après le binage de ces plantes, et l'on met de 12 à 15 demi-kilogrammes par hectare et sur un seul labour; on donne quelques sarclages et quelques binages. La récolte se fait lorsque les tiges sont fleuries dans toute leur longueur, et on l'exécute en arrachant la plante. A mesure qu'on arrache la gaude, on la dépose en javelles sur le sol; bientôt le dessus jaunit, et on la retourne pour faire jaunir l'autre côté; ou bien, quand le temps n'est pas beau, on lie immédiatement en petites bottes qu'on dresse pour faire sécher, et qu'on vend ensuite sans autre préparation. Le produit, en tiges sèches, varie de 2300 à 3500 kilogrammes par hectare. Cette plante est employée pour la teinture en jaune; mais cette teinture est peu solide. Il y a encore d'autres plantes tinctoriales, telles que le safran, qui fournit une belle couleur jaune et qui exige une terre légère, chaude et sèche. Cette plante ne se cultive guère que dans l'Orléanais, dans l'Angoumois et aux environs d'Avignon. Nous ne parlons pas du safran bâtard ou carthoine, ni de la renouée tinctoriale, originaire de la Chine; mais il y en a une autre appelée renouée des oiseaux, employée comme vulnéraire contre le flux du ventre, la dyssenterie, l'hémorragie, etc.; ni du tournesol, qui donne une fleur jaune et une graine dont on extrait de l'huile qui fournit une teinture.

Analyse de la première phrase de la dictée.

Pepin, n. m. Semence qu'on trouve au centre de certains fruits.

Pépinière, n. f. Plant de jeunes arbres qu'on transplante au besoin; lieu où on les cultive.

Pépiniériste, n. m. Jardinier qui cultive des pépinières.

Perce-neige, n. f. Petite plante à fleur blanche, ainsi nommée parce qu'elle fleurit en hiver.

Perdrix, n. f. Oiseau gros comme un pigeon et bon à manger.

Perdreau, n. m. Jeune perdrix.

CALCUL.

1er *Problème*. Que produit un champ triangulaire ensemencé de gaude, s'il a 240 mètres de base et 182 m. 60 de hauteur, et si l'hectare donne 2300 kilogrammes à 0 fr. 18 c. ?

Solution. $\dfrac{240 \times 182,60}{2} = 21912$ mèt. carr. ou 2 hect. 19 a. 12 de surface. Le champ produira 2300 $\times$ 2 hect. 1912 = 5039 k. 76, à 18 c. = 907 fr. 15.

2e *Problème*. A quel poids s'élève le produit total de cultures comprenant 1 arc 10 centiares de gaude, de pastel et de garance, d'après les indications des problèmes précédents ?

Solution. Gaude, 2300 kilogr. par hectare, ce qui donne pour 1 arc 100 fois moins ou 23 kilogr., et pour 1 arc 10 c. donnera 23 k. $\times$ 1 arc 10 = 25 k. 30. Pastel, 1200 kilogr. par hectare, 1 arc donne 12 kilogr., et, pour 1 arc 10, 12 k. $\times$ 1,10 = 13 k. 20. Garance, 3000 par hectare, soit pour 1 arc, 30 kilogr., et, pour 1 arc 10 = 30 k. $\times$ 1,10 = 33 kilogrammes. Le poids de ces trois produits s'élève à 25,3 + 13,2 + 33 k. = 71 k. 500 gr.

3e *Problème.* Quelle est la valeur totale de ces trois produits: la garance à 0 fr. 70, le pastel à 0 fr. 42, et la gaude à 0 fr. 18?

Solution, $0,18 \times 25,3 = 4$ fr. 5354 ; $0,42 \times 13,2 = 5$ fr. 554 ; $0,70 \times 33 = 23$ fr. 10. — Le tout s'élève à 33 fr. 20.

CENT VINGT-DEUXIÈME DEVOIR.

Questions à faire aux élèves sur la dictée précédente.

1. Qu'est-ce que la gaude? 2. Donne-t-elle de plus beaux produits dans les terres riches? 3. Où réussit-elle bien? 4. Quand sème-t-on la gaude? 5. Comment se fait la récolte? 6. Quel est le produit par hectare? 7. Quelles sont les autres plantes tinctoriales? 8. A quoi la renouée est-elle employée?

122e DICTÉE.

CULTURE DU HOUBLON ET DU TABAC.

Le houblon est une plante grimpante dont les fleurs, mâles et femelles, sont employées dans la fabrication de la bière. Cette plante, avant 1789, était inconnue chez nous ; elle fut introduite en France par Rambervillers, dans les Vosges. Aujourd'hui, elle est cultivée en grand dans l'Alsace, en Lorraine, dans le Nord et en Belgique, où sa culture, dans ces différentes provinces, a pris une extension considérable. Le houblon exige un sol léger, sablo-argileux ou calcaire, défoncé profondément et riche en fumier pourri ; une exposition un peu humide, peu exposée à souffrir des grands vents, inclinée vers l'est ou le sud-est. On met ordinairement de un à deux mètres de distance entre les pieds de houblon. Les perches, longues de quatre à six mètres, sont enfoncées dans la terre au moyen d'une barre de fer, et, pour qu'elles durent plus longtemps, on les écorce. Les plants de houblon sont de jeunes pousses enracinées ou de vieilles qu'on tire d'une ancienne houblonnière. On plante au printemps, depuis le mois de mars jusqu'au milieu d'avril, et en automne, pendant le mois d'octobre, quand on a de vieux pieds. Dans ce cas, on obtient déjà une récolte l'année suivante. On fait la récolte en septembre ou au commencement d'octobre. Une odeur aromatique des cônes et une couleur jaune indiquent la maturité.

La cueillette doit se faire par un temps sec, et on fait en sorte que les queues et les feuilles ne soient pas trop longues. Un hectare produit, en année ordinaire, 815 kilogrammes, et, dans les années abondantes, 2000 kilogrammes de cônes desséchés, qu'on vend 2 francs le kilogramme, et l'on tire jusqu'à 9000 kilogrammes de litière, qui se vend 1 franc les 100 kilogrammes.

Le tabac, de la famille des solanées, nous est venu d'Amérique comme la pomme de terre. Les Espagnols le découvrirent, en 1518, à l'île de Tabago, qui lui a donné son nom. En France, il fut apporté par Jean Nicot, ambassadeur français auprès de la cour de Portugal. Il l'apporta à Catherine de Médicis. Dès lors le tabac fut en renommée et connu sous le nom d'*herbe de la reine*. On le cultive particulièrement en Flandre et en Alsace. Il veut un sol riche et profond, et il ne peut se cultiver avec avantage que là où il y a beaucoup d'engrais. Sa culture n'est pas libre ; il faut, au cultivateur qui veut s'en occuper, une autorisation du Gouvernement.

Conjuguer le verbe biner *ou* sarcler *au conditionnel et aux temps de l'impératif, en mettant après chaque personne un complément qui soit un nom employé en agriculture.*

Péricarpe, n. m. Enveloppe de la graine, des semences.
Perler, v. a. Arrondir les grains d'orge par le frottement.
Peuplier, n. m. Grand arbre qui croît dans les lieux humides.
Piaffeur, n. m. Cheval qui piaffe.
Piaffer, v. a. Frapper la terre avec son pied, en parlant du cheval.
Piauler, v. n. Se dit des cris des petits poulets.

CALCUL. — SYSTÈME MÉTRIQUE.

Exposé des notions historiques du système métrique, page 1re.

1er *Problème*. Une houblonnière, longue de 25 m. 30 et large de 12 mèt. 80, a rapporté par pied 0 k. 130 de houblon, les pieds étant espacés de 90 centimètres en tous sens. Si les pieds avaient été espacés de 1 mètre, le produit eût été de 0,518 par pied : quel eût été le bénéfice du cultivateur, le houblon valant 186 fr. 75 les 100 kilogrammes ?

Solution. Dans le premier système il a obtenu (25,30 × 12,80) : 0,9 × 0,9 = 399 pieds × 0,130 = 51 k. 874.

Dans le second système, il aurait obtenu au contraire de 0,518

$\times (25,30 \times 12,80) : 1$ mèt. $= 167$ k. 832. La différence entre les deux produits est de 167 k. $832 - 51$ k. $874 = 115$ k. 958, à $186,75 \times \dfrac{115,958}{100} = 216$ fr. 55.

2ᵉ *Problème.* Quelle dépense de perches faut-il faire pour une houblonnière de 250 mètres de long sur 186 de large, si les pieds sont espacés de 1 mèt. 40 et que le cent de perches vaille 15 fr. 80 ?

Solution. $250 \times 186 = 46500$ ou 4 hect. 65 : $(1,40 \times 1,40) = 23724$ perches. 15 fr. $80 \times 237,24 = 3748$ fr. 40.

3ᵉ *Problème.* Un pied de tabac fournit ordinairement 250 grammes de tabac sec : quelle sera la valeur de la récolte d'un champ formant un trapèze de 150 mèt. 60 d'une base, et 120,40 de l'autre, où les plants sont espacés de 0 mèt. 70, se vendant 0 fr. 75 le kilog. à la régie? Le trapèze a 85 mètres de hauteur.

Solution. La surface du trapèze est de $\dfrac{150,60 + 120,40}{2} \times$ 85m. $= 11517$ m. 5 ou 1 h. 15 a. 175 : $(0,70 \times 70) = 23505$ pieds, pesant chacun 250 gr. $\times 23505 = 5876$ k. 250 $\times 0,75$ le kil. $= 4407$ fr. 18.

CENT VINGT-TROISIÈME DEVOIR.

Questions à faire aux élèves sur la dictée précédente.

1. Qu'est-ce que le houblon? 2. La culture de cette plante est-elle ancienne en France? 3. Quel sol exige le houblon? 4. Quelle distance met-on ordinairement entre les pieds? 5. Que met-on pour le soutenir? 6. Que sont les plants de houblon? 7. Quand plante-t-on le houblon? 8. Quand fait-on la récolte du houblon? 9. Par quel temps faut-il faire cette opération? 10 Quel est le produit d'un hectare? 11. D'où nous est venu le tabac? 12. Où le cultive-t-on particulièrement? 13. Quel sol demande-il? 14. Sa culture est-elle libre?

123ᵉ DICTÉE.

PLANTES PARASITES ET ANIMAUX NUISIBLES AUX RÉCOLTES; MOYENS PRÉSERVATIFS.

Les plantes parasites sont des végétaux qui se produisent et se

nourrissent sur une autre plante. En France ils sont peu nombreux, ce sont : les orobanches, la clandestine, la cuscute, la
persicaire, la nielle, l'ivraie des blés, la brome des seigles, et le
gui, qui s'attache aux arbres et surtout aux pommiers. Les orobanches croissent dans les lieux secs où dominent les légumineuses ; elles s'attachent à une ou plusieurs racines, et causent parfois
la mort des plantes. Les moyens de les détruire sont de substituer à une céréale des pommes de terre, des haricots et de fréquents binages. Les clandestines viennent surtout dans les lieux
frais et dans le voisinage des arbres, au milieu des mousses ;
leur présence est plus nuisible que celle de la mousse même. Le
moyen de s'en débarrasser, c'est de les arracher ; il en est de
même de la mousse. La cuscute, appelée teigne, rache, perruque
par les cultivateurs, est un parasite dont la graine germe en terre,
et les tiges s'élèvent sans appui jusqu'à ce qu'elles rencontrent
les végétaux auxquels elles s'attachent au moyen de suçoirs dont
elles tirent plus tard leur nourriture. Cette plante s'attache au
blé, au houblon, au lin et fait de grands ravages dans les récoltes.
Dès qu'on l'aperçoit, on doit l'arracher et la brûler sans attendre
sa floraison, qui a lieu dans le courant de l'été. On répand aussi
de la paille sur les lieux qui en sont infestés ; mais ce moyen
est sans effet dans les luzernes. Le gui est aussi un parasite
qui nuit, croît et vit sur les arbres, et dont la vertu et les
propriétés superstitieuses étaient en grande renommée chez les Gau-
lois. On fait bien de le détruire à coups de serpe et d'en débarrasser les arbres, aux dépens desquels il existe. On peut en nourrir les vaches, mais il ne faut pas qu'elles ne vivent que de cette
nourriture, autrement, en donnant du lait, elles maigrissent. On
ne parle pas des lichens, des mousses, du lierre, qui font encore
partie des plantes parasites, mais qui ne s'attachent guère qu'aux
arbres. Il y a grand nombre de plantes qui, sans être des parasites,
ne sont pas moins funestes aux récoltes. Les plus importantes
sont les grands arbres, les coquelicots, la crête-de-coq, la circée
des champs, l'érigéron, l'épine-vinette, nuisibles aux céréales ;
celles qui le sont aux fourrages sont les mousses, les fougères,
les prêles, qui abondent dans les lieux humides, les laiches, les joncs,
le plantain, la douce-amère, la belladone, la centaurée, etc., etc.
Pour détruire ces herbes, il faut les arracher dès leur jeunesse.

Analyse de la première phrase de la dictée.

Pie, n. f. Oiseau blanc et noir, à queue étagée, du genre
corbeau.

Pierraille, n. f. Amas de petites pierres.

Pierre, n. f. Corps dur et solide formé dans la terre, et qui sert à bâtir.

Pierreux, *euse*, adj. Plein de pierres. Champ pierreux.

Pierrette, n. f. Petite pierre.

Pierrée, n. f. Conduit fait à pierres sèches pour l'écoulement des eaux.

CALCUL.

1er *Problème.* Un vache consomme 15 kilogrammes de foin par jour; son propriétaire est employé à débarrasser les arbres d'un verger du gui qui leur nuit ; il en donne à sa vache, et économise dans une semaine 35 kilogrammes de foin au prix de 5 fr. les 100 kilogrammes ; quelle économie totale a-t-il faite , et combien a-t-il gagné par jour dans cette semaine s'il a eu 12 fr. pour son travail ?

Solution. $\dfrac{5 \text{ fr.} \times 35}{100} = 1$ fr. 75 d'économie dans le foin $+$ 12 $=$ 13 fr. 75 : 6 $=$ 2 fr. 29

2e *Problème.* Une pièce de terre de 2 hectares 84 ares de blé est ensemencée de blé, et infestée d'orobanches; dans la moitié le cultivateur met l'année suivante des pommes de terre, et dans l'autre moitié de l'avoine. La récolte en avoine lui a produit 12 hectolitres par hectare vendus 10 francs l'hectolitre ras, du poids de 45 kilogrammes ; celle des pommes de terre a donné 31421 kilogrammes vendus au prix de 2 fr. 50 l'hectolitre, du poids de 63 kilogrammes ; quelle sera la différence du revenu si, pour la partie ensemencée de pommes de terre, on a donné 100 francs de l'hectare pour la façon ?

Solution. La moitié du champ de 2 hect. 84 $=$ 1 hect. 42 ares. La récolte en avoine $=$ 12 $\times$ 1,42 $=$ 17 hectol. 04 $\times$ 10 francs $=$ 170 fr. 40. La récolte en pommes de terre $=$ 31421 : 63 kilogrammes, poids d'un hectolitre $=$ 498 hectol. 74 à 2 fr. 50 $=$ 1246 fr. 85 cent. La dépense de façon est de 100 fr. $\times$ 1,42 $=$ 142 francs. Le revenu sera donc de 1246 fr. 85 $-$ 142 $=$ 1104 fr. 85 c. $-$ La différence avec la partie en avoine est donc de 1104 fr. 85 c. $-$ 170,40 $=$ 934 fr. 45 c.

3e *Problème.* En supposant qu'on a mis 20 mètres cubes de fumier par hectare, dans la partie plantée de pommes de terre, à 4 fr. 50 le mètre cube, charrois compris, combien en aurait-on encore de profit ?

Solution. 20 mètres cubes $\times$ 1,42 $=$ 28,40 à 4 fr. 50 $=$ 127 fr. 80. Il faut donc déduire 127 fr. 80 de 934 fr. 45 $=$ 806 fr. 65 entimes de profit net.

CENT VINGT-QUATRIÈME DEVOIR,

Questions à faire aux élèves sur la dictée précédente.

1. Qu'appelle-t-on plantes parasites ? 2. Dites celles qu'on trouve en France ? 3. Où croissent les orobanches ? 4. Quels sont les moyens de les détruire ? 5. Quel nom les cultivateurs donnent-ils à la cuscute ? 6. Comment s'accroche-t-elle aux végétaux ? 7. Quel est le moyen de s'en débarrasser ? 8. Qu'est-ce que le gui ? 9. Comment l'enlève-t-on ? 10. Faut-il le laisser croître ? 11. Pourquoi ?

124e DICTÉE.

ANIMAUX NUISIBLES AUX RÉCOLTES ; MOYENS PRÉSERVATIFS.

Le nombre des animaux redoutables aux cultivateurs et aux produits agricoles est très-considérable. Nous ne les indiquerons pas tous. On fera connaître les mammifères carnassiers qui, sans nuire beaucoup aux récoltes, font des ravages considérables dans la ferme. Ce sont : la fouine, la belette, le putois, la loutre, le renard, le loup et le chat sauvage. Tous ces animaux sont plus à craindre pour le bétail que pour les récoltes : mais il n'en est pas de même parmi les insectivores ou rongeurs, tels que les rats, les souris, le surmulot, le mulot, le campagnol, ou rat des champs, la taupe qui, par ses dégâts dans les jardins et dans les terrains ensemencés, mérite d'être détruite, mais qui a son utilité pour la destruction des vers de terre, des vers blancs et autres larves d'insectes. Les sangliers sont aussi fort nuisibles aux récoltes des céréales, des pommes de terre, qu'ils labourent avec leur grouin et consomment sur place. Les moyens de se garantir de tous ces destructeurs dês récoltes sont des piéges pour les premiers ; pour ceux qui se cachent dans des trous ou terriers, c'est l'emploi de l'hydrogène sulfuré. Les oiseaux nuisibles aux grains, aux semences, sont les corbeaux, les crécerelles, les freux, les pies, les geais, les grives, les merles et les étourneaux, les alouettes et les moineaux et bien d'autres ; mais ils dédommagent en détruisant partout une immense quantité d'insectes. On tuera sans pitié le ramier et la tourterelle, qui sont des mangeurs de grains. On ne sera pas plus indulgent pour les corbeaux, quoiqu'ils se nourrissent d'aliments de tous genres ;

mais on sait combien ils causent de dégâts aux semailles des grains. Parmi les mollusques, ce sont les hélices ou limaçons, les limaces, appelées loches dans certaines contrées. Les moyens de se préserver de leurs ravages, c'est de leur faire la chasse le soir et le matin, c'est-à-dire de les ramasser et de les écraser; cependant il y a une espèce de limaçon, l'escargot, qui est recherché et qu'on sert sur nos tables. Quant à la limace qui se cache pendant le jour, et qui, le soir, la nuit et le matin dévore les jeunes plantes surtout dans les jardins, il faut lui tendre des piéges, en mettant des planches, des pierres ou des ardoises, ou des feuilles de choux, sous lesquelles elle vient s'abriter et s'attacher de préférence : puis on lève ces feuilles pour les donner à manger aux cochons ou à la volaille. On peut encore, comme nous avons dit dans une dictée sur les céréales, faire parquer les dindes dans les champs infestés de limaces. En répandant de la chaux, des cendres, du sable très-fin sur le sol, on les fait disparaître. Quant aux insectes nuisibles, le nombre en est incalculable. Les graminées sont attaquées par le taupin strié, le charançon ou becmore, etc ; les plantes potagères, par les courtilières, les taupes-grilles, les chenilles, les pucerons ; les pruniers, les cerisiers, par les processionnaires ; les pommiers, les poiriers, etc., par les pyroles des pommes ; les groseilliers, par la phalène wau, le grosseliata, les pucerons et les fourmis, qu'on détruit par des lotions amères ou fétides. Dans les prairies et les vergers, les sauterelles, les criquets et les hannetons font de grands dégâts.

Conjuguer le verbe biner *ou* sarcler *aux temps du subjonctif en mettant après chaque personne un complément qui soit un nom employé en agriculture.*

Pin, n. m. Arbre toujours vert qui porte la résine.
Pincement, n. m. Action de couper l'extrémité des bourgeons avec le bout des doigts.
Pineau, n. m. Sorte de raisin noir.
Pinède, n. f. Terrain planté de pins.
Pinson, n. m. Petit oiseau de diverses couleurs, à bec gros et dur.
Pissenlit, n. m. Plante chicoracée, appelée autrement dent-de-lion.

CALCUL. — SYSTÈME MÉTRIQUE.

Exposé du précis du système métrique et légal, pages 5 et suiv.

Problème. Un jardinier a dans son jardin 100 pieds de groseilliers qui ont bien fleuri et sont prêts d'arriver à maturité.
Mais ils sont envahis par les insectes et ne lui laissent pas d'espoir ; son voisin est dans les mêmes conditions, et passe tous
les matins une heure pour détruire ces envahisseurs, et cela
pendant 12 jours. Ses peines sont-elles payées quand il récolte
60 kilogrammes de groseille qu'il vend 0,35 centimes, tandis que
l'autre n'en recueille que 20 kilogrammes et encore de mauvais
fruits?

Solution. 60 kilogrammes = 0,35 × 60 = 21 francs. Le premier a 20 kilogrammes à 0,35 ou 0,35 × 20 = 7 francs. Celui
qui a soigné ses groseilliers a de plus que l'autre 21 francs — 7
= 14 francs gagnés dans 12 heures = 14 : 12 = 1 fr. 17 par
heure, c'est un travail bien récompensé.

Mémoire d'un charron.

Doit M. Haublin, propriétaire, à Mila (Louis), charron à Belleville.

---

		f.	c.
1868. 3 mars.	Pour avoir réparé un chariot et une charrue.	24	00
id.	Avoir fait une herse neuve et fourni les dents	18	50
id.	Avoir mis 2 jantes à une roue du char à bancs	1	80
3 avril.	Réparé l'avant-train d'une charrue..	6	40
id.	Avoir fourni et placé 3 manches à 3 pioches, à 0,30 centimes........	0	90
id.	Avoir remis une flèche au grand cha- riot	9	50
	TOTAL................	61	10

Saint-Hilaire, le 15 avril 1868.   Pour acquit,
                                                  L. MILA.

CENT VINGT-CINQUIÈME DEVOIR.

Questions à faire aux élèves sur la dictée précédente.

1. Le nombre des animaux nuisibles est-il considérable?
2. Quels sont les mammifères carnassiers? 3. Ne sont-ils pas plus à craindre pour le bétail que pour les récoltes? 4. En est-il de même des insectivores? 5. Quels sont-ils? 6. Les sangliers sont-ils nuisibles aux récoltes? 7. Quels sont les moyens de se garantir contre tous ces ennemis? 8. Quels sont les oiseaux nuisibles? 9. Et parmi les mollusques (dire ce que c'est qu'un mollusque)? 10. Comment se préserve-t-on des limaçons? 11. Quels dégâts fait la limace? 12. Comment les détruit-on? 13· Dites quelque chose des insectes? 14. Dites les plantes que chaque espèce attaque?

125e DICTÉE.

ANIMAUX DESTRUCTEURS DES ANIMAUX NUISIBLES.

Les animaux destructeurs des animaux nuisibles détruisent les êtres vivants qui dévorent les plantes de la culture. Ce sont : les chauves-souris, qui vivent uniquement d'insectes nuisibles tels que de papillons de nuit, de hannetons, de cousins, de moustiques qui voltigent pendant la nuit ; les musaraignes ou musettes, qui purgent les jardins, les espaliers, préservent les fruits, protégent les alentours des habitations d'une foule d'insectes, des larves et des limaçons qui sont à leur portée. Le hérisson, animal insectivore et fort utile à l'agriculture : il fait sa pâture de taupes, de rats, de mulots, d'escargots, de limaces, de vers de terre, de larves de hannetons. Les oiseaux de proie nocturnes, tels que l'effraie, et la famille des hiboux et des chouettes sont des oiseaux destructeurs aussi des rats, des souris, des mulots, des lérots, des insectes, des hannetons et autres coléoptères. Les oiseaux de proie diurnes, tels que la buse commune, la bondrée, la crécerelle, vivent de mulots et jamais d'oiseaux. On estime qu'une buse consomme de 6 à 8000 souris par an, soit 16 par jour. L'autour, l'épervier dévorent les rongeurs qui se trouvent dans les garennes. Ce qui rend surtout recommandable la bondrée, c'est qu'elle détruit les chenilles, les guêpes et les larves des coléoptères nuisibles. On sait que le vautour du midi de la France ne vit que de chair morte et de charogne, et, par là, contribue à la salubrité publique. Le nombre des oiseaux qui vivent exclusivement d'insectes est considérable; ceux qui les détruisent sont les engoulevents, les martinets, les hirondelles, les gobe-mouches, et les pie-grièches qui dévorent les chenilles. La grande division des oiseaux appelés becs fins détruisent une quantité incroyable d'insectes sous leurs divers états. Ce sont les bergeronnettes, les traquets, les rouges-queues, les rossignols, les rouges-gorges, les fauvettes, les pouillots, les troglodytes et les roitelets, innocents petits oiseaux qui purgent nos jardins, nos prés et nos bois des ennemis de nos cultures, et remplissent nos bosquets de leurs chants gracieux et variés. Combien sont coupables les enfants qui font la guerre à ces petits êtres si utiles et qui détruisent leurs nids, leurs œufs ou leurs petits! ils s'exposent d'ailleurs à de justes châtiments et aux peines portées par les lois.

Analyse de la première phrase de la dictée.

Pioche, n. f. Instrument pour fouir la terre.
Piocher, v. a. Fouir avec une pioche.
Piocheur, n. m. Grand travailleur.
Pionnier, n. m. Travailleur qui aplanit les chemins.
Pique-bœuf, n. m. Charretier qui aiguillonne les bœufs.
Piquette, n. f. Boisson acidulée qu'on obtient en jetant de l'eau sur les marcs du raisin.

Sujet d'une lettre.

Pierre écrit à son frère, qui habite une autre commune, et le prie de venir l'aider à faire sa fenaison, en lui faisant connaître qu'il a été retardé par les pluies; il lui dit qu'il voudrait profiter de quelques jours du beau temps qui paraîtrait se manifester. Il n'a pu trouver personne, parce que chacun dans sa commune est occupé à ses travaux.

Corrigé ou développement de la lettre.

Mon cher ami, je ne sais pas si le temps s'est comporté chez toi comme dans notre commune; mais, jusqu'aujourd'hui, nous avons été singulièrement contrariés par les pluies intempestives qui sont survenues depuis bientôt huit jours. Ce matin, le temps paraît vouloir se remettre, et voulant profiter de cette éclaircie, je t'écris pour t'engager à venir me donner un coup de main pour m'aider à finir la fenaison, à revanche de t'obliger plus tard en pareil cas.

Si j'avais trouvé quelqu'un ici, je t'aurais épargné cette démarche qui, peut-être, te gênera ; mais tout le monde, dans notre village, est tellement occupé à rentrer les fourrages, qu'il est impossible de se procurer de l'aide, et qu'on ne peut trouver ni faucheur, ni faneur, ni faneuse.

Je t'embrasse et je t'attends.

Ton frère,
PIERRE.

CALCUL.

1er *Problème*. On dépense pour la nourriture d'une lapine, avec les 45 lapereaux qu'elle produit, environ 25 fr. 40 ; on en perd environ le neuvième. 16 ont été vendus 1 fr. 40 et le reste 1 fr. 50 ; on a retiré de la vente du fumier 4 fr. 80 : quel est le bénéfice au bout de l'année ?

Solution. Le produit est de 1 fr. 40 $\times$ 16 = 22,40 + 1,50 $\times$ 45 — (16 + 5) = 36 francs. Le bénéfice est de 22,40 + 36 fr. + 4,80 = 63 fr. 20 — 25 fr. 40 = 37 fr. 80.

2e *Problème*. Pour se faire 500 francs de rente, combien faut-il de ruches, sachant qu'une ruche donne en produit ordinaire 6 kilogrammes de miel à 1 fr. 40 et 500 grammes de cire à 4 francs le kilogramme ?

Solution. 1,40 $\times$ 6 = 8,40 + 0,500 $\times$ 4 fr. = 2 fr. 00 = 8,40 = 10 fr. 40. 500 fr. : 10,40 = 48 ruches.

3e *Problème*. Combien y a-t-il de mouches dans un essaim du poids de 3 kilogr. 250 gr., lorsqu'on en compte 22000 dans un essaim de 2 kilogr. 550 ?

Solution. Si dans 2 k. 550 il y a 22000 mouches, on aura le nombre de mouches pour égaler le poids de 1 gramme en divisant 22000 par 2550 et multipliant le quotient par 3 k. 250, et on aura 28039 ; ou bien on dira : 2550 donne 22000, 1 gr. donne 2550 fois moins, et 3 k. 250 ou 3250 fois plus = $\frac{3250 \times 22000}{2550}$ = 28039 mouches.

CENT VINGT-SIXIÈME DEVOIR.

Questions à faire aux élèves sur la dictée précédente.

1. Qu'est-ce que l'on entend par les animaux destructeurs des animaux nuisibles? 2. Quels sont ceux qui détruisent les animaux nuisibles? 3. Les musaraignes rendent-elles des services? 4. Et le hérisson? 5. Et les oiseaux de proie nocturnes? 6. De quoi les oiseaux de proie diurnes vivent-ils? 7. Nommez les principaux? 8. Que dévorent l'autour et l'épervier? 9. De quoi se nourrit le vautour? 10. Nommez ceux qui détruisent les insectes? 11. N'y a-t-il pas une autre catégorie, et nommez ceux de cette famille qui vivent d'insectes et de larves? 12. Sont-ils coupables ceux qui font la guerre à ces petits êtres et qui les détruisent? 13. A quoi s'exposent-ils?

126e DICTÉE.

ANIMAUX DESTRUCTEURS DES ANIMAUX NUISIBLES (SUITE).

De tous les oiseaux à bec fin dont nous avons parlé dans la dictée précédente, il reste encore à nommer les mésanges qui, voltigeant d'arbre en arbre, sont sans cesse à la recherche des insectes, de leurs larves et des baies à pepins. On rapporte qu'en quelques heures, une mésange avala deux mille pucerons qui infestaient un rosier. La huppe et le coucou sont deux grands destructeurs des larves, et ils se nourrissent de grosses chenilles velues que peu d'autres oiseaux peuvent digérer. Les oiseaux à gros bec, tels que les chardonnerets, linottes, pinsons, verdiers, bruants, bouvreuils, becs-croisés, ortolans, vivent presque exclusivement d'insectes et rendent par là de grands services à l'agriculture. Quant aux moineaux, ils sont incommodes sans doute, mais ils dédommagent des ravages qu'ils causent par le grand nombre d'insectes qu'ils dévorent. On a compté autour d'un nid de moineaux les débris de sept cents hannetons dont ils avaient nourri leurs petits. Les alouettes, quoique en partie granivores, sont friandes d'insectes et détruisent une quantité de mouches. Un certain nombre de ces petits êtres nous restent pendant l'hiver, bravent les frimas, butinent frugalement les œufs des insectes déposés sur les plantes, et complètent leur nourriture au moyen de cousins, de vermisseaux et de petites grenailles sauvages. Les étourneaux détruisent les chenilles, les vers et les limaçons; mais ils sont gourmands de cerises. Admirable économie de la Providence qui a pourvu à la conservation les êtres nécessaires à l'homme, par la destruction de ceux qui lui sont nuisibles ! et si un cultivateur, un jardinier, pensait aux services que ces petits oiseaux lui rendent, à la quantité de chenilles qu'ils dévorent, jamais il ne permettrait à ses enfants de les dénicher. Ce ne sont pas seulement les mammifères et les oiseaux qui détruisent les animaux nuisibles, mais même les reptiles. Les lézards explorent sans cesse les espaliers, les vignobles, et sont à la poursuite des insectes malfaisants; l'orvet fait la même chasse dans les bois, les forêts et les haies; les couleuvres ont pour nourriture principale les insectes ; les reptiles amphibies, tels que les grenouilles, les rainettes, les crapauds, les salamandres, sont éminemment utiles dans les jardins pour sauvegarder les fruits et les légumes.

Analyse de la première phrase de la dictée.

Pistil, n. m. Organe femelle des végétaux.
Pivotante, adj. f. Qui s'enfonce en terre dans une direction verticale; plante à racine pivotante.
Pivoter, v. n. S'enfoncer perpendiculairement en terre; se dit des plantes et des racines.
Pivre, n. m. Maladie des pommes de terre.
Plaine, n. f. Plate campagne.
Plançon ou *plantard*, n. m. Branche de saule, d'osier, etc., qu'on sépare du tronc pour en faire une bouture.

CALCUL.

1er *Problème*. Un propriétaire fait la chasse aux hannetons dans son verger et donne à un journalier 2 francs par double décalitre qu'il lui apporte. Chaque jour il en a ramassé 26 litres, et ce travail a duré 5 jours : combien le propriétaire aura-t-il donné à l'ouvrier, et quel est son bénéfice, s'il récolte pour 35 francs de plus de fruits dans son verger?

Solution. 2 francs par double décalitre donné pour un litre 2 : 20 = 0,10 c., et, pour 26 litres, 26 fois plus ou 0,10 $\times$ 26 =2,60 $\times$ 5 = 13 francs. Le bénéfice sera donc de 35 fr. — 13 fr. = 22 francs.

2e *Problème*. En supposant qu'un double décalitre contienne 000 hannetons, combien en aurait-on ramassé dans les 5 jours, et combien de nids de moineaux pourrait-on nourrir avec cette chasse, si chaque nid en consommait le nombre indiqué dans la dictée?

Solution. On a ramassé 26 litres dans un jour; dans 5 jours, 5 fois plus ou $26 \times 5 = 130$ litres $: 2 = 6$ doubles $\frac{1}{2}$. Si un double renferme 8000 hannetons, 6 doubles $\frac{1}{2}$ donneront 6 fois et demie plus, ou $8000 \times 6 \frac{1}{2} = 52000$ hannetons divisés par 700 $= 74$ nids et 200 de reste.

3e *Problème.* On admet que le coucou ne passe pas 5 minutes sans avaler une grosse chenille ; combien 6 coucous en avaleront-ils dans 3 jours : le jour est compté de 14 heures.

Solution. Si dans 5 minutes le coucou avale une chenille, dans une heure il en avale 12, et dans 14 heures il en dévore $12 \times 14 = 168$, et, dans 3 jours, 3 fois plus, ou 168 ch. $\times 3 = 504$ chenilles; et 6 coucous, 6 fois plus, ou 3024.

CENT VINGT-SEPTIÈME DEVOIR.

Questions à faire aux élèves sur la dictée précédente.

1. De quoi se nourrissent les mésanges? 2. Combien une mésange peut-elle avaler de pucerons dans deux heures? 3. La huppe et le coucou sont-ils destructeurs des insectes nuisibles? 4. De quoi les oiseaux à gros bec vivent-ils? 5. Que dites-vous des moineaux? 6. Et des alouettes? 7. Tous les oiseaux émigrent-ils pendant l'hiver? 8. Que devons-nous admirer dans cette prévoyance? 9. Le jardinier, le cultivateur doit-il permettre à ses enfants de dénicher les nids d'oiseaux? 10. N'y a-t-il que les oiseaux et les mammifères qui détruisent les animaux nuisibles? 11. Que font les lézards? 12. Et les couleuvres? 13. Et les reptiles amphibies?

127e DICTÉE.

VÉGÉTAUX LIGNEUX; NOTIONS GÉNÉRALES.

On entend par végétaux ligneux ceux dont la tige a la consistance du bois ; de quelque nature que soit la plante, trois organes lui sont nécessaires : ce sont la racine, la tige et les feuilles, qui servent à la nutrition. La tige est la partie du végétal ligneux qui, partant du collet, prend son accroissement hors de la terre de bas en haut, et recherche l'air et la lumière, tandis que la racine est la partie qui s'enfonce dans le sol pour y puiser les substances nécessaires à la nutrition de la plante. Le collet est ce qui sépare la tige de la racine, et les feuilles sont des parties solides, planes, verdâtres, qui naissent sur la tige et sur les rameaux des plantes. La tige est formée de l'épiderme ou écorce qui en est la partie extérieure. L'enveloppe herbacée qui se trouve sous l'épiderme a une couleur verdâtre, l'aubier ou bois tendre, enfin le bois parfait qui se forme par le durcissement successif des couches internes de l'aubier. Il y a encore la moelle, substance légère et spongieuse, placée ordinairement au centre de la tige, et contenue dans le milieu du tronc, qui est appelé tuyau médullaire. La tige, se divisant en branches en s'élevant en l'air, produit des rameaux, et ceux-ci des feuilles, des fleurs et des fruits. On donne le nom d'œil à une sorte de petit œuf entouré d'écailles, recouvert d'un léger duvet, et que l'on voit se former au printemps près des feuilles. Au printemps suivant, cet œil se gonfle et prend le nom de bourgeon ; l'on appelle rameau le bourgeon de l'année terminé par un œil. Un bouton est un œil qui renferme des fleurs. La fonction des feuilles est de s'emparer de l'acide carbonique et de l'humidité contenus dans l'air ; elles rejettent au dehors les matières qui ne pourraient plus rester dans la plante sans lui être nuisibles. La fleur est la partie la plus brillante du végétal et la plus nécessaire, puisqu'elle contient les organes qui donnent le fruit et qui servent à le reproduire ; elle se compose de la corolle, soutenue par le calice, des étamines, des anthères, du pollen, du pistil, du style, du stigmate et de l'ovaire (1). Le fruit est l'ovaire fécondé par la poussière des étamines, grossi avec le temps et mûri par la chaleur. La séve est un liquide incolore presque semblable à l'eau, que les racines puisent et absorbent dans le sein de la terre pour la faire servir à la nourriture du végétal, sous l'influence de la lumière et de la chaleur, au moyen des pores dont les racines, la tige et les feuilles sont pourvues.

Conjuguer le verbe biner *aux temps de l'infinitif, en mettant*

(1) Expliquer et donner le sens de chacun de ces mots : corolle, calice, étamines, etc.

après toutes les formes un complément qui soit un nom em-ployé en agriculture.

Pluie, n. f. Eau qui tombe de la moyenne région de l'air.

Plouter, v. a. Briser les mottes avec la houe.

Pluvieux, euse, adj. Abondant en pluie; année, saison pluvieuse.

Polygone, n. m. Figure plane à plusieurs côtés et à plusieurs angles.

Pomme, n. f. Fruit à pepin rond et bon à manger.

Pommé, n. m. Cidre de pomme.

CALCUL. — SYSTÈME MÉTRIQUE.

Exposé des mesures de longueur pages 12 et suiv., et voir l'inst., pages 12 et suivantes, avec des applications faites en classe ou en dehors.

1er *Problème*. Un jardin qui a 80 mètres de longueur sur 65 mètres de largeur doit être planté d'arbres à 5 mètres en tous sens; dites combien il faudra de pieds et quelle somme on devra payer, si chaque pied coûte 0 fr. 85 cent.?

Solution. Puisque le jardin a 80 m. de long., autant 5 mètres seront contenus dans 80, autant il y aura de pieds par rang. 80 : 5 — 16 pieds par rang. Comme le jardin a 65 mètres et que les arbres sont à 5 mètres, autant de fois 5 seront contenus dans 65, autant on aura de rangs. 65 : 5 = 13 rangs $\times$ 16 = 208 à 0.85 = 176 fr. 80.

2e *Problème*. Combien faudra-t-il payer à un jardinier pour avoir planté 154 pieds d'arbres dans un jardin, s'il a 15 centimes par pied? Combien a-t-il fallu de journées s'il en plante 18 par jour?

Solution. 154 $\times$ 0,15 = 23 fr. 10 pour 154 : 18 = 8 journées 5/9 de jour.

3º *Problème*. On veut entourer d'une haie un jardin fruitier de 130 mètres de long sur 95,50 de largeur. Combien faut-il de plants d'épine blanche, si on les met à 0 m. 15 de distance, et que donnera-t-on pour les avoir arrachés et plantés à 12 fr. le mille?

Solution. 130 + 130 + 95.50 + 95.50 = 451 m. : 0,15 = 3006 pieds à $\dfrac{12 \text{ fr.} \times 3006}{1000}$ = 36 fr. 072.

CENT VINGT-HUITIÈME DEVOIR,

Questions à faire aux élèves sur la dictée précédente.

1. Qu'est-ce qu'on entend par végétaux ligneux? 2. Quels sont les organes nécessaires aux plantes? 3. Qu'est-ce que la tige? 4. Le collet? 5. La racine? 6. De quoi la tige est-elle formée? 7. Qu'est-ce qu'on appelle tuyau médullaire? 8. Comment se divise la tige? 9. A quoi donne-t-on le nom d'œil? 10. Que devient cet œil au printemps suivant? 11. Quelle est la fonction des feuilles? 12. Qu'est-ce que la fleur? 13. De quelles parties se compose une fleur? 14. Qu'est-ce que le fruit? 15. Qu'est-ce que la séve?

128ᵉ DICTÉE.

MULTIPLICATION DES VÉGÉTAUX; PÉPINIÈRES ET DIFFÉRENTS MODES DE REPRODUCTION.

La multiplication des végétaux ligneux se fait naturellement par le moyen des graines en semis, et artificiellement par des excroissances, des boutures, des greffes et du marcottage. C'est l'arboriculture en action, qui n'est autre chose que la science de la culture et de la taille des arbres. On peut donc établir en principes que pour multiplier les végétaux avec rapidité, il faut avoir recours aux pépinières. Ce sont des lieux destinés aux semis de pepins, de noyaux, de graines, et aux divers modes de reproduction et de multiplication de tous les végétaux ligneux dont la culture demande des soins, mais qui présente aussi des avantages sous le rapport de l'utilité et de l'agrément. Le terrain qui convient le mieux pour établir une pépinière est celui qui possède une terre franche, profonde, et sous la couche labourable une terre sablo-argileuse. La richesse du sol n'est jamais trop grande, il faut que le terrain ait été défoncé de 75 à 80 centimètres, 1 mètre même, afin que les racines des arbres puissent se développer aisément dans la couche de terre végétale; de plus, il faut que les pierres et les racines soient toujours enlevées et que si le territoire est humide, on l'assainisse par des fossés ou des drainages, en mêlant la terre de plâtras, de marne et de chaux si le sol est argileux. Il faut pour une pépinière un sol neuf, comme serait un pré, une luzerne défrichée; mais il ne convient pas de l'établir dans un terrain qui aurait été anté pendant longtemps d'arbres fruitiers. Par les semis on reproduit les végétaux en répandant, d'avril en juin, ou d'août en octobre, des graines, des pepins, des noyaux à la volée ou en lignes distantes de 30 à 40 centimètres dans une partie d'un jardin. Ces semis doivent donner, au bout de quelques années, des sujets qu'on plante à demeure. Par l'excroissance, on reproduit les arbres en arrachant d'une tige ou d'un tronc des pousses qui sont sorties au pied, et qu'on replante ailleurs, ou à côté. Par boutures on reproduit en propageant les drageons qui poussent au pied d'un arbre. Par la greffe on multiplie les végétaux ligneux en appliquant sur le tronc d'un sauvageon une autre branche prise sur un sujet pour qu'il s'y unisse et y croisse. Ainsi on peut dire que greffer c'est détacher une portion d'un végétal qu'on veut multiplier pour l'appliquer sur un autre.

Analyse de la première phrase de la dictée.

Poirier, n. m. Arbre qui porte des poires.
Poire, n. f. Fruit à pepins dont il y a plusieurs espèces.
Poiré, n. m. Cidre fait de poires.
Poirée, n. f. Plante potagère, appelée bette blanche.
Pois, n. m. Plante légumineuse à tête ronde.
Pois chiche. Variété de pois, plante légumineuse.

CALCUL.

1er *Problème*. Un propriétaire avait planté dans un terrain clos d'un hectare 60 ares des poiriers à raison de 8 mètres carrés pour chaque arbre. Pour avoir négligé de garantir ces arbres, c'est-à-dire de les entourer d'épines, un troupeau de moutons y pénètre et en fait périr les 2/7 : 1° combien a-t-il planté d'arbres ? 2° Combien y en a-t-il de détruits ? 3° Combien en reste-t-il ? Dites aussi ce qu'il a dépensé si le cent d'arbres coûte 75 fr. et la plantation 0,08 c. le pied, et enfin la perte qu'il a faite ?

Solution. Le nombre d'arbres ou poiriers est $16000 : 8 = 2000$ pieds. Le nombre des arbres détruits sera de $2000 \times \dfrac{2}{7} = 571$ arbres détruits. Le nombre des arbres restants est de 1429 pieds.

Le prix de revient est de 0 fr. 75 le pied $\times$ 2000 = 1500 fr.; pour la plantation = 160 fr. La perte essuyée est de 0,75 cent. $\times$ 571 = 428 fr. 25 cent., plus 0,08 $\times$ 571 = 45 fr. 68; total de la perte, 473 fr. 93 cent.

2e *Problème*. Combien faut-il payer à 5 ouvriers qui ont travaillé dans une pépinière pendant 9 jours 2/3, chacun à 3 fr. 75 cent. par jour ?

Solution. 9 jours 2/3 = 29/3 × 3.75 = 36.25 × 5 ouvriers = 181 fr. 25 cent.

3e *Problème*. Un jardinier a fait à un propriétaire 24 journées 1/2 de travail; une autre fois 5 journées 1/3, et enfin 7 journées 3/4; il gagne 2 fr. 50 par jour: que doit-il recevoir ?

Solution.

$$2,50 \times 24\,\text{j.} \; \frac{1}{2} \; \text{ou} \frac{49}{2} = 61\,\text{fr.}\;25$$

$$+ \; 2,50 \times 5\,\text{j.} \; \frac{1}{3} \; \text{ou} \frac{16}{3} = 13 \quad 33$$

$$+ \; 2,50 \times 7\,\text{j.}\,3/4 \; \text{ou} \frac{31}{4} = 19 \quad 37$$

Le jardinier doit recevoir.......... 93 fr. 95

CENT VINGT-NEUVIÈME DEVOIR,

Questions à faire aux élèves sur la dictée précédente.

1. Comment se fait la multiplication des végétaux ligneux ? 2. Qu'est-ce que l'arboriculture ? 3. Que doit-on établir en principe pour multiplier les végétaux ? 4. Qu'est-ce que les pépinières ? 5. Quel terrain convient le mieux à une pépinière ? 6. Faut-il un sol riche ? 7. Faut-il qu'il soit défoncé et profond ? 8. Doit-on y laisser des pierres ? Et quand le terrain est humide ? 9. Un pré, une luzerne défrichés conviennent-ils pour une pépinière ? 10. Et un terrain qui aurait depuis longtemps des arbres fruitiers ? 11. Comment reproduit-on les végétaux par les semis ? 12. Que donnent ces semis ? 13. Qu'est-ce qu'on entend par excroissance ? 14. Et par boutures ? 15. Et par la greffe ?

129e DICTÉE.

DE LA GREFFE; ÉTUDES DES TROIS PRINCIPALES SORTES DE GREFFE.

Le greffe est la portion détachée d'un végétal qu'on veut multiplier. C'est ou une branche, qu'on nomme scion, ou bien un œil, qu'on appelle écusson, qu'on veut placer sur un autre sujet. Ainsi l'opération de la greffe consiste à fixer entre l'écorce, garnie d'un œil qui poussera, une tête pour remplacer celle qu'on a dû supprimer. Il y a trois principales manières de greffer : la greffe en fente, la greffe en couronne et la greffe en écusson. La greffe en fente consiste à introduire un, deux, trois, quelquefois quatre petits rameaux garnis de deux ou trois boutons, dans des fentes pratiquées soit sur une tige, soit sur des branches de côté, soit sur des racines. L'époque la plus favorable est le printemps, c'est-à-dire au moment où la séve commence à monter. La greffe en couronne est la même que la précédente, avec cette différence qu'au lieu de fendre la branche, on lève seulement l'écorce à l'aide d'un petit coin de bois pour introduire dessous la greffe taillée en talus ou en cure-dent. On en place ainsi plusieurs autour de la branche de manière à former une sorte de couronne. Cette greffe se pratique du 20 mars au 20 avril. La greffe en écusson consiste à prendre sur un végétal un œil attaché à une petite lame d'écorce et à l'introduire dans une incision faite en forme de T sur l'écorce du sujet ; puis on serre légèrement l'écorce sur la greffe avec des ligatures de laine ou simplement du roseau. Lorsqu'on greffe en écusson à œil poussant, au printemps, on coupe la tête au sujet très-près de la greffe, quand l'œil se développe environ 8 à 10 jours après. On greffe à œil dormant en juillet et en août, quand la séve commence à s'arrêter ; on ne supprime la tête du sujet qu'au printemps suivant.

Nota. Tous ces principes avec d'autres développements ont besoin de recevoir leur application pratique dans un jardin attenant à l'école ou à quelque distance ; on peut choisir un dimanche matin pour les adultes.

Conjuguer le verbe fouir *aux temps de l'indicatif, en plaçant après chaque personne un complément qui soit un nom employé en agriculture.*

Pommeraie, n. f. Lieu planté de pommiers.
Pommier, n. m. Arbre qui porte des pommes.
Poudrette, n. f. Engrais composés d'excréments desséchés.
Poulailler, n. m. Lieu où juchent les poules ; mauvaise voiture.
Poulain, n. m. Jeune cheval jusqu'à trois ans.
Poule, n. f. Femelle du coq. *Poulet,* n. m. Le petit de la poule.

CALCUL. — SYSTÈME MÉTRIQUE.

Exposé des mesures de longueur, pages 12 et suiv.; voir l'inst. page 112. Faire des applications dans la classe ou dehors.

1er *Problème.* Un jardinier a travaillé dans le jardin de son boulanger 25 journées 1/4, à 1 fr. 75; il a reçu 8 pains de 6 kilog. à 32 cent. le kilog.; une autre fois 6 pains du même poids : combien lui revient-il?

Solution. 1,75 $\times$ 25, $\frac{1}{4}$ = 44 fr. 18. 8 pains $+$ 6 = 14 $\times$ 6 = 84 kilog. à 0,32 $\times$ 84 = 26 fr. 88. Ainsi 44,18 — 26,88 = 17 fr. 30 qui lui reviendraient.

2e *Problème.* On veut entourer de peupliers un pré de forme triangulaire dont 2 côtés ont 130 mètres et la base du triangle 85 mètres. Dites combien il faudra de plants si on les espace de 2 m. 50 et ce que l'on payera pour l'achat et la plantation, si pour un pied on débourse 45 centimes?

Solution. 130 $+$ 130 $+$ 85 = 345 : 2,50 = 138 pieds de plants à 0,45 = 62 fr. 10.

Mémoire d'un maréchal

Doit M. Giraud, cultivateur à Sainte-Flève, à Giraudeau (Louis) maréchal à Chantonnay.

1868. 7 avril. Avoir ferré 4 chevaux à neuf à 0,75 par pied......................................	12	0(
— — Avoir réparé un soc de charrue et le versoir..	7	8(
12 — Avoir fait et fourni un coutre à une charrue......................................	5	0(
17 — Avoir réparé une chaîne et 4 traits de chevaux......................................	2	4(
Total..............	27	2(

Chantonnay, le 25 avril 1868. P. acquit, Giraudeau.

CENT TRENTIÈME DEVOIR.

Questions à faire aux élèves sur la dictée précédente.

1. Qu'est-ce que la greffe? 2. Qu'est-ce que greffer? 3. Er

quoi consiste l'opération de la greffe? 4. Combien y a-t-il de manières de greffer? 5. Qu'est-ce que la greffe en fente? 6. Qu'est-ce que la greffe en couronne? 7. Qu'est-ce que la greffe en écusson? 8. Dites à quelles époques de l'année se font ces différentes opérations? 9. Comment fait-on la greffe en écusson? 10. Comment se pratique la greffe à œil poussant? 11. Et à œil dormant?

130e DICTÉE.

ÉDUCATION, PLANTATION ET ENTRETIEN DES ARBRES, SOINS D'ENTRETIEN.

L'éducation des arbres consiste dans la direction et dans les soins qu'on leur donne dans leur jeunesse, et la plantation comprend le temps pendant lequel la séve est en repos; ordinairement on plante en automne; mais il vaut mieux attendre jusqu'en février ou en mars, quand la terre est naturellement humide et froide. Les principales précautions à prendre sont : 1° d'ouvrir des trous longtemps à l'avance pour donner le temps à la terre de s'améliorer à l'air; 2° de disposer les trous à des distances telles que les arbres devenus grands ne puissent se priver d'air ni de lumière; 3° de bien choisir la terre qui convient à chaque espèce, et d'en prendre ailleurs pour mettre dans les trous quand celle du terrain est graveleuse et tout à fait mauvaise; 4° de planter l'arbre à peu près à la même profondeur que celle à laquelle il se trouvait dans la pépinière et d'incliner la tige de ceux qu'on plante pour espalier jusqu'à 15 à 20 centimètres du mur.

L'arbre étant planté, on l'habille, c'est-à-dire qu'on retranche les racines déchirées sans toucher au chevelu, quand il n'est pas desséché, autrement on le retranche; on coupe les autres racines obliquement en dessous pour qu'elles reposent bien sur le sol. On habille pareillement la tête en taillant à 3 œils les trois ou quatre plus belles branches des hautes tiges. On place ensuite l'arbre dans le trou préparé, on jette dessus la terre la plus fine et la meilleure, puis on soulève doucement l'arbre à plusieurs reprises, afin de faire pénétrer la terre entre les racines. Ainsi, comme on le voit, l'éducation et la plantation des arbres n'ont chance de succès qu'autant qu'on donne des soins incessants, soit aux semis, soit aux plants, soit aux greffes, soit à la direction et à l'ordre qu'on doit mettre dans les procédés. Il faut que les semences à pepins et à graines soient placées dans des rigoles distantes de 30 cent. les unes des autres, et profondes de **12** à **15** millimètres. Les noyaux se placent de **25** à **30** millim. de profondeur, la pointe en bas. La distance d'un noyau à un autre est de **30** cent. et les lignes de **60**. Il faut diriger les lignes du nord au sud, afin que le soleil pénètre dans les intervalles, et que l'ombre ne nuise pas ; la 2° et la 3e année, on donne de légers labours sans jamais employer la bêche qui couperait les racines, et on éclaircit de nouveau. On greffe tous les arbres dans les pépinières à **15**, **16** centimètres de terre et en écusson ; c'est la meilleure méthode. On en exempte les abricotiers, les pêchers et les cerisiers aigres, que l'on greffe à deux mètres de haut.

Analyse de la première phrase de la dictée.

Pousse, n. f. Jets, petites branches que poussent les arbres au printemps et au mois d'août.

Primeur, n. f. Première saison des fruits, des légumes ; au pluriel, les fruits, les légumes précoces.

Provigner, v. a. Coucher en terre des branches de vignes, après avoir fait une entaille, afin qu'elles prennent racine.

Provignement, n. m. Action de provigner.

Provin, n. m. Rejeton d'un cep de vigne provigné.

Prunelaire, n. f. Lieu planté de pruniers.

Sujet d'une lettre.

Jacques informe un de ses cousins que la commune a été le théâtre d'un orage épouvantable, que la grêle a dévasté les récoltes dans la partie du sud-est du finage, et qu'il est un des plus maltraités ; qu'il sera obligé d'acheter la semence de froment, et qu'il le prie de lui en trouver.

Développement de la lettre.

Mon cher cousin, notre commune vient d'être le théâtre d'un orage épouvantable qui a dévasté une grande partie des récoltes. Le vent, la pluie, la grêle, tout s'en mêlait pour détruire de si riches espérances. Dieu qui est tant offensé, puis son jour de repos si peu respecté et si peu gardé, a voulu, peut-être, nous punir. Quoi qu'il en soit, mes récoltes sont bien compromises.

La grêle ayant donné au sud-est du finage, toute cette contrée a beaucoup souffert ; c'est là où sont en grande partie mes emblaves, maintenant il n'y a plus à récolter.

Comme je me trouve un des plus maltraités, je vais être obligé d'acheter ma semence pour répandre sur mes terres en automne.

En conséquence, mon cher cousin, je vous prie de m'en trouver dans votre commune, et de me faire connaître le prix et l'époque à laquelle je pourrai l'enlever.

Votre affectionné cousin,
JACQUES.

CALCUL.

1er Problème. On a planté des sauvageons dans un carré du jardin d'une école primaire communale; on les a espacés de 40 centimètres et on a mis 50 centimètres entre chaque rang, se composant de 10 pieds d'arbres. Une plate-bande environne cette plantation ; dites combien il y a de pieds de sauvageons, s'il y a 16 rangs, et quelle dépense il a fallu faire, si chaque pied coûte 0 fr. 15 centimes; dites de plus la surface du terrain?

Solution. 16 rangs de pieds à 10 chacun = 160 pieds de sauvageons à 0,15 $\times$ par 160 = 24 fr. Pour la surface : dans le sens de la longueur on a 16 rangs espacés de 50 centimètres, ce qui donne 50 $\times$ par 16 — 1 = 7,50 + 0, 80 + 0,80 = 9 mètres 10 cent. Pour la largeur on a 10 rangs $\times$ 40 cent. = 4 mètres + les plates-bandes 80 + 80 = 5 mètres 60 $\times$ 9,1 = 50m 96 d. carrés.

2e Problème On a acheté deux bêches pour 5 fr. ; 2 petits râteaux pour 3 fr. 50; 6 binettes pour 3 fr. 60; 2 petites scies pour greffer, 4 fr.; 2 sécateurs pour 8 francs; 2 marteaux et deux coins pour la fente 3 fr. 80 cent : quelle dépense fera la commune la première année pour procurer ce petit matériel et cette plantation aux élèves de son école primaire?

Solution. Achat des sauvageons = 24 fr. + par 5 f. + 3,50 + 3,60, + 4,00 + 8,00 + 3,80 = 51 f. 10.

3e Problème. Dans une école de 120 élèves on a appris à greffer à 16, et chaque élève a greffé 5 pieds ou sujets; pour combien d'années le carré dont il est parlé au premier problème suffira-t-il et quelle dépense chaque élève aura-t-il faite à la commune.

Solution. 160 : (16 $\times$ 5) = 2 années qui auront coûté 51 fr. 10. soit pour une année 25 fr. 55 : 16 élèves = 1 fr. 60 par excès, et le matériel acheté par la commune reste à l'école.

CENT TRENTE ET UNIÈME DEVOIR,

Questions à faire aux élèves sur la dictée précédente.

1º. En quoi consiste l'éducation des arbres? 2. Et la plantation en quoi consiste-t-elle? 3. A quelle époque faut-il planter ? 4. Quelles sont les principales précautions à prendre? 5. Dites la première, la deuxième, la troisième, la quatrième? 6. Que fait-on quand l'arbre est planté? 7. Quand l'éducation et la plantation des arbres ont-elles chance de succès? 8. Comment les semences doivent-elles être placées? 9. Et les noyaux? 10. Comment faut-il diriger les lignes? 11. Que fait-on la deuxième et la troisième année? 12. Comment greffe-t-on dans les pépinières?

131ᵉ DICTÉE.

ARBRES FRUITIERS ET CONDUITE DE CES ARBRES.

Les arbres fruitiers se divisent en trois catégories, savoir : les arbres fruitiers à pepins, les arbres fruitiers à noyau, les arbres fruitiers à amande. Les arbres fruitiers à pepins sont le poirier, le pommier, le cognassier, etc. Les arbres fruitiers à noyau sont le prunier, le cerisier, le noyer, le noisetier, etc. Les arbres fruitiers à amande sont l'amandier, etc. On classe encore les arbres par leurs fruits : ainsi on distingue les fruits simples, comme la baie du raisin, la grenade, l'orange, la pomme, la poire, la prune, la cerise, la pêche, l'abricot, la nèfle, l'olive, l'amande, la noisette ; ces fruits proviennent d'un ovaire simple ou de plusieurs ovaires confondus ensemble. La framboise est un fruit multiple, parce que les parties qui le composent proviennent d'une même fleur, et que leur ensemble est entouré à sa base par le calice qui a persisté. Les châtaignes renfermées au nombre de trois ou quatre dans leur enveloppe épineuse, les mûres, les figues, sont des fruits composés ou agrégés, parce qu'ils proviennent de plusieurs fleurs, et sont si rapprochés les uns des autres, que l'on croirait n'avoir affaire qu'à un seul fruit. On peut aussi classer les arbres fruitiers d'après la forme qu'on leur donne : en plein vent, espalier, contre-espalier, arbres à basses tiges, arbres en éventail, en buisson, en gobelet, en pyramide et en boule. Le plein vent est un arbre dont la tige et les branches s'élèvent à volonté sans abri, sans appui, et n'ont guère d'autre direction que celle que leur donne la nature. Un espalier, au contraire, est planté au pied d'un mur et a les branches attachées à un treillage qu'elles tapissent. Un contre-espalier est un arbre planté le long des carrés de légumes d'un jardin, et qui par sa forme ressemble à un espalier. Les petits arbres greffés tout près de terre dans les pépinières, et qu'on a rabattus lors de leur transplantation, à quelques centimètres au-dessus du sol, sont appelés nains ou à basses tiges. Ceux qu'on appelle en éventail, en gobelet, en pyramide, etc., sont ceux auxquels on donne la forme que ces noms rappellent. Un arbre franc est un arbre non greffé, produit par une graine ou un pepin, ou une bouture. L'arbre sur franc est un arbre greffé sur un arbre franc. Toutes ces diverses formes dont nous venons de parler et qu'on donne aux arbres ne sont autre chose que ce qui constitue la conduite des plantes par le moyen de la taille et de la direction. La taille des arbres a donc pour objet de retrancher complétement les rameaux inutiles ou nuisibles, et donner au sujet les formes qu'on veut lui faire prendre. Nous en parlerons dans la dictée suivante.

Analyse de la première phrase de la dictée.

Prunelet, n. m. Boisson faite avec des prunelles.
Prunelle, n. f. Genre de plantes labiées. Fruit du
Prunellier, n. m. Arbrisseau qui croît dans les haies.
Prunier, n. m. Arbre qui porte des prunes.
Prune, n. f. Fruit du prunier.
Puceron, n. m. Genre d'insectes hémiptères qui s'engendrent dans quelques légumes et dans quelques arbustes et qui les rongent.

CALCUL.

1er *Prob*. On a planté un terrain de 2 hect. 16 ares en pruniers d'Agen, on les espace de 6 mètres en tous sens. Combien en mettra-t-on pour cette plantation et quelle somme dépensera-t-on à 35 centimes le pied ?

Solution. On mettra 21600 : (6 $\times$ 6) = 600 pieds à 35 centimes = 0,35 $\times$ 600 = 210 francs.

2e *Prob*. Après huit ans de la plantation précédente, chaque arbre a donné, année moyenne, en fruits secs, 8 kilog. 52, qu'on a vendus 0 fr. 60 le kilogramme ; quel sera le revenu par an, déduction faite de la plantation, qui, avec la main-d'œuvre, représente une dépense de 450 francs pour 8 ans ?

Solution. Si un arbre a rapporté, après 8 ans, 8 kilog. 52,600 rapporteront 8,52 $\times$ 600 = 5112 kilogrammes à 0,60 centimes $\times$ 5112 = 3067 fr, 20. Le revenu net sera de 3067 fr. 20 — 210 fr. pour la plantation $+$ 450 fr. pour l'entretien = 2407 fr. 20 : 8 = 300 fr. 90 de revenu par an.

3e *Prob.* Les cerisiers de Lorraine ou des Vosges se plantent comme les pruniers d'Agen à 6 mètres de distance. Combien un terrain égal à celui dont il est parlé au premier problème donnera-t-il de revenu par an, au bout de huit ans, planté dans les mêmes conditions, et chaque arbre donnant 30 kilogammes de cerises fraîches, vendues à 10 centimes le kilogramme ?

Solution. Il suffit avec les données qui précèdent de multiplier 600 pieds d'arbres par 30, ou 30 kilogrammes $\times$ 600 = 18000 kilogrammes vendus 0,10 $\times$ 18000 = 600 fr. Nous ne comptons pas les frais, parce que les cerisiers n'empêchent pas la récolte d'une céréale ou d'une plante sarclée. Ainsi 1800 francs au bout de 8 ans donnent, par an, 1800 : 8 = 225 francs de revenu.

CENT TRENTE-DEUXIÈME DEVOIR,

Questions à faire aux élèves sur la dictée précédente.

1. En combien de catégories divise-t-on les arbres fruitiers ? 2. Dites chacune des catégories ? 3. Comment classe-t-on les arbres par rapport à leurs fruits ? 4. Nommez les classes et dites ce qui les distingue ? 5. Comment peut-on classer les arbres d'après leur forme ? 6. Qu'est-ce qu'un plein vent ? 7. Qu'est-ce qu'un espalier ? 8. Un contre-espalier ? 9. Un arbre nain ou à basse tige ? 10. Qu'appelle-t-on gobelet, pyramide ? 11. Qu'appelle-t-on arbre franc et un arbre sur franc ? 12. Qu'est-ce qu'on entend par la conduite des arbres ? 13. Quel est l'objet de la taille des arbres ?

132e DICTÉE.

TAILLE DES ARBRES FRUITIERS ; VARIÉTÉS CULTIVÉES EN FRANCE.

La taille des arbres a pour but de donner et de conserver aux arbres une forme régulière en répartissant la séve le plus également possible entre toutes leurs parties ; elle a aussi pour fin de faire fructifier ceux qui sont naturellement peu disposés à donner du fruit, de maintenir les arbres en bon état de production et d'en obtenir des fruits plus beaux et de meilleure qualité. La manière de tailler un arbre dépend de la forme qu'on veut lui donner. Cette forme doit être dans l'esprit de l'ouvrier, de sorte qu'en taillant, il semble copier un modèle. C'est le seul moyen de ne couper aucune branche au hasard, et c'est une garantie pour bien réussir. Les formes des arbres peuvent beaucoup varier ; on peut en imaginer de nouvelles qu'on exécutera très-bien, lorsqu'on a en vue de mettre son idée et son plan au jour. — Les principes généraux de la taille des arbres sont subordonnés à différentes opérations, dont les unes sont dites opérations d'hiver. Ce sont : la coupe, le rapprochement, le ravalement, le recépage, les entailles, les incisions, l'éborgnage et l'arcure. Celles dites d'été sont : le palissage, l'ébourgeonnement, le pincement, la taille d'août, l'effeuillage, l'éclaircissement des fruits (1).

La coupe consiste à couper à 2 millimètres au-dessus de l'œil sur les rameaux des arbres à bois dur, poirier, pommier, et à 12 millimètres sur les espèces à bois tendre, telles que la vigne, etc. La surface de la coupe doit toujours être oblique et opposée à l'œil, afin que la séve et l'eau s'écoulent sans compromettre son existence. Les instruments qu'on emploie pour la taille des arbres sont la serpette, le sécateur et la scie à main. La serpette est préférable au sécateur. Tout l'avantage de ce dernier consiste dans une plus prompte expédition dans le travail. Les principales variétés d'arbres fruitiers cultivés en France sont le cognassier, le néflier, le cormier, le figuier, le pêcher, l'abricotier, le cerisier, le merisier, le prunier, le noyer, le noisetier, le poirier, le pommier, le groseillier, le framboisier, le marronnier et le châtaignier ; et dans le midi de la France : le figuier en plein champ, l'oranger, le grenadier, le pistachier, le jujubier, le caroubier, l'avelinier, l'amandier, l'olivier et la vigne. — Des fruits de plusieurs de ces arbres on fait des marmelades, des compotes, des liqueurs et des confitures. Des fruits d'un grand nombre on extrait des alcools. Pour ne parler que de la cerise et de la merise, le fruit est distillé pour la fabrication du kirsch. La cerise crue ou cuite est recherchée pour la table. On en fait des tartes, des confitures, du ratafia ; la cerise desséchée au so-

(1) L'instituteur expliquera ces différentes opérations ; on renvoie aux traités de M. Gossin, sur l'agriculture et la taille des arbres, surtout aux conférences agricoles et horticoles de M. Victor Hugot et au traité de M. Ysabeau.

leil ou au four est excellente. Certaines variétés se conservent très-bien dans l'eau-de-vie.

Conjuguer le verbe serfouir *aux temps du conditionnel et de l'impératif en mettant après chaque personne un complément qui soit un nom employé en agriculture.*

Pré, n. m. Petite prairie.
Puits, n. m. Trou profond creusé de main d'homme pour avoir de l'eau.
Pulpe, n. f. Substance charnue des fruits, des légumes.
Pulpeux, adj. Composé de pulpe.
Purée, n. f. Suc que l'on exprime des pois, des fèves, etc.
Purin, n. m. Engrais liquide.

CALCUL. — SYSTÈME MÉTRIQUE.

Exposé des mesures de surface, page **23** ; voir l'instruction, page 116. Faire des questions aux élèves et plusieurs applications dans la classe.

Problème. Combien de kilogrammes de fruits de noyer récolterait-on sur une surface de 4 hectares 75, si dans un hectare on plante 25 pieds de ces arbres, et que fera-t-on avec la récolte si un noyer de 40 ans produit 191 kilogrammes de fruits vendus à 0,17 centimes le kilogramme.

Solution. Si un hectare compte 25 noyers, on aura $25 \times 4,75 = 118$ pieds 75. Mais comme les arbres vivants ne se divisent pas, nous compterons 118 noyers à 191 kilogrammes $\times 118 = 22538$ kilogrammes à $0,17 \times 22538 = 3831$ francs.

Mémoire d'un bourrelier.

Doit M. Nicolas Simoneau, cultivateur à Revigny, à Colasse, bourrelier au même lieu, pour ouvrage fait.

f. c.

1868. 4 mai. Avoir fait un collier neuf et faux
collier, pour...................... 18 50

A reporter. 18 50

Report. 18 50

7 id.	Avoir fait une bride neuve et réparé une vieille.	5 80
8 id.	Avoir fait et fourni 2 sous-ventrières à 1,50.	3 00
	TOTAL.	27 30

Revigny, le 17 mai 1868.　　　　　Pour acquit,

COLASSE.

CENT TRENTE-TROISIÈME DEVOIR,

Questions à faire aux élèves sur la dictée précédente.

1. Quel est le but de la taille des arbres? 2. N'a-t-elle pas aussi pour fin de faire fructifier les arbres? 3. Quelles formes doit-on donner aux arbres? 4. Les formes des arbres peuvent-elles varier? 5. Quels sont les principes généraux de la taille des arbres et à quoi sont-ils subordonnés? 6. Quelles sont les opérations d'hiver? 7. Quelles sont les opérations d'été? 8. En quoi consiste la coupe? 9. Quelle forme doit-on donner à la surface de la coupe? 10. Quels instruments emploie-t-on pour la taille? 11. Quelles sont les variétés d'arbres fruitiers cultivés en France? 12. Que retire-t-on des fruits de plusieurs de ces variétés? 13. Quelles préparations fait-on avec la cerise?

133e DICTÉE.

ARBRES A PRODUITS INDUSTRIELS.

Les arbres à produits industriels sont ceux dont les fruits servent à former quelques branches de l'industrie ou du commerce, comme la vigne, le pommier et le poirier à cidre de la Normandie, de la Bretagne et de quelques contrées des Ardennes ; le châtaignier du Limousin, le prunier d'Agen, le cerisier de la Lorraine et de l'est de la Haute-Saône ; le mûrier, le figuier, l'olivier de Provence ; l'oranger et le citronnier, le jujubier, le mûrier et le câprier du Midi. Le fruit de la vigne, connu sous le nom de raisin, est principalement employé pour faire du vin, du vinaigre et de l'eau-de-vie ; frais il est servi sur nos tables ; sec,

celui de la Provence est préparé pour le commerce sous le nom de
raisin de caisse. Les fruits du pommier et du poirier de Normandie
servent à fabriquer le cidre; ce liquide forme la boisson des habitants de l'ouest de la France, comme la bière fait celle de ceux du
Nord. Le châtaignier du Limousin et les marronniers de Lyon
donnent aussi un fruit d'une saveur agréable et font une branche
du commerce d'épicerie. Les cerisiers des Vosges et du nord-est
de la Haute-Saône, cultivés en grand aux environs de Fougerolles,
de Bains et de Plombières, donnent des kirschs qui rivalisent avec
ceux de la Forêt Noire. Le figuier, l'amandier, le noisetier de Provence donnent des fruits qui font aussi une riche partie du commerce des comestibles. L'olivier se confit; il est employé à la fabrication de l'huile dite d'olive, la plus estimée de toutes les
huiles. Le mûrier est cultivé pour ses feuilles, qui servent de nourriture aux vers à soie, et pour son fruit qui figure quelquefois au
dessert, rarement en France, mais en Belgique et en Allemagne.
Les mûres passent pour nourrissantes et rafraîchissantes. Les bestiaux et la volaille en sont avides. La médecine conseille l'emploi
des sirops de mûres. L'oranger fournit un fruit très-beau et
séduisant qui fait aussi une branche du commerce de l'épicerie.
Le citronnier donne également un fruit qui est souvent employé
dans la préparation des aliments et dans la médecine pour les li-
monades rafraîchissantes. Nous ne pouvons pas nous étendre
sur la culture de tous ces arbres. Nous parlerons cependant,
dans la dictée suivante, de celle de la vigne, bien que la culture
et la conduite de cette plante diffèrent d'un climat à un autre, et
offrent un travail tout différent.

Analyse de la première phrase de la dictée.

Quadrilatère, n. m. Figure qui a quatre côtés.
Quadrupède, adj. Qui a quatre pieds. Animal quadrupède.
Quarteron, n. m. Le quart d'un cent d'œufs, de pommes, etc.
Quartz, n. m. Substance minérale de la classe des pierres,
assez dure pour rayer le verre.
Quenouille, n. f. Bâton entouré vers le haut de lin, de chanvre,
de laine. Arbre fruitier taillé en quenouille.
Quenouillette, n. f. Diminutif de la quenouille.

CALCUL.

1er *Problème*. Dans un hectare on met 400 oliviers en Provence; à 40 ans, un arbre rend 39 kilogrammes de fruit qu'on
vend 0 fr. 08 le kilog. : quel sera le produit de la récolte de

3 h. 50 ares.? et y aurait-il du bénéfice si l'huile, donnant un huitième du poids, était vendue 0 fr. 90 c. le kilog.

Solution. 400 × 3,50 = 1400 pieds donnant 39 k. × 1400 = 54600 kil. vendus à 0,08 = 4368 fr. Le huitième de 54600 = 6825 × 0,90 = 6142 fr. 50. La différence est 6142,50 — 4368 = 1774 fr. 50.

2e *Problème.* Le mûrier de 6 ans donne 25 kil. 5 de feuilles par pied ; on en place 204 dans un hectare, et on vend 0,07 le kilog. : quel est le revenu d'une année de 2 hect. 08 ares ?

Solution. 204 × 2,08 = 424 p. 32 × 25 kil. = 10608 kil.; à 0,07 × 10608 = 742 fr. 56.

3e *Problème.* On place 82 pommiers à cidre dans un hectare, un pied donne 110 kilog. de fruit : quel est le revenu d'un hectare si l'on vend 0 fr. 06 le kilog. et quel est le poids en cidre, s'il rend 1/3 du poids ?

Solution. 110 k. × 82 = 9020 kilog. à 0,06 × 9020 = 541 fr. 20 c. Cidre en poids le 1/3 de 9020 = 3006 kilogrammes, en supposant que 1 kilog. soit le poids d'un litre de cidre, on aurait 30 hect. 06 lit.

CENT TRENTE-QUATRIÈME DEVOIR,

Questions à faire aux élèves sur la dictée précédente.

1. Qu'est-ce qu'on entend par arbres à produits industriels ? 2. Nommez-en un certain nombre ? 3. A quoi est destiné le fruit de la vigne ? 4. Ne fait-on pas d'autre usage du raisin ? 5. A quoi sont employés les fruits du pommier et du poirier en Normandie ? 6. Et la châtaigne du Limousin ? 7. Que donnent les cerisiers des Vosges et de la Haute-Saône ? 8. Le figuier, l'amandier et le noisetier de Provence ? 9. Quels usages fait-on de l'olive ? 10. Que fournit l'oranger ? 11. Et le citronnier ? 12. De quoi parlera-t-on dans la dictée suivante ?

134e DICTÉE.

CULTURE DE LA VIGNE ; VINS.

La vigne, originaire d'Asie, ainsi que la plupart de nos meilleurs arbres fruitiers, se modifie d'une manière avantageuse par un climat différent et une culture appropriée. Aussi

Chaptal a dit avec raison que les climats tempérés et particulièrement la France sont les plus favorables à la production des bons vins, surtout de ceux dont on fait usage pour l'ordinaire des repas. La vigne est un arbrisseau dont la grappe porte le nom de raisin et dont les variétés sont portées à 1400. Sa culture varie beaucoup selon le climat et selon l'espèce de raisin. On l'élève en treilles contre les murs des jardins, ou en berceau au-dessus des allées ; mais quand elle forme des plantations d'une grande étendue et en pleine terre, ces plantations sont appelées vignobles. A l'exception des terres de sable tout à fait arides et des terrains argileux qui retiennent les eaux, tous les autres sols conviennent à la vigne ; elle se plait surtout dans un sol calcaire, sablonneux et chaud, mais qui conserve un peu d'humidité. Les expositions au sud et au sud-est sont les meilleures. Dans certaines contrées, celle du nord n'est pas toujours mauvaise ; celle du couchant, ainsi que le voisinage des bois et des marais, ne convient pas beaucoup à la vigne. — On multiplie la vigne par des semis de pepins, par des boutures et le provignage. La vigne veut des engrais bien consommés, mélangés avec de la terre, de la chaux et des cendres. La boue des fossés et les plantes vertes sont avantageuses à la vigne. Trop de fumier sur une vigne donne un fruit qui se pourrit vite et a un mauvais goût dont le vin se ressent. Il y a une grande variété dans les plants de vigne, c'est au vigneron de connaître ceux qui conviennent aux terrains qu'il veut mettre en culture. Nous en indiquons quelques-uns. C'est le pineau noir, gris ou blanc, qui produit peu, mais donne un vin excellent ; le chasselas, le muscat, le verjus ou bourdelas, le meunier, le soumoiseau, le gamay ou grosse race, noir, et dont le grain donne beaucoup de vin, mais de qualité médiocre. L'espèce de raisin qui convient le mieux pour la table et qu'on cultive surtout en treilles, c'est le chasselas, qui mûrit en septembre, dont les grains sont ronds et peu serrés ; il y en a de blanc doré, de blanc musqué, de violet et de noir. On cultive aussi le muscat en treilles mais il a besoin de beaucoup de chaleur pour bien mûrir.

Conjuguer le verbe serfouir *aux temps du subjonctif en mettant après chaque personne un complément qui soit un nom employé en agriculture.*

Quinconce, n. m. Disposition d'arbres plantés en échiquier.
Quintal, n. m. Autrefois, poids de cent livres ; aujourd'hui, poids de 100 kilog. — Quintal métrique.

Quoailler, v. a. Se dit d'un cheval qui remue sans cesse la queue.

Rache, n. f. Un des noms vulgaires de la cuscute.

Rachitisme, n. m. Maladie du blé dans laquelle la tige reste basse et nouée.

Racine, n. f. Partie par laquelle une plante tient à la terre et en tire sa nourriture.

CALCUL. — SYSTÈME MÉTRIQUE.

Exposé des mesures de volume ou de solidité, page **35** ; voir l'instruction page **123**. Faire plusieurs questions aux élèves et plusieurs applications dans la classe.

Problème. Un vigneron a récolté 1 hect. 20 de vin par are de vigne ; combien lui a-t-il fallu de fûts de 230 litres pour contenir la récolte d'une vigne ayant la forme d'un trapèze dont une base a 245 mètres et l'autre 180 m. 60, sur une hauteur de 150 mètres, et quel est son produit net si les frais de culture coûtent 310 fr. par hectare, et qu'il vende son vin 25 francs l'hectolitre ?

Solution. La surface de la vigne est de $\dfrac{245 + 180,60}{2} \times$ 150 m. $= 3$ h. 19.20; 1 h. 20 $\times$ 319,20 $= 383$ h. 04 : 230 lit. $= 166$ barriques 124 litres. Le prix de l'hectolitre 25 fr. $\times$ 383,04 $= 9576$ fr. de vente. Le produit net égale 9576 fr. $-$ (310 $\times$ 3,1920) $= 8586$ fr. 48.

Mémoire d'un épicier.

Doit M. Priouzeau, fermier à Vix, à Louis Guénot, épicier à Fontenay-le-Comte.

1868. 2 juin. Un pain de sucre pesant 8 kil. 435 gr. à 1 fr. 30.....................	10 fr.	96
— 2 sacs de café pesant chacun 2 kil. 50 à 1 fr. 90 le kil..................	9	50
— 1 litre d'huile de pavot à 1 fr. 40....	1	40
— 1 litre de vinaigre-vin à 60 centimes.	»	60
Total.............	22 fr.	46

Fontenay, le **2** juin 1868.

Pour acquit : GUÉNOT.

CENT TRENTE-CINQUIÈME DEVOIR.

Questions à faire aux élèves sur la dictée précédente.

1. D'où la vigne est-elle originaire? 2. Quels sont les climats les plus avantageux pour la vigne? 4. Qu'est-ce que la vigne? 4. A combien porte-t-on les variétés de plants de vigne? 5. Sa culture varie-t-elle? 6. Comment l'élève-t-on? 7. Quelles sont les terres qui lui conviennent? 8. Quelles sont les meilleures expositions? 9. Quelles sont les expositions qui ne lui conviennent pas? 10. Parlez des engrais qui conviennent à la vigne? 11. Que doit faire le vigneron qui veut faire une plantation? Indiquez quelques variétés? 12. Quelles sont les espèces qui conviennent le mieux pour la table? 13. Qu'exige le muscat?

135e DICTÉE.

SUITE DE LA CULTURE DE LA VIGNE; VINS; POMMIERS; CIDRES; MURIERS.

Dans cette dictée nous parlerons brièvement de la culture et de la taille de la vigne, attendu que chaque région a sa méthode de conduire cette plante. Cette manière et cette méthode ne sont point arbitraires; elles tiennent à la nature du sol, à l'influence du climat, au degré de température de la contrée. Il est certain que dans la zone de la partie nord de la France, on ne peut donner aux ceps la même forme et la même conduite que dans le Midi. Plus on s'avance dans le Nord, plus on place la vigne près du sol, afin que la chaleur de la terre active et aide la maturité du fruit. Avec la méthode du Midi et la disposition des ceps qui ressemblent à des arbres, les raisins ne mûriraient pas, tandis que dans les pays chauds ces dispositions seraient préjudiciables à la récolte. Il suffit de dire que dans le Midi, la culture de la vigne diffère, que les pieds sont plus espacés que dans l'Est et dans le Centre, que dans certaines localités du Midi elle est soutenue par des perches horizontales, enlacées dans les arbres; en remontant on la trouve taillée plus près du sol et soutenue par des échalas de 1 m. 30 à 50 cent. Les soins qu'elle réclame sit qui sont partout les mêmes, sont des labours, l'ébourgeonnement, l'accolement, le rognage, le second ébourgeonne ,ment, l'épamprement, et enfin la vendange. Nous passons aus la manière de faire le vin, qui est loin d'être la même partout

Les vins les plus renommés de la France et dont le commerce fait un grand débit et un grand profit sont : parmi les vins secs, ceux de Bourgogne, de Bordeaux; Médoc, Grave, Sauterne ; de Champagne et de Bar ; de l'Ermitage, dans la Drôme; de Beaujolais ; de Côte-Rôtie, dans le Lyonnais ; de Ribauvillé, en Alsace ; de Saint-Avertin, dans la Touraine ; d'Angers et de Saumur, dans l'Anjou. Parmi les vins liquoreux on distingue ceux de Frontignan, de Lunel, etc., qui sont des vins blancs ; parmi les vins rouges on remarque ceux de Château-Neuf-du-Pape, de la Nerthe, de Ravel, de Saint-Georges, etc., etc. On ne s'étendra pas sur le fruit des pommiers à cidre ni sur celui des mûriers, etc.; on en a parlé dans la 133e dictée, et puis, du reste, cette industrie n'est que pour deux contrées, la Normandie et la Bretagne.

Analyse de la première phrase de la dictée.

Raclée, n. f. Binage qui ne consiste qu'à racler le sol avec la houe.

Racloir, n. m. Instrument avec lequel on racle.

Racloire, n. f. Planchette pour racler le dessus d'une mesure de grain.

Radicule, n. f. Petite racine. Partie fibreuse d'une racine.

Ramaire, adj. Qui naît sur les rameaux.

Rameau, n. m. Petite branche d'arbre.

Sujet d'une lettre.

Un cultivateur ou fermier écrit à un de ses amis pour lui procurer un bon domestique, garçon de 20 à 30 ans, sachant lire et écrire et capable de faire un compte en l'absence de son maître. Il exige qu'il soit porteur d'un certificat du maire où réside sa famille, et un du maître qu'il vient de quitter; il ne regardera pas au prix, s'il convient.

CALCUL.

1er *Problème.* Le cent d'échalas coûte 2 fr. 60 c.; en comptant 220 pieds de vigne par are, et deux échalas par cep, dites quelle dépense on fera pour une vigne nouvellement plantée , longue de 125 m. 70 et large de 86 m. 85 c.?

Solution. La surface de la vigne est de 125,70 $\times$ 86,85 =

109 ares 17 par excès. 220 pieds de vigne $\times$ 109 ares 17 $=$ 24017 échalas à $\dfrac{2 \text{ fr. } 60 \times 24017}{100} = 624$ fr. 44. Si l'on met 2 échalas par pied, il faudra le double $= 1248$ fr. 88.

2ᵉ Problème. Dans le département de l'Hérault on espace les ceps de vigne de 1 m. 75 ; de Vaucluse, de 2 mètres, et dans le Médoc, 1 m. 20. Dites ce qu'il y a de ceps dans 1 hect. 20 de l'Hérault, dans 2 hect. 25 de Vaucluse, et dans une vigne du Médoc de 180 mètres de long sur 126 m. 50 de large?

Solution. 1 hect. 20 ares $= 12000$ mètres : $(1,75 \times 1,75) =$ 3918 ceps. Vaucluse, 2 hect. 25 $= 22500$: $(2 \times 2) = 5625$ ceps. Médoc, surface de la vigne est de $180 \times 126,50 = 22770$ mètres carrés : $(1,20 \times 1,20) = 15812$ ceps de vigne.

3ᵉ *Problème.* Quel est le produit de ces différentes vignes, si l'hectare de l'Hérault donne, année moyenne, 190 hect. ; le Vaucluse donne 95, le Médoc 50 hect., et la Côte-d'Or 54 hect. par hectare dans une vigne de même contenance que celle de Médoc? Et quelle différence de rapport, si l'Hérault se vend 20 fr. l'hectolitre, le Vaucluse 38 fr., le Médoc 50 fr., et la Côte-d'Or 45 francs ?

Solution. Hérault, 190×1 h. $20 = 228$ à 20 fr.,
$= 4,560$ fr. 00 l'hect. par 3,800.
Vaucluse, 95 h. $\times 2,25 = 213,75$ à 38 fr. l'hect.,
$= 8,122$ fr. 50 l'hect. par 3,610
Médoc, 50 h. $\times 2,2770 = 113$ h. 85 à 50 fr. l'hect.,
$= 5,692$ fr. 50 l'hect. par 2,500.
Côte-d'Or, $54 \times 2,2770 = 122,958$ à 45 fr. l'hect.,
$= 5,533$ fr. 11 l'hect. par 2,430.

CENT TRENTE-SIXIÈME DEVOIR.

Questions à faire aux élèves sur la dictée précédente.

1. Pourquoi parlerons-nous brièvement de la culture et de la taille de la vigne? 2. Cette manière et cette méthode sont-elles arbitraires? 3. Peut-on donner la même forme aux ceps dans la partie nord qui cultive la vigne qu'on lui donne dans le Midi? 4. En quoi diffère la culture de la vigne dans le Midi? 5. Comment la trouve-t-on taillée en remontant au Nord? 6. Quels sont le soins qu'elle réclame? 7. Quels sont les vins les plus renom-

més? et parmi les vins liquoreux? 8. Pourquoi ne dira-t-on pas grand'chose sur les pommes à cidre et sur le fruit du mûrier?

136ᵉ DICTÉE.

PLANTATION, CONDUITE DES ARBRES DESTINES A FOURNIR DES BOIS D'OEUVRE ET DE CONSTRUCTION OU DE CHAUFFAGE.

La formation des bois et forêts a lieu de deux manières : par l'ensemencement des graines et par la plantation des jeunes plants déjà formés. L'ensemencement est naturel ou artificiel. La plantation est toujours un fait de culture et ne peut être qu'artificielle. L'ensemencement naturel a produit originairement toutes les forêts ; il peut suffire à réparer leurs pertes naturelles pendant un temps indéfini ; les semences qui tombent des arbres lors de leur maturité assurent, sans le secours de l'art, l'entretien naturel et la perpétuelle durée des forêts; et c'est pourquoi on doit conserver des baliveaux comme porte-graines destinés au repeuplement. Mais ce serait une faute de trop les multiplier, parce qu'ils étouffent les taillis. Il ne faut en laisser que 50 à 60 par hectare.

Les forêts artificielles proviennent de semis ou de plantations faites par la main des hommes. Les semis artificiels ont pour objet de remplacer les arbres à semence. Avant tout, il faut avoir recours aux méthodes les plus simples et les plus sûres, et chercher à imiter la nature; bien faire attention de choisir les essences qui conviennent; s'assurer de bonnes semences ; préparer convenablement le terrain et choisir le temps propre à l'ensemencement, etc. Il faut aussi examiner avec soin la nature et la profondeur du sol avant de faire une plantation; choisir de jeunes plants élevés dans des pépinières ou arrachés dans les forêts ; mais on doit préférer les premiers aux seconds. On plante, à la chute des feuilles, les arbres qui fleurissent ou poussent de bonne heure, et les plantations faites en automne sont préférables à celles du printemps. — Les soins particuliers que réclament les arbres plantés sont de savoir donner aux plants une bonne direction qui accélère leur croissance.

Les arbres destinés à fournir des bois d'œuvre et de chauffage sont : 1° les arbres résineux, tels que les pins, les sapins et les mélèzes; 2° les arbres forestiers non résineux à feuilles tombantes, tels que le chêne, le hêtre, l'orme, le frêne, le charme, le tilleul, l'érable, le bouleau, l'aulne, le saule, le peuplier, l'acacia, le châtaignier, le noisetier, le pommier, le sorbier, etc. Parmi les arbrisseaux nuisibles dans les bois, on trouve l'épine blanche, le sureau, la viare cotonneuse, le fusain, le cornouiller sanguin, le houx, les bourgènes, le gent épineux ou ajonc, etc.

Exploitation des arbres destinés à fournir des bois d'œuvre, de construction et de chauffage.

L'exploitation des arbres doit se déterminer d'après ce principe : que la vie des arbres présente trois périodes. 1º décroissance rapide; 2º décroissance lente; 3º dépérissement. Il faut couper à la fin de la première période ; mais moins on se presse, plus le produit se trouve élevé pour toutes les années de l'existence. Telle coupe, qui aurait produit une valeur de 100 fr. au bout de 10 ans, peut valoir 2500 fr. après 50 ans. D'après ce qui vient d'être dit, l'exploitation des arbres doit toujours être dirigée dans le but d'obtenir, des coupes de bois, le plus haut prix possible. Ainsi, le chêne doit être préféré dans une plantation, parce qu'il est propre à une infinité d'usages et se vend plus cher que les autres arbres qui ne sont pas susceptibles d'emplois aussi variés. On en fait usage pour la construction des navires, des cintres de ponts, des roues d'usine, pour la construction et la réparation des bâtiments d'habitation, pour la charpente, la menuiserie, pour la fabrication des futailles, etc. L'orme est employé pour le charronnage de toute nature et propre surtout à faire les moyeux des roues de voiture. — Le hêtre est destiné à une foule d'ouvrages et d'ustensiles, tels que des cercles pour cribles, mesures de capacité, attelles de colliers, des fûts, des bâts et arçons de selle, des jougs de bœuf, des pelles, des sabots, etc. ; on en fabrique aussi en noyer et en orme, aune, bouleau, tilleul, en marronnier, peuplier, etc. Du sapin, on tire des bois de construction, des planches et une foule d'autres objets.—Des rondins ou jeunes pousses des forêts, on fait des échalas, de menues perches, des tuteurs, des piquets avec presque tous les bois, mais surtout avec le chêne, le cornouiller, le châtaignier, le charme, le pin, le genévrier, le coudrier, etc., qui tous à peu près servent à faire des cercles de tonneaux. Les harts, liens, rouettes de trains de flottage, se font avec de jeunes rameaux, traînants ou rampants de la plupart des arbres. On emploie, pour des manches de fouets et houssines, de jeunes tiges d'érable, de micocoulier, houx, etc. On débite des allumettes dans de petites billes de tremble sec ou de bourgène refendues en menus brins. On fait des manches d'outils, des fléaux, des maillets, des masses, des poulies, des coins, des fourches et râteaux en charme, chêne, frêne, aubépine, cornouiller, sorbier, tilleul, etc.; des balais avec des brindilles, et surtout avec celles du bouleau, etc. ; des fuseaux, des lardoirs, des aiguilles à tricoter, en fusain ou en buis; des manches de couteau, des charrettes, des trains de carrosse et plusieurs instruments d'agriculture; on emploie aussi à la même fin le frêne, le chêne, l'érable, le hêtre, le charme et le bouleau.—Les arbres résineux, tels que le pin, le sapin, le cyprès, le mélèze, le genévrier, sont aussi employés comme bois d'œuvre, soit dans la construction des bâtiments, soit dans l'industrie commerciale. Nous en dirons autant de l'érable, tilleul, sycomore, platane, etc. On tourne des étuis en hêtre durci au feu. On fabrique en buis quantité de menus ouvrages, tels que grains de chapelet, sifflets, boutons, cannelles à vin, cuillers, fourchettes, tabatières, peignes, coquetiers, poivrières, moules à beurre, etc. Les chaises communes, les échelles se font avec le tilleul, l'aune, le bouleau; et les lignes de pêche en saule, peuplier, sapin, micocoulier. On fait aussi usage du noyer pour la menuiserie, l'ébénisterie, et pour une foule d'ouvrages.

Tous les arbres que nous venons d'énumérer peuvent donner du bois de chauffage, et tous en fournissent dans les parties impropres aux bois d'œuvre, et par les débris qui résultent de leur mise en façon. Mais il y en a de préférables et qui sont surtout employés pour la combustion, ce sont : le charme, le hêtre, les jeunes chênes et les têtars de frêne, cultivés dans les marais du bas Poitou et arrachés avec leurs racines. On destine encore au chauffage les branchages, desquels on fait des fagots, des bûches, qui servent aussi à la boulangerie, etc.

Analyse de la première phrase de la dictée.

Rain, n. m. Lisière d'un bois, d'une forêt.

Raifort, n. m. Rave très-piquante.

Raiponce, n. f. Plante qui croît le long des haies, et dont la racine se mange en salade.

Ramée, n. f. Petite meule de foin construite temporairement.

Rame, n. f. Rameau de bois sec planté en terre pour soutenir les pois, les haricots.

Ramon, n. m. Balai fait de rameaux d'arbres, dont on se sert pour nettoyer les allées d'un jardin.

CALCUL.

1er *Problème.* Quel est le poids d'une pièce de bois de chêne équarrie, longue de 6 mètres 50 et portant 33 centimètres d'équarrissage, si le mètre cube très-sec pèse 1,015 kilogrammes?

Solution. $33 \times 33 \times 6{,}50 = 0$ m. cub. $707{,}850 \times 1{,}015 = 718$ k. 467.

2e *Problème.* Un particulier a planté un bois de 220 mètres de long sur 22 de large, en hêtres, chênes, bouleaux; il a dépensé 78 fr. pour les plants et la main-d'œuvre. A combien revient l'hectare, et quelle somme aura-t-il de reste si, au bout de 25 ans, il fait 500 fagots à 19 fr. le cent, et 30 stères de bûches à 6 fr. le stère?

Solution. $220 \times 22 = 48{,}40$ ou 48 ares 40 cent. à 78 fr. Pour planter un are, on aura $78 : 48, 40 = 1$ fr. 61, et pour un hectare, 100 fois plus ou 161 fr. On vend $\dfrac{19 \text{ fr.} \times 500}{100} = 95$ fr. $+ 6 \times 30 = 180$ fr. Il a donc $95 + 180 = 275 - 78$ fr. $= 197$ fr., ce qui donne 7 fr. 88 de rente par année; mais le bois est planté, et a des baliveaux qui représentent une valeur.

3e *Problème.* — Un charretier a conduit 5 stères de bois de chauffage en charme : quel poids avait-il sur sa voiture, si le stère pèse 787 kilogr., et combien fera-t-il de voyages pour enlever une pile de 12 mètres de long sur 1 mètre 35 de large et 1 mètre 50 de hauteur, et quelle somme recevra-t-il, s'il a 1 fr. 25 du stère?

Solution. $12 \times 1{,}35 \times 1, 50 = 24$ stères 3 décist. à $1{,}25 = 30$ fr. 375 et fera 5 voyages. Le poids de 5 stères est de 787 kil. $\times 5 = 3935$ kil.

CENT TRENTE-SEPTIÈME DEVOIR.

Questions à faire aux élèves sur la dictée précédente.

1. Comment les forêts se forment-elles? 2. Comment l'ensemencement est-il regardé? 3. Comment regarde-t-on la plantation? 4. Qu'a produit l'ensemencement naturel? 5. Peut-il suffire à entretenir les forêts? 6. D'où proviennent les forêts artificielles? 7. Quel objet les semis artificiels ont-ils? 8. Quand on

veut former un bois, à quelle méthode faut-il avoir recours?
9. Et avant de faire une plantation, quelles précautions faut-il
prendre? 10. Quels plants doivent être préférés? 11. A quelle
époque doit se faire une plantation? 12. Quels soins réclament
les arbres plantés? 13. Dans quel sens doit être dirigée la
conduite des arbres? 14. Et une exploitation? 15. Pourquoi le
chêne doit-il être préféré? 16. Faites connaître ses usages?
17. Et du hêtre, et du sapin? 18. Et des rondins, qu'en fait-on?
et du charme? et du houx? et de l'orme? et du buis, etc.?
19. D'où proviennent les bois de chauffage? quels sont ceux
auxquels on donne la préférence?

4° Animaux domestiques utiles à l'agriculture.

137e DICTÉE.

ÉCONOMIE DU BÉTAIL; PRINCIPES GÉNÉRAUX.

L'économie du bétail est cette partie de la science agricole qui
comprend la multiplication, l'élève, l'entretien et l'emploi des
animaux domestiques utiles à l'agriculture. L'économie du bétail se règle par deux sortes de principes : les principes généraux et les spéciaux. Les premiers sont applicables à tous
les genres de bestiaux; les seconds indiquent l'application de ces
règles générales à chaque genre de bétail, selon sa nature particulière et la position dans laquelle nous le plaçons. On élève et
l'on tient du bétail dans l'industrie agricole : 1° pour l'exécution
des travaux que nécessite la culture des terres; 2° pour la production de certains articles nécessaires à l'homme, tels que le
lait et les produits qu'on en obtient, la chair, la graisse, la laine,
la peau, etc.; 3° enfin pour la production du fumier. Ce dernier
but est un des plus importants. De là, la nécessité d'élever du
bétail dans l'intérêt même de la fécondité du sol. Une règle à
suivre dans l'élevage des animaux, c'est de ne nourrir des bêtes de
travail qu'autant qu'il en faut, et d'élever au contraire des bêtes
de rente autant qu'on peut. Considérés au point de vue agricole et
de l'économie rurale, les animaux sont dans l'agriculture des auxiliaires de l'homme pour le travail, ou des producteurs de force,
des consommateurs de fourrages et des fournisseurs d'engrais.
Suivant les conditions culturales, les animaux sont à la fois tout
cela, ou bien leurs aptitudes se bornent à deux spécialités, mais
pas moins. Dans la plus grande partie de la France, une de leurs
espèces, celle du bœuf, répond toujours au moins successivement

à toutes les trois. Voilà pourquoi on a classé le bétail en animaux de travail et en animaux de rente.

Les animaux, quand on les envisage par rapport aux liens économiques qui les unissent à la culture du sol, sont avant tout des producteurs d'engrais. Sans eux point de culture qui améliore la terre, c'est-à-dire celle qui élève progressivement la fécondité du sol, et c'est à ce point de vue que les animaux de rente sont utiles et même indispensables, aussi bien que les animaux de travail, parce que sans eux, malgré un travail soutenu et opiniâtre, on ne pourrait obtenir que de faibles résultats et l'on ne réaliserait que de bien petits bénéfices. De là découlent des principes généraux que l'agriculteur ne doit pas méconnaître. Il faut que les animaux domestiques soient logés et nourris dans des lieux larges et élevés, construits de manière à ce qu'on puisse changer l'air à volonté, afin qu'ils respirent un air pur, qui ne soit ni trop chaud ni trop froid. Les animaux étant sujets à des maladies dangereuses et fréquentes qui les font périr quand ils habitent un lieu humide et malpropre, il est donc important qu'on ne laisse pas longtemps s'amasser le fumier et les urines dans les écuries ni aux alentours. Ainsi les mangeoires, les râteliers, les auges et les pavés de leur habitation doivent être lavés souvent et maintenus dans la plus grande propreté. L'air de l'intérieur du logement du bétail doit être frais en été et modérément chaud en hiver. Ce logement doit être éloigné du grand bruit et prendre jour du côté opposé au râtelier, afin que les animaux puissent y reposer sans inquiétude et que leur vue ne s'affaiblisse point. Il faut que chaque bête ait l'espace suffisant pour qu'elle soit à son aise, de 1 mètre 50 à 2 mètres de largeur, faire en sorte que la circulation soit facile et qu'on ait une fosse à purin ; des ventilateurs pour renouveler l'air sont aussi d'une grande utilité ; mais, les courants d'air étant très-nuisibles, on ne doit jamais placer les ouvertures qu'au-dessus de la hauteur des animaux.

Conjuguer le verbe serfouir *aux temps de l'infinitif, en mettant après chaque forme un complément qui soit un nom employé en agriculture.*

Râteau, n. m. Instrument d'agriculture et de jardinage.
Râtelage, v. m. Action de râteler.
Râteler, v. a. Amasser, nettoyer avec le râteau, râteler des oins.
Râtelée, n. f. Ce qu'on peut ramasser en un seul coup de râteau.

Râteleur, euse. Homme, femme de journée qu'on paye pour râteler les foins.

Rave, n. f. Plante potagère fort commune.

CALCUL. — SYSTÈME MÉTRIQUE.

Exposé des mesures de volume ou de solidité, page 35 ; voir l'instruction, page 123. Faire plusieurs questions aux élèves et plusieurs applications en classe.

Problème. Combien faut-il de mortier et de pierres pour faire les 4 murs d'une écurie de 0,40 cent. d'épaisseur, de 6 mèt. 50 de hauteur et 36 mètres de développement, avec fondations de 1 mètre de profondeur, moellons simplement dégrossis? Il entre dans un mètre de maçonnerie 0 m. 320 de mortier, et 0^m680 de pierres.

Solution. $0,40 \times 6,50 \times 36 = 93$ mèt. cub. $60 + 36 \times 1 \times 0,40 = 108$ mèt. cub. Mortier, $0,320 \times 108 = 34$ mèt. cub. 56 ; pierres $0,680 \times 108 = 73$ mèt. cub. 440.

MÉMOIRE D'UN MAÇON.

Mémoire de l'ouvrage fait à M. Utin, cultivateur, par Giroux, maçon patenté à Bourbonne.

1868. Fait un mur de 36 m. de long., 6,50 de haut., 0,40 cent. d'épaiss. = 93 mèt. 60, à 12 fr. le m. cube de façon.	1123 fr.	20
Fait les fondations 36 m. id. 1 de prof. et 50 d'épaiss. = 18 m., à 10 fr.	180	00
Crépi les façades des 4 murs, 36 × 6,50 = 234, à 0,75 le m. pour la façon.	175	50
	1478	70
Déduire deux portes de 2 m. sur 3,90 de h., et 4 fenêtres de 1,60 sur 0,85 = 21 m. 04,	116	77
Reste dû au maçon.	1361 fr.	92

CENT TRENTE-HUITIÈME DEVOIR.

Questions à faire aux élèves sur la dictée précédente.

1. Quelle est l'une des choses les plus importantes en agricul-

ture? 2. Pourquoi l'économie du bétail est-elle une chose importante? 3. Quelle est la règle à suivre dans l'élevage du bétail? 4. Comment peut-on considérer les animaux au point de vue de l'économie rurale? 5. Pourquoi a-t-on classé les animaux en animaux de travail et de rente? 6. Quelle est l'espèce qui répond aux trois liens qui unissent les animaux à l'économie rurale? 7. Sans les animaux, pourrait-on faire une bonne culture? 8. Pourquoi? 9. Comment découlent les principes de ce qui vient d'être dit? 10. Que sont-ils? 11. Pourquoi faut-il prendre ces précautions? 12. Comment doivent être tenus les mangeoires, les auges, etc.? 13. Et l'air intérieur des écuries? 14. Faut-il que les habitations des animaux soient éloignées du bruit? Combien faut-il de largeur à chaque bête? Ne faut-il pas établir des ventilateurs?

138e DICTÉE.

SOINS ET NOURRITURE A DONNER AU BÉTAIL.

Si les plantes exposées à l'air et à l'intempérie des saisons réclament des soins, que n'exigent pas les animaux, qui sont doués de sensibilité et qui ont des besoins à satisfaire? Un cultivateur qui comprend ses intérêts n'oublie pas ce qu'il doit à ses bestiaux; il se préoccupe sans cesse de tout ce qui peut contribuer à les améliorer. La nuit comme le jour il est rempli de sollicitude pour ces êtres qui sont ses auxiliaires dans son labeur, et qui sont pour lui l'espérance de la fortune. Il écarte les dangers que son bétail peut courir; il pourvoit à sa nourriture, à sa santé, à tout ce qui peut le soulager, le satisfaire et le mettre à son aise. Sans cesse il veille à l'air qu'il respire, à la propreté du logement qui l'abrite, en un mot à tout ce qui peut contribuer à sa prospérité et lui permette de répondre à sa fin. Pour lui, les heures de repas de son bétail sont réglées, la quantité de nourriture est déterminée, les soins de pansement ne sont jamais négligés, ni le travail jamais forcé et encore bien moins la brutalité exercée. Il sait prévoir les maladies et les accidents autant qu'il en est capable, et recourir aux remèdes lorsqu'il en est temps. Voilà pour les soins; passons à la nourriture. — Il est des animaux qui se nourrissent d'herbes sèches ou vertes, de grains ou de racines; on doit donner à chaque espèce les aliments qui lui conviennent et en quantité suffisante. Lorsque les bestiaux sont habitués à une nourriture sèche, il ne faut jamais les faire passer tout à coup à une nourriture verte: le passage subit des aliments verts et aqueux aux aliments secs pourrait également les incommoder beaucoup. Ce qu'il y a à faire alors, c'est de mêler l'une à l'autre ces deux sortes de nourriture, en augmentant chaque jour un peu la quantité de celle à laquelle on veut les habituer. Les aliments qui contiennent beaucoup d'eau, et qui sont très-nourrissants et tendres, conviennent aux animaux jeunes; les aliments plus nourrissants encore, quoique moins délicats, sont plus propres aux animaux formés. Pendant l'hiver, les aliments secs sont préférables, et les aliments frais pendant l'été; mais une nourriture sèche exige de plus fréquents abreuvages. Il peut être même utile de mouiller un peu le foin et la paille qu'on donne au bétail. Les eaux trop froides, celles qui sont bourbeuses ou puantes, causent souvent des maladies aux bestiaux. La plupart des animaux domestiques doivent boire au moins deux fois par jour, le matin et le soir, après qu'ils ont mangé; il ne faut jamais les conduire à l'abreuvoir ou à la rivière quand ils sont en sueur. Si l'on nourrit le bétail à l'écurie, il est bon de le promener souvent au grand air, surtout quand il ne travaille pas. On doit savoir que la nourriture et les soins ont une grande influence sur les bestiaux et surtout sur les races. Voilà les soins et la nourriture que réclame le bétail. Quiconque sera fidèle à les accorder aux habitants de ses écuries et de ses étables peut compter, Dieu y donnant sa bénédiction, de voir ses bestiaux dans de bonnes conditions, et par là assurer la prospérité de sa maison.

Analyse de la première phrase de la dictée.

Rayonneur, n. m. Instrument d'agriculture qui sert à semer en rayons.

Reborder, v. a. Oter de la terre pour diminuer la longueur et la largeur d'une planche de jardin.

Rebourgeonner, v. a. S'est dit pour ébourgeonner. Pousser de nouveaux bourgeons.

Reboutil, n. m. Bourgeon qui sort de l'aisselle des feuilles de vigne, et qu'on enlève.

Recasser, v. a. Donner un nouveau labour.

Rehaussement, n. m. Action de rehausser un arbre.

CALCUL.

1er *Prob.* Les grains et les racines doivent entrer pour au moins le tiers dans la nourriture des bestiaux; d'après cette proportion que faudra-t-il de foin et de racines à 4 bœufs auxquels i[

faudrait 12 kilogrammes de foin par jour et s'il faut 3 kilogrammes de carottes à vaches pour un kilogramme de foin, et quelle dépense fera-t-on pour un mois de 30 jours en mettant le foin à 4 fr. 25 les 100 kilogrammes ?

Solution. Un bœuf 12 kilogr. $\times$ 4 = 48 kilog. $\times$ 30 = 1440 kilogrammes à 4,25 les 100 kilogr. = 61 fr,20 centimes. Il faudra en foin 1440 kilogrammes moins $\frac{1}{3}$ = 480 = 960 kilogrammes de foin et 480 remplacés par des carottes ; mais il en faut 3 fois plus ou 480 $\times$ 3 = 1440 kilogrammes.

2e *Prob.* A quel poids de foin naturel équivaut par mois la nourriture du régime de travail de 5 chevaux de grande race pesant chacun 650 kilogrammes, si l'on sait qu'un cheval de travail dépense en foin 4 p. 100 de son poids ?

Solution. 650 $\times$ 5 chevaux = 3250 kilogrammes, poids des 5 chevaux à 4 kilogrammes pour 100 du poids = $\frac{4 \times 3250}{100}$ = 130 kilogrammes $\times$ 30 = 3900 kilogrammes.

3e *Prob.* Combien aura dépensé celui qui les nourrit s'il paye 40 francs les mille kilogrammes, et combien aura-t-il de reste pour leur travail, s'il les a loués, par jour, à 5 francs le collier, et qu'ils aient mangé un double décalitre d'avoine à 8 francs l'hectolitre ?

Solution. Il aura de reste 5 francs $\times$ 5 $\times$ 30 = 750 francs — $\frac{40 \text{ francs} \times 3900}{1000}$ + 1 double décalitre $\times$ 30 = 30 doubles décalitres ou 6 hectolitres à 8 francs $\times$ 6 = 48 = 546 francs.

CENT TRENTE-NEUVIÈME DEVOIR.

Questions à faire aux élèves sur la dictée précédente.

1. Les animaux exigent-ils des soins ? 2. Que fait un cultivateur qui comprend ses intérêts ? 3. Que fait-il pour écarter les dangers de son bétail ? 4. Ne veille-t-il pas à sa conservation ? 5. Et à quoi encore ? 6. Ne règle-t-il pas jusqu'à ses repas ? 7. Que sait-il prévoir ? 8. De quoi se nourrissent les animaux domestiques ? 9. Lorsqu'on veut changer de nourriture, n'y a-t-il pas des précautions à prendre ? 10. Que faut-il faire alors ? 11. Quels sont les aliments qui conviennent aux jeunes animaux ? 12. Quels sont ceux qui conviennent pendant l'hiver et pendant

l'été ? 13. Dans la boisson que faut-il éviter ? 14. Faut-il faire boire ou mener à la rivière les animaux quand ils sont en sueur ? 15. Quelle sera la récompense de celui qui accordera tous les soins que réclame son bétail ?

139e DICTÉE.

ESPÈCE BOVINE.

Les animaux domestiques qui entrent dans l'économie du bétail sont l'espèce bovine, l'espèce chevaline, l'espèce ovine, l'espèce porcine, les oiseaux de basse-cour, les vers à soie et les abeilles. Dans cette dictée, nous parlerons de ceux de l'espèce bovine, dont le plus utile est le bœuf. En effet, c'est celui dont l'éducation peut ordinairement procurer le plus de profit au cultivateur. Le mâle de cette race se nomme taureau, la femelle vache ; les petits, veau ou taurillon, vêle ou génisse, etc. L'éducation de la race bovine peut être considérée sous trois points de vue différents : celui de l'élève, celui de la production du lait et celui de l'engraissement. On peut donc diviser les espèces bovines en trois catégories, dont chacune répond à un de ces trois points. En améliorant le bétail, on doit avoir pour but la production du lait, ou la production de la graisse, ou la production du travail. Les marques et les conditions d'une bonne laitière, c'est que la vache ait la peau lisse, une physionomie douce, de gros vaisseaux sur le pis. le ventre large s'élargissant un peu dans la partie inférieure, les os minces, des mamelles grandes et molles. Les animaux qu'on destine à l'engrais ne doivent avoir ni l'air vif, ni peureux, mais il faut qu'ils aient les épaules bien prises, une croupe large, un poitrail bien conformé, une peau douce, etc. Les vaches qu'on destine à la reproduction doivent avoir le thorax bien développé et non le dos pointu comme celui d'un hareng. Il faut aux bêtes de trait une charpente osseuse et forte, un poitrail bien développé, de larges épaules, des pieds solides, conformés de manière à ne pas blesser l'animal dans sa marche. La nourriture des bêtes de l'espèce bovine est le foin, le regain. la paille d'avoine ou d'orge, les plantes provenant des légumineuses : trèfle. sainfoin, luzerne, etc. Les racines peuvent former les trois quarts de la nourriture des vaches ; les betteraves sont très-saines, les pommes de terre cuites peuvent être données avec moins de précautions que les crues. Dans les contrées où le fourrage est abondant, il est avantageux d'engraisser les bêtes de cette race et surtout les bœufs, et les vaches quand elles sont vieilles ou mauvaises laitières.

Conjuguer le verbe étendre *aux temps de l'indicatif en mettant après chaque personne un complément qui soit uu nom employé en agriculture.*

Reinette, n. f. Variété de pommes très-estimées à cause de leur bonté.

Rejeton, n. m. Nouveau jet que donne le tronc ou la tige de tout végétal.

Relabourer, v. a. Labourer de nouveau ; donner un second labour.

Relais, n. m. Chevaux frais postés en quelques endroits pour prendre la place de ceux qu'on quitte.

Remblaver, v. a. Resemer du blé.

CALCUL. — SYSTÈME MÉTRIQUE.

Exposé des mesures de volume et de solidité, page 35 ; voir l'instruction, page 123. Faire plusieurs questions aux élèves et différentes applications.

1er *Prob*. Un attelage de bœufs sur la route parcourt 0 m. 75 par seconde, et à la charrue 0 m. 55. Combien fera-t-il sur la route de kilomètres dans 4 heures de marche, et combien labourera-t-il d'ares dans le même temps, si à chaque tranche de labour la charrue enlève 26 centimètres de terre, et qu'il perde un sixième du temps pour tourner ?

Solution. 4 heures $\times$ 60 $\times$ 60 = 14400 secondes $\times$ 0^{m}75 = 10800 ou 10 kil. 8 hect. dans les 4 heures. À la charrue, il reste également 4 heures, ou 14400 secondes ; mais ici il perd le 1/6 du temps pour tourner : son temps sera donc, pour les travaux, de 14400 — 1/6 = 12000. Et comme l'attelage ne fait que 0 m. 55 cent. par seconde, on aura donc 0,55 $\times$ 12000 = 6600 mètres, et si on les multiplie par 0,26, on aura 17 ares 16 cent.

2e *Prob*. A quel poids de foin naturel équivaut la nourriture, par an, de 6 vaches laitières, de race moyenne, qui pèsent, l'une dans l'autre, 320 kilogrammes et s'il leur faut 3 p. 0/0 de leur poids pour la nourriture ?

Solution. 320 $\times$ 6 = $\dfrac{1920 \text{ kilogrammes} \times 3}{100}$ = 57 kilogrammes 60 par jour $\times$ 365 = 21024 kilogrammes de foin.

3e *Prob.* Quelle sera la dépense si l'on paye 68 fr. 50 les 1000 kilogrammes ?

Solution. 68,50 × 21024 kilogrammes : 1000 = 1440 francs 144.

***

CENT QUARANTIÈME DEVOIR,

Questions à faire aux élèves sur la dictée précédente.

1. Quels sont les animaux domestiques qui entrent dans l'économie du bétail ? 2. De quoi avons-nous parlé dans la dictée précédente ? 3. Comment nomme-t-on les animaux de la race bovine ? 4. Sous combien de points de vue doit-on considérer l'éducation de cette race ? 5. Quelles sont les marques et les conditions d'une bonne laitière ? 6. Dites les qualités qu'il faut pour les animaux qu'on livre à l'engrais ? 7. Dites celles qui conviennent à ceux qu'on destine à la reproduction ? 8. Et aux bêtes de trait ? 9. Quelle est la nourriture des bêtes de l'espèce bovine ? 10. Les racines peuvent-elles entrer dans leur nourriture ? 11. Dans quelles contrées est-il avantageux d'engraisser la race bovine ?

140e DICTÉE.

DICTÉE RÉCAPITULATIVE D'ORTHOGRAPHE ET D'AGRICULTURE POUR LA FIN DU MOIS.

Dans les vingt dernières dictées que nous nous sommes appliqués à faire, nous avons terminé l'étude des plantes tinctoriales par celles de la gaude, du houblon et du tabac, deux plantes commerciales. Nous avons ensuite examiné la formation des plantes parasites, et après nous nous sommes occupés des animaux nuisibles aux récoltes et des moyens de s'en préserver. Passant de .là à l'étude des animaux destructeurs, des animaux nuisibles, nous avons compris combien les récoltes demandent de soins pour être préservées des ravages des quadrupèdes rongeurs, des oiseaux et des insectes nuisibles. Ensuite nous avons abordé l'étude des végétaux ligneux, de leur multiplication et de leur propagation par le moyen des pépinières, de la greffe sous différentes formes. Nous n'avons pas omis l'éducation, la taille, les soins et l'entretien que réclament les arbres fruitiers, ceux à produits industriels ne nous ont pas non plus échappé, pas même la culture de la vigne ni celle des pommiers à cidre, ni la plantation, la conduite, l'exploitation des arbres destinés à fournir des bois d'œuvre ou de chauffage. Ayant enfin épuisé l'étude des plantes, nos quatre dernières leçons ont été consacrées à la connaissance des animaux domestiques utiles à l'agriculture : économie du bétail, principes généraux, soins et nourriture que réclament ces puissants auxiliaires de l'agriculteur : rien n'a été oublié. Plus nous avançons vers la fin de notre cours, plus nous sommes convaincus de son utilité, et que la méthode que nous avons suivie peut, tout à la fois, servir à communiquer les connaissances agricoles et grammaticales indispensables à l'honorable profession de cultivateur. Déjà, ces leçons nous ont inspiré un désir sincère de nous attacher de plus en plus au sol qui nous a vus naître, et ont excité en nous une émulation louable pour nous perfectionner dans l'art de cultiver la terre et d'augmenter sa fécondité.

Analyse de la première phrase de la dictée.

Remblavure, n. f. Terre emblavée deux fois.

Remblayer, v. a. Combler ou élever un terrain avec des terres rapportées.

Remuage, n. m. Action de remuer la terre.

Remuer la terre, v. act. Fouir, transporter de la terre pour faire des retranchements.

Renard, n. m. Bête puante très-rusée, qui vit de rapine.

Réne, n. f. Courroie de la bride d'un cheval.

Sujet d'une lettre.

Un fermier a perdu deux bœufs et un poulain ; il écrit à son maître de ferme pour l'informer de ce malheur qui va le mettre en retard pour lui payer son prix de ferme ; il lui demande du temps pour s'acquitter de son fermage, et promet de payer de trois mois en trois mois la somme de 150 fr. jusqu'à parfait payement. On devra exposer les besoins de la famille et l'exactitude du passé.

CALCUL.

1er *Prob.* Le prix des animaux de boucherie a monté dans la proportion de 1 à 18 depuis le XIIIᵉ siècle ; combien aurait-on vendu à cette époque un bœuf qu'on vendrait aujourd'hui 525 fr. et un mouton qui se vend maintenant 25 fr. 50 ?

Solution. Le bœuf aurait valu $525 \times 1 : 18 = 29$ fr. 16 cent., et un mouton aurait valu $25,50 \times 1 : 18 = 1,41$ centimes.

2e *Prob*. Une vache donne en lait environ 28 p. 0/0 du poids du foin qu'elle consomme ; sachant que 5 vaches consomment 75 kilogrammes de foin par jour et que le lait se vend 0 fr. 25 le litre, on demande la valeur du foin converti en lait ?

Solution. La valeur du lait sera de $\dfrac{75 \text{ kilogrammes} \times 28}{100} =$ $21 \times 0,25 = 5$ fr. 25. Par conséquent le kilogramme de foin sera vendu $5,25 : 75 = 0$ fr. 07 cent.

3e *Prob*. Une vache de race moyenne dépense 16 kilogrammes de foin par jour, et rend 21 litres de lait pendant quatre mois. Quel sera le bénéfice net si le lait se vend 25 centimes le litre, le foin 7 fr. 50 les 100 kilogrammes et si le fumier fait balance avec la litière ?

Solution. La vache 16×120 jours $= 19,20$ à $\dfrac{7,50 \times 1920}{100} =$ 144 francs de dépense en foin. Elle donne donne 21 litres $\times$ 120 jours $= 2520$ lit. à 25 centimes $= 630$. Le produit net de 630 fr. — 144 fr. $= 486$ francs.

CENT QUARANTE ET UNIÈME DEVOIR,

Questions à faire aux élèves sur la dictée précédente.

1. De quoi nous sommes-nous occupés dans nos vingt dernières dictées ? 2. Qu'avons-nous étudié ensuite ? 3. Qu'est-ce qui a fait l'objet de notre étude ? 4. Avons nous omis la taille des arbres ? 5. Et la plantation du bois ? 6. A quoi ont été consacrées les quatre leçons qui précèdent la 140e ? 7. De quoi notre cours d'agriculture nous a-t-il convaincus ? 8. Que vous ont inspiré ces leçons ? 9. En quoi encore ?

141e DICTÉE.

ESPÈCE CHEVALINE.

L'espèce chevaline comprend le cheval, l'âne et le mulet, qui, tous s'emploient comme monture, et comme propres à porter ou à traîner des fardeaux et pour labourer la terre. Le cheval mâle se nomme étalon, et la femelle jument ou cavale, les petits, poulains ou pouliches. Le cheval n'a qu'un onglon à chaque pied, ne rumine ni ne vomit : il ne respire que par le nez, porte six dents incisives à chaque mâchoire. Les dents de lait commencent à tomber à l'âge de trois ans et sont toutes remplacées à cinq. C'est à cet âge que le cheval est adulte et dans toute sa force. Il y a plusieurs races de chevaux qui diffèrent par la forme et les qualités. En France, les plus estimés sont les chevaux boulonnais, aux membres forts, et qui sont employés pour les travaux lents ; les chevaux percherons ou normands, qui conviennent au service des voitures publiques ; les chevaux poitevins de diligence, d'artillerie, de cavalerie, etc. Ceux du Limousin, des Ardennes, de la Franche-Comté, ne sont pas à dédaigner. L'animal hybride que l'on appelle bardeau provient de l'ânesse et du cheval, et le mulet vient de l'âne et de la jument. Ces animaux, très-durs à la fatigue, sont principalement employés en Provence et dans le Midi. On les tire principalement des Pyrénées et de la plaine du bas Poitou, c'est-à-dire de Melle et Luçon, où l'on en élève beaucoup. Une jument ne doit pas porter de poulain avant qu'elle soit parvenue à son entier développement, parce que c'est seulement alors qu'elle peut donner naissance à des petits bien conformés et vigoureux, sans en souffrir elle-même ; ce moment paraît venu quand les dents de lait sont remplacées ou au moins à quatre ans.

Comme bête de trait ou de somme, le cheval est le plus précieux de tous les animaux, et mérite l'intérêt de toutes les classes de la société pour les services de tout genre auxquels il est propre, et surtout pour ceux qu'il rend à l'agriculture et aux autres travaux agricoles ; car, après la charrue, il est le premier instrument du cultivateur. Et qu'il soit destiné, soit au luxe, soit au service de l'industrie, soit à celui de l'armée, il n'est pas moins digne d'intérêt, et n'est pas moins un produit agricole. Que l'éleveur mette tous ses soins à faire l'éducation des jeunes poulains, et qu'une nourriture sagement distribuée leur soit donnée régulièrement tous les jours. A deux ou trois mois ils commencent à manger du foin ; 8 kilogr. par jour suffisent, et un kilogramme d'avoine : on augmente la ration à mesure qu'ils grandissent. Pendant l'hiver, les chevaux peuvent être nourris avec des pommes de terre et de bonne paille, mêlée d'un peu de foin. Les carottes sont excellentes pour les chevaux, parce qu'elles les rafraîchissent. Le foin se donne ordinairement dans la proportion de 8 à 10 kilogrammes par jour accompagné de paille et de 6 à 10 litres de racines. Pour les chevaux de trait, la nourriture et surtout l'avoine doit être proportionnée à la fatigue. Il est très-important que les chevaux soient choisis de manière à bien remplir le but qu'on se propose. Le cheval qui est destiné à traîner la charrue ou de pesantes voitures doit avoir un large poitrail, les membres gros, le corps ramassé et vigoureux. Celui qui porte des fardeaux doit avoir, comme le mulet, les reins forts, de larges épaules et beaucoup de fermeté sur ses jambes. Le cheval destiné à la monture doit être léger, souple, bien fait et plein de vivacité.

Analyse de la première phrase de la dictée.

Renoncule, n. f. Plante dont un grand nombre d'espèces se cultivent dans nos jardins à cause de la beauté de leurs fleurs.

Rensemencement, n. m. Action de rensemencer.

Rensemencer, v. act. Ensemencer de nouveau.

Repiquage, n. m. Transplantation d'une jeune plante herbacée, venue de semis.

Repiquer, v. a. Transplanter.

Repougner, v. a. Ebourgeonner la vigne une seconde fois.

CALCUL.

1er *Prob.* Un cultivateur a acheté 2 chevaux, 4 vaches, 6 bœufs, pour 6500 francs. Les chevaux coûtent les $\frac{5}{7}$ du prix des vaches, et les bœufs sont de 420 francs la pièce; on demande le prix d'une vache et celui d'un cheval?

Solution. Les bœufs coûtent $420 \times 6 = 2520$ francs. Les chevaux et les vaches valent donc 6500 francs — 2520 = 3980 francs. Si les chevaux coûtent seulement les $\frac{5}{7}$ des vaches, cette somme de 3980 francs est égale à $\frac{7}{7} + \frac{5}{7}$ ou $\frac{12}{7}$. Disons donc que si $\frac{12}{7}$ valent 2980 francs, un septième vaut 12 fois moins, et $\frac{5}{7}$ 5 fois plus ou $\frac{3980 \text{ francs} \times 5}{12} = 1658$ fr. 33. Un cheval vaudra 2 fois moins, ou $1658,33 : 2 = 829$ fr. 16 pour chaque cheval, et les 4 vaches 3980 francs — 1658 fr. 33, ou 2321 fr. 67, et une vache vaudra 4 fois moins, ou $2321,67 : 4 = 580$ fr. 42 centimes par excès.

2° *Prob.* Une charrue attelée de chevaux a, en 10 heures, labouré 35 ares. On demande si le laboureur s'est reposé, sachant que les chevaux font 0 m. 75 centimètres par seconde, et que chaque tranche de labour enlève 28 centimètres. On sait en outre qu'il emploie $\frac{2}{10}$ de son temps pour tourner.

Solution. Partant de là, le laboureur a de travail, 10 heures — $\frac{2}{10}$ = 8 heures; réduites en secondes = $8 \times 60 \times 60 =$ 28800 secondes. Dans une seconde, les chevaux font 0,75, et la charrue tranche 0,28 cent.; c'est donc par seconde une surface de $0,75 \times 28 = 21$ d. carré, que nous répéterons 28800 fois, cela égalant 60 ares 48 labourés en 10 heures, tournées comprises.

3e *Prob.* Combien s'est-il reposé de temps?

Solution. S'il a fullu 10 heures, tournées comprises, pour labourer 60 ares 48 cent., il en faudra moins pour 35 ares, et nous ramenons la question à celle-ci : pour labourer 60 ares 48, on a mis 10 heures : combien aurait-on dû mettre pour labourer 35 ares? On aura dû mettre $\frac{35 \times 10}{60,48}$ = 5 heures 47. La différence avec 10 heures donne le temps que le laboureur s'est reposé = 10 h. — 5 h. 47 = 4 heures 13 minutes.

CENT QUARANTE-DEUXIÈME DEVOIR,

Questions à faire aux élèves sur la dictée précédente.

1. Que comprend l'espèce chevaline? 2. Comment se nomme le cheval mâle ? et la femelle? 3. Quelles sont les races les plus estimées en France? 4. D'où provient le bardeau? 5. Et d'où provient le mulet? 6. D'où tire-t-on le mulet? 7. A quel âge une jument doit donner des poulains? 8. Comme bête de trait, quel est le plus précieux des animaux? 9. Qu'est le cheval pour l'agriculteur? 10. Que doit faire l'éleveur? 11. Quelle ration donne-t-on aux poulains de deux ou trois mois? 12. Quelle nourriture convient aux chevaux pendant l'hiver? 13. Dans quelle proportion donne-t-on le foin? 14. Est-il important que les chevaux soient choisis pour leur destination? 15. Dites les qualités qui conviennent à chacun.

142ᵉ DICTÉE.

ESPÈCE OVINE.

Le mouton est un animal domestique qui appartient à l'espèce ovine ou bête à laine. Le mâle se nomme bélier, la femelle brebis. On appelle agneau ou agnelle les petits au-dessous de deux ans ; autenois et autenoise l'animal qui vit à la deuxième année ; et mouton celui qu'on engraisse pour la boucherie. Les races des moutons sont très-nombreuses en Europe. En France, nous avons la race flamande, dont la taille est très-forte, parvenant au poids de 25 à 35 kilog. ; l'éducation de cette race est impossible dans les contrées où l'agriculture ne pourrait pas fournir une nourriture aussi bien en hiver qu'en été. La race des mérinos, venus d'Espagne en France il y a bientôt un siècle, est remarquable par la finesse, l'abondance, la beauté de la laine; elle est la plus productive quand on lui donne les soins nécessaires. Parmi les différentes races élevées en France, qu'on appelle petites races, les unes sont robustes et sobres, les autres ont la chair délicate ou la laine fine, et leur éducation n'est pas sans avantage. On appelle métis les bêtes à laine qui naissent par le mélange d'une race précieuse, comme les mérinos, avec une race plus commune. Les brebis ne doivent pas produire d'agneau avant l'âge de dix-huit mois à deux ans, et le mâle ne doit pas être employé à la reproduction avant sa troisième ou sa quatrième année. Il faut que l'une et l'autre jouissent d'une bonne santé et se distinguent par les qualités qu'on désire retrouver dans leur petit. — On sèvre les agneaux à cinq mois, et il faut pour cela les éloigner des mères; il leur faut une bonne nourriture, de l'avoine avec du lait; on doit les mettre dans de bons pâturages au moment du sevrage, ou leur donner de la luzerne ou du bon foin à la bergerie. En été, on doit conduire les bêtes à laine sur des pâturages naturels ou artificiels, et, en hiver, il faut les nourrir à la bergerie; on ne doit pas les faire pâturer pendant le milieu du jour, lorsque le sol est sec et la chaleur trop forte, ni les laisser pacager longtemps sur des pâturages humides. Dans le premier cas, ils attrapent le sang de rate ; dans l'autre, la pourriture gagne les sabots et les fait mourir. — La bergerie est l'habitation des moutons; il faut qu'elle soit assez vaste pour loger à l'aise les bêtes qui y sont renfermées, pourvue de soupiraux pour que l'air rendu malsain par la respiration, la transpiration du corps et les vapeurs du fumier s'y renouvelle à chaque instant, et que la chaleur n'y devienne pas trop forte. Les produits utiles des moutons sont : la laine, le lait, les agneaux, l'engrais, la viande, le suif et la peau. — Le berger est l'homme auquel on confie la garde d'un troupeau ; il doit se faire remarquer par sa patience, sa douceur envers les animaux, sa vigilance et sa connaissance des moyens propres à maintenir en santé ses ouailles, ou les guérir quand elles sont malades. — La chèvre est utile par son lait ; elle peut en donner 3 ou 4 litres par jour lorsqu'elle est bien soignée. La race communément répandue n'appartient à aucun type, mais il serait avantageux d'élever l'Angora ou celle de Cachemire, dont le poil sert à fabriquer des étoffes connues sous le nom de cachemire. Il faut tenir la chèvre éloignée des bois, des vignes, des plantations de jeunes arbres, parce qu'elle aime à brouter les jeunes pousses; on la nourrit avec des pousses de vigne, des choux, des navets, du grain, du son, du marc de raisin délayé dans de l'eau. La chèvre est l'amie de l'homme, elle est la vache du pauvre, la bonne mère par excellence, puisqu'elle adopte toute espèce de nourrissons, même des *enfants*.

Conjuguer le verbe étendre *aux temps du conditionnel et de l'impératif, en mettant après chaque personne un complément qui soit un nom employé en agriculture.*

Replanter, v. a. Planter de nouveau.
Replantation, n. f. Action de replanter.
Reptile n. m. Animal qui rampe, comme les serpents et les vers, ou qui a les pieds courts pour ramper.
Ressemer, v. a. Semer une seconde fois.
Retondre, v. a. Tondre de nouveau.
Revenure, n. f. Seconde pousse de la vigne après la gelée.

CALCUL. — SYSTÈME MÉTRIQUE.

Exposé des mesures de capacité, page 47 ; voir l'instruction, page 131. Faire des questions aux élèves et des applications en classe.

Problème. On a tondu 48 moutons qui ont fourni chacun 4 kilog. 250 gramm. de laine qu'on vend 1 fr. 80 cent. sans être préparée : quelle somme retirera-t-on de cette vente ?
Solution. 4250 $\times$ 48 = 8.32 kilogrammes $\times$ 1.80 = 187 fr. 20 centimes.

Mémoire d'un cultivateur à son manœuvre.

Mémoire de l'ouvrage fait à Maurice Breton par Joseph Gau-
lard.

1868. 21 mars.	Avoir labouré un champ de 34 ares au canton de Rosière à 25 francs l'hectare	8 50
27 id.	Avoir fait 5 charrois de fumier au Neumont à 1 fr. 50 cent........	7 50
31 id.	Avoir labouré un champ de 38 ares pour des pommes de terre à la Voivre.........................	9 50
30 avril.	Avoir fait 2 charrois de bois aux affouages	5 50
		31,00
	M. Breton m'a fait 17 journées à la vigne et à la grange à 1 fr. 50 centimes par jour............	25,50

Bleurville, le 15 avril 1868.

Breton redoit......... 15,50

CENT QUARANTE-TROISIÈME DEVOIR.

Questions à faire aux élèves sur la dictée précédente.

1. A quelle espèce appartient le mouton? 2. Comment se nomment le mâle, la femelle et les petits? 3. Qu'appelle-t-on autenois? 4. Et mouton et moutonne? 5. Les races de moutons sont-
elles nombreuses? 6. Quelles sont les plus tranchées? 7. Peut-on
élever cette race partout? 8. Depuis quelle époque a-t-on le mérinos en France? 9. Les petites races élevées en France offrent-elles de l'avantage? 10. Qu'appelle-t-on métis? 11. A quel
âge les brebis doivent-elles donner des agneaux? 12 Quand sè-
vre-t-on les agneaux? 13. Quelle doit être leur nourriture?
14. Qu'est-ce que la bergerie? 15. Quel est le produit de l'espèce
ovine? 16. Dites ce que c'est qu'un berger? 17. Parlez-nous enfin
de la chèvre? 18. Quelles précautions demande cet animal?

143ᵉ DICTÉE.

ESPÈCE PORCINE. — DU PORC.

Le porc appartient à l'espèce porcine, dont le mâle se nomme verrat, la femelle truie, et les petits porcelets ou gorets. Presque aucun animal domestique ne se multiplie autant que le porc. La truie peut produire vers son huitiéme mois, porte ses petits seize semaines environ, en donne de huit à douze à la fois, et recommence ordinairement deux fois par an. On ne laisse pas plus de six à huit petits après la mère; on vend le surplus au bout de quelques jours sous le nom de cochons de lait. — L'habitation des jeunes porcelets doit être vaste, propre, chaude en hiver et pourvue d'une abondante litière ; on leur donne à manger trois ou quatre fois le jour dans les premiers temps du sevrage, et chaque fois on a le soin de nettoyer et laver leur auge. On appelle porcherie l'habitation des porcs ; elle se compose de loges et d'une ou plusieurs cours consacrées aux différentes classes de porcs. Celui qui les soigne se nomme porcher. Le cochon s'engraisse très-facilement. Il vaut souvent mieux faire choix d'une espèce de petite race que de celles de grande taille, parce que celles-ci mangent beaucoup plus, sans que le produit en viande paye mieux la nourriture. Les races à jambes courtes, à reins larges, aux membres ramassés, s'engraissent très-vite et très-économiquement, selon les substances dont on peut disposer ; on les engraisse avec les eaux grasses de cuisine, le lait aigri, les racines cuites, les résidus, le sang et la chair des animaux morts, du gland, des pommes de terre cuites et mélangées avec de la farine d'orge ou d'avoine, ou des pois. Nous terminons cette dictée en désignant les animaux qui servent encore à l'agriculture, tels que le lapin, qui peut être l'objet d'une spéculation très-lucrative par les produits de sa chair, de sa peau et de son poil. Le chien rend également des services à l'agriculture en veillant à la garde des troupeaux et en étant le compagnon fidèle de l'homme ; enfin le chat, qui nous débarrasse des souris.

Analyse de la première phrase de la dictée.

Rivage, n. m. Les bords de la mer, les bords d'une rivière.
Rive, n. f. Partie de terre qui borde un courant d'eau quelconque.
Rivière. n. f. Cours d'eaux qui coule dans un lit d'une étendue

assez considérable, qui se jette dans un fleuve ou dans une mer.

Riverain, *aine*, adj. Qui habite le long d'une rivière, qui a une propriété, une forêt le long.

Riz, n. m. Plante des pays chauds.

Rocailleux. adj. Plein de cailloux.

CALCUL.

1er *Problème*. Un manœuvre a acheté un porc pour 23 fr. 45 cent., il l'a engraissé et il a dépensé pour cela, en moyenne, 29 cent. par jour pendant 108 jours. Cet animal, tué, vidé, a pesé 85 kil. 75 ; à combien revient le kilog. et quel bénéfice a-t-il fait si le cochon pesait 36 k. 5 ?

Solution. Le porc coûte 23,45 + 0,29 × 108 = 54 fr 77. Cette somme est le prix de 85 kil. 75 ; donc un kilog. coûtera 54 fr. 77 : 85,75 k = 0,638 par excès, prix du kilogr. Et comme le cochon pesait 36 kil. 5 , c'est donc de 85 k. 75 — 36,5 qu'il a augmenté ou 49 k. 25 ?

2e *Problème*. Dites son bénéfice s'il le vend 1 fr. 65 le kilogr.

Solution. Il fera de sa vente 1,65 × 85 k. 75 = 141 fr. 48.75, et comme il l'a payé, d'une part, 23 fr. 45 et de l'autre pour sa nourriture 31 fr. 32 = 54 fr. 77, son bénéfice sera donc 141 fr. 48 — 54 fr. 77 = 86 fr. 71.

3e *Problème*. Un cochon de petite race française dont la hauteur à l'épaule est de 60 centimètres pèse 120 kilogrammes, vivant ; combien pèseront cinq cochons après engraissement, s'ils augmentent de 50 p. 0/0.

Solution. Si un cochon augmente de 50 kilog. par 100, pour un kilog. il augmente de 0 k. 5, et pour 120 il augmentera de 0,5 × 120 = 60 k. ; un cochon pèsera donc 120 + 60 = 180, et 5 cochons 5 fois plus ou 180 k. × 5 = 900 kilogrammes.

CENT QUARANTE-QUATRIÈME DEVOIR,

Questions à faire aux élèves sur la dictée précédente.

1. A quelle espèce le porc appartient-il ? 2. Comment appelle-t-on le mâle et la femelle ? 3. A quel âge la truie porte-t-elle ? 4. Combien lui laisse-t-on de petits ? 5. Quelles conditions

doit avoir l'habitation des porcelets? 6. Qu'appelle-t-on porcherie? 7. Comment nomme-t-on celui qui les soigne? 8. Quel choix faut-il faire de races pour engraisser? 6. Quelles sont celles qui sont les plus avantageuses? 10. Avec quelles denrées engraisse-t-on les porcs? 11. Quels sont encore les animaux qui servent à l'agriculture?

144e DICTÉE.

OISEAUX DE BASSE-COUR.

Les oiseaux de basse cour sont des oiseaux dont l'éducation peut donner du profit dans une ferme, en y consommant des matières qui seraient perdues. On les divise en deux classes: celle des gallinacés, oiseaux dont le b ec est ordinairement pointu et les doigts du pied libres : poule, dindon, paon ; et en oiseaux aquatiques à bec large et plat et à doigts réunis par des membranes : canard, oie, cygne, etc. La basse-cour est l'emplacement destiné à ces oiseaux, mais surtout aux gallinacés ; elle se compose ordinairement d'une cour, d'un poulailler et d'un colombier. Le poulailler doit être chaud, abrité contre les vents frais et bien aéré; il faut le nettoyer souvent si l'on veut prévenir les maladies qui attaquent la volaille. Le colombier occupe la partie supérieure du bâtiment. Les oiseaux de basse-cour les plus communs, tels que poules, dindons, oies, canards, pigeons, sont très-faciles à nourrir ; ils ramassent les graines laissées dans les umiers, mangent les herbes qui croissent au bord des chemins et des ruisseaux, vivent du grain de rebut, de pommes de terre cuites, de carottes découpées, de la viande des animaux morts, etc. Ces oiseaux sont ovipares, c'est-à-dire qu'ils font des œufs dans lesquels sont contenus les germes de leurs petits. Ces œufs ont besoin d'être couvés ou échauffés pendant plusieurs semaines à une température de 30 à 32 degrés pour que le germe s'y développe et donne naissance aux oiseaux. Les œufs sont couvés par la mère ou dans un appareil particulier appelé *couveuse artificielle.* La poule pond presque toute l'année quand on la nourrit bien et qu'on la tient chaudement en hiver; elle fait de quinze à vingt-cinq œufs par mois. On conserve les œufs très-longtemps en les plongeant dans de l'eau de chaux ou dans de l'eau gommée, à plusieurs reprises, et en les plaçant ensuite sur des claies dans un lieu qui soit frais sans être humide. — L'eau de chaux ou de gomme forme sur la coquille de l'œuf un enduit qui empêche l'air d'y pénétrer, de le dessécher et de le gâter à la longue. On spécule sur les œufs de la volaille, sur sa chair et sur les plumes, que donnent principalement l'oie et le canard, et qui servent à faire des lits ou à écrire. Le canard et l'oie sont appelés aquatiques, parce que souvent ils vont chercher dans l'eau leur nourriture et s'y rafraîchissent. Deux ou trois fois par an, et pendant la belle saison, on les plume pour en avoir le produit et le livrer au commerce.

(LAGRUE.)

Conjuguer le verbe étendre *aux temps du subjonctif en mettant après chaque personne un complément qui soit un nom employé en agriculture.*

Roitelet, n. m. Oiseau fort petit.
Ronceraie, n. f. Endroit rempli de ronces.
Ronce, n. f. Arbre épineux et rampant.
Rongeur, *euse*. Qui ronge. Rongeurs, quadrupèdes à deux dents incisives ; les rats.
Roquette, n. f. Espèce de choux qu'on mange en salade.
Rose, n. f. Fleur odoriférante.

CALCUL. — SYSTÈME MÉTRIQUE.

Exposé des mesures de capacité, page 47 ; voir l'instruction, page 1211. Faire des questions aux élèves et des applications en classe.

Problème. Une poule coûte environ 0 fr. 0092 par jour pour la nourriture ; elle donne à peu près 118 œufs par an, et le fumier peut être évalué 0 fr. 72. La douzaine d'œufs se vend 75 centimes. On demande quel bénéfice procureront 25 poules s'il y a 1 coq à nourrir avec elles ?

Solution. La nourriture est de 25 + 1 = 26 × 0,0092 = 0 fr. 2392 × 365 = 88 fr. 308 par an. D'autre part, une poule donne $\dfrac{118 \text{ œufs} \times 75}{12}$ = 7 fr. 375 que rapporte une poule + 0 fr. 72 de fumier = 8 fr. 095 × 25 poules = 202 fr 375. Le bénéfice sera de 202 fr. 375. — 88 fr. 308 = 114 fr. 009, non compris le fumier de coq.

Mémoire d'un manœuvre.

1868. Mémoire des journées faites à M. Alizent, propriétaire,
par Périchon.

22 journées et demie pour bêcher à la vigne à 1 fr. 75 c.	39 fr. 32
30 journées 2/3 pour ensemencer les blés à 1 fr. 80	55 20
8 journées 2/3 pour la culture du jardin à 1 fr. 75	15 fr. 16
Total.	109 fr. 68

Saint-Benoît, le 15 avril 1868.

Pour acquit : PÉRICHON.

CENT QUARANTE-CINQUIÈME DEVOIR,

Questions à faire aux élèves sur la dictée précédente.

1. Qu'est-ce que les oiseaux de basse-cour ? 2. Comment les divise-t-on 3. Qu'est-ce que la basse-cour ? 4. Quelle condition doit avoir le poulailler ? 5. Où place-t-on le colombier ? 6. Quels sont les oiseaux de basse-cour les plus communs et de quoi les nourrit-on ? 7. Qu'est-ce à dire que ces oiseaux sont ovipares ? 8. De quelle préparation les œufs ont-ils besoin pour l'éclosion des poussins ? 9. Quel avantage trouve-t-on à bien nourrir la poule ? 10. Comment conserve-t-on les œufs ? 11. Que produit l'eau de chaux ou la gomme ? 12. Commerce-t-on sur les œufs ? 13. Comment appelle-t-on le canard et l'oie ?

145ᵉ DICTÉE.

**VERS A SOIE ; ABEILLES ; RÉFLEXIONS. BONS TRAITEMENTS
AUX ANIMAUX.**

Le ver à soie est une espèce de chenille (1) se nourrissant avec la feuille du mûrier, changeant plusieurs fois de peau, se renfermant dans la soie qu'il file et qu'il dispose en une sorte de boule ovale qu'on appelle cocon. Pour obtenir la soie, on plonge

(1) Importés en Europe au ve siècle par deux moines qui offrirent à l'empereur Justinien les œufs d'un papillon appelé *bombyx*, les vers à soie furent apportés en France sous Louis XI et Henri IV.

les cocons dans l'eau bouillante. On les dévide, on en forme des échevaux prêts à être filés et convertis dans les plus brillants tissus. Un ver à soie peut filer dans trois ou quatre jours cinq cent quatre-vingts mètres de soie. C'est surtout à Lyon et dans les environs que cette industrie est exploitée depuis le règne de Henri IV. Cette industrie n'occupe pas moins actuellement de deux cent mille ouvriers, et tend de jour en jour à devenir plus importante.

Les abeilles vivent par familles dans des ruches séparées où l'on trouve une mère ou reine qui pond les œufs, quelques centaines de mâles appelés faux-bourdons, plusieurs abeilles neutres ou ouvrières qui vont chercher le miel et la cire au milieu des champs dans le calice des fleurs. Chaque ferme devrait avoir un rucher bien exposé et bien peuplé ; c'est une industrie fort agréable, nullement difficile, ne pouvant nuire aux succès des autres spéculations agricoles, et qui peut devenir très-lucrative. On connaît telles et telles personnes soigneuses et intelligentes qui se font un revenu de douze à quinze cents francs avec le seul produit d'un rucher.

L'éducation des abeilles peut se résumer : 1° Ruche de moyenne grandeur, cylindrique avec un dôme ; 2° Exposition au levant ou entre le levant et le midi, et garantie des ardeurs du soleil de l'été ; 3° Ruches en nombre proportionné aux ressources du voisinage ; 4° Pendant les chaleurs précoces du printemps, surveillance assidue, de 10 heures à 3 heures de l'après-midi, afin que les essaims qui sortent soient suivis et recueillis ; 5° En été agrandissement de la ruche par des hausses, et enlèvement du miel par une calotte pratiquée dans la partie supérieure ; 6° A l'automne, suppression des ruches de plus de trois ans, et celles dont le poids ne s'élève pas à 12 kilogrammes ; 7° En hiver, faire en sorte qu'elles soient nombreuses, et leur donner du miel si elles viennent à manquer de nourriture.

L'abeille est le modèle de celui qui travaille : dès que le soleil se lève, on la voit jouer avec ses ailes en signe de joie, voler au loin pour butiner sur les fleurs, et continuer sa tâche jusqu'à ce que le soleil, disparaissant, laisse la nuit et le repos à tous les êtres qui ont besoin de réparer leurs forces par le sommeil. — L'abeille se hâte d'amasser pendant les beaux jours la nourriture dont elle a besoin quand l'hiver sera venu ; elle semble prévoir que les vents, la pluie, le grand froid, l'empêcheront de sortir et qu'alors elle pourra vivre en paix du fruit de ses travaux. Heureux l'homme intelligent qui, laborieux comme l'abeille, profite des moments favorables de sa jeunesse pour acquérir de connaissances qui tourneront un jour à son avantage et à celui des autres !

Après avoir parlé de tous les animaux nécessaires à l'agriculture, de ceux qui traînent nos chariots, nos voitures, nos charrues, qui portent nos fardeaux, qui nous donnent du lait, du beurre, du fromage, des œufs, du miel, qui surveillent nos troupeaux, nous alimentent de leur chair et fournissent d'excellents engrais, nous terminerons en disant que les animaux domestiques ont droit à nos égards et méritent des soins de notre part. Ce sont des serviteurs dociles, des auxiliaires du travail : il faut donc les bien traiter. Croyons qu'ils savent reconnaître, plus que nous ne nous l'imaginons, la main qui les nourrit et qui leur donne des soins. A celui qui est leur maître, ils obéissent ; ils résisteront aux ordres d'un étranger. Si nous les maltraitons, ils se souviendront toujours des mauvais traitements que nous leur aurons fait subir ; et si l'occasion se présente pour eux de se venger, ils le feront cruellement (les exemples ne manquent pas). Du reste, les lois protectrices des animaux domestiques punissent avec rigueur ceux qui les brutalisent. Il est évident d'ailleurs qu'il est de l'intérêt du propriétaire de ne point accabler de travail ou de coups ses bêtes de trait ou de labour, car les chevaux, les bœufs, attelés à des charges trop lourdes pour leurs forces, meurent fréquemment des efforts inouïs qu'ils ont faits pour céder au fouet et au bâton. Il vaut donc bien mieux diminuer la charge, faire deux voyages au lieu d'un, que de payer si chèrement sa cruauté.

(Lagrue et Dunaud.)

Analyse de la première phrase de la dictée.

Roulage, n. m. Action de briser les mottes de terre et de plomber la terre avec un rouleau.

Rouleau, n. m. Cylindre de bois, de pierre, etc., servant à aplanir et affermir le sol.

Roulant, ante, adj. Commode pour les voitures ; chemin roulant.

Rousselet, n. m. Sorte de poire.

Route, n. f. Chemin qu'on tient pour aller à un lieu. —Grand chemin.

Rubat, n. m. Instrument dont on se sert pour battre le blé.

Sujet de lettre.

Vous écrivez à un chaulier de vous tenir prêts 10 hectolitres de chaux dont vous avez besoin pour bâtir, et vous lui demandez quel jour vous pourrez faire ce chargement ; vous lui dites que vous ne pouvez faire ce voyage que dans quatre jours et vous lui demandez le prix de l'hectolitre ?

CALCUL.

1er *Problème*. Pour faire 600 francs de revenu, combien faut-il de ruches , quand une ruche du poids de 12 kilogr. donne 6 kilogr. de miel à 1 fr.40 le kilogr. et 500 grammes de cire à 4 francs le kilogr. ?

Solution. 1.40 $\times$ 6 = 8.40 + 0.500 $\times$ 4 = 2 francs. = 10 fr. 40. Si une ruche donne pour 10 fr. 40 de miel et de cire par an, autant de fois cette somme sera contenue dans 600 francs, autant il faudra de ruches. Ainsi, 600 : 10.40 = 58 ruches, par excès.

2e *Problème*. Si une ruche pesant 12 kilogr. donne les quantités de miel et de cire indiquées au problème précédent, combien, proportionnellement au poids, aurait-on de miel et de cire dans 15 ruches pesant ensemble 225 kilogr., et que produirait chaque ruche aux prix donnés dans le premier problème ?

Solution. Si 12 kilogr. donnent 6 kilogr. de miel, un kilogr. donnera 12 fois moins ou $\dfrac{6.000 \text{ grammes}}{12}$ = 0 k. 500, et 225 kilogr. donneront 225 fois plus ou 0,500 $\times$ 225 = 112 kilogr. 50. Si 12 kilogr. donnent 0,500 de cire, un kilogr. donne $\dfrac{5}{12}$, et 225 donneront $\dfrac{0,500 \times 225}{12}$ = 9 kilogr. 375 — Le miel rend 112,50 : 15 = 7 kilogr. 500 gram. pour chaque ruche à 1.40 = 10 fr. 70 de miel par ruche. La cire est 9 kilogr. 375 : 15 = 0,625 gram. de cire par ruche à 4 fr. le kil. = 2 fr. 50 + 10,70 = 13,20 que produit chaque ruche.

3e *Problème*. Combien faut-il de grammes d'œufs de vers à soie pour une éducation de 750 kilogrammes de cocons, lorsque 30 grammes d'œufs produisent 30000 œufs, et que, sur 30000, il y en a 27000 seulement qui réussissent et donnent 21000 cocons ?

Solution. Si 30 grammes d'œufs produisent 21000 cocons, 1 gramme produira $\dfrac{21000}{30}$ et 750 kilogr. ou 750000 produiront $\dfrac{21000 \times 750000}{30}$ = 525000 cocons.

CENT QUARANTE-SIXIÈME DEVOIR,

Questions à faire aux élèves sur la dictée précédente.

1. Qu'est-ce que le ver à soie? 2. Comment obtient-on la soie? 3. Combien un ver à soie peut-il filer de mètres dans 3 ou 4 jours? 4. Où cette industrie est-elle surtout exploitée? 5. Combien emploie-t-elle de milliers d'ouvriers? 6. Comment les abeilles vivent-elles? 7. Comment est organisée une ruche? 8. Chaque ferme devrait-elle avoir un rucher? 9. A quels principes l'éducation des abeilles se résume-t-elle? De qui l'abeille est-elle le modèle? 10. Que fait l'abeille pendant les beaux jours? 11. Quelles leçons nous donne l'abeille? 11. Qui est celui qui profite de son exemple? 12. Les animaux domestiques ont-ils droit à nos égards? 13. Comment devons-nous les considérer? 14. Les animaux domestiques savent-ils discerner leur maître d'avec un étranger? 15. Qu'arrive-t-il quand on les maltraite? 16. N'y a-t-il pas des lois protectrices pour les animaux? 17. A quoi s'expose-t-on quand on les maltraite? 18. Est-ce qu'il n'est pas dans l'intérêt du propriétaire de les traiter avec douceur et de ne pas les surcharger?

5°. Économie agricole.

146e DICTÉE.

CAPITAUX AGRICOLES ; FERMIER, MÉTAYER, PROPRIÉTAIRE.

L'économie agricole est cette partie de l'agriculture qui porte à tirer le plus grand bénéfice possible de la culture des végétaux et de l'éducation du bétail. Elle comprend les règles à suivre pour acquérir ou louer un fonds de terre, monter un train de culture, diriger les travaux et en vendre les produits. Pour réaliser l'achat ou l'exploitation d'une propriété ou d'un domaine, il faut des capitaux que nous appellerons capitaux agricoles, parce qu'ils consistent dans la valeur des propriétés immobilières, telles que bâtiments, terres labourables, prés, vignes, bois, etc., et dans les valeurs mobilières, telles que l'argent, les meubles, le linge, le bétail, les denrées, tous les instruments aratoires employés dans la ferme et les créances, déduction faite du passif. Ainsi, comme on le voit, les capitaux agricoles sont destinés à faire les avances nécessaires pour l'achat, l'organisation de tous les services d'une exploitation rurale, et pour la mettre et l'entretenir en activité. Mais avant de se mettre à l'œuvre, chaque cultivateur doit réfléchir longtemps sur les circonstances où il se trouve placé, appliquer toute son intelligence à deviner ce qui y convient, et modifier sagement l'économie agricole, quand cela devient utile au succès de son entreprise.

Le fermier est un cultivateur qui a loué des propriétés rurales ou une ferme, à la condition de payer au propriétaire une certaine rente en argent ou en denrées, ou d'en partager les produits avec le bailleur. On doit choisir pour fermier un homme entendu en agriculture, qui ait de l'expérience, et fasse valoir sa ferme en bon économe et en bon père de famille; il faut qu'il ait de la probité, qu'il soit zélé, laborieux et actif. Un fermier doit connaître dans le dernier détail la valeur et le revenu des terres qu'il prend à bail; il doit meubler sa ferme de chevaux, bœufs, moutons, volailles; son principal soin doit être de bien faire labourer ses terres, de les ensemencer à propos de toutes sortes de grains, de faire en sorte qu'elles ne demeurent point en friche, et de fumer tous les ans la quantité portée sur le bail. Le fermier ne possède qu'un capital mobilier, il prend le capital foncier ou immobilier en location.

Le métayer est celui qui fait valoir une métairie, qui en partage les fruits et le bétail avec le propriétaire, à la condition que celui-ci lui fournisse tout ce qui est nécessaire pour la culture de l'exploitation, de sorte que le capital fixe et même de mouvement appartient presque toujours au bailleur. Dans ce genre de contrat, le métayer partage ordinairement par moitié dans les récoltes et dans les produits du bétail. Quand on rencontre un homme entendu, industrieux, laborieux et qui a de la probité, cette manière de faire valoir son bien est la plus avantageuse. Quand le métayer a un gage fixe, il s'appelle régisseur ou maître-valet, et alors le propriétaire fait toutes les avances.

Nous désignerons sous la dénomination de propriétaire celui qui cultive par lui-même ses propriétés et fait valoir sa ferme. Cette manière d'exploiter lui offre l'avantage de pouvoir se livrer avec toute sécurité à l'amélioration du sol, de disposer de tout ce qui peut tourner au profit de l'agriculture et de sa propriété; son travail tend généralement à l'emporter sur celui du fermier et du métayer.

Analyse de la première phrase de la dictée.

Ruche, n. f. Sorte de panier en forme de cloche où on met les abeilles.

Ruchée, n. f. Produit d'une ruche. *Rucher*, l'endroit où sont les ruches.

Rue, n. f. Chemin bordé de maisons.

Ruelle, n. f. Petite rue étroite.

Rueller, v. a. Faire un petit chemin entre deux rangées de ceps.

Ruer, v. n. Jeter les pieds de derrière en l'air avec force, en parlant des chevaux.

CALCUL.

1ᵉʳ *Problème*. L'Empereur a envoyé au maire d'une commune une somme de 5850 fr. pour être distribuée à 18 familles pauvres, victimes d'une inondation. Quelle est la somme qui doit revenir à chaque famille ?

Solution. Il suffit de diviser 5850 fr. par 18, le quotient donnera la part qui doit revenir à chaque famille : 5850 : 18 = 325 fr.

2ᵉ *Problème*. — Un particulier ou petit propriétaire a 2595 fr. de revenu annuel : combien peut-il dépenser par jour en mettant 900 fr. de côté par an? L'année est de 365 jours.

Solution. Il faut soustraire 900 fr. de 2595 fr. et diviser le reste par 365. On trouvera au quotient que le particulier peut dépenser 4 fr. 64 par jour, et faire une économie de 900 fr. par an.

3ᵉ *Problème*. Un domestique gagne 250 fr. par an; il lui faut 100 fr. pour son entretien. Qu'aura-t-il au bout de 10 ans, s'il place le reste à la caisse d'épargne à la fin de chaque année?

Solution. $250 - 100 = \dfrac{150 \times 3,75}{100} = 5$ fr. 625. L'année après qu'il a touché son gage, il a $150 + 5,625 = 155,625 \times \dfrac{3,75}{100} =$ 5 fr. 873

A la fin de la 1ʳᵉ année, il a à placer.	150	»
A la fin de la 2ᵉ année, il a à placer $\dfrac{150 \times 3,75}{100}$	5	» 625
	155	» 625
Plus son gage de la 2ᵉ année, reste	150	»
A reporter.	305	» 625

Report. . . .	305	fr.	625
A la fin de la 3e année, les intérêts de 305 fr. 635	8	»	341
	313	»	966
Plus le gage de la 3e année à ajouter.	150	»	
	463	»	966
A la fin de la 4e année, les intérêts de 466 fr. 966.	17	»	398
	481	»	364
Plus son gage de la 4e année, à ajouter	150	»	
	631	»	364
A la fin de la 5e année, les intérêts de 631 fr. 364.	23	»	675
	655	»	039
Plus le gage de la 5e année à ajouter.	150	»	
	805	»	039
A la fin de la 6e année, il a les intérêts.	30	»	188
	835	»	227
A la fin de la 6e année, il a à ajouter	150	»	
	985	»	227
A la fin de la 7e année, il a les intérêts.	36	»	956
	1022	»	283
Plus son gage de la 7e année.	150	»	
	1172	»	383
A la fin de la 8e année, les intérêts.	43	»	960
	1216	»	243
Plus son gage de la 8e année.	150	»	
	1366	»	243
A la fin de la 9e année, les intérêts.	51	»	234
	1417	»	477
Plus son gage de la 9e année.	150	»	
	1567	»	477
A la fin de la 10e année, les intérêts.	58	»	800
A reporter.	1626	»	27

Report.   1626 fr. 277

Plus son gage de la dernière année.   150 »

Au bout de 10 ans il aura, avec les intérêts.   1,776 » 277

CENT QUARANTE-SEPTIÈME DEVOIR,

Questions à faire aux élèves sur la dictée précédente.

1. Qu'est-ce que l'économie agricole? 2. Que comprend-elle? 3. Que faut-il pour réaliser l'achat ou l'exploitation d'une propriété? 4. En quoi consistent les capitaux agricoles? 5. Quelle est la destination des capitaux agricoles? 6. Que doit faire le cultivateur avant de faire une entreprise? 7. Qu'est-ce qu'un fermier? 8. Qui doit-on choisir pour fermier? 9. Que doit-il connaître? 10. Quel doit être son principal soin? 11. Qu'est-ce qu'un métayer? 12. A qui appartient ordinairement le capital agricole? 13. Quelles sont les qualités d'un bon métayer? 14. Quand il a un gage fixe, comment le désigne-t-on? 15. Que désignons-nous sous le nom de propriétaire ?

147ᵉ DICTÉE.

ACHAT ET LOCATION D'UN DOMAINE; CONSTRUCTIONS RURALES.

Dès que l'on a une connaissance parfaite du domaine dont on veut faire l'achat et qu'on a estimé les diverses parties qui le composent, il ne s'agit plus que de s'entendre sur le prix et sur les autres conditions qui doivent en assurer la jouissance, et de rédiger le contrat qui sert à constater sa transmission dans les mains de l'acquéreur, ou la cession temporaire que le propriétaire fait de son droit d'en tirer les fruits. Tels sont les deux modes de jouissance des biens ruraux. Nous avons déjà touché cette matière dans la dictée précédente, nous ajouterons qu'il est peut-être avantageux, d'après Sinclair, qu'une grande partie du sol soit possédée par une classe d'hommes et que la culture en soit confiée à une autre classe d'individus, parce que le propriétaire a intérêt à surveiller attentivement la culture pour empêcher le fermier d'en abuser, et en veillant ainsi à ses intérêts, il empêche que cette grande source de la prospérité nationale ne se tarisse. Dans ces conditions, le fermier, devant payer une rente à son maître ou propriétaire, devient industrieux et se voit forcé à mettre dans ses travaux une énergie qui serait peut-être éteinte sans cet aiguillon. — L'industrie agricole a besoin, pour loger ses travailleurs, mettre ses récoltes à l'abri de l'influence des saisons ou déprédations, abriter et tenir chaudement ses animaux de travail et de rente, d'édifices ou de bâtiments qu'on désigne ordinairement sous le nom de bâtiments ruraux ou maisons de ferme. L'art des constructions rurales, ou l'architecture rurale, est une branche de l'architecture qui s'occupe de la rédaction des projets et de la construction de tous les bâtiments, édifices ou travaux d'art qui peuvent être utiles à l'agriculture. Les bâtiments ruraux doivent attirer l'attention toute particulière d'un administrateur, parce qu'ils contribuent plus qu'on ne se l'imagine aux succès des opérations dans un établissement. Dans les constructions rurales, on doit se préoccuper du choix de l'emplacement, avoir en vue la salubrité du lieu, la sécurité de l'habitation, l'accès facile de tous les points de l'exploitation, l'abondance de l'eau, le débouché extérieur, la nature saine et solide du sol, l'exposition et l'abri, l'aspect et l'agrément du paysage ; faire en sorte que la construction offre la commodité du service, facilite la surveillance, et que chaque partie soit propre à sa destination, tout en y conservant la symétrie et la solidité générales. Pour cela il faut éviter les constructions basses et étroites; on ne donnera pas aux murs de façade ni aux combles plus de 6 à 8 mètres de haut, etc. Des bâtiments qui ne réunissent pas ces conditions désirables occasionnent des pertes de temps et de bétail qui ont quelquefois des résultats désastreux, tandis que ceux qui réunissent les conditions qu'on exige de ces édifices accroissent d'une manière notable la valeur d'un domaine. Sinclair ne craint pas d'avancer qu'un fermier industrieux pourra offrir un fermage d'un quart et même d'un tiers en plus pour une ferme dont les terres et les bâtiments sont distribués d'une manière commode et régulière plutôt que pour une autre ferme de même étendue, disposée suivant un plan irrégulier et incommode. — Dans une ferme comme ces dernières, ajoute-t-il, une partie des terres est souvent négligée et on y met moins d'engrais; les dépenses de culture y sont essentiellement augmentées, les attelages y sont assujettis à une fatigue inutile, le travail ne peut y être réglé d'une manière profitable, le bétail ne prospère pas, et on ne peut attendre d'aucune opération agricole autant de succès que si tout était disposé autrement.

Conjuguer le verbe étendre *aux temps de l'infinitif, et mettre après toutes les formes un complément qui soit un nom employé en agriculture.*

Ruisseau, n. m. Courant d'eau d'une largeur trop peu considérable pour recevoir le nom de rivière.

Ruminant, ante, adj. Qui rumine. Animal ruminant.

Ruminants, n. m. p. Ordre de quadrupèdes à pieds fourchus, dont l'estomac a quatre poches, et qui ont la faculté de faire revenir les aliments dans leur bouche après les avoir avalés.

Rumination, n. f. Action de ruminer, de remâcher, en parlant du bœuf, etc.

Ruminer, v. a. et n. Remâcher, en parlant du bœuf, etc.

Rural, ale, adj. Qui appartient aux champs.

CALCUL. — SYSTÈME MÉTRIQUE.

Exposé des mesures de poids, page 56 ; voir l'instruction page 135. Faire des questions aux élèves et des applications en classe.

1er *Problème.* Un fermier a une bergerie longue de 7 mètres 60 et large de 6 mètres 80 pour 45 moutons ; il veut allonger ce bâtiment pour y loger 75 moutons : quelle devra être la longueur ? Et combien y placerait-il de mètres cubes de foin, s'il le convertissait en grenier à fourrage, sachant que la bergerie a 4 mètres de hauteur ?

Solution. Pour 45 moutons, il faut 7,60. Pour 1 mouton, il faut $\frac{7,60}{45}$ et pour 75, il faudra $\frac{7,60 \times 75}{45} = 12,67$ par excès.

$12.67 \times 6.80 \times 4$ m. $= 344$ m. 584. de fourrage.

MÉMOIRE D'UN MAÇON.

1868. Avoir fait les quatre murs d'une écurie ou bergerie :
longueur, 12 m. 67 ; largeur, 6 m. 80 ; hauteur, 4 m.,
à 4 fr. 25 le mètre carré...... 151 m. 76
A déduire 2 portes : largeur, 2 m. ;
hauteur, 3 m. ; et 4 fenêtres :
largeur, 1 m. 36 ; hauteur, 1,90. 22 » 33

Total...... 133 m. 42 = 567 fr. 05
38 mètres de fondations à 3 fr. 50
le mètre carré............ 133 »

Total...... 700 fr. 05

CENT QUARANTE-HUITIÈME DEVOIR.

Questions à faire aux élèves sur la dictée précédente.

1. Quand on a la connaissance d'une propriété, que reste-t-il à faire? 2. Quels sont les deux modes de jouissance des propriétés? 3. Est-il avantageux que le sol soit possédé par une classe d'hommes et exploité par une autre? 4. Quels sont les avantages qui en résultent? 5. De quoi l'industrie agricole a-t-elle besoin? 6. Qu'est-ce que l'architecture rurale? 7. De qui les bâtiments ruraux doivent-ils attirer l'attention? 8. Quelles conditions doivent-ils réunir? 9. Et quand ils ne les ont pas? 10. Que peut tirer un fermier d'un domaine bien disposé? 11. Faites-en connaître les avantages et les désavantages?

148ᵉ DICTÉE.

ASSOLEMENTS OU SUCCESSION DES CULTURES; NÉCESSITÉ DES ASSOLEMENTS.

Les assolements sont l'art ou la manière de faire alterner les récoltes sur le même terrain, pour en tirer constamment le plus grand produit aux moindres frais possibles. Dans un sens inverse, on peut encore dire qu'on entend par assolements la manière dont les plantes sont réparties, dans le courant d'une même année, sur les différentes soles ou parties d'une exploitation. Une sole ou saison, comme on dit en certaines contrées, est une division d'une exploitation; c'est l'ensemble des terres sur lesquelles se trouvent, la même année, des récoltes de la même nature. Nous empruntons à M. Hugot les principes qui doivent présider aux assolements : « 1° Donner au climat et au sol les récoltes qui leur conviennent; 2° ne pas faire, sur la même terre, deux récoltes épuisantes ; en conséquence, placer entre deux récoltes épuisantes des récoltes améliorantes; 3° faire succéder aux plantes qui salissent le terrain des plantes qui étouffent les herbes ou qui exigent des cultures répétées pendant leur végétation; 4° alterner les récoltes; 5° veiller à ce que les récoltes destinées à retourner au sol sous forme d'engrais soient en proportion avec celles qui épuisent le sol; 6° mettre autant que possible le fumier frais dans les récoltes binées ou fauchées en vert. » De ce qui précède découle la nécessité des bons assolements, faits avec intelligence et précaution, si l'on ne veut pas éprouver des pertes réelles, et, par là, compromettre ses intérêts. Il y a plusieurs théories des assolements : celle de l'abbé Du Rozier, qui prétend qu'une plante à racines pivotantes doit être remplacée par une plante à racines traçantes comme le blé; celle du célèbre botaniste de Candolle, qui songe que les mêmes plantes ne peuvent pas croître sur un sol avec leurs excrétions, et de là encore nécessité d'alterner; enfin celle de M. Pictet, qui prétend qu'il existe dans le sol une nourriture particulière à chaque espèce de plantes, et que, par conséquent, celles de même espèce venant après ne trouvent plus la nourriture qui leur convient. Bien que ces théories aient leurs partisans, surtout la dernière, on conclura toujours que le travail de l'agriculteur est pour beaucoup dans les produits que l'on retire des diverses espèces de végétaux.

Analyse de la première phrase de la dictée.

Ruée, n. f. Amas de chaume, etc., qu'on fait pourrir dans une cour, dans une rue.

Ruotte, n. f. Rigole creusée entre les rangées du colza ou de la pomme de terre.

Routoir, n. m. Lieu où l'on fait rouir le chanvre. On dit aussi *rutoir*.

Rustaud, n. et adj. Qui use de procédés grossiers; peu poli.

Rustique, adj. des deux g. Champêtre, inculte, sauvage, peu poli.

Rustre, adj. m. Fort rustique, fort grossier.

CALCUL.

1er *Problème*. Dans un hectare de terre soumis à un assolement de 5 ans, les récoltes peuvent enlever savoir : la récolte de betteraves, 14 kilogrammes de chaux; la récolte du froment, 18 kilogrammes; la récolte du trèfle 76 k. 4 ; la récolte du froment, 18 kilogrammes; celle dérobée de navets, 6 kilogrammes; enfin la récolte d'avoine, 7 kilogrammes. Combien toutes ces récoltes peuvent-elles enlever de chaux, et quelle somme aura-t-on dépensée pour le tout, si l'hectolitre de chaux coûte 4 fr. 20 ?

Solution. 14 + 18 + 76,4 + 18 + 6 + 7 = 139 k. 4 hectogr. L'hectolitre de chaux pesant 271 k. 8, il suffit de diviser 139 k. 4 par 271,8 = 0 h. 51 litres; à 4 fr. 20 l'hectol. = 2 fr. 14 c.

2e *Problème.* Combien cette quantité de chaux représente-t-elle de décimètres cubes?

Solution. Puisqu'un décimètre cube de chaux pèse 2 k. 718, il suffit de diviser 139,4 par 2,718 = 51 décimèt. 250 centimèt. cubes.

3e *Problème.* Puisque le décalitre de plâtre renferme environ 3 lit. 28 de chaux, combien faut-il de décalitres de plâtre pour restituer au sol la quantité de chaux enlevée par les récoltes?

Solution. Diviser 51 d. 250 par 3 lit. 28, et on trouve 15 à 16 décalitres.

CENT QUARANTE-NEUVIÈME DEVOIR.

Questions à faire aux élèves sur la dictée précédente.

1. Qu'entend-on par assolement? 2. Comment peut-on encore le définir? 3. Qu'est-ce qu'on entend par sole? 4. Quels sont les principes qui doivent présider aux assolements? 5. Dites les 1er, 2e, 3e 4e, le 5e et le 6e? Que doit-on conclure de là? 6. Combien compte-t-on de théories? 7. Quelle est l'assurance du produit des plantes?

149e DICTÉE.

ASSOLEMENT TRIENNAL; SES DÉFAUTS; JACHÈRE ET REPOS.

L'assolement triennal est jugé aujourd'hui. Tout le monde convient de ses inconvénients; on a assez signalé tous ses défauts pour qu'il soit abandonné peu à peu. Cette rotation, extrêmement simple dans son application, pouvait convenir autrefois, lorsque le manque de connaissances se joignait au peu de besoins des populations. Mais aujourd'hui, on considère, avec raison, comme un mauvais cultivateur celui qui, dans son exploitation, a constamment jachères, blé et avoine ou orge. On a prétendu que la rotation triennale était plus avantageuse que la rotation alterne, parce qu'elle produit plus de céréales, vu que les deux tiers des terres sont ensemencés en grains. Il est certain que cet avanrg est purement apparent, car ce n'est pas d'après l'étendue des ees ensemencées qu'il faut calculer le produit, mais d'après l'en graiset les soins qui sont donnés à la culture. Les défauts principaux que l'on reproche avec raison à l'assolement triennal sont les suivants : 1° ce genre de rotation ne peut fournir l'engrais que réclament les plantes, à moins que, sur 100 hectares de terres, on n'en ait au moins 30 en prairies naturelles; 2° un quart environ de la surface du sol reste improductif, ce qui cause une perte énorme; 3° on est bien plus exposé à souffrir des dommages, soit du temps, soit des insectes, parce qu'on ne cultive que les mêmes plantes; 4° l'assolement triennal est un obstacle à l'introduction des plantes artificielles et des plantes sarclées dans la culture, et, par conséquent, il empêche le progrès de l'agriculture. Mais cette méthode des jachères disparaît peu à peu, car aujourd'hui les terres qui sont destinées à l'année de jachères sont, les unes en prairies artificielles, les autres en plantes sarclées; d'autres sont occupées par des pois, de la navette, du colza, et, si quelques-unes sont en repos, c'est parce qu'elles en ont besoin ou qu'on manque de bras ou d'engrais pour les faire produire.

Conjuguer le verbe inventorier *aux temps de l'indicatif, en mettant après chaque personne un complément qui soit un nom employé en agriculture.*

Sable, n. m. Sorte de terre menue et formée de petits grains de gravier.
Sabler, v. a. Couvrir de sable.
Sableux, adj. Mêlé de sable.
Sablière, n. f. Lieu d'où l'on tire le sable.
Sablonneux, — *euse*, adj. Où il y a beaucoup de sable; terre sablonneuse.
Sablon, n. m. Sable fin.

CALCUL. — SYSTÈME MÉTRIQUE.

Exposé des mesures de poids, p. 56; voir l'instruction, p. 135. Faire des questions aux élèves et des applications en classe.

1er *Problème.* Un bâtiment de ferme a coûté 9500 francs et peut durer 100 années; on demande combien devra être estimé cet édifice, au bout de 49 ans, en supposant que les matériaux conservent, à l'expiration des 100 ans, une valeur intrinsèque de 10 p. 0/0 du capital employé?

Solution. Le bâtiment vaudra les $\frac{49}{100}$ de 9500 fr., plus le 100e

de cette somme, ou le $\frac{59}{100}$, ce qui nous donne $\frac{9500 \times 59}{100} =$

5605 fr. 00 c.

2e *Problème.* On veu partager une exploitation de 500 hectares en assolements de 4 ans; mais il y a le 6e en prés et le 9e en bois; combien d'hectares dans chaque division?

Solution. Le 6e de 500 = 83,33,33; le 9e de 500 = 55,55,55. 83,33,33 + 55,55,55 = 138,8888. 500 — 138,8888 = 361 h. 11 ares 12 cent. : 4 = 90 h. 2778.

3e *Problème.* A combien revient l'hectare, si cette propriété coûte 626425 francs?

Solution. 626425 : 500 = 1252 fr. 85 c. l'hectare.

CENT CINQUANTIÈME DEVOIR.

Questions à faire aux élèves sur la dictée précédente.

1. Comment doit-on considérer aujourd'hui l'assolement triennal? 2. Pourquoi cette rotation était-elle adoptée autrefois? 3. Comment considérerait-on un cultivateur qui, aujourd'hui, aurait constamment jachères, blé, avoine dans son exploitation? 4. N'at-on pas prétendu que la rotation triennale rendait plus de blé que la rotation alterne? 5. Quel est le premier défaut qu'on reproche à l'assolement triennal? 6. Et le deuxième? 7. Et le troisième? 8. Et le quatrième? 9. Et le cinquième défaut? 10. Cette méthode n'est-elle pas presque abandonnée? 11. Comment cela?

150e DICTÉE.

ORGANISATION DES TRAVAUX AGRICOLES; ASSOLEMENT ALTERNE; SES AVANTAGES.

Dans la neuvième dictée, nous avons indiqué comment il faut procéder dans la distribution ou division de terres qui composent une exploitation, quelle est la marche à suivre dans la culture des terres, et quel genre de bétail on doit adopter. Cette organisation des travaux se complète par un bon assolement, et c'est pour cela que nous présenterons, dans cette dictée, l'assolemen alterne comme le plus avantageux. Ce n'est pas une rotation seulement de deux années, mais une combinaison de culture qui dure quatre ans, en alternant les plantes sur un même sol, de manière à ne les y faire reparaître qu'à des intervalles assez éloignés et qui, par ce genre d'organisation, ramène des plantes améliorantes à la place des plantes épuisantes, de telle sorte qu'une céréale est toujours précédée d'une plante améliorante ou sarclée. La rotation de quatre années paraît la plus avantageuse à ce système d'assolement alterne, à moins qu'il ne comprenne des plantes vivaces qui occupent la terre plusieurs années. Voici le tableau de cet assolement alterne :

1re *année* : 1° Culture sarclée; 2° Avoine ou orge; 3° Trèfle; 4° Blé.

2e *année* : 1° Avoine; 2° Trèfle; 3° Blé; 4° Culture sarclée.

3e *année* : 1° Trèfle; 2° Blé; 3° Culture sarclée; 4° Avoine.

4e *année* : 1° Blé; 2° Culture sarclée; 3° Avoine ou orge; 4° Trèfle.

Par cette combinaison, on voit que rien n'est en jachères, tandis que par l'assolement triennal on a : 1° jachères; 2° blé; 3° avoine, ainsi de suite, de sorte qu'un tiers d'une exploitation est sans rien produire. De plus, dans l'assolement alterne, les plantes sarclées précèdent taujours une céréale, et à un trèfle succède un blé, de telle sorte qu'une culture est une **préparation** à la plante qui doit suivre. De cette rotation on a aussi, sans dérangement et sans désordre, des prairies artificielles qui deviennent la source de la fécondité par les fourrages qu'elles donnent et les engrais qui en sont la suite, et qui procurent aux cultivateurs et aux fermiers l'aisance, la prospérité et la fortune. De là les avantages d'une organisation bien entendue de l'assolement alterne sur l'assolement triennal. On peut dira, en général, que la meilleure rotation est celle qui, par les récoltes qu'elle fournit, paye au cultivateur le fumier au plus haut prix possible avec le même travail. En comparant la rotation triennale: 1° jachères; 2° blé; 3° orge ou avoine avec celle-ci (alterne) : 1° pommes de terre ou betteraves; 2° orge ou avoine; 3° trèfle; 4° blé, chacune avec une fumure de 48 voitures à quatre chevaux par hectare, on arrive au résultat qu'avec la première, l'engrais est payé seulement 3 francs la voiture, tandis qu'avec la seconde, il l'est à 10 francs. Quel est le cultivateur qui pourrait hésiter à la vue de cette différence?

Analyse de la première phrase de la dictée.

Sainfoin, n. m. Plante légumineuse qui produit du fourrage.

Saint-germain, n. m. Sorte de poire.

Salubre, adj. Qui contribue à la santé ; sain.

Sape, n. f. Action de saper ; l'ouvrage fait en sapant ; espèce de petite faux.

Saper, v. a. Couper les blés.

Sapeur, n. m. Celui qui est employé à la sape.

Écrire une lettre de faire part de la mort de son père et engager à venir à ses funérailles.

On fera part de la douleur et du chagrin qu'on éprouve en famille ; puis on dira quelle perte on vient de faire, surtout s'il y a des enfants en bas âge ; on indiquera le jour et l'heure de l'enterrement.

CALCUL.

1er *Problème.* Dans l'assolement triennal on fume à raison de 20000 kilogrammes pour un hectare, dont on retire 20 hectolitres de blé, année moyenne ; quelle sera la différence dans un champ de 65 ares 45 centiares de la rotation à haute production fourragère pendant l'année de jachère, lorsque, dans ce système, l'hectare donne 35 hectolitres au moins en blé, et que la récolte en plantes fourragères compense le fumier ?

Solution. 20000 kilogrammes par hectare donnent 200 kilogrammes par are, et, pour 65 ares 45, $200 \times 65,45$, ou 13090 kilogr., compensés dans l'autre système [par les plantes fourragères. La récolte donne en blé 20 hectolitres par hectare ; un are donne 20 litres, et 65 ares 45, et $20 \times 65,45 = 13$ hect. Dans l'assolement à haute production fourragère, l'hectare donne 35 hectolitres, et 1 are 35 litres ; or 65,45 donneront $35 \times 65,45 = 22$ hect. 90 ; $22\ 90 - 13$ h. $= 9$ h. 90 litres, et tout le fumier est compensé.

2e *Problème.* Quelle est la valeur de la différence pour le fumier, si on l'évalue à 3 francs le mètre cube, pesant 750 kilogrammes ?

Solution. $20000 : 750 = 26$ m. 666. Pour 1 are, 0 m. 26666, et pour 65,45, $0,26666 \times 65,45 = 17$ m. cub. 4528 $\times$ 3 fr. $=$ 52 fr. 35.

3e *Problème.* Et quelle est la différence du prix de revenu en mettant le blé à 22 fr. 50 ?

Solution. 22 fr. 50 $\times$ 9,75 $= 219,375$. Différence : 219,375 $+$ 52 fr. 35 $= 271$ fr. 725.

CENT CINQUANTE ET UNIÈME DEVOIR.

Questions à faire aux élèves sur la dictée précédente.

1. Rappelez ce qu'on a indiqué dans la 9e dictée? 2. Qu'entend-on par assolement alterne? 3. Qu'obtient-on par ce genre de rotation? 4. Qu'elle est la rotation qui paraît la plus avantageuse à l'assolement alterne? 5. Indiquez la marche de cet assolement? 6. Que résulte-t-il de cette combinaison de 4 ans? 7. Quels sont les avantages des prairies artificielles? 8. De quoi sont-elles la source? 9. Les avantages de l'assolement alterne l'emportent-ils sur ceux de l'assolement triennal? 10. Comparez les deux assolements par une expérience?

151e DICTÉE.

INFLUENCE DE DIVERSES CIRCONSTANCES SUR LES SYSTÈMES AGRICOLES.

Plusieurs circonstances peuvent avoir une influence plus ou moins grande sur les divers systèmes agricoles. C'est au cultivateur ou fermier à les apprécier, à choisir celles qu'il devra favoriser, et à écarter celles qui pourraient lui être nuisibles. Rien ne doit plus occuper les méditations de l'administrateur d'un domaine, et rien ne mérite d'être étudié avec plus de maturité que le choix du système d'exploitation qu'il doit appliquer à son fonds dans les circonstances où il se trouve placé. Et c'est pourquoi il doit peser toutes celles qui peuvent exercer une influence salutaire sur son entreprise. On sait que la nature du sol influe beaucoup sur les assolements qu'on adopte dans son système. La chose indispensable, et qu'on ne doit pas perdre de vue, c'est de ne confier à chaque terrain que les plantes qui sont propres à la nature du sol. On doit aussi tenir compte de l'influence du climat et ne pas cultiver dans les pays froids les plantes qui ne réussissent que dans les pays chauds, et *vice versâ*. On doit aussi consulter chaque localité pour connaître ses besoins particuliers. Ici c'est la bière, là on fabrique du sucre, ailleurs on commerce avantageusement sur le bétail et sur les vins; on devra donc approprier ses assolements et ses cultures aux plantes qui offrent le plus d'avantages et de débouchés dans la contrée. Il doit encore avoir égard, dans l'ordre des cultures, à la répartition des travaux, et faire en sorte qu'on ne soit pas trop occupé dans certains moments, et oisif dans d'autres. Tels sont les principes qu'un cultivateur ami des bonnes méthodes, qui entend ses intérêts et qui profite de toutes les circonstances, doit toujours avoir présents à l'esprit s'il veut devenir un homme du progrès. Il ne fait de jachères que quand il faut détruire les mauvaises herbes d'un champ, ou que le sol a besoin de repos, ou bien quand il n'a pas d'issues pour pénétrer dans sa propriété, et lorsque la terre est trop compacte pour s'ameublir après un ou deux labours successifs et rapprochés.

Analyse de la première phrase de la dictée.

Sarclage, n. m. Action de sarcler, résultat de cette action.

Sarcler, v. a. Arracher les mauvaises herbes d'un champ, d'un jardin.

Sarcleur, n. m. Celui, celle qui sarcle.

Sarcloir, n. m. Instrument propre à sarcler.

Sarclure, n. f. Ce qu'on arrache d'un jardin en le sarclant.

Sarment, n. m. Nom des rameaux de la vigne.

Calcul.

1er *Problème.* On veut défoncer un champ de 1 hectare 12 ares pendant l'hiver, moment où l'on a les ouvriers à 1 fr. 25 par jour, de 8 heures de travail; quelle sera la différence par heure du prix de revient si l'on attend au mois de mars, et qu'on donne 1 fr. 75 par jour de 9 heures de travail?

Solution. Les ouvriers qui travaillent 8 heures par jour gagnent par heure 1 fr. 25 : 8 = 0 fr. 156 par heure, et ceux qui gagnent 1 fr. 75 pour 9 heures ont par heure 1 fr. 75 : 9 = 194. Différence 0 fr. 194 — 156 = 0 fr. 038 mill.

2e *Problème.* S'il faut dans le premier cas 21 jours $\frac{1}{2}$ à 6 ouvriers, combien leur faudra-t-il de jours de 9 heures?

Solution. Un ouvrier dans 21 jours $\frac{1}{2}$ a travaillé 8 heures $\times 21 \frac{1}{2} = 172$ heures et 6 ouvriers $172 \times 6 = 1,032$ heures pour défoncer le champ. Ceux qui travaillent 9 heures par jour travaillent $9 \times 6 = 54$ heures par jour. Autant de fois 54 sera contenu dans 1,032 heures, autant il faudra de jours. $1,032 : 54 = 19$ jours $\frac{1}{9}$.

3ᵉ *Problème.* Dites la différence du prix de revient de ce travail d'après les données et les réponses des deux problèmes précédents.

Solution. Un ouvrier à 1 fr. 25 $\times$ 21 jours $\frac{1}{2}$ gagne 26 fr. 87, et 6 ouvriers 6 fois plus ou 161 fr. 22. Un ouvrier à 1 fr. 75 gagne en 19 jours $\frac{1}{9}$ 33 fr. 45, et 6 ouvriers 6 fois plus ou 200 fr. 70. Différence du prix de revient 200 fr. 70 — 161 fr. 22 = 39 fr. 48.

CENT CINQUANTE-DEUXIÈME DEVOIR.

Questions à faire aux élèves sur la dictée précédente.

1. Qu'est-ce qui peut avoir une influence sur les divers systèmes agricoles? 2. A qui à les apprécier? 3. Qu'est-ce qui doit occuper les méditations de l'administrateur? 4. Ne doit-il pas étudier et peser toutes les circonstances? 5. Qu'est-ce qui influe sur les assolements? 6. Qu'est-ce qu'on ne doit pas perdre de vue? 7. De quoi doit-on tenir compte? 8. Que doit-on consulter? 9. A quoi doit-on approprier ses assolements? Pourquoi? 10. A quoi doit-on avoir égard? 11. Un cultivateur doit-il avoir ces principes en vue s'il veut devenir un homme de progrès? 12. Quand fera-t-il des jachères?

152ᵉ DICTÉE.

DÉBUT DE L'ENTREPRISE ET COMPTABILITÉ AGRICOLE; INVENTAIRE.

Au début d'une entreprise agricole, on doit agir avec prudence pour ne pas s'engager dans des systèmes aventureux et ruineux. Il faut bien examiner, comme nous l'avons dit dans la dictée précédente, la position du sol, l'influence du climat, les assolements qu'on veut suivre; calculer d'après ses avances et ses ressources et ne pas s'exposer à compromettre son avenir et ses intérêts. Souvent, en voulant mieux faire que les autres et sortir de la routine, faute d'avoir réfléchi, on s'égare, l'on se ruine, et on aventure sa position et son avenir. Vouloir, par exemple, tout d'un coup supprimer les jachères, c'est s'exposer à ruiner ses terres. On doit donc procéder à cette suppression par degrés, élevant d'abord quelques bestiaux de plus, assolant une seule pièce de terre en rapport par son étendue avec le fumier disponible, employant le bénéfice qui en résulte à l'achat des bestiaux et ainsi successivement pour tout le reste de la ferme. De là la nécessité d'une comptabilité agricole et de faire un inventaire dès le début de son entreprise. Ainsi, avant d'enregistrer les faits comptables, c'est-à-dire ceux dont on doit conserver la mémoire par écrit, afin de se rendre un compte exact de ses opérations, on doit d'abord constater les valeurs et les éléments de production que l'on possède et qui sont la base des opérations et des faits agricoles. Pour les suivre, en effet, dans leur mouvement et les transformations que la production leur fait éprouver, il faut fixer un point de départ, constater la situation des éléments de production, afin de justifier, après un certain temps d'exploitation, si ces éléments présentent une diminution, une augmentation qui constituent le cultivateur en perte ou lui donnent un profit. Cette constatation se nomme inventaire. L'inventaire consiste donc à compter, mesurer, peser, évaluer tous les objets, meubles, immeubles, argent, créances, enfin tout ce que possède l'exploitant; à compter également ce qu'il doit, et à inscrire le tout sur un cahier ou registre spécial. Cet inventaire se renouvelle chaque année. Un inventaire sincère, renouvelé tous les ans sur les mêmes bases, est un moyen pour le cultivateur de vérifier sa position; et la comparaison de l'inventaire de l'année écoulée avec celui de l'année précédente lui fournit la mesure des pertes ou des bénéfices. Dans bien des cas, c'est faute d'avoir tenu un compte exact de sa situation qu'un cultivateur n'a pas su s'arrêter à temps dans la voie des dépenses ruineuses et a fini par dissiper tout son bien et son avoir.

On doit encore, au début d'une entreprise agricole, n'adopter un système définitif que quand on a étudié les circonstances qui peuvent influer sur la prospérité de sa ferme. Ainsi, avant de tenter des améliorations, on suivra provisoirement le genre de culture du pays. Cette précaution n'empêchera pas de bien choisir ses animaux et ses semences, de soigner ses engrais, de faire une guerre à outrance aux mauvaises herbes, de marner, d'assainir, de drainer, d'irriguer; un moyen de ne pas faire fausse route et de ne pas épuiser ses capitaux en constructions luxueuses et en achats de bestiaux étrangers, c'est de tenir note exacte de tout ce qui a passé dans une exploitation....

Conjuguer le verbe inventorier *aux temps du conditionnel et de l'impératif en mettant après chaque personne un complément qui soit un nom employé en agriculture.*

Saussaie, n. f. Lieu planté de saules.
Sautelle, n. f. Sarment transplanté avec sa racine.
Sauvageon, n. m. Jeune arbre venu sans culture.
Savart, n. m. Terre inculte qui sert au paturage.
Scarificateur, n. m. Instrument de labourage.
Sécheron, n. m. Pré situé dans un lieu sec.

CALCUL. — SYSTÈME MÉTRIQUE.

Exposé des mesures de poids, p. 56; voir l'instruction 135. Faire des questions et des applications en classe.

INVENTAIRE GÉNÉRAL

DE M. LEFORT, cultivateur à St-Loup, arrêté le 23 décembre 1868.

Première partie. — Actif.

CHAPITRE PREMIER. — IMMEUBLES.

Énumérer les différents biens, fonds, terres, pâturages, bois, maison que l'on possède, et en inscrire la valeur. Nous omettons ici ce détail, en portant pour mémoire une évaluation à 17,475 francs.

CHAPITRE DEUXIÈME. — MEUBLES.

1° Une voiture estimée à 385 francs; un tombereau, 186 fr. 75	571 fr.	75
2° Une charrette, 128 fr. 35; 2 charrues, 86 fr.; 2 herses, 45 fr. 55	259	90
3° Autres instruments aratoires, 168 fr. 45; outils de jardin, 86 fr. 85	255	30
4° Harnais des chevaux, 76 fr. 25; manége, 215 fr. 15	291	40
5° Machine à battre, 386 fr. 85; mobilier d'écurie, etc., 250 francs	636	85
6° Mobilier de cuisine et de cour	180	50
7° Mobilier personnel du cultivateur; meubles, lits	600	»
Total des objets mobiliers	2,795	70
Immeubles	17,475	»
Ce qui constitue un avoir de	20,270	70

Pour ce qui est énoncé ci-dessus; à demain la suite.

CENT CINQUANTE-TROISIÈME DEVOIR.

Questions à faire aux élèves sur la dictée précédente.

1. Que doit-on faire au début d'une entreprise agricole? 2. Que doit-on examiner? 3. A quoi s'expose-t-on quand on ne réfléchit pas? 4. Comment doit-on procéder à la suppression des jachères? 5. La comptabilité agricole est-elle nécessaire? 6. Quelle est la première chose à faire? 7. Qu'y a-t-il à faire pour les suivre? 8. Comment appelle-t-on cette constatation? 9. En quoi consiste l'inventaire 10. Quand faut-il le renouveler? 11. Quel avantage procure au cultivateur un inventaire bien fait? 12. A quoi faut-il comparer le second inventaire? 13. Quand un cultivateur fait-il mal ses affaires? 14. A qui la faute? 15. Comment faut-il procéder à l'inventaire? 16. Dites à combien se montent les immeubles de M. Foret? et ses meubles?

153e DICTÉE.

COMPTABILITÉ AGRICOLE. — LIVRE JOURNAL. — DÉPENSES ET RECETTES.

Il est très-important pour le cultivateur ou fermier de tenir note de ses dépenses et de ses recettes. C'est le seul moyen de connaître le bénéfice net ou la perte de telle récolte, et de se fixer sur leur succession convenable. En général, les cultivateurs disent bien que leurs affaires ont été bonnes une année, mauvaises une autre; mais si on leur demande d'où proviennent le bénéfice et la perte, et à combien ils s'élèvent, peu répondent avec certitude, parce qu'ils ne se rendent pas un compte exact de leurs recettes et de leurs dépenses.

« Combien y a-t-il en France d'agriculteurs, disait un écrivain à qui l'art de la culture doit de précieux renseignements (Victor Borie), qui veuillent et qui sachent se rendre compte de leur situation? Aussi, quand vient la fin de l'année, ils sont fort embarrassés de dire combien ils ont gagné ou perdu. Vous demanderiez à un négociant : Combien vendez-vous vos draps, vos étoffes? Il vous répondrait par un chiffre exact. Si vous ajoutiez : Combien vous coûtent ces draps, ces étoffes? et qu'il ne le sût pas, vous ne pourriez vous empêcher de le regarder comme un fou qu'il faudrait interdire. Eh bien! s'écrie-t-il encore, y a-t-il beaucoup de cultivateurs qui puissent me dire à combien leur revient l'hectolitre de blé? S'il s'en trouve un sur mille, c'est tout au plus. » Afin de ne pas tomber dans cette ignorance, conservez ce que vous apprenez ici, faites en sorte de tenir les notes pour vos parents, ayez un livre journal où vous inscrirez vos opérations, vos recettes et vos dépenses de chaque jour et ayez, si vous voulez, un livre à part pour les dépenses et pour les recettes, et pour le compte de chaque particulier. Continuez ce travail, et il vous servira pour vous-mêmes quand vous succéderez à ceux qui vous auront laissé leur héritage.

Analyse de la première phrase de la dictée.

Seigle, n. m. Plante céréale dont l'épi est plus brun et plus allongé que le blé.

Selle, n. f. Siége qu'on met sur le dos d'un cheval pour la commodité de celui qui le monte.

Seller, v. a. Mettre la selle sur le dos d'un cheval.

Semaille, n. f. Ensemencement des céréales et des autres plantes de grande culture.

Semence, n. f. Grains, noyaux, pepins qu'on sème.

Semer, v. a. Épancher sur une terre préparée de la graine pour la faire produire.

CALCUL.

Continuation de l'inventaire.

CHAPITRE TROISIÈME.

1° 3 chevaux évalués, le premier, 750 francs; le second, 600 francs; le troisième, 455 francs..   1,805 fr. »

2° 4 vaches valant, la première, 185 francs; la deuxième, 260 francs; la troisième, 246 francs; la quatrième, 375 francs.....................   1,066   50

3° 2 bœufs, l'un valant 455 francs, l'autre 398 fr. 35..............................   853   35

4° 13 moutons, évalués 46 fr. 35 la pièce, et 18 brebis à 35 fr. 35.....................   1,238   85

5° 3 porcs, estimés l'un dans l'autre 135 fr. 45   466   35

A reporter...   5430   05

Report...   5,369 fr. 55

6° 38 poules, 2 fr. 15 ; 28 canards, 1 fr. 45 ;
48 paires de pigeons, 1 fr. 28..................   183   74

7° 37 lapins, 2 fr. 18 ; 42, 1 fr. 85 ; 58, 1 fr. 05 ;
109, 85 c..   329   11

8° 47 poulets, 2 fr. 15 la pièce..............   101   05

9° 17 pintades, 2 fr. 85......................   48   45

10° 14 dindons, 7 fr. 35 ; 25 dindes, 6 fr.
30 ; 16 oies, 6 fr. 45, 42 oisons, 2 fr. 45......   466   50

Total...................   6,698   40

Total de la première partie....   20,270 fr. 70

Total général........   26,769 fr. 10

LIVRE DE DÉPENSES.

DATES.	NOMS des divers comptes.	NATURE DES DÉPENSES.	MONTANT des dépenses.	
			f.	c.
1857				
10 janv.	Chevaux.	Payé à M. Lévy, un cheval.....	600	»
15 id.	Bœufs.	A M. Courtois, huilier, pour tourteaux...................	50	»
15 février	Charrue.	Pour une journée de charrue...	5	»
Id.	Herse.	Une herse, demi-journée pour un hectare...................	9	25
1er mars.	Orge.	Deux charrues, quatre chevaux.	8	50
2 id.	Bergerie.	Pour 1000 kilogs de foin.......	40	»
30 avril.	Froment	Une charrue, deux chevanx, petit champ...................	4	25
2 août.	Avoine.	Frais de moisson, charrois......	6	»
Id.	Id.	Frais de battage, 14 hectolitres de grains ...　...............	4	»
		Total de la dépense...	727	»

NOTA. — On peut aussi avoir un livre de dépouillement dans
lequel on fait le solde des différentes cultures et de la vente des produits, on ouvre un compte à chaque pièce de terre.

20.

LIVRE DE RECETTES.

DATES.	NOMS des divers comptes.	NATURE DES RECETTES.	MONTANT des recettes.	
			f.	c.
1857				
3 février.	Vaches.	Vendu un veau gras à M. Huot..	120	»
1er mars.	Bœufs.	Vendu 2 bœufs gras au même...	600	»
20 avril.	Orge.	Vendu à M. Perrin 4 hect. à 12 fr......................	48	»
25 mai.	Vaches.	Vendu à M. Chabert, 50 kil. de beurre, à 1,80..............	90	»
10 sept.	Avoine.	Vendu 3 hectoliteres, à 6 fr.....	18	»
16 id.	Chevaux.	Une charrue, deux chevaux, un jour de labours à M. Mettavant.	5	»
12 oct.	Bergerie.	Vendu à M. Lévy, 30 moutons, à 20 fr.....................	600	»
		Total de la recette...	1481	»

JOURNAL AGRICOLE.

DATES.	LIVRE JOURNAL DE COMPTABILITÉ AGRICOLE.	RECETTES.		DÉPENSES.	
1867.					
30 janv.	Payé un douzième des impôts...			25	50
1er fév.	Acheté de la semence de luzerne, 25 kil. à 0 fr. 50............			12	5
10 id.	Vendu une paire de bœufs en foire	450	»		
25 id.	Fait deux charrois de bois à mon manœuvre............	10	»		
7 mars.	Acheté un jeune bœuf gras pour appareiller.................			200	»
15 id.	Acheté 2 hectolitres de vin à M. Barih, à 50 fr...........			100	»
17 id.	Vendu un jeune poulain, à M. Lambard..............	350	»		
1er avr.	Vendu 20 hectolitres de blé à 25 fr....................	500	»		
10 avr.	Vendu 25 hectolitres d'avoine, à 12 fr....................	300	»		
30 id.	Payé des journées de manœuvre pour....................	50	»	50	»
	A continuer dans les mois suivants.				

6º Culture des jardins.

CENT CINQUANTE-QUATRIÈME DEVOIR.

Questions à faire aux élèves sur la dictée précédente.

1. Est-il important pour le cultivateur de tenir note de ses dépenses et de ses recettes? 2. Quel est le moyen de connaître ses dépenses et ses recettes? 3. Les cultivateurs peuvent-ils toujours dire ce qu'ils gagnent ou ce qu'ils perdent ? 4. Que dit à ce sujet M. Vitor Borie ? 5. Que dirait-on d'un négociant qui ne saurait pas rendre compte des prix de ses marchandises? 6. Qu'ajoute encore M. Borie? 7. Pour ne pas tomber dans cette faute, qu'y a-t-il à faire ? Quel profit recevra-t-on de ce travail ? 8. Donnez un modèle du livre de dépenses et de recettes et du livre journal.

154ᵉ DICTÉE.

DIVISION DE L'HORTICULTURE EN TROIS PARTIES.

On sait par quels liens intimes l'agriculture et la culture des jardins se tiennent et s'entr'aident. A toutes les époques, les jardins ont offert les rapports les plus frappants avec l'agriculture, avec les mœurs, les idées et les habitudes de ceux qui les cultivent. En France, le caractère dominant des habitants de chacune de nos contrées agricoles est reflété dans les jardins ; l'état le plus ou moins avancé de jardinage donne ordinairement la mesure assez exacte de l'état de l'agriculture locale. D'un point de vue général, l'horticulture offre à l'activité humaine un débouché aussi avantageux aux individus qu'à la société. Comme profession, l'horticulture conduit avec certitude à ce degré d'aisance relative qui donne plus de satisfaction réelle que l'opulence ; comme délassement, il n'en est pas qui soit plus favorable à la santé, ou qui procure une plus forte somme de plaisirs purs et variés que la culture d'un jardin, et dont chacun peut jouir selon la situation où il a plu à Dieu de le placer. — Les dimensions, la forme et la distribution d'un jardin peuvent varier à l'infini ; mais, quels qu'ils soient sous ce triple rapport, on peut les diviser en trois parties : 1º les jardins fruitiers ; 2º les jardins potagers ; 3º les jardin d'agrément. Le jardin fruitier se confond ordinairement avec le jardin potager ; on utilise l...

les murs de celui-ci pour recevoir des arbres en espalier, et les plates-bandes en y mettant des arbres nains, ou des quenouilles; mais nous désignerons aussi le jardin fruitier sous le nom de verger. Le potager est le jardin où l'on cultive les légumes qui servent à l'alimentation de l'homme, et souvent les plates-bandes sont occupées par des plantes d'ornement qui en font quelquefois un jardin d'agrément, fruitier et potager en même temps. Le jardin d'agrément est souvent un jardin consacré à la culture des fleurs : il est composé de massifs et d'arbres qui lui donnent la forme d'un bosquet.

Conjuguer le verbe inventorier *aux temps du subjonctif en mettant après chaque personne un complément qui soit un nom employé en agriculture.*

Semoir, n, m. Instrument pour semer. — Sac où l'on met et prend le grain pour semer.

Semis, n. m. Mise en terre des graines dont on veut obtenir la reproduction.

Serançoir, n. m. Peigne de fer qui sert à diviser la filasse du chanvre et du lin.

Serfouette, n. f. Instrument pour remuer la terre autour des plantes.

Serfouir, v. a. Remuer la terre avec la serfouette.

Serfouissage, n. m. Action de serfouir.

CALCUL. — SYSTÈME MÉTRIQUE.

Exposé des mesures de monnaies, page 68 ; voir l'instruction, page 141. Faire des questions aux élèves et des applications en classe.

1er *Prob.* Un propriétaire a fait défoncer une pièce de terre de 142 m. 50 de longueur sur 85 mètres de largeur, pour être convertie en jardin. Le quart sera en jardin potager, un tiers en jardin fruitier et le reste en jardin d'agrément. Dites la contenance de chaque partie, et combien lui coûteront les quatre murs de clôture, de 2 m. 60 de hauteur et 50 centimètres de fondation, à 2 fr. 85 le mètre carré?

Solution. $142,50 \times 85 = 1$ h. 21 ares 125. Le jardin potager aura 0,30 ares 28 ; le jardin fruitier aura le $\frac{1}{3}$ 40 ares 375 ; le jardin d'agrément aura 1 hectare 21, 125 — (30,28 + 40,375) =

50 ares 47; les murs 142,50 + 85 × 2 = 455 mètres × (2,60 + 0,50) = 1410,50 × 2 fr. 85 = 4019 fr. 925.

2e *Problème.* Dites ce qu'il a payé pour le défonçage, s'il a donné 0,16 centimes par mètre carré?

Solution. 12112,50 × 0 fr. 16 = 1938 fr.

3e *Problème.* Dites ce que chaque partie a coûté?

Solution. 0,16 × 30,28 = 484 fr. 48; 0,16 × 4037 = 646 fr.; 0,16 × 5047 = 807,52.

CENT CINQUANTE-CINQUIÈME DEVOIR.

Questions à faire aux élèves sur la dictée précédente.

1. L'agriculture et la culture des jardins sont-elles liées ensemble? 2. Quels rapports les jardins ont-ils offerts à toutes les époques? 3. Où se reflète le caractère des habitants d'une contrée agricole? 4. Qu'offre l'horticulture à l'activité humaine? 5. Et comme profession? 6. Et comme délassement? 7. Les dimensions et la forme d'un jardin peuvent-elles varier? 8. Comment divise-t-on l'horticulture? 9. Qu'est-ce le plus souvent que le jardin fruitier? 10. Et le potager? 11. Et le jardin d'agrément?

155e DICTÉE.

JARDIN FRUITIER OU VERGER.

Le jardin fruitier ou verger est un terrain plus ou moins étendu et couvert d'arbres à fruits de plusieurs espèces; il prend le nom de verger agreste quand il est en plein champ, sans clôture, et de verger cultivé ou de jardin fruitier, lorsqu'il est entouré de haies, de palissades ou de murs. Lorsqu'on veut créer un jardin de ce genre, on choisit, autant que possible, un terrain situé au midi, ni trop élevé, ni trop humide; on y dispose les arbres en losanges, en carrés ou par groupes; cette dernière méthode est très-élégante et très-avantageuse. On place au nord et à l'est les arbres qui s'élèvent le plus, afin qu'ils protégent les autres contre les vents du nord et de l'est; on plante les espèces par ordre de maturité, c'est-à-dire que le premier arbre soit le premier à récolter, et ainsi de suite jusqu'au dernier. On appelle plantations en bordure celles qui sont faites le long des chemins, sur la lisière des ruisseaux ou sur les limites des propriétés; on plante ainsi préférablement le côté du nord, pour éviter les ombrages des arbres. Sur les bords des rivières et dans les lieux humides, on plante en bordure des arbres propres à donner du bois, tels que saules, peupliers, frênes, aunes, châtaigniers; ailleurs on plante des arbres à fruits ou à fleurs. Les arbres à fruits, principalement cultivés dans les plantations en bordure et dans les vergers, sont : le pommier, le poirier, le noyer, le cerisier, le prunier, le noisetier, l'amandier, le châtaignier, l'abricotier, le pêcher, le figuier, l'olivier, etc. Les arbres à fleurs les plus usités pour les plantations en bordure sont : le tilleul, le marronnier d'Inde, le robinier, dit acacia, le mirobolan, etc., dont les abeilles aiment beaucoup le voisinage. Selon leur destination, les arbres se cultivent et se taillent de différentes manières. La distance qu'il faut laisser entre les pieds varie aussi selon les espèces et la qualité du sol Les soins du jardin fruitier ont rapport au semis, au repiquage, à la greffe, à la taille, à la transplantation des arbres, à la cueillette et à la conservation des fruits. Nous en avons parlé dans la dictée 127e et dans les suivantes.

Analyse de la première phrase de la dictée.

Serpette, n. f. Petite serpe qui sert à couper les raisins et à émonder les arbres.

Serre, n. f. Lieu où l'on serre, en hiver, les arbres qu'on veut mettre à couvert de la gelée.

Sillon, n. m. Longue trace que le soc, la charrue, font dans la terre qu'on laboure.

Soc, n. m. Fer de charrue, plat, large et pointu, tranchant pour ouvrir la terre.

Sol, n. m. Terroir considéré suivant sa qualité.

Souche, n. f. Bas du tronc d'un arbre accompagné de ses racines et séparé du reste de l'arbre.

Ecrire une lettre au maire d'une commune.

On lui demande la permission de déposer des bois et des matériaux sur la voie publique, toutefois sans gêner la circulation.

CALCUL.

1er *Problème.* Un jardin fruitier de 2 hectares est planté de pommiers en plein vent, de poiriers, de pruniers et de cerisiers, en nombre égal de chaque espèce; combien y en a-t-il si l'on en met 120 par hectare, et que rendront-ils de fruits après dix ans de plantation si les poiriers rendent, année ordinaire, 110 kilogrammes par pied, les pommiers autant, les pruniers 10 kilogrammes de fruits secs, et les cerisiers 15 kilogrammes chacun?

Solution. 120 $\times$ 2 $=$ 240 pieds : 4 $=$ 60 pieds de chaque espèce; 110 k. $\times$ 60 $=$ 6600 kilogr. de poires; 6600 kilogr. de pommes; 10 k. $\times$ 60 $=$ 600 kilogr. de prunes sèches ; 15 $\times$ 60 $=$ 900 kilogr. de cerises fraîches.

2e *Problème.* Combien fera-t-on d'argent de la récolte énoncée au problème précédent, si le kilogramme de pommes et de poires se vend 0 fr. 06, les cerises 0,15, et les prunes 0,60 centimes?

Solution. 0,06 $\times$ 6600 $=$ 396 fr. pour les pommiers ; 0,15 $\times$ 900 $=$ 135 fr. pour les cerises ; 0,60 $\times$ 600 $=$ 360 fr. pour les prunes. Le tout donne 396 $+$ 396 $+$ 135 $+$ 360 $=$ 1287 francs de vente.

3e *Problème.* Combien dépensera-t-on pour planter un jardin en arbres fruitiers, s'il a 150 mètres de long sur 96 de large, et qu'on espace au carré les arbres les uns des autres de 4 mètres, sachant que les quenouilles coûtent 0,80 centimes et les arbres à basse tige placés dans les intervalles, 0,40 centimes?

Solution. 150 $\times$ 96 $=$ 14400 mèt. carrés : (4 $\times$ 4) $=$ 900 pieds de chaque sorte $=$ 0,80 $\times$ 900 $=$ 720; 0,40 $\times$ 900 $=$ 360 $=$ 1080 francs.

CENT CINQUANTE-SIXIÈME DEVOIR.

Questions à faire aux élèves sur la dictée précédente.

1. Qu'est-ce que le jardin fruitier ou verger? 2. Quel nom prend-il quand il n'est pas clos? 3. Que doit-on faire pour établir un jardin fruitier? 4. Comment dispose-t-on les arbres? 5. Qu'appelle-t-on plantation en bordure? 6. Quels sont ceux qu'on place au nord ou à l'est et pourquoi? 7. Que plante-t-on sur les bords des rivières? 8. Quels arbres sont cultivés dans

les jardins fruitiers? 9. Quels sont les arbres à fleurs les plus usités? 10. Comment doit-on espacer les arbres?

156e DICTÉE.

JARDIN POTAGER.

Le jardin potager est un terrain ordinairement clos et entouré de plates-bandes coupées par des allées, et où l'on cultive les plantes propres à l'alimentation. C'est là que sont produites toutes celles qui composent généralement la nourriture du fermier et de sa maison pendant une grande partie de l'année. Rien n'est plus agréable à voir qu'un potager distribué convenablement et cultivé avec tout le soin qu'il exige ; on y remarque la régularité des carrés de terre en culture, la beauté et la propreté des allées qui les coupent et qui peuvent servir de promenade ; les plates-bandes y sont bordées de fraisiers, de violettes, de ciboules, de gazon ou d'oseille, séparées des carrés par des buissons de groseillers et des arbres taillés diversement. Contre les murs, on voit des espaliers ou des treilles qui, dans la saison des fruits, en donnent une assez grande quantité, sans avoir ombragé les carrés d'une manière défavorable. Les plates-bandes sont plantées de fleurs pour toutes les saisons ; les jolies couleurs dont elles brillent récréent doucement la vue du cultivateur au retour de ses pénibles travaux ; les parfums qu'elles exhalent embaument l'air autour de sa demeure, et son esprit s'y délasse quelquefois en méditant les merveilles de la nature. — Autant que possible, le potager doit être exposé au midi, avoir une terre meuble, profonde, et contenir abondamment du terreau ; on réserve les parties sèches et chaudes aux plantes printanières, et aussi bien que pour l'ail, l'échalotte, les haricots ; on fume le potager tous les ans, mais en petite quantité et en rejetant tous les engrais infects. On laboure et on sème presque en toutes saisons : sitôt qu'un carré est vide d'une récolte, on le retourne à la bêche pour l'ensemencer de nouveau ; mais il faut varier les plantes sur le même terrain. Dès que les semis, soit en lignes, soit par planches, commencent à prendre de l'accroissement, ils demandent des soins constants et de chaque jour ; tantôt il faut sarcler et les éclaircir, tantôt il faut les arroser ou les protéger contre les ardeurs du soleil, et enfin les repiquer en temps convenable. Les plantes spécialement cultivées dans le jardin potager sont : les radis, les petites raves, les salsifis, la scorsonère, etc., dont on mange les racines. D'autres, qu'on cultive en plein champ, y sont plus soignées,

telles que les pommes de terre, les carottes, les navets, les panais,
le topinambour, les pois, les haricots, les fèves, les choux, etc. ;
les épinards, la bette, les laitues, la chicorée, la mâche, dont on
mange les feuilles, y trouvent aussi leur place; les échalotes,
les aulx, les oignons, les poireaux, le persil, le cerfeuil, qui
servent comme assaisonnement, n'y sont pas négligés. Le persil
ressemble beaucoup à la ciguë, qui est un poison, et avec laquelle
il ne faut pas le confondre; la ciguë diffère du persil en ce qu'elle
n'a point une odeur agréable. Enfin on cultive encore dans les
potagers les artichauts, les asperges, dont on mange la tête et la
tige encore tendre, et enfin les concombres, les melons et les
potirons. L'époque des semis varie selon la nature de la semence,
le climat, le terrain et l'exposition. On sème par le beau temps
et plutôt clair qu'épais; la récolte en est plus belle et les produits de meilleure qualité. Lorsqu'on veut avoir des primeurs ou
des plantes pour le repiquage, on sème dans des plates-bandes
exposées au midi ou sur couche. Nous renvoyons aux traités du jardinage pour la formation des couches, et, pour plus amples développements, sur la culture des plantes potagères.   (LAGRUE.)

Analyse de la première phrase de la dictée.

Taille, n. f. Manière de tailler les arbres, le bois, la pierre, les
plumes, etc.

Talle, n. f. Branche qu'un arbre pousse à son pied; pousse
de blé au pied.

Tendron, n. m. Bourgeon, rejeton de certains arbres, de
certaines plantes.

Terreau, n. m. Fumier pourri, réduit en terré.

Terrage, n. m. Action de remonter les terres des vignes de la
base, etc.

Terrailler, v. a. Répandre de la terre sur les prés pendant
l'hiver.

CALCUL.

1er *Problème*. Un enfant de jardinier a planté, dans un coin de
jardin qu'on lui a réservé, 150 choux estimés à 0 fr.095 la pièce;
186 salades à 0,045 la pièce; une planche de carottes de 25 bottes
à 0,15 c.; 80 chicons à 0,05 la pièce. Il a dépensé 10 fr. 45 pour
engrais et frais de culture; quel est le produit net?

Solution. 0,095 × 150 = 14 fr 25; 0,045 × 186 = 8 fr. 37;

0,15 $\times$ 25 = 3 fr. 75 ; 0,05 $\times$ 80 = 4 fr. 00. Dépense 10 fr. 45. Produit net, 30 fr. 37 — 10,45 = 19 fr. 92 c.

2e *Problème*. Un chou se vend 0 fr. 095 et coûte de plantation et d'engrais 0,028 ; le loyer de la terre est de 62 fr. 50 ; quel est le bénéfice fixe, si cette terre porte 2545 pieds ?

Solution. Le bénéfice sera de 0,095 $\times$ 2545 = 241 fr. 77 ; 0,028 $\times$ 2545 + 62,50 = 133 fr. 76. Bénéfice net, 241,77 — 133,70 = 108 fr. 01 c.

3e *Problème*. Dans les plates-bandes d'un jardin on a planté des poiriers en quenouille au nombre de 40, à 0 fr. 75 pièce ; 36 pommiers nains à 0,40 c., et, contre les murs, 12 pieds en espaliers, tant abricotiers que pêchers, à 0,80 c. ; quelle sera la dépense ?

Solution. 0,75 $\times$ 40 = 30 fr. + 0,40 $\times$ 36 = 14,40 + 0 fr. 80 $\times$ 12 = 9,60 c. La dépense totale s'élève à 54 francs.

CENT CINQUANTE-SEPTIÈME DEVOIR,

Questions à faire aux élèves sur la dictée précédente.

1. Qu'est-ce que le jardin potager ? 2. Que produit le jardin potager ? 3. Qu'est-ce qui est agréable dans la vue d'un jardin ? 4. De quoi les plates-bandes sont-elles garnies et bordées ? 5. Que place-t-on contre les murs ? 6. Que procure au cultivateur un jardin bien soigné ? 7. Quelle exposition convient au potager ? 8. Dites les parties qu'on réserve à certaines plantes ? 9. Quand doit-on fumer les jardins potagers ? 10. Laisse-t-on reposer la terre ? 11. Dites les plantes cultivées dans les jardins potagers ? 12. A quoi distingue-t-on la ciguë d'avec le persil ? 13 Quelles sont encore les plantes qu'on cultive dans les jardins ? 14 Quand faut-il semer ? 15. Que faut-il faire pour avoir des primeurs ?

157e DICTÉE.

JARDIN D'AGRÉMENT.

Le jardin d'agrément est un terrain spécialement consacré à des plantations qui procurent par leur variété, leur harmonie, et leur disposition, un plaisir et une récréation à l'homme. Il se compose d'allées droites ou sinueuses, de touffes et de massifs de fleurs et d'arbustes, et quelquefois de canaux et de pièces d'eau ;

sous ae vastes dimensions, il prend le nom de parc. Nous avons trois grands jardins dans la capitale : les Tuileries, le Luxembourg et le parc de Monceaux. En province, celui de Versailles et plusieurs autres tels que celui du château de Sully, à Rosnys. Un jardin d'agrément doit être le plus possible rapproché de l'habitation, afin que les massifs de fleurs et de verdure soient vus des appartements, et présentent un aspect agréable aux yeux. Pour ces sortes de jardins, on n'a pas toujours la facilité de choisir le terrain ni l'exposition. Autant que possible, il faut au jardin une petite pente exposée au midi, à l'ouest ou au sud-est. — Celles du nord, de l'est, du nord-est sont les moins favorables. La meilleure clôture pour toutes espèces de jardins, c'est un bon mur de pierre ou de briqne de 2 mèt. 50 cent. à 3 mètres de hauteur, dont les surfaces les mieux exposées peuvent être utilisées pour la culture des arbres en espalier. Le bon goût demande que l'étendue d'un jardin d'agrément soit proportionnée au volume de la maison ou corps du logis principal. Le parterre doit être auprès du bâtiment, et le bâtiment élevé au-dessus du parterre, afin que, des fenêtres de la maison, on jouisse de la vue des fleurs qui y sont plantées. On doit laisser régner autour du bâtiment des esplanades, des boulingrins, et autres pièces plates. Mais on doit faire en sorte que le jardin ne soit pas trop découvert, de peur qu'on n'en voie d'un coup d'œil toute l'étendue ; pour faire à l'œil toute une illusion, on arrête la vue en certains endroits, par des bosquets, des salles vertes, ornées de fontaines et de figures ; on ménage les allées, on plante un bois pour couvrir les hauteurs, on remplit les fonds, en un mot, tout doit paraître naturel.

Conjuguer le verbe inventorier *aux temps de l'infinitif, en mettant après toutes les formes un complément qui soit un nom employé en agriculture.*

Tige, n. f. La partie du végétal qu sort de la terre et qui pousse des branches.

Toison, n. f. La laine d'un mouton, d'une brebis.

Tombereau, n. m. Charrette entourée d'ais, ce qui y est contenu.

Tondre, v. a. couper la laine ou le poil des animaux.

Trait, n. m. terme générique — cheval de trait — celui qui tire.

Tranche-gazon, n. m. Instrument à détacher le gazon par plaques.

CALCUL — SYSTÈME MÉTRIQUE.

Exposé des mesures de monnaie, page 68 ; voir l'instruction page 181. Faire des questions aux élèves et des applications en classe.

1er Problème. Pour établir un jardin d'agrément, on fait un terrassement de 8 mèt. 45 cent. de longueur sur 4 mèt. 25 de largeur, et d'une épaisseur de 0 mèt. 85 cent. Combien deux hommes mettront-ils de jours s'ils enlèvent 5 mètres par jour, les chargent et les brouettent ; combien gagneront-ils par jour s'ils ont 48 francs pour faire ce travail ?

Solution. 8,45 × 4,25 × 0.85 = 30 m. c. 525. Les ouvriers enlèvent 5 mètres, autant de fois 5 mètres seront contenus dans 30,525, autant ils seront de jours. Ainsi 30,525 : 5 = 6 jours 105, un peu plus d'un dixième ; 48 francs : 6 jours 1 dixième = 7.87 : 2 = 3 fr. 93 que chaque ouvrier gagne par jour.

2e Problème. Pour sabler les allées de ce jardin d'agrément, on a mis 36 mètres cubes de sable, à 2 fr. 50 le mètre, et on a donné 0,75 du mètre cube pour le brouetter et l'étendre. Combien a-t-on dépensé?

Solution. 2,50 × 36 = 90 fr. + 0,75 × 36 = 27 francs = 117 francs.

3e Problème. On a mis dans les touffes et massifs de ce jardin 845 pieds d'arbustes à 25 cent., plus 90 pieds d'arbres à fruits à 0 fr. 65, et enfin 250 églantiers à 0,09 cent. A combien se monte cette nouvelle dépense.

Solution. 0,25 × 845 = 211 fr. 25 + 0,65 × 90 = 58,50 + (0,09 × 250) = 22 fr. 50 = le tout 292 fr. 25.

CENT CINQUANTE-HUITIÈME DEVOIR.

Questions à faire aux élèves sur la dictée précédente.

1. Qu'est-ce que le jardin d'agrément? 2. De quoi se compose-t-il? 3. Quand prend-il le nom de parc? 4. Combien la capitale en possède-t-elle? 5. N'y en a-t-il pas dans la province? 6. Où doit être placé un jardin d'agrément? 7. Peut-on toujours choisir le terrain? 8. Quelle exposition faut-il préférer? 9. Lesquelles sont les moins favorables? 10. Quelle est la meilleure clôture?

11. Quel usage fait-on des murs? 12. A quoi doit être proportionnée l'étendue d'un jardin? 13. Où doit se trouver le parterre? 14. A quoi doit-on faire attention? 15. Comment arrête-t-on la vue?

158e DICTÉE.

VÉGÉTAUX PARASITES DES PLANTES DE JARDIN.

Tous les êtres qui s'établissent sur les végétaux, qui vivent à leurs dépens ou qui leur sont nuisibles par leur présence, doivent être considérés comme des parasites; ils arrivent tous du dehors et parcourent toutes les phases de leur vie ou une partie seulement sur ceux qu'ils ont choisis ou sur lesquels ils ont été déposés, soit à l'état d'œufs, soit à l'état de graines ou de spores. Les uns n'y trouvent qu'un support; ils vivent aussi bien sur une plante que sur une autre : on les nomme faux parasites; les autres, au contraire, y trouvent à la fois un appui et une nourriture : ce sont de vrais parasites. Les faux parasites sont le lierre, un grand nombre d'orchidées dans les pays chauds, les lichens, les hépatiques, les mousses; une foule de champignons vivent appliqués à la surface des plantes, mais ils puisent les éléments de leur existence dans la terre, l'atmosphère ou dans un peu d'humidité déposée sur les troncs ou sur les feuilles; aucune de leurs parties n'en pénètre la substance. Les autres faux parasites sont le meunier ou érysiphé, espèce de champignon qui fit un grand ravage en 1847, à la récolte de houblon en Angleterre; la fumigage ou morphée, qui s'attache au tilleul, au citronnier, à l'oranger; l'oïdium, le botrytis.

Les vrais parasites sont ceux qui vivent aux dépens des végétaux. Les uns appartiennent au règne animal, et les autres au règne végétal. On donne le nom de plantes ou végétaux parasites à ces derniers. La classe des champignons en présente un nombre prodigieux. Les premiers sont les caulicoles, qui vivent sur les tiges, les troncs, les branches, et les radicicoles, qui vivent sur les racines. Parmi les caulicoles on distingue le gui, la cuscute, et parmi les radicicoles on remarque les orobanches, le mélampyre, les rhizoctones, la mort du safran, le farum, le couronnement de luzerne, le blanc des racines. Nous avons déjà parlé d'une partie de ces parasites dans la dictée 123e.　　　*(Le Bon Jardinier.)*

Analyse de la première phrase de la dictée.

Transplantation, n. f. Action de transplanter un végétal, c'est-à-dire de le changer de place.

Trèfle, n. m. Plante herbacée qu'on sème dans les prairies artificielles.

Treillage, n. m. Assemblage de perches, de lattes ou d'échalas pour former un espalier.

Treille, n. f. Pied de vigne dont les rameaux sont étendus le long d'un mur.

Truie, n. f. Femelle du cochon ou verrat.

Tubercule, n. m. Nom de quelques racines enflées (pommes de terre, topinambours).

CALCUL.

1er *Problème*. Un terrain planté en osier a été loué sur le pied de 80 francs l'hectare; il a une longueur de 130 mètres sur une largeur de 85 mêt. 60. Pendant 4 ans, il a nécessité les dépenses suivantes : défoncement et frais de plantation, 3 francs par are. 1re année : 142000 plants à 1 fr. 50 le mille; sarclage, 0 fr. 75 par are; 2e année : sarclage, 0 fr. 70 par are; 3e année : 0 fr. 40 par are; 4e année : 0 fr. 40 par are. Dites la dépense et ajoutez les intérêts à 5 p. 0/0 de la portion des avances faites chaque année?

Solution. 130 m. $\times$ 85,60 = 1 h. 11 ares 28 c.,
à 3 francs l'are = ... 333 f. 84

1 fr. 50 $\times \dfrac{142000}{1000}$ de plants................ 213 00

Sarclage de la 1re année 0,75 $\times$ 111 ares 28.... 83 46
Loyer de la 1re année.. 89 02
Intérêts des avances montant en tout à............. 31 51

Au bout de la 1re année, frais montant en tout à.. 750 83
2e année : Intérêts de la somme de 750,83 ..... 37 54
Sarclage à 0,70 $\times$ 111,28 =................... 77 89
Loyer de la 2e année.. 89 02

Au bout de la 2e année, frais montant à.......... 955 28
3e année : Intérêts de la somme de 955,28....... 47 76

reporter........ 1003 04

Report	1003	04
Sarclage à 0,40 $\times$ 111,28 =....................	44	51
Loyer de la 3e année..........................	89	02
Au bout de la 3e année, frais montant à.........	1136	57
4e année : Intérêts de la somme de 1136,57......	56	82
Sarclage à 0,40 $\times$ 111,28....................	44	50
Loyer de la 4e année	89	02
La dépense avec les intérêts se montent à........	1326 f. 92	

2e *Problème*. Cette oseraie a rapporté la 1re année, à l'hectare, 100 bottes à 80 centimes ; la 2e année, 300 bottes à 1 fr. 25 ; la 3e année, 500 bottes, à 1 fr. 30 ; la 4e année, 600 bottes à 1 fr. 35. Dites le produit des 4 années en tenant compte des intérêts à mesure que la récolte rapporte?

Solution. 1re année : 0,80 $\times$ 111 bottes........	88 f. 80	
A la fin de la 2e année, intérêts de 88,80........	4	44
Récolte de la 2e année....................	416	25
A la fin des deux premières années.............	509	49
A la fin de la 3e, intérêts de 509,49.............	25	47
Récolte de la 3e année, 1,30 $\times$ 555 bottes.......	721	50
A la fin de la 3e année, on recevra.............	746	97
A la fin de la 4e annee, intérêts de 509 fr. 49 c., plus de 746,97,..........................	62	83
Récolte de la 4e année, 1,35 $\times$ 666 =..........	899	10
A la fin de la 4e année, on aura................	961	93

RÉCAPITULATION.

Récolte de la 1re année.......................	88 f. 80	
Récolte de la 2e année, intérêts compris..........	420	69
Récolte de la 3e année, intérêts compris..........	746	97
Récolte de la 4e année, intérêts compris..........	961	93
Total des quatre années......	2218 f. 39	

3e *Problème*. D'après les données et les réponses des problèmes précédents, dites le bénéfice fait sur cette oseraie?

Solution. 2218 francs 39 centimes de récoltes et d'intérêts, et 1326 francs 92 centimes de dépenses et intérêts des avances : le bénéfice net est de 2218 fr. 39 — 1326 fr. 92 = 891 fr. 47 c.

CENT CINQUANTE-NEUVIÈME DEVOIR.

Questions à faire aux élèves sur la dictée précédente.

1. Qu'est-ce que les végétaux parasites? 2. Les parasites restent-ils toujours sur les mêmes plantes? 3. Qu'appelle-t-on faux parasites? 4. Quels sont-ils? 6. Dites quels sont les autres faux parasites? 6. Qu'est-ce que les vrais parasites? 7. A quel règne appartiennent-ils? 8. Comment les distingue-t-on? 9. Où vivent les caulicoles? 10. Quels sont ceux qu'on distingue? 11. Où vivent les radicicoles? 12. Nommez-les?

159e DICTÉE.

ANIMAUX NUISIBLES A L'AGRICULTURE ET MOYENS DE LES DÉTRUIRE.

Le nombre des insectes parasites ou animaux nuisibles est très-considérable; on ne doit pas être étonné d'en trouver sur les plantes. Les unes leur servent de berceau, les autres de nourriture; ils y vivent à l'état de larves et à l'état parfait. Qu'elles soient ligneuses ou herbacées, les racines, les tiges, les fleurs et les fruits sont toujours leur proie. Quelques-uns de ces insectes sont très-peu nombreux durant une année et d'une effrayante multiplicité dans l'année suivante, sans qu'on puisse en apprécier la cause. Leurs ennemis destructeurs sont aussi très-nombreux, surtout parmi les petits oiseaux. Malheureusement, on chasse, on tue ces oiseaux, sans qu'on se doute des services qu'ils rendent, et on ne veut pas comprendre que plus il y a d'oiseaux dans une contrée, moins il y a d'insectes. Il y a huit ordres d'animaux nuisibles. Ceux du premier sont les coléoptères, qui comprennent les hannetons, le cerf-volant, la cantharide, le charençon satiné, le scolyte-typographe, le capricorne-héros, la saperde des blés, la saperde chagrinée, l'altise, l'eumolpe de la vigne, le chrysomèle rouge à corselet noir. Pour se débarrasser des hannetons on secoue les arbres; les insectes tombent et on les écrase; on détruit les charençons en enlevant les feuilles roulées dans lesquelles sont les œufs ou les larves. Le moyen de détruire la saperde des blés, ou du moins d'en diminuer le nombre, est d'arracher les portions de chaume que la feuille a laissées et de les brûler. L'altise s'en prend au chou, au colza et perce les feuilles comme un crible; on la détruit en saupoudrant les feuilles de cendres; mais mieux vaudrait sacrifier le semis, le couvrir d'une couche de paille et y mettre le feu. — Ceux du deuxième ordre, dits orthoptères, sont les forficules ou perce-oreilles, qu'on détruit en plaçant des tiges creuses, des ergots de porcs, des fonds de pots, où ils se réfugient à l'approche du jour; on les ramasse et on les brûle. Les courtilières, qu'on détruit en versant de l'eau dans leurs trous et de l'huile par-dessus. — Ceux du troisième ordre, appelés névroptères, insectes à quatre ailes nues, membraneuses; à l'état parfait ces animaux ne nuisent pas, excepté les termites, les cifuges, importées des tropiques en France, il y a une vingtaine d'années, dans la Charente-Inférieure. — Ceux du quatrième ordre, hyménoptères, sont le cephus pygmée, la guêpe commune, la fourmi noire, qu'on détruit en mettant sur son passage du miel, du sirop mélangé, de l'arsenic blanc, le cisuyps ou galle du rosier; on ne les détruit pas facilement, parce qu'elles échappent à nos investigations. — Ceux du cinquième ordre ou hémiptères sont le pentatome des potagers, qu'on détruit au moyen d'une terrine vernissée dans laquelle on les réunit pour les brûler; les pucerons, les psylles ou pucerons de sapin, les psylles du buis, qu'on détruit en brûlant ce qui a été coupé; la cochenille, le mielat, qu'on détruit comme les pucerons, par la fumée du tabac dirigée sur les plantes qui en sont attaquées. —Ceux du sixième ordre, appelés lépidoptères, sont le piéride de chou, qu'on détruit, dit-on, en fumant le terrain avec de la fiente de porc; l'hépiale du houblon, le gât, espèce de papillon nocturne, la levrée, l'écaille à queue d'or, la pyrale de la vigne, la pyrale des pommes de terre, du seigle, la fausse teigne des grains, etc. — Le septième ordre, appelé dyptères, comprend le dacus de l'olivier, dont on se débarrasse difficilement, la mouche de Hesse. Ceux du huitième ordre, appelés aptères, sont les acarus et les érinemus, dont on se débarrasse comme des pucerons.

Conjuguer le verbe tondre *à tous les modes et à tous les temps, en plaçant après chaque personne ou chaque forme un complément qui soit un nom employé en agriculture.*

Van, n. m. Instrument d'osier fait en coquille et à deux anses qui sert à nettoyer les grains.

Vanneur, n. m. Celui qui vanne.

Veillotte, n. f. Petit tas de foin qu'on forme sur les prés en fauchant.

Versage, n. m. Premier labour donné aux jachères.

Versoir, n. m. Pièce de la charrue qui jette la terre sur le sillon.

Voiture, n. f. Ce qui sert au transport des personnes, des marchandises, etc.

CALCUL. — SYSTÈME MÉTRIQUE.

Exposé des mesures de monnaies, p. 68; voir l'instruction, p. 141. Faire des questions aux élèves et des applications en classe.

1er *Problème*. Quelle est la surface d'une pièce de 5 francs en argent, ayant 37 millimètres de diamètre, et combien faut-il de pièces pour le poids d'un kilogramme et pour couvrir un are de terrain ?

Solution. 37 m. : 2 = 18,5 $\times$ 18,5 = 342. millim. carrés. 25 $\times$ 3,1416 = 10 centim. 75 millim. 29. Puisque 1 franc pèse 5 grammes, une pièce de 5 francs pèsera 5 fois plus, ou 5 $\times$ 5 = 25 grammes. Autant de fois 25 grammes seront contenus dans 1000 grammes, poids d'un kilogramme, autant il faudra de pièces. Donc 1000 : 25 = 40 pièces et pour couvrir un are, il faut diviser 100 par 0,0010752126 = 93,004 pièces de 5 fr., sans compter les intervalles entre les pièces.

2e *Problème*. Dites ce qu'il y a eu de cuivre dans 200 francs en argent ?

Solution. Puisque l'alliage se compose d'un dixième, il y a donc dans 200 francs le dixième du poids de 1000 grammes. 1000 gr. : 10 = 100 grammes du cuivre.

3e *Problème*. Qelle est, en kilogrammes, la charge d'un homme qui porte 2830 francs en pièces de 5 francs, 6872 francs en pièces de 2 francs, et 1200 francs en pièces de 1 franc?

Solution. La somme totale = 2830 + 6872 + 1200 fr. = 10902 francs. Puisque 1 franc pèse 5 grammes, le poids de cette somme est 5 $\times$ 10902 = 54 k. 510 grammes.

CENT SOIXANTIÈME DEVOIR.

Questions à faire aux élèves sur la dictée précédente.

1. Le nombre des animaux nuisibles est-il considérable? 2. Que sont les plantes pour ces insectes? 3. Leur multiplication est-elle régulière? 4. Quels sont leurs ennemis? 5. Combien d'ordres d'insectes nuisibles? 6. Dites ceux du premier et les moyens de les détruire? 7. Et du 2e, du 3e, du 4e, du 5e, du 6e, du 7e et du 8e ordre ?

160e DICTÉE.

NOTICE SUR OLIVIER DE SERRES.

Nous terminerons nos dictées par la notice sur Olivier de Serres, père de l'agriculture en France au xvie siècle.

Olivier de Serres, seigneur de Pradel, le fondateur de l'agronomie moderne, naquit en 1539 à Villeneuve de Berg, dans l'ancien Vivarais, département de l'Ardèche. Au moment des guerres de religion, en 1572, il quitta les armes, et ne s'occupa que de ses affaires et de la culture de ses propriétés. Témoin de tous les désastres qu'entraînaient ces guerres religieuses, il cultivait, dit-il, ses terres par ses serviteurs. Dieu, bénissant ses travaux, l'avait conservé au milieu de tant de calamités, parce que sa maison était plus logis de paix que de guerre. Il s'occupa à recueillir les expériences sur l'agriculture, et il comprit que la pratique ne suffit pas, mais que les bons ouvrages lui sont d'un grand secours. Malgré la bonhomie de son langage, on découvre chez lui beaucoup de profondeur et de précision, surtout quand il donne la définition de l'agriculture : « Science plus utile que difficile, pourvu qu'elle soit entendue par ses principes appliqués avec raison, conduite par expérience et pratiquée avec diligence. » Il composa la Théorie de l'agriculture, et ne la publia que quand l'ordre et le calme furent rétablis dans le royaume. Il travailla aussi à l'éducation des vers à soie, et le bon roi Henri IV le décida à détacher de son ouvrage le chapitre qui traitait de cette nouvelle industrie. Cet ouvrage eut tant de succès que de son vivant huit éditions se succédèrent, et dans 75 ans 19 éditions furent imprimées. C'est un traité complet d'agriculture présenté d'une manière intéressante, et qui eut toute l'estime du roi de France.

Les travaux d'Olivier de Serres l'ont fait passer à la postérité. Dans sa ville natale, on éleva un monument en 1804 à sa mémoire, et tout récemment une statue a été inaugurée en son honneur. Olivier de Serres, seigneur de Pradel, mourut le 2 juillet 1619.

Analyse de la première phrase de la dictée.

Ver à soie, n. m. Espèce de chenille qui produit la soie.

Verger, n. m. Terrain qu'on réserve à côté du potager pour mettre des arbres à plein vent.

Vigneron, n. m. Celui qui cultive la vigne.

Vignoble, n. m. Étendue de pays plantée de vignes.

Vin, n. m. Liqueur propre à boire, qui résulte de la fermentation du jus de raisin.

Volaille, n. f. Nom collectif qui comprend les oiseaux de basse-cour.

Dictée récapitulative d'orthographe et d'agriculture pour la fin du mois.

Notre dernière composition mensuelle a été placée entre celles qui traitent de l'espèce bovine et celles où nous parlous de l'espèce chevaline. Nous avons passé de cette dernière aux espèces ovine et porcine, aux oiseaux de basse-cour et aux vers à soie; c'est ce qui a terminé la série des animaux domestiques utiles à l'agriculture. Nous avons ensuite étudié l'économie agricole ; on nous a fait connaître ce qu'on entend par capital agricole, fermier, métayer; par achat, location d'un domaine et par constructions rurales. Puis est venue la question des différents assolements, les défauts et les avantages des uns et des autres. On a aussi fortement appuyé sur les circonstances qui pouvaient avoir une influence sur les divers systèmes agricoles. Plusieurs leçons nous ont été aussi données sur la comptabilité de l'agriculture. Le cours a été complété par six devoirs sur la culture des jardins; elle nous a fait comprendre ce qu'on entend par jardin potager, par jardin fruitier ou verger, par jardin d'agrément, etc.

Mais, messieurs, ne croyez pas que pour avoir parcouru scrupuleusement tout le programme officiel, vous n'ayez plus rien à étudier. Si vous vous illusionniez jusqu'à ce point, vous seriez tombés dans une grave erreur. On vous a enseigné comment il faut apprendre, on vous a donné des notions sur tout ce qui constitue un bon enseignement agricole, et sur la marche qu'il faut suivre dans cette étude. Voilà tout. A vous, messieurs, d'étendre le cercle de vos connaissances par l'étude des bons auteurs qu'on vous a cités, par le travail, l'application et la pratique des principes généraux qu'on vous a développés.

Si vous suivez ces conseils, je m'estimerai heureux de vous les avoir donnés, et d'avoir fait aimer cet art de la culture du sol aux jeunes générations françaises qui auront suivi ce recueil. — Enfant de la campagne et agriculteur moi-même, jusqu'à un âge assez avancé, je me trouverai dédommagé de mon travail, si j'ai pu contribuer à inspirer à tous le goût de la vie des champs. C'est là où se trouve le bonheur et où se sont écoulées, dans des mœurs pures et sévères, les belles années de ma jeunesse.

FIN.

TABLE DES MATIÈRES.

———

			Pages.
		Programme de l'Enseignement agricole.	
		Avertissement..	1
1re	dictée.	Avantages de l'instruction pour l'homme des	
	—	champs..	5
2^e	—	Suite de la précédente (avantages de l'instruc-	
		tion)..	7
3°	—	La profession du cultivateur.....................	8
4^e	—	Définition et importance de l'agriculture.........	10
5^e	—	De la nécessité de l'agriculture...................	12
6^e	—	Nécessité d'étudier l'agriculture avec ordre et	
		méthode...	14
7^e	—	Personnel agricole. — Maîtres....................	16
8^e	—	Personnel agricole. — Domestiques...............	18
9^e	—	Exploitation rurale, division des terres qui com-	
		posent une exploitation...........................	20

1° Végétation, terres, climats.

10°	—	Aperçu général sur la végétation, durée des végé-	
		taux, modes divers de reproduction, par graines,	
		par boutures, etc..................................	22
		La terre au point de vue agricole.................	22
11^e	—	Sol, sous-sol, composition du sol.................	25
12^e	—	Division des terres cultivables, quant à leurs qua-	
		lités. Terres franches, terres fortes, terres légè-	
		res, terres chaudes et terres froides.............	27
13^e	—	Moyens d'apprécier la valeur et les qualités des	
		sols arables.......................................	28

			Pages.
14e	—	Qualités accidentelles du sol arable..............	30
15e	—	Autres qualités du sol et fonctions du sol.......	32

2° *Opérations principales de l'agriculture.*

16e	—	Préparation du sol pour la culture..............	34
		Régions agricoles, influence du climat...........	35
17e	—	Amendements...................................	37
18e	—	Principaux amendements........................	39
19e	—	De la chaux et de la marne.....................	40
20e	—	Cette dictée est une récapitulation de ce qui a été vu en agriculture, et en même temps une composition mensuelle au point de vue de l'orthographe...................................	42
21e	—	Chaulage......................................	45
22e	—	Marnage.......................................	47
23e	—	Effets de la chaux et de la marne..............	48
24e	—	Emploi du sable et de l'argile comme amendements......................................	50
25e	—	Stimulants, emploi des cendres et du plâtre.....	52
26e	—	Notice sur Franklin...........................	55
27e	—	Des engrais. — Différentes espèces d'engrais.....	57
28e	—	Engrais animaux...............................	59
29e	—	Emploi du purin; guano.......................	61
30e	—	Engrais végétaux et engrais verts..............	63
31e	—	Les tourteaux, les varechs, les algues et les mares..	65
32e	—	Engrais mixtes. — Fumiers.....................	67
33e	—	Importance des fumiers........................	69
34e	—	Conservation et emploi des fumiers............	71
35e	—	Composts......................................	73
36e	—	Des instruments aratoires; deux catégories......	75
37e	—	Instruments servant pour les travaux exécutés à l'aide des attelages. La charrue.............	77
38e	—	Suite de la description des instruments aratoires: herse, rouleau................................	79
39e	—	Suite de la description des instruments aratoires: l'extirpateur, le scarificateur, la houe à cheval.......................................	82
40e	—	Dictée récapitulative d'orthographe et d'agriculture pour la fin du mois......................	83
41e	—	Instruments servant pour la culture à bras.......	86
42e	—	Des labours, leur importance....................	88
43e	—	Conditions d'un bon labour.....................	89
44e	—	Hersages, binages, sarclages....................	92
45e	—	Du drainage, son utilité.......................	96

Pages.

46 — Exécution et prix de revient d'un système de drainage.. 96
47e — Des défrichements.................................... 99
48e — Défrichement de terres incultes.................. 101
49e — Écobuage... 103
50e — Défrichement des terrains boisés.................. 105
Clôtures, chemins vicinaux, voitures............ 106
51e — Des irrigations.................................... 109
52e — Différentes manières d'irriguer.................. 111
53e — Effets précieux des irrigations.................. 113

3º *Végétaux qui intéressent l'agriculture française.*

54e — De plantes agricoles; cinq grandes divisions..... 115
55e — Des céréales; principales céréales.............. 117
56e — Culture du froment; ses variétés.............. 120
57e — Semailles du froment; chaulage.................. 123
58e — Semailles du froment; chaulage. (Suite.)........ 125
59e — Différentes manières de semer le froment........ 127
60e — Dictée récapitulative d'orthographe et d'agriculture. 129
61e — Quantité de semence nécessaire; époque des semailles... 131
62e — Culture du froment (suite), travaux après les semailles, travaux d'entretien.................. 134
63e — Maladies du froment; récolte.................. 136
64e — Instruments dont on se sert pour moissonner;
avantage de la sape flamande.................. 138
65e — Soins à donner aux blés coupés; usage des
moyettes... 140
66e — Méthode de construire des moyettes............. 142
67e — Conseils aux cultivateurs sur la rentrée des récoltes.. 144
68e — Culture du seigle, ses usages.................. 146
69e — Terrains que le seigle affectionne; ses variétés.... 149
70e — Méteil; binage du seigle et épeautre.......... 150
71e — Culture de l'orge; usage de ses produits........ 153
72e — Rusticité de l'orge; terrain qu'elle préfère....... 155
73e — Variétés d'orge; précautions, etc...... 157
74e — Culture de l'avoine; ses usages.................. 159
75e — Suite des usages de l'avoine; terrains qu'elle affectionne; ses variétés.................. 161
76e — Époque des semailles et quantité de semence..... 164
77e — Récoltes après lesquelles l'avoine vient le
mieux, etc.. 166
78e — Notice sur Mathieu de Dombasle.............. 168
79e — Culture du maïs; ses usages.................. 170

Pages.

80e — Dictée récapitulative, etc........................... 172
81e — Sol qui convient au maïs; cette plante est très-épuisante......................... 174
82e — Culture du sarrasin; ses usages................. 176
83e — Culture dérobée du sarrasin.................... 178
84e — Plantes fourragères........................ 180
85e — Prairies naturelles; travaux d'entretien qu'elles exigent.......................... 182
86e — Des prairies artificielles; leur immense importance au double point de vue, etc.................... 185
87e — Culture du trèfle......................... 187
88e — Culture de le luzerne; usage du plâtre.......... 189
89e — Culture du sainfoin et des vesces.............. 192
90e — Récolte des plantes fourragères ou fenaison...... 194
91e — Conditions dans lesquelles doit être fait la fenaison; regains........................ 196
92e — Conditions dans lesquelles doit être faite la fenaison, regains. (Suite)........................ 198
93e — Les légumineuses; principales légumineuses cultivées............................ 200
94e — Manière de semer les légumineuses. — Les fèves... 202
95e — Culture des haricots....................... 204
96e — Culture des pois.......................... 206
97c — Culture des lentilles....................... 209
98e — Des plantes sarclées; avantages précieux de cette culture, etc........................ 211
99e — Culture de la pomme de terre, ses usages......... 213
100e — Dictée récapitulative d'orthographe et d'agriculture pour la fin du mois........................ 215
101e — Terres que la pomme de terre affectionne. — Epoque de la plantation 218
102e — Binage et buttage; maladie de la pomme de terre. 220
103e — Notice sur Parmentier....................... 222
104c — Notice sur Parmentier (suite)................... 224
105e — Culture du topinambour..................... 227
106e — Culture de la betterave; ses usages; ses variétés.. 229
107e — Sols que la betterave préfère; préparation du sol pour cette culture........................ 231
108c — Epoque de la semaille de la betterave; nombreux binages........................ 233
109c — Culture de la carotte....................... 235
110c — Variétés de la carotte; sols qu'elle préfère; récolte. 237
111c — Culture des navets; variétés, usages de cette racine. 240
112c — Epoque des semailles des navets; nombreux binages. 242
113e — Plantes industrielles ou commerciales; du chanvre, culture et usages........................ 244
114c — Culture du lin; ses usages.................... 247

Pages.

115e — Plantes oléagineuses; culture du colza, variétés, usages, semailles... 249
116e — Culture de la navette, de la cameline et du pavot. 252
117e — Emploi et usages des plantes oléagineusés et de leurs produits... 254
118e — Plantes tinctorales; culture de la garance; ses usages... 257
119e — Culture du pastel; ses usages... 259
120e — Dictée récapitulative d'orthographe et d'agriculture. 261
121e — Culture de la gaude; ses usages... 264
122e — Culture du houblon et du tabac... 266
123e — Plantes parasites et animaux nuisibles aux récoltes; moyens préservatifs... 268
124e — Animaux nuisibles aux récoltes; moyens préservatifs... 271
125e — Animaux destructeurs des animaux nuisibles... 273
126e — Animaux destructeurs des animaux nuisibles (suite). 276
127e — Végétaux ligneux; notions générales... 279
128e — Multiplication des végétaux; pépinières et différents modes de reproduction... 282
129e — De la greffe; études des trois principales sortes de greffes... 284
130e — Education, plantation et entretien des arbres et soins d'entretien... 287
131e — Arbres fruitiers et conduite de ces arbres... 299
132e — Taille des arbres fruitiers; variétés principales cultivées en France... 292
133e — Arbres à produits industriels... 295
134e — Culture de la vigne et vins... 297
135e — Suite de la culture de la vigne et vins. Pommiers et cidres, mûriers... 300
136e — Plantation, conduite des arbres destinés à fournir, etc... 303
Exploitation des arbres destinées à fournir des bois d'œuvre, etc... 304

4° *Animaux domestiques utiles à l'agriculture.*

137e — Economie du bétail; principes généraux... 307
138e — Soins et nourriture à donner au bétail... 309
139e — Espèce bovine... 313
140e — Dictée récapitulative d'orthographe et d'agriculture. 315
141e — Espèce chevaline... 317
142e — Espèce ovine... 320
143e — Espèce porcine. Du porc... 323
144e — Oiseaux de basse-cour... 326

Pages.

145e — Vers à soie, abeilles. Réflexions. Bons traitements aux animaux...................................... 328

5º *Economie agricole.*

146e — Capitaux agricoles, fermier, métayer, propriétaire.. 332
147e — Achat et location d'un domaine; constructions rurales....................................... 336
148e — Assolements ou succession des cultures; nécessité des assolements................................. 339
149e — Assolement triennal, ses défauts; jachère et repos. 341
150e — Organisation des travaux agricoles; assolement alterne; ses avantages............................ 343
151e — Influence de diverses circonstances sur les systèmes agricoles.................................. 346
152e — Début de l'entreprise et comptabilité agricole; inventaire...................................... 348
153e — Comptabilité agricole. — Livre journal. —Dépenses et recettes.................................... 351

6º *Culture des jardins.*

154e — Division de l'horticulture en trois parties......... 355
155e — Jardin fruitier ou verger......................... 357
156e — Jardin potager................................... 360
157e — Jardin d'agrément................................ 362
158e — Végétaux parasites des plantes de jardin.......... 365
159e — Animaux nuisibles à l'agriculture et moyens de les détruire...................................... 367
160e — Notice sur Olivier de Serres.................... 370
Dictée récapitulative d'orthographe et d'agriculture pour la fin du mois... 371

TABLE

Des **Formules de Promesses, Quittances, Effets de commerce,
de Lettres, de Réclamations, etc.**

———

	Pages.
Modèle d'une promesse	13
Idem, d'une quittance	22
Idem, d'une lettre de change	33
Idem, de billet à ordre	43
Formule de reconnaissance pour argent prêté	53
Reconnaissance d'ouvrages faits, etc.	64
Modèle de promesse solidaire	74
Demande d'une radiation de contributions	84
Idem, de réduction des contributions foncières	95
Modèle de réclamation contre la grêle	107
Réclamation au maire pour la taxe des chiens	118
Demande d'un alignement	130
Pétition au préfet pour non-location	141
Idem, à un préfet ou à un sous-préfet pour avoir des renseignements	151
Lettre à un maire pour l'expédition d'un acte de naissance	162
Reconnaissance d'argent prêté	173
Idem, de prêt d'argent	183
Quittance pour intérêt d'argent	195

	Pages.
Quittance pour à-compt.	205
Reconnaissance portant promesse de passer constitution de rente	216
Modèle de quittance pour loyer	228
Demande d'un enfant à un hospice	238
Lettre à un greffier pour demander des papiers	251
Modèle d'une demande de renseignements	262
Sujet d'une lettre	275
Autre sujet d'une lettre	288
Idem, sujet d'une lettre	301
Idem, sujet d'une lettre	316
Idem, sujet d'une lettre	330
Idem, sujet d'une lettre de faire part de la mort de son père, etc.	345
Demande au maire de déposer des matériaux sur la voie publique	358

Clichy. — Imp. Paul DUPONT, rue du Bac-d'Asnières, 12

OUVRAGES DU MÊME AUTEUR

Instructions sur l'enseignement du sytème métrique et légal des poids et mesures, suivies de solutions d'exercices et de problèmes. Ouvrage approuvé pour les écoles publiques par décisions du Ministre de l'Instruction publique, recommandé pour les écoles primaires par les conseils académiques de Bordeaux, Poitiers et Strasbourg; couronné par la Société élémentaire. — 4ᵉ édition, in-18, partie du maître, — in-18, partie de l'élève.

Tableau des unités du système métrique. Une feuille grand jésus.

Exercices sur le calcul mental, renfermant au moins deux cents problèmes à résoudre de mémoire, avec une application du boulier-compteur à la numération, à l'addition, à la soustraction, etc.; couronné par la Société élémentaire.

Clichy. — Impr. Paul Dupont, 12, rue du Bac-d'Asnières, (02 *bis*, 9-6).